洪水风险分析及风险图绘制实例

李娜　王静　张念强　等 著

中国水利水电出版社
www.waterpub.com.cn
·北京·

内 容 提 要

本书介绍了洪水风险分析及风险图绘制实例，其中包括洪水风险和洪水风险分析的基本概念，洪水风险三要素的分析评价方法。重点介绍了自主开发的洪水分析模型的原理、计算方法、模型结构、模型运行方式和特点，洪灾损失评估的技术流程和方法，以及在此基础上开发的洪水风险分析软件（FRAS）的功能，并以江西抚河唱凯堤溃决模拟分析、荆江大堤保护区洪水分析和上海市城市典型区域洪水分析为例，对比了FRAS与通用的商业软件如HEC-RAS、MIKE Flood的模拟效果。最后，以济南市城区、杜家台分蓄洪区和浦西防洪保护区为例，开展了典型案例研究，利用FRAS开展洪水风险分析并绘制洪水风险图。

本书可供从事洪水模拟分析、风险评估、洪水影响评价和洪水风险图编制等领域的科研、技术人员及有关院校教学参考和使用。

图书在版编目（CIP）数据

洪水风险分析及风险图绘制实例 / 李娜等著. — 北京 : 中国水利水电出版社, 2019.12
ISBN 978-7-5170-8335-1

Ⅰ. ①洪… Ⅱ. ①李… Ⅲ. ①水灾－风险管理－地图编绘 Ⅳ. ①P426.616

中国版本图书馆CIP数据核字(2019)第299774号

书　　名	**洪水风险分析及风险图绘制实例** HONGSHUI FENGXIAN FENXI JI FENGXIANTU HUIZHI SHILI
作　　者	李娜　王静　张念强　等 著
出版发行	中国水利水电出版社 （北京市海淀区玉渊潭南路1号D座　100038） 网址：www.waterpub.com.cn E-mail：sales@waterpub.com.cn 电话：（010）68367658（营销中心）
经　　售	北京科水图书销售中心（零售） 电话：（010）88383994、63202643、68545874 全国各地新华书店和相关出版物销售网点
排　　版	北京雅盈中佳图文设计制作有限公司
印　　刷	北京华联印刷有限公司
规　　格	184mm×260mm　16开本　15.75印张　344千字
版　　次	2019年12月第1版　2019年12月第1次印刷
定　　价	128.00元

前　言

受特殊自然条件的影响，我国降水量自东南向西北总体减少，约60% ~ 80%的降水量集中在汛期的4个月。全国约有70%的国土、66%的人口、61%的城市和主要的铁路、公路等重要基础设施受不同程度洪涝灾害的威胁。降水时空分布严重不均、社会经济在洪水威胁区高度集中决定了洪涝灾害是我国最严重的自然灾害。

同时，受全球气候变化与快速城镇化的共同影响，我国洪涝风险特性正在发生显著变化，洪涝灾害防御面临诸多难题和挑战：极端天气事件频发、突发，加大了水旱灾害防御的不确定性和复杂性；人类活动导致河湖填塞萎缩、水土流失、地面硬化，流域产流增加、行洪蓄洪能力降低；城镇化、工业化的发展使得人口资产向洪水风险区不断汇集，洪水风险程度增加，灾后恢复能力减弱；社会经济活动中的能源、交通、供水、网络等“生命线”系统洪水脆弱性持续增加，间接损失和影响与时俱增；极端事件造成重大工程失事导致重大洪水灾害的可能性依然存在。

洪水风险分析是综合利用水文学、水力学、地理学和经济学等方法，分析区域不同情景下洪水风险的大小和空间分布，为防洪减灾措施制定、防洪规划、洪水风险图编制、洪水保险、洪水避险转移、洪水影响评价、洪水风险意识教育等提供数据基础和技术支撑，是开展洪水风险管理工作的基础。

《中华人民共和国防洪法》中明确规定了“在洪泛区、蓄滞洪区内建设非防洪建设项目，应当就洪水对建设项目可能产生的影响和建设项目对防洪可能产生的影响作出评价”“国家鼓励、扶持开展洪水保险”。洪水风险分析得到的洪水淹没信息和影响信息可以直接应用在洪水影响评价和洪水保险的费率制定中。

风险调查和洪水风险图绘制工作的开展也需要洪水风险分析技术的支撑。致灾因子危险性分析、承灾体脆弱性分析和洪水风险的量化评估都需要洪水风险分析技术的支撑。全民参与的社会化减灾是防洪减灾未来发展的必然趋势之一。制定洪水避险转移方案、开展洪水风险意识教育和减灾技能培训也需要洪水风险分析和评价的成果和数据。

因此，开展洪水风险分析技术研究与应用，是积极践行“两个坚持、三个转变”的新时期防灾减灾新理念的具体体现，有助于风险调查和洪水风险图编制工作的顺利实施，有助于洪水影响评价工作的开展，有助于洪水保险制度的确立和社会化减灾的推进，是加快实现洪水风险管理的重要基础性支撑条件，对于落实科学治水、全面增强防洪减灾能力、解决好关系人民群众生命财产安全的水问题意义重大。

本书共分 6 章，第 1 章洪水风险分析与评价，由李娜、王艳艳和王静撰写，主要内容包括洪水风险的定义、洪水风险评价指标、洪水风险分析与评价方法和洪水风险分析成果图等。第 2 章洪水分析模型，由李娜、王静和张念强撰写，主要内容包括模型原理、降雨产流计算、地物及工程水流模拟、地下排水计算，模型构建、模型运用方式和模型特点等。第 3 章洪水影响分析及洪灾损失评估模型，由王艳艳、王杉和杜晓鹤撰写，主要内容包括洪水影响分析及洪灾损失评估技术流程、社会经济数据的空间展布、洪水影响分析、洪灾损失评估。第 4 章洪水风险分析软件的设计开发，由张念强、王静和王杉撰写，主要内容包括需求分析、软件设计、主要功能等。第 5 章软件功能与计算精度对比，由丁志雄、徐卫红和张念强撰写，以江西抚河唱凯堤溃决、荆江大堤保护区洪水、上海市城市典型区域洪水为例，利用 FRAS、HEC-RAS 和 MIKE 系列软件分别建模，并对计算结果、软件功能进行了对比。第 6 章 FRAS 应用实例，由王静、韩松、张念强、王艳艳、杜晓鹤和俞茜撰写。利用 FRAS 在济南市城区、杜家台分蓄洪区和浦西防洪保护区开展洪水风险分析及风险图绘制，全书由李娜统稿。

本书的出版得到了国家重点研发计划资助项目课题“变化环境下城市暴雨洪涝灾害成因”（2017YFC1502701）、水利部公益性行业科研专项“面向不同对象的洪水风险分析技术研究与开发”（201401038）、中国水利水电科学研究院科研专项“海绵城市减灾效益评价与措施建议”（JZ0145B322016）和“洪水灾害危机管理国际化示范”（JZ0145B042017）的资助，在此一并表示感谢！

洪水风险分析是一项较为复杂和综合的技术，需要随着认识的逐步深入和科学技术的发展不断改进、完善和提高。希望本书能够为洪水风险分析技术的进步做出贡献。由于作者水平有限，本书的内容难免有不妥之处，恳请广大读者赐教指正。

作者

2019年9月

目　录

前言

1　洪水风险分析与评价……………………………… 001

1.1　洪水风险的定义 ……………………………… 001

1.2　洪水风险评价指标 …………………………… 003

1.3　洪水风险分析与评价方法 …………………… 006

1.4　洪水风险分析成果图 ………………………… 022

2　洪水分析模型……………………………………… 032

2.1　模型原理 ……………………………………… 032

2.2　降雨产流计算 ………………………………… 034

2.3　地物及工程水流模拟 ………………………… 039

2.4　地下排水计算 ………………………………… 051

2.5　模型构建 ……………………………………… 058

2.6　模型运用方式 ………………………………… 068

2.7　模型特点 ……………………………………… 070

3　洪水影响分析及洪灾损失评估模型……………… 073

3.1　洪水影响分析及洪灾损失评估技术流程 …… 073

3.2　社会经济数据的空间展布 …………………… 074

3.3　洪水影响分析 ………………………………… 074

3.4　洪灾损失评估 ………………………………… 075

4　洪水风险分析软件的设计开发…………………… 078

4.1　需求分析 ……………………………………… 078

4.2　软件设计 ……………………………………… 085

4.3 主要功能 ………………………………………………………… 088

5 软件功能与计算精度对比 ………………………………… 107

5.1 江西抚河唱凯堤溃决模拟分析中的对比 …………………… 107
5.2 荆江大堤保护区洪水分析中的对比 ………………………… 122
5.3 上海市城市典型区域洪水分析中的对比 …………………… 133
5.4 小结 …………………………………………………………… 157

6 FRAS 应用实例 ……………………………………………… 159

6.1 济南市城区洪水风险分析及风险图绘制 …………………… 159
6.2 杜家台分蓄洪区洪水风险分析及风险图绘制 ……………… 185
6.3 浦西防洪保护区洪水风险分析及风险图绘制 ……………… 202

参考文献 ……………………………………………………… 239

1 洪水风险分析与评价

1.1 洪水风险的定义

不同的人对风险有不同的理解，有的人认为风险是事件发生的可能性，有的人认为风险是事件发生的后果，还有的人认为风险是危害性事件的不确定性及其后果的产物。国际上的学者和专家对灾害风险的不同理解如下（见表 1–1）。

表 1–1 对灾害风险的不同理解

来源	对风险的理解	关注点
Clarke L[1]	事件发生的可能性，具体形式是不良后果发生的概率	可能性
澳大利亚昆士兰州紧急服务部	由危险、社区和环境相互作用而产生的有害后果的可能性	
联合国开发计划署（UNDP）[2]	由自然或人为诱发危险因素和脆弱的条件相互作用而造成的有害后果的概率	
Crichton D[3]	风险是损失的概率	
美国《灾后恢复》	潜在的暴露损失	后果
Schneiderbauer S，Ehrlich D[4]	有害后果发生的概率	
欧洲空间规划观察网络	危险发生的概率或频率和产生后果的严重性的组合	可能性及后果
联合国国际减灾战略（UN ISDR）	由自然或人为因素导致的危险性和承灾体脆弱性之间的关系，表现为所导致的损害结果的可能性或人口伤亡、财产损失和经济活动波动的期望损失，可以用风险（R）= 危险性（H）× 脆弱性（V）来表示	
Tarek Rashed，John Weeks[5]	危险发生概率和脆弱程度的乘积	
日本亚洲减灾中心（ADRC）[6]	由某种危险因素导致的损失（死亡、受伤、财产等）的期望	

就洪水风险而言，洪水发生频率、工程安全风险，洪水水力特征（水深、淹没历时、流速、洪水到达时间等，又称危险性）、洪水淹没影响后果、洪灾期望损失等都曾被用来描述洪水风险，其中洪灾期望损失综合考虑了洪水发生的概率及其产生的后果，是刻画洪水风险的最高层次指标。

洪水是一种随机水文事件，其影响程度与其发生的强度及时空分布相关，通常以某一区域在一定时段内发生的频率（P），也即洪水事件发生的概率来表征。

受洪水影响的人类社会与自然环境具有一定的脆弱性或遭受损失（人员伤亡、财产损失、经济活动中断等）的可能性，洪水发生会造成灾害后果，通常用洪水造成的损失（绝对值，用货币来衡量）或损失的程度（$V=0\sim100\%$）来衡量。

更多的学者则认为洪水风险是由洪水发生的频率与洪水灾害后果两方面因素相互作用而产生。洪水风险特性通常以洪水在某一区域一定时段内造成的各类期望损失（LA：伤亡、财产损失、经济活动中断损失等）表征。洪水风险可用下式表示：

$$LA=\sum PV$$

近年来，有的学者基于灾害系统的理论提出了风险三角形概念[7]，试图从更广泛的角度给出风险的定义，并为洪水风险的评估提供思路与方法。

该定义认为"风险（Risk）"是损失的可能性，取决于三个要素——危险性（Hazard），承灾体暴露性（Exposure，或简称暴露性）和承灾体脆弱性（Vulnerability，简称脆弱性或易损性）。这三要素好像三角形的三条边，任意一条边伸长或缩短了，三角形的面积即风险就会增大或减小（见图 1–1）。这一概念性的定义为宏观概化的洪水风险评估提供了一种思路，同时可以从理论上指导人们分别针对风险的三个要素制定各种减灾与应急的对策[8]。

基于这一定义，有的学者认为应该从描述洪水灾害系统的孕灾环境、致灾因子、承灾体与防灾能力中获得基本的信息，按洪水危险性、承灾体暴露性与承灾体脆弱性构建评估模型，洪水灾害系统与洪水风险评估模型之间的关系见图 1–2。

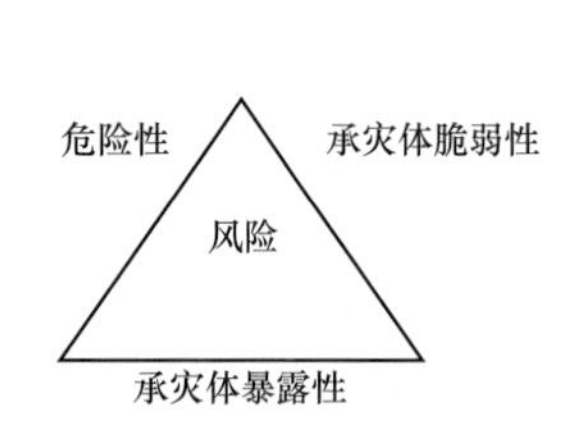

图 1–1　风险三角形示意图

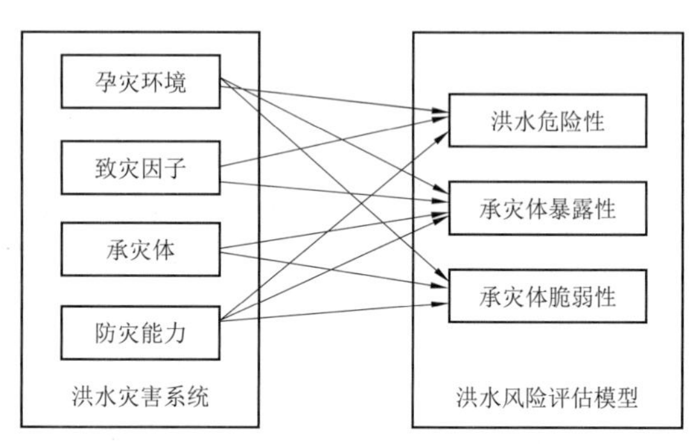

图 1–2　洪水灾害系统与洪水风险评估模型之间的关系图

两种不同的定义从不同的角度阐述了洪水风险，基于可能性与后果的定义在洪水成灾机理的基础上给出了可以定量化的风险计算表达式，基于风险三角形的定义偏重于概念的表述，对风险的众多影响因素进行了归纳和梳理，通过风险因素的讨论评估洪水风险的程度。前者所涉及的可能性和后果中洪水自身的水文特征、水力学特征都被纳入到风险三角形定义中洪水危险性的范畴。洪水对经济社会影响的后果则是风险三角形定义中危险性、承灾体暴露性以及脆弱性综合作用的结果。

本书中将洪水风险定义为"洪水危险性与承灾体脆弱性的乘积"，并以此开展洪水风险分析与评价技术和方法的研究。

1.2 洪水风险评价指标

1.2.1 概述

洪水风险评价是对洪水风险程度做出判断，进行洪水风险等级的划分，以对不同程度的风险采取不同的防洪减灾措施。在进行洪水风险评价时，首先要确定洪水风险评价所依据的指标，然后根据具体指标值确定洪水风险的等级。如 1.1 中所述，洪水风险的定义宽泛，许多指标都被用来表征洪水风险，并据其进行风险严重程度的评判。

常用的指标体系大致有两种。一是基于灾害系统理论，将评估指标分为三类，孕灾环境、致灾因子、承灾体；二是基于风险三角形理论，将评估指标分为三类，危险性、暴露性和脆弱性。

（1）基于灾害系统理论的指标体系。从系统论的观点来看，孕灾环境、致灾因子、承灾体之间相互作用，相互影响，相互联系，形成了一个具有一定结构、功能、特征的复杂体系，洪灾风险评价指标体系见表 1–2。

表 1–2　　洪灾风险评价指标体系[9]

指标层 1	指标层 2	指标层 3	数据获取方式
孕灾环境	植被	植被覆盖率	Landsat 图像提取
	河流	河网密度	水普资料和 Landsat 图像
	地形	高程	DEM
致灾因子	降雨	年降雨量、雨季降雨量的距平、平均最大 1d/3d/7d 降雨量、年暴雨日数	水文统计数据
承灾体	人口	单位面积人口数、单位面积老少人口数	统计数据
	经济	单位面积 GDP 产值	
	房屋	建筑物面积	统计数据
	农业	农业用地面积	统计数据
	工商业	单位面积工商企业个数	统计数据
防灾能力	防御能力	防洪工程标准、城市排涝标准、水库容量、泵站排水能力、排水系统排涝能力	水利普查数据
	恢复能力	万人病床数、人均 GDP、物资储备等	统计数据、应急预案

孕灾环境包括大气环境、水文气象环境以及下垫面环境等。近些年灾害发生频繁，损失与年俱增，其原因与区域及全球环境变化有密切关系，其中最为主要的是气候与地表覆盖的变化，以及物质文化环境的变化[10–11]。孕灾环境稳定度或者敏感度，即环境的动态变化程度，将影响灾害的强度及频度。重大洪水灾害的发生，除了全球气候异常外，还与生态环境的稳定度及破坏有着重要的关系，如 1998 年长江中下游特大洪

水灾害的发生，与流域森林砍伐、围湖造田、坡地开垦、水土流失等造成的生态环境变化有密切关系[12]。事实上，对于小范围地区来说，其洪水灾害风险空间分布特征主要是受下垫面环境的影响，而不是大气环境和水文气象环境。在下垫面环境中，地形对洪水灾害风险影响最大；其次是河流网络；再次是地表覆盖、土壤等。因此，在评价洪水灾害孕灾环境稳定性时选取地形、河流湖泊分布、土地利用、植被覆盖及土壤作为评价指标。

洪水灾害的致灾因子包括暴雨、台风、海啸、冰雪融水、溃堤等，其中暴雨是主要洪水致灾因素，一般地，降水强度、历时和范围直接影响形成洪水灾害的严重程度。强度越大、历时越长、范围越广，越容易形成特大洪水灾害。目前，评价洪水灾害危害程度的主要指标有：年降雨量、雨季降雨量的距平、平均最大 1 天 /3 天 /7 天降雨量、年暴雨日数、标准面积洪峰流量等。

承灾体是各种致灾因子作用的对象，是人类及其活动所在的社会与各种资源的集合。不同的研究者基于不同目的对承灾体分类不一样，因此，承灾体的划分有许多种体系，一般先划分社会与自然资源两大类。不同类型的承灾体，常常具有不同的易损性属性特征。对于人来说，年龄、性别、身体状况等因素直接影响到个体可能受洪水伤害的程度。在洪水灾害发生后，妇女、儿童、老人、残障人易受洪水灾害的威胁，是承灾的脆弱群体。对于建筑物来说，建筑物的材料、结构、楼层数、使用年限等直接影响其抵抗洪水灾害的能力大小。土木结构的旧平房比钢筋混凝土结构的新楼房更容易受到洪水的破坏。同等程度洪水作用下，不同的承灾体受损失不一样，同一承灾体遭受不同强度洪水作用，其损失程度也不一样，这就是承灾体的脆弱性不同。

有的学者认为防灾力也是描述洪水灾害系统的重要方面，防灾力应从防御能力和灾后恢复能力来综合评估，防洪工程建设标准和防灾减灾投入综合反映防御能力，随着防洪非工程措施的不断发展，灾前预警和灾后重建同样是防灾能力的表征，这类指标可根据研究区域实际情况而定。

（2）基于风险三角形的评价指标。根据风险三角形理论，洪涝灾害风险 = 危险性（Hazard）× 脆弱性（Vulnerability）× 暴露性（Exposure）。

危险性是指某地区受灾害影响的危险程度。脆弱性是指一定致灾因子强度下，承灾体可能遭受损失的程度。暴露性是指位于危险地区易于受到损害的人员、财产、系统或其他对象。根据上述概念模型，分别从洪水危险性、承灾体暴露性、脆弱性和三方面构建指标体系（见表 1–3）。洪灾危险性主要由洪水的强度和频率所决定，强度可用降雨强度和河道洪峰流量来表示，频率则通常由洪水重现期反映。承灾体受灾情况是由其相对于洪水灾害的分布特征即暴露性和其自身的易损性特征综合决定的，可选取人口、经济财产的指标，相应的暴露性指标包括人口密度、农作物播种面积和工商业总产值；而易损性指标则需根据洪水的致灾后果进行选取，通常可将洪灾灾情概括为人员伤亡及经济损失程度等因素。

表 1-3　　洪灾风险评价指标体系表

指标层 1	指标层 2	指标层 3	数据获取方式
危险性	强度 / 频率与影响	流量、水位、雨洪发生频次、重现期	历史灾情数据
暴露性	人口	人口密度	统计数据
	经济	单位面积 GDP 产值	统计数据
	房屋	建筑物密度	统计数据
	生命线系统	生命线密度	测绘数据
	农业	农业用地面积	统计数据
	工商业	工商企业产值	统计数据
脆弱性	人口脆弱性	老幼人口比重	统计数据
	经济脆弱性	受淹易损农田比重，地均固定资产	统计数据

国际上基于风险三角形理论开展了一些针对灾害风险评估指标体系的专项研究。如联合国开发计划署（UNDP）与联合国环境规划署（UNEP）的全球资源信息数据库（GRID）合作开展的“灾害风险指标（DRI）”计划，构建了一系列的灾害风险指标体系。DRI 首次提出了一个全球范围的、空间分辨率到国家的人类脆弱性评价指标体系，并使用死亡人数、死亡率及相对于受灾人口的死亡率作为其风险指标。美国哥伦比亚大学和 Provention 联盟共同完成的“自然灾害风险热点（Disaster Risk Hotspots）”计划，建立了灾害多发地区，特别是沿海地区的危险性、暴露性和脆弱性三类风险评估指标，并利用评估结果编制不同等级的灾害风险图。

1.2.2　评价指标研究

本书将洪水风险定义为洪水危险性与承灾体脆弱性的乘积（将风险三角形的暴露性纳入脆弱性一并考虑），参照灾害系统和风险三角形的指标体系，依照洪灾的成灾机理，对众多指标进行梳理，形成较为完整的指标体系结构。

在进行洪水风险评价指标体系设计时除了遵循通用性、科学性、可操作性、代表性等原则之外，针对洪水风险特点，还重点考虑了以下几方面：

（1）指标体系具有层次性，由宏观到微观层层深入，形成一个综合性评价体系。既包括危险性指标，又包括承灾体脆弱性指标和洪水风险指标，洪水风险指标既包括以人为评估对象的社会风险指标，又包含以资产为评估对象的经济风险指标，经济风险指标则包含受淹地物和经济损失两类指标，所选指标层层推进形成一个完整体系。

（2）所选指标的完备性，整个指标体系以洪水风险为核心，具有完备性，例如经济风险指标既包含受淹地物指标，又包含经济损失指标。完备的指标一方面能够全面反映洪水风险的严重程度；另一方面，又具有一定的适应性，在面向不同评估对象，资料和技术条件不同的情况下，都能在指标体系中选取具有操作性的指标来表征洪水风险。

（3）所选指标含义明确，便于获得和应用。

（4）所选指标都是可定量化的，能够直接或间接反映洪水风险的大小，并且大部分指标都可空间化，能够反映洪水风险的空间分布格局。

洪水风险评价指标体系见图 1–3。

该图仅列示了比较常用的基本指标，实际上工作中也有经过公式推导得到的其他的表征指标。在具体应用过程中，有的指标可能还会有更具体更细致的分类。总之，在具体的指标选用时应根据评价的区域、评价的对象、评价的目的、指标的可获取性等方面综合确定。

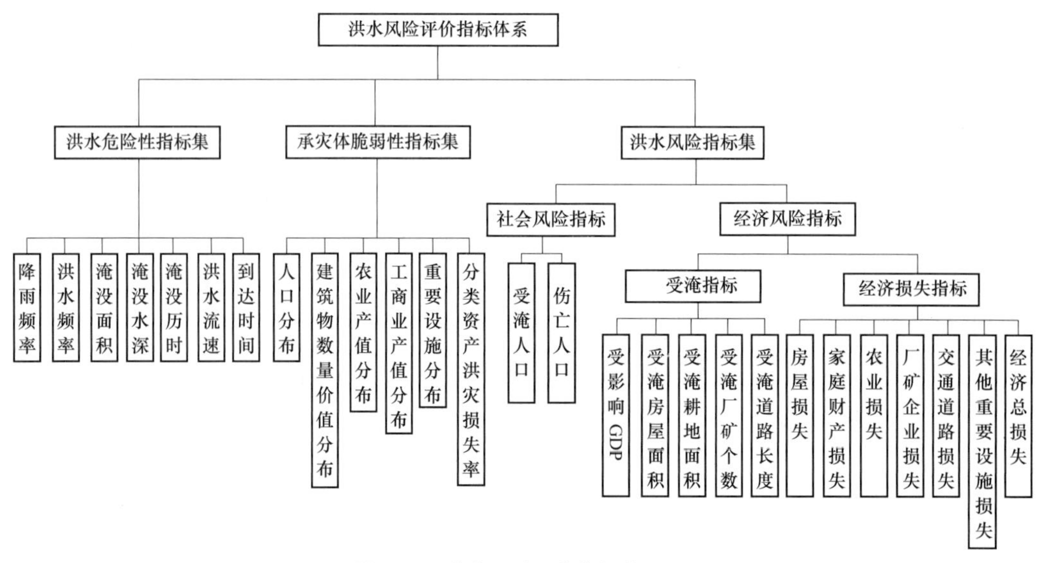

图 1–3 洪水风险评价指标体系图

1.3 洪水风险分析与评价方法

1.3.1 洪水危险性分析

洪水危险性分析主要包括：洪水频率分析、洪水淹没特征分析。

1.3.1.1 洪水频率分析

洪水频率是表征洪水发生可能性的指标，其定义为洪水大于某一特定值的概率。洪水是海陆水文循环过程的一个子过程，当其强度足够大时，容易造成洪涝灾害，因此洪灾的孕育、发生和发展有其自身的内在规律和机制。通常采用概率论和数理统计方法来分析和建立洪水灾害强度与发生概率的关系。洪水频率分析方法通常分为参数和非参数方法[13]。其中，参数法是我国水文分析计算中常采用的一种方法。其基本思路为先假定总体分布线型，如 P–Ⅲ型分布、Gumbel 分布和正态分布等，然后对其统计参数进行估计，最终根据分布函数推求设计值，我国一般采用 P–Ⅲ型分布。除了以上理论频率曲线，在水文计算中还有一种经验频率曲线，是由实测资料绘制而成的，它是洪水频率分析的基础，具有一定的实用性。

（1）参数估计方法。参数估计方法是指由样本估计总体参数，方法包括矩法、极大似然法、概率权重矩法、权函数法、概率权重矩法、目估适线法、优化适线法等[14]。

1）矩法。矩法是用样本矩估计总体矩，并通过矩和参数之间的关系，来估计频率曲线参数的一种方法，该方法计算简便，事先不用选定频率曲线线型，因此是频率分析计算中广泛使用的一种方法。

2）权函数法。当样本容量较小时，用矩法估计的参数将产生误差，其中尤以 C_S 的计算误差最大，为了提高 C_S 的计算精度，马秀峰于 1984 年提出用权函数法来解决 P–Ⅲ型频率曲线参数 C_S 的计算问题。权函数的引入使估计 C_S 只用到二阶矩，有降阶作用，有助于提高计算精度；采用正态概率密度函数作为权函数，显著增加了靠近均值部分的权重，削减了远离均值部位的权重，从而丢失了端矩面积，提高了 C_S 的计算精度。权函数法属于单参估计，不能全面解决 P–Ⅲ型频率曲线参数估计问题，包括均值 $\bar{x}$ 和 C_v 的估计精度问题。基于这一观点，刘光文于 1990 年在权函数的基础上提出数值积分双权函数法，通过引入第二个权重函数来提高变差系数 C_v 的精度。

3）概率权重矩法（PWM）。概率权重矩法是 J A Greenwood 等人于 1979 年提出的参数估计方法，宋德敦、丁晶等于 1988 年导出了 P–Ⅲ型分布参数与概率权重矩的关系式，将该方法应用于 P–Ⅲ型分布的参数估计。

4）目估适线法。目估适线法是以经验频率点据为基础，在一定的适线准则下，求解与经验点据拟合最优的频率曲线参数。该方法一直是我国估计洪水频率曲线统计参数的主要方法。目估适线法方法灵活，操作容易，但有赖于计算者的实际计算经验，存在一定不足。

5）优化适线法。优化适线法是在一定的适线准则下，求解与经验点据拟合最优的频率曲线的统计参数的方法。优化适线法按不同的适线准则分为三种，离差平方和最小准则、离差绝对值最小准则、相对离差平方和最小准则。

（2）非参数估计方法。无论采用何种统计参数估计方法，参数法都是基于假设总体分布服从某一特定分布而开展的。当假定分布与实际不符时很难保证其估计结果的精度，并且有限的分布线型难以完全满足各种实际应用。1981 年，Tang 等首次将非参数统计方法应用于洪水频率分析中，由于非参数统计方法在统计推断时不需要假设样本的总体分布，因而具有优良的统计性能，与参数方法相比，该法稳健性更好，当用于分析计算的水文样本组成复杂时，非参数方法更加适用。非参数密度的估计方法可以概括为以下几种：直方图法、Rosenblatt 法、最近邻估计法和核估计法[15]。目前理论上最完善的是核估计法。梁忠民等[16]采用多项式正态变换（PNT）方法，把偏态分布转换为正态分布，推求指定频率下正态分布的设计值（分位数），然后通过一一变化转换成原偏态分布对应频率的设计值，该方法本质上也属于一种非参数估计方法。

1.3.1.2 洪水淹没特征分析

（1）水文学方法。水文学中的确定性模型可以分为系统理论模型、概念性模型和物理机理模型[17–18]。系统理论模型只关心模型的输入和输出，是概化和经验性的；概念性模型一般将水循环的各过程如降雨、蒸散发、入渗等考虑到模型中，从而使模型具有了概念上的物理意义，模型的参数也有一定的物理意义，但很难直接计算，一般需通过优化确定；物理机制模型具有与现实世界相似的逻辑结构，如基于圣维南方程组的流域径流模型和基于紊流和扩散理论的蒸散发模型等，模型的参数具有物理意义[19-20]。根据对空间离散程度或分辨率的大小，可以将水文模型分为集总式、半分布式和分布式三种，其中分布式水文模型把流域划分为很多小单元，在考虑水流在每个单元纵向运动的同时，还考虑各个单元之间的水量交换，可以更精细地描述水文循环过程[21-23]。关于城市暴雨内涝分析模型，国外开发的水文模型已有很多种，如推理公式法、公路研究所法（TRRL）、伊利诺城市排水区域模拟模型（ILLUDAS）、芝加哥流量过程线模型（CHM）和暴雨洪水管理模型（SWMM）。其中 SWMM（Storm Water Management Model）模型应用较为广泛，由美国国家环境保护局（U.S. Environmental Protection Agency，简称 EPA）开发，该模型可以模拟地表径流、排水系统中的水流和雨洪的调蓄处理过程。模型将各个子流域划分为透水区域和不透水区域两部分。对于不透水地表净雨量，只需从降雨过程中扣除初损即可。在未满足初损之前，地表不产流，一旦满足初损，便全面产流。对于透水地表，除了填洼损失外，还有入渗的损失。SWMM 模型提供了 SCS、霍顿（Horton）和格林 – 安普特（Green–Ampt）等模型计算入渗量。对于地表汇流过程的模拟，SWMM 通过将子流域近似为非线性水库进行处理。对于排水管网，SWMM 通过求解圣维南方程组进行演算，并综合考虑了泵站等工程调度的影响。国内学者也有类似的研究成果，如刘金星，邵卫云（2006）[24] 提出了利用水文学和水力学结合的方法模拟区域地表径流过程的模型。水文模型的模拟结果主要为流域出口断面的水位、流量过程，在洪水预报中发挥着不可替代的作用，但它无法反映区域内各处水力要素值的差异和变化，如淹没水深、流速、淹没历时等。

（2）水力学方法。水力学方法是通过求解圣维南方程组来模拟洪水在河道、道路、绿地、低洼地、地下空间等区域内的运动。一维水力学模型一般用于模拟河道内洪水的演进，二维水力学模型可以充分考虑地形和建筑物的分布特点，较好地模拟洪水在二维空间内的物理运动过程，并可详细提供洪水演进过程中各水力要素值的变化情况。国外目前已有许多成熟的水力学分析软件，如丹麦水力学研究所开发的 MIKE 系列软件、荷兰代尔夫特水力学研究所开发的 SOBEK、Delft 等系列软件、英国的 Wallingford Floodworks 软件、美国的 HEC 系列软件[25] 和澳大利亚的 Tuflow 软件[26-27]。国外软件普遍具有求解严谨、模型精细、界面友好、对数据要求高、计算所需时间较长等特点。日本从 20 世纪 60 年代中期开始，开发了城市水灾害的系统分析模型，近年来在城市排水系统和地下空间进水模拟方面开展了许多数值模拟和实验研究[28-30]。

国内也有不少学者开发过类似的模型，如周孝德等[31] 建立了二维洪水演进的隐式差分模型，并在模型中考虑了泥沙运动及动态边界条件的影响，还保留了对流项。王志力等[32] 以 Roe 类型的近似 Riemann 解计算界面的通量、MUSCL 重构和两步 Runge–Kutta 法建立了非结构化网格的二维数值模型。张新华等[33] 建立的任意多边形网格 2D FVM 模型，在时间和空间均具有二阶精度。清华大学在研究基于情景模拟的城市内涝动态风险评估方法时[34]，构建了自主的地表二维水力学模型，并考虑了建筑物覆盖率、地表下渗和雨水井排水的作用。中山大学陈洋波等建立的东莞市内涝预报模型包括排水分区与网格划分模块、雨量同化模块、产流计算模块、地表汇流计算模块和管网汇流计算模块[35]，在东莞市的应用效果良好。

中国水利水电科学研究院从20世纪80年代中期开始，由刘树坤带领研究了洪涝仿真模型，最初被应用于小清河、蒙洼、北金堤、东平湖等蓄滞洪区[36-38]和辽河干流、北江、黄河等大范围的洪水决堤泛滥模拟[39]，后期又被应用于沈阳、广州、深圳、海口等城市的洪涝模拟[40-42]，在此基础上针对城市特点做了改进，并增加了雷达测雨等产品的数据应用，形成了成熟的城市洪涝仿真模型（仇劲卫等[43]，2000；解以杨等[44]，2004；李娜等[45]，2002），在北京、上海、济南、青岛等30多个城市得到进一步推广应用和完善改进[46-52]；该模型能够综合考虑城市化过程中，流域地形地貌变化及各种防洪排涝工程措施的影响，对江河泛滥、高潮位与暴雨内涝等不同类型的洪水及其组合在城市区域的生成、发展和演变过程进行模拟。目前，模型已被作为分析城市、防洪保护区等不同区域的洪水风险分析的产品之一，在国家重点地区洪水风险图编制项目软件名录中得到推广应用[53-54]。

（3）GIS淹没分析法。GIS淹没分析法是利用GIS的数字地形技术分析洪水的扩散范围、流动路径，从而确定洪水淹没区域。其计算原理是一种地形地貌学方法，或根据河道水位与周边地区的高程确定淹没范围，或根据封闭区域的水位库容曲线确定某一洪量对应的淹没水位及淹没范围。可通过GIS的空间解析功能基于DEM数据进行空间分析，提取洪水淹没范围并确定淹没水深等指标。如向素玉等[55]根据数学形态学及测地圆概念，研究设计了洪水扩散范围的“膨胀”模拟算法和淹没范围搜索算法，并将模型应用于城市的洪水淹没分析。杨弋等[56]基于水流路径算法，并与水文学方法结合建立了城市暴雨积水模型。刘仁义等[57]以数字高程模型DEM为基础，将淹没分为有源淹没和无源淹没，采用种子蔓延算法进行淹没分析计算。赵思健等[58]在已有内涝模型的基础上，首先构建城市概化的地形模型、降雨模型、排水模型和地面特征模型等4个基础模型，并利用GIS空间分析划分计算粗单元，然后结合数学算法计算出每个粗单元内的积水深度，最后对粗单元进行平滑合并后最终生成城市内涝积水深度分布图。

采用GIS的空间技术方法确定洪水淹没情况的方法快速便捷，除需要精度较高的数字高程数据（DEM）外，对其他资料的要求不高。其在估算山区河道洪水淹没方面能够保证一定的精度。但这类方法由于仅以水体由高向低运动的原理作为计算的基本依据，所提供计算结果仅能反映洪水运动的最后状态，不能详细描述洪水的运动过程，也难以考虑各种防洪排涝（水）工程设施的作用。

（4）历史调查分析法。历史调查分析法是根据历史灾害资料整理得到的洪痕、淹没范围和特征点淹没水深的描述还原历史洪水灾情，分析现状的社会经济布局、地形、地貌，结合当前防洪工程和非工程综合措施的减灾作用，通过对历史洪水淹没范围进行修正，得出当前情况下的洪水淹没范围。

针对每一区域，具体的修正方法和修正内容需要结合区域的发展、防洪工程和非工程措施的改变情况，以及近期不同级别的洪水发生时，淹没特征点、积水区域的分布、淹没范围的改变等进行综合分析。修正一般包括两个方面，即同级别的洪水发生时，洪水风险严重程度的增加或减小。洪水淹没程度的增加多由不合理的土地开发利用等原因造成，如城市内不透水地面的增多，导致暴雨的产流条件改变，又如城市下穿隧道的增加，导致了低洼地区的增多等。洪水淹没程度的减小多是由于对洪水风险区域进行综合治理引起的，如增加低洼积水区域的排水设施，提高防洪标准和改造未达标准的防洪工程等。

以上列出了多种常用的洪水淹没特征分析方法，在具体开展洪水分析时，需要考虑评估对象的具体特点、评估的基本要求与可利用的基础资料等因素，选用具有可操作性的方法。

1.3.2 承灾体脆弱性分析

承灾体（Element–at–risk）就是各种致灾因子作用的对象，是人类及其活动所在的社会与各种资源的集合。综合来看，承灾体脆弱性研究主要集中在洪灾时人类的脆弱性研究和财产（如农作物、建筑物、家庭财产、交通设施、水利工程等）的脆弱性研究两类。

对人类的承灾体脆弱性研究侧重于评价洪水对人避难行走的影响，评价时采用的洪水条件一般为场次洪水（某一设计频率洪水或历史典型场次洪水），评价结果主要服务于防汛预案编制、防汛预警或应急避难。当与其他指标结合时（如区域的易损性），也可服务于洪水风险管理和风险意识教育等 [59]。如英国在其《洪水对人的风险评价导则》中以水深与流速组成的洪水危险等级（Flood Hazard Rating）作为指标，评价人类在面临洪灾时的脆弱性 [60]；澳大利亚和日本是以水深与流速的组合曲线进行划分 [61–62]。另外，还有一些研究采用水深、淹没历时和洪水动能的组合、以距溃口的距离和溃决水头的组合、或以水深与人身高的对比关系作为评价指标。

综合来看，在洪灾脆弱性曲线的研究中，致灾因子指标常选用水深或水深与流速的组合。

1.3.2.1 人员承灾体脆弱性分析

（1）根据水深和流速组合函数进行分析评价。英国在其 2006 年完成的《洪水对人的风险评价方法》报告 [63–64] 中详细论述了洪水危险率的计算方法和洪水危险等级的划分原则。在该项研究中，洪水危险等级被定义为流速和水深的组合函数，但具体函数表达式的确定则经历了详细的论证和权衡，其过程可概括如下：

1）三种不同表达式的优劣对比，这三种表达式包括：

$$HR=dv+DF \tag{1–1}$$

$$HR=dv^2+DF \tag{1–2}$$

$$HR=d(v+1.5)+DF \tag{1–3}$$

式中 HR——洪水危险率（Hazard rating）；

d——水深；

v——流速；

DF——泥石因子，指洪水中因携带泥石而增加的危险等级。

经分析，式（1–1）和式（1–2）表达式当流速为 0 时，洪水危险等级也为 0，这与实际情形并不相符，如人在 2m 的水深中也存在溺水的风险。另外，式（1–2）赋予流速太大的权重，对于洪水危险性评价并不适合，所以，英国在该项目中选择了式（1–3）作为洪水危险等级公式。

2）$HR=d(v+1.5)$ 与 $HR=d(v+0.5)$ 的对比。虽然 $HR=d(v+1.5)$ 较式（1–1）中所述的前两种表达式更为合适，但与水槽实验数据的对比表明，其拟合度仍不如水深与流速直接相乘，所以，研究人员将流速的附加系数调小为 0.5，拟合度较 1.5 有所提高。

3）泥石因子 DF 的确定。由于泥石因子的影响因素较复杂，是洪水强度特征与区域下垫面自然特征的综合函数，但目前的方法和数据很难对该因子开展详细的研究，所以英国最初采用简化的方法反映该因素的影响，即根据水深、流速范围和区域特点将 DF 分别取值为 0、1 和 2。随着研究的进一步深入，将取值调小为 0、0.5 和 1，即水深小于 0.25m 时取 0；水深介于 0.25~0.75m 时，根据下垫面类型分别取 0（耕地或牧地）、0.5（林地）和 1（城区）；水深大于 0.75m 且流速大于 2m 时，分别取 0.5（耕地或牧地）和 1（林地或城区）。

英国将洪水危险等级划分为四级，即：

第一级，警告：具有较浅的、流动的洪水或静止的深水区域。

第二级，对部分人危险：包括老弱病残，具有深水或快速流动的洪水的区域。

第三级，对大部分人危险：包括成人，具有快速流动的深水的区域。

第四级，对所有人和行动均危险：包括应急服务，具有快速流动的水深的区域。

但在根据洪水危险等级大小划分洪水危险性等级时，英国也经历了不断论证和调整的过程[65]，可分为以下三个阶段：

第一，实验数据分析阶段。根据原始实验数据确定不同等级的洪水危险等级分别为 0~1.0，1.0~1.5，1.5~2.5 和 >2.5（见图 1–4）。

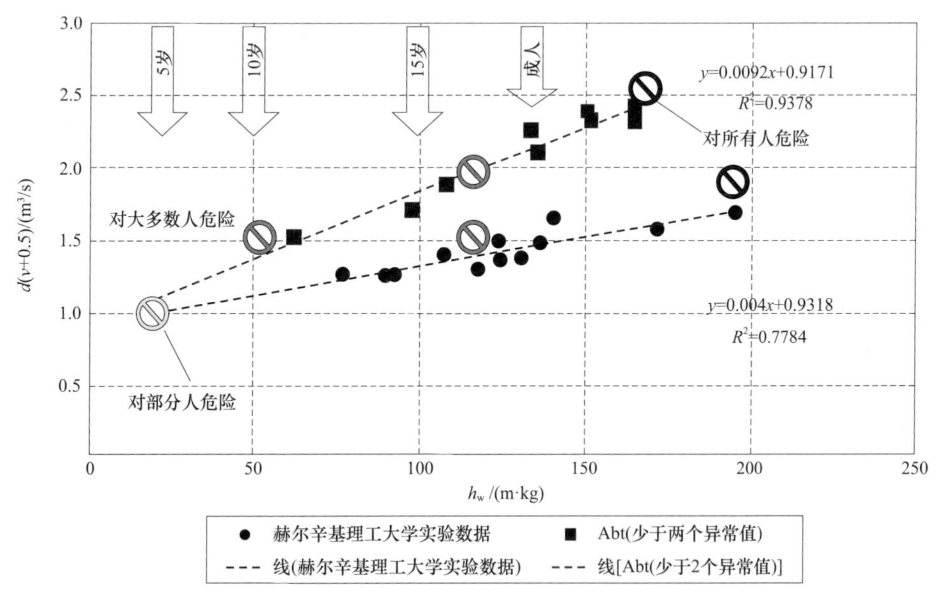

图 1–4　根据实验数据确定的洪水危险等级阈值图

第二，研究阶段。在《洪水对人的风险评价方法》报告中，英国针对实验数据获得的不同等级阈值进行了调整，将对部分人危险的下限值由 1.0 调整为 0.75，因为当洪水危险等级为 1 时，代表流速为 1m/s、水深为 66cm 的情形，或流速为 0.5m/s、水深为 1m 或 2m 的静水等（假设 *DF*=0）。这些情形可能仍然是危险的，因此将该阈值调整为 0.75。据此可确定不同泥石因子取值情况下的洪水危险等级划分矩阵（见图 1–5）。

d(*v*+0.5)+*DF* 水深

流速	0.25	0.50	0.75	1.00	1.25	1.50	1.75	2.00	2.25	2.50
0.00	0.13	0.25	0.38	0.50	0.63	0.75	0.88	1.00	1.13	1.25
0.50	0.25	0.50	0.75	1.00	1.25	1.50	1.75	2.00	2.25	2.50
1.00	0.38	0.75	1.13	1.50	1.88	2.25	2.63	3.00	3.38	3.75
1.50	0.50	1.00	1.50	2.00	2.50	3.00	3.50	4.00	4.50	5.00
2.00	0.63	1.25	1.88	2.50	3.13	3.75	4.38	5.00	5.63	6.25
2.50	0.75	1.50	2.25	3.00	3.75	4.50	5.25	6.00	6.75	7.50
3.00	0.88	1.75	2.63	3.50	4.38	5.25	6.13	7.00	7.88	8.75
3.50	1.00	2.00	3.00	4.00	5.00	6.00	7.00	8.00	9.00	10.00
4.00	1.13	2.25	3.38	4.50	5.63	6.75	7.88	9.00	10.13	11.25
4.50	1.25	2.50	3.75	5.00	6.25	7.50	8.75	10.00	11.25	12.50
5.00	1.38	2.75	4.13	5.50	6.88	8.25	9.63	11.00	12.36	13.75

洪水危险等级

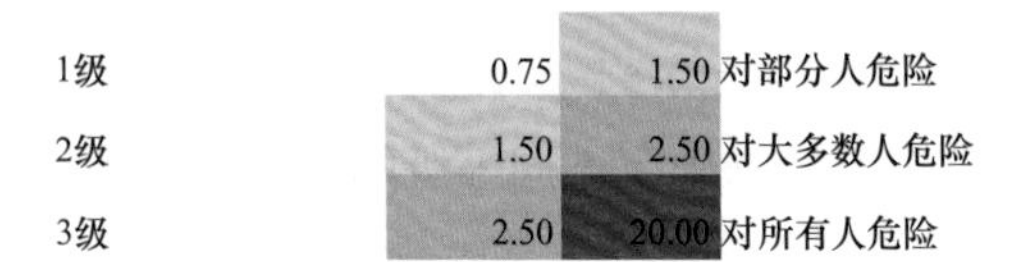

1级	0.75	1.50	对部分人危险
2级	1.50	2.50	对大多数人危险
3级	2.50	20.00	对所有人危险

图 1–5 洪水危险等级矩阵图（*DF*=0）

第三，编制规范阶段。在规范编制阶段（《Flood Risk Assessment Guidance for New Development》），英国为谨慎起见，将洪水危险等级划分阈值又进行了调整，对大部分人危险的下限由 1.5 调低至 1.25，上限调低至 2.0。针对泥石因子 *DF*，为简化计算过程，推荐当水深不大于 0.25m 时，取 0.5；当水深超过 0.25m 时，取 1.0。

（2）根据水深和流速的组合曲线进行分析评价。澳大利亚 [66] 和日本在其相关规范中均以洪水水深和流速的组合曲线对洪水危险性进行划分（见图 1–6 和图 1–7）。澳大利亚根据水深和流速的不同组合将危险性划分为 4 个等级，低、中、高和极高。各等级的水深或流速阈值如下：

1）低：水深≤ 0.3m，或流速≤ 0.4m/s。

2）中：0.3m< 水深≤ 0.6m，或 0.4m/s< 流速≤ 0.8m/s；

3）高：0.6m< 水深≤ 1.2m，或 0.8m/s< 流速≤ 1.5m/s；

4）极高：水深 >1.2m，或流速 >1.5m/s。

除此之外还分别给出了儿童和成人涉水避难的极限曲线。当水深未超过 0.3m 时，采用小型汽车避难是安全的，当水深介于 0.3~0.5m 时，采用四轮驱动汽车避难是安全的。

日本则只给出了一条成人避难的极限曲线。当水深大于 0.8m 或流速大于 2.5m/s 时，步行避难是非常困难的；当水深小于 0.8m 时，随着流速的增大，可能通过步行避难的水深会逐渐减小，如流速为 0.7m/s 时，步行通过的可能水深仅为 0.5m。

从图 1–6 和图 1–7 中可以发现，这两个国家针对成人的避难行走极限状态有所不同，如澳大利亚的水深极限值为 1.5m，而日本为 0.8m。这可能与两国人口的平均身高、体重特征以及洪水危险等级划分的应用领域不同有关，澳大利亚主要应用于区域宏观的洪水风险评价，而日本则直接应用于指导应急避难。

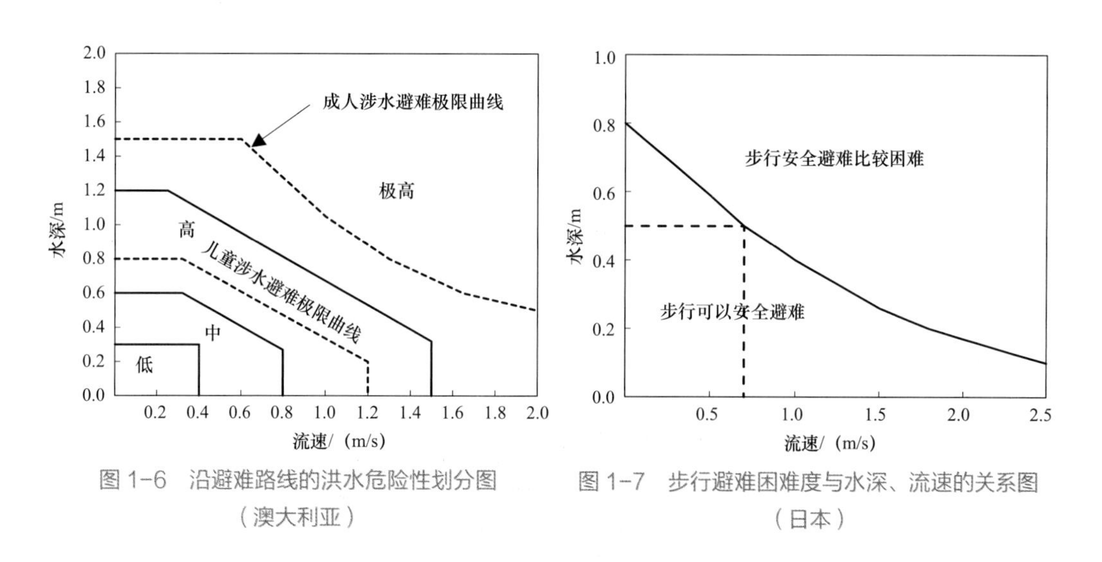

图 1–6　沿避难路线的洪水危险性划分图（澳大利亚）

图 1–7　步行避难困难度与水深、流速的关系图（日本）

美国的一些土地部门和水资源保护部门对洪水危险性的评价和划分方法与澳大利亚的类似（见图 1–8 和图 1–9），但其各等级阈值与澳大利亚有所区别，共分为三个危险等级，

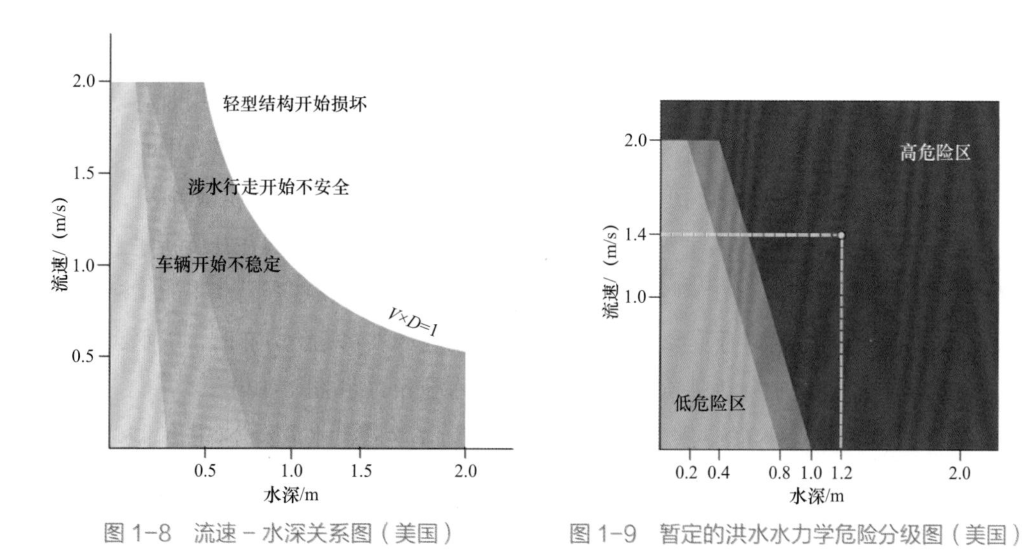

图 1–8　流速 – 水深关系图（美国）

图 1–9　暂定的洪水水力学危险分级图（美国）

即高、低和过渡区。暂定的洪水水力学危险分级（美国）见图 1–9。该方法不能反映其他影响洪水危险程度的因素，如有效的洪水应急方案。当这些因素可以定量化并分等级时，则应将其加入到洪水危险等级的划分中。

（3）以水深、淹没历时和洪水动能组成的多指标进行分析评价。荷兰国际地理信息科学与地球观测学院（International Institute for Geo–Information Science and Earth Observation，简称 ITC）在开展菲律宾 Naga 市的洪水风险图编制时[67]，提出了以水深、洪水淹没历时和洪水动能组成的多指标洪水等级划分方法（见图 1–10）。其中洪水动能是水深与流速的函数，表达式如下：

$$E_{k,(i,j)t}=\frac{1}{2}m_{(i,j)t}V^2_{(i,j)t}$$
$$=\frac{1}{2}(Pixel\ Re\ solution)^2\times\rho_w\times[Depth\ of\ inundation]_{(i,j)t}\times[Velocity]^2_{(i,j)t} \quad (1\text{–}4)$$

式中 $E_{k,(i,j)t}$——第（i，j）个栅格在 t 时刻的洪水动能；

$m_{(i,j)t}$——洪水的质量，由洪水的密度 ρ_w、栅格面积和水深相乘求得。

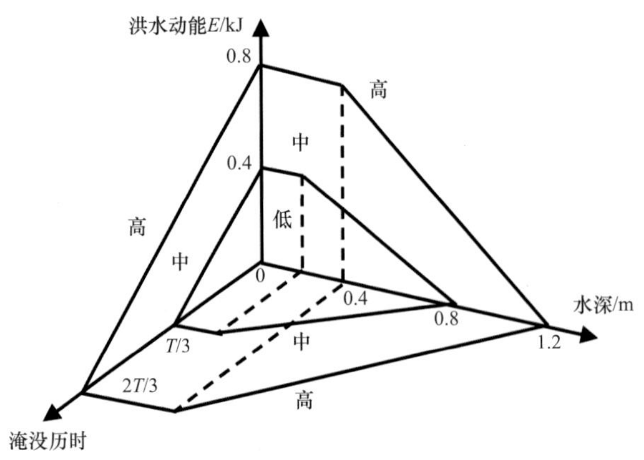

图 1–10 水深 – 淹没历时 – 洪水动能组成的多指标洪水危险等级划分图（荷兰）

T——一场洪水事件的总历时

在洪水危险等级划分时，水深和淹没历时的各等级阈值主要参照已有文献和当地实际情况确定，洪水动能主要根据美国的水深和流速划分阈值确定。在实际应用时，当任意两个指标确定的等级为高时，综合等级即为高，当任意两个指标确定的等级为中时，综合等级则为中，即取任意两个指标确定的洪水危险等级中的高者作为最终的危险等级。

（4）根据距溃口距离和溃决水头进行定性或粗略分析评价。英国在开展新建工程所在区域的洪水危险性评价时，在定性或粗略分析阶段，还可根据一些容易获得的指标作定性分析，如评价堤防防洪保护区因漫堤或溃口而引起的区域洪水危险分布时，以水头和距离堤防漫溢处或溃口的远近作为评价指标进行划分（见图 1–11 和图 1–12）。

（5）根据水深与人身高的对比关系进行分析评价。荷兰在洪水危险分布图编制时利用水深与人身高的对比关系将洪水危险性划分为 5 级，并用不同颜色进行识别：深蓝代表至脚踝处、浅蓝代表至膝盖处、浅红代表至臀部、橙色代表至头部、红色代表全部淹没（见图 1–13）。

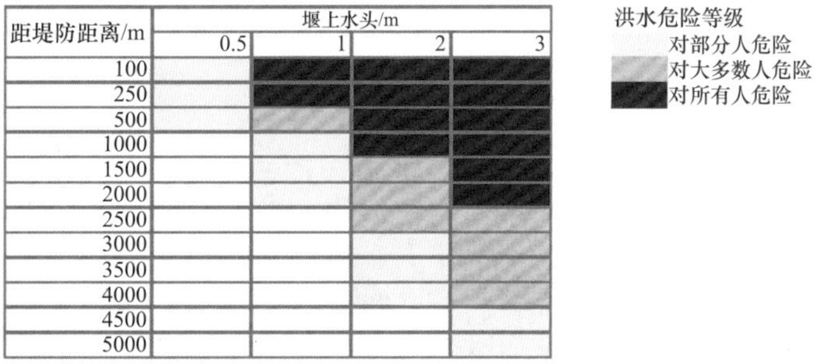

距堤防距离/m	堰上水头/m			
	0.5	1	2	3
100				
250				
500				
1000				
1500				
2000				
2500				
3000				
3500				
4000				
4500				
5000				

洪水危险等级
对部分人危险
对大多数人危险
对所有人危险

图 1-11 堤防漫溢洪水引起的区域危险性分布图（英国，假设区域地势平坦且无任何阻水建筑物）

距溃口距离/m	洪泛区以上水头/m						
	0.5	1	2	3	4	5	6
100							
250							
500							
1000							
1500							
2000							
2500							
3000							
3500							
4000							
4500							
5000							

洪水危险等级
对部分人危险
对大多数人危险
对所有人危险

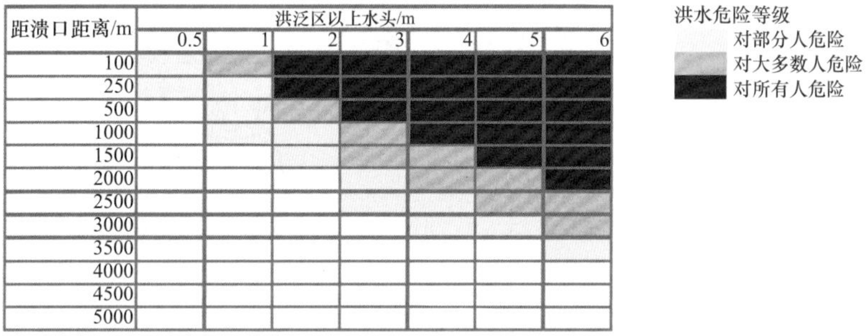

图 1-12 堤防溃决洪水引起的区域危险性分布图（英国，假设区域地势平坦且无任何阻水建筑物）

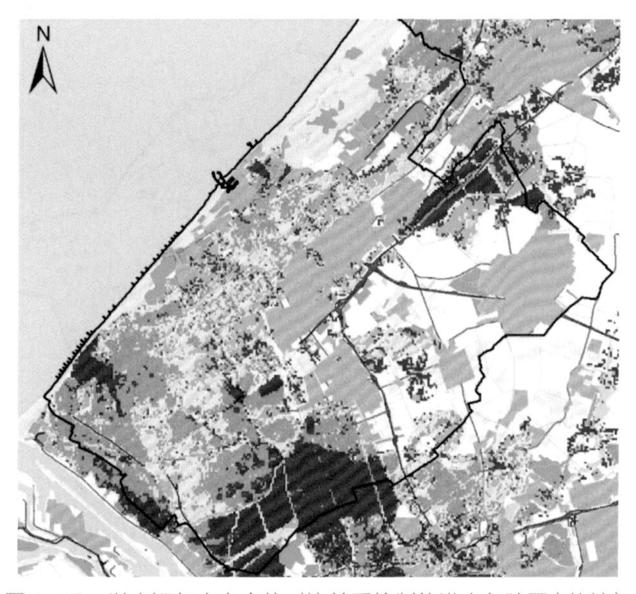

图 1-13 以水深与人身高的对比关系绘制的洪水危险图（荷兰）

1.3.2.2 资产洪灾脆弱性分析

（1）资产分布。承灾体分布状况可以直观地衡量区域的脆弱性，例如区域内居民地、学校、医院、危化企业、重要交通干线、重点保护设施的分布等。通常基于 GIS 软件的叠加分析功能，能够分别统计并展示区内点状、线状以及面状承灾体的分布状况（见图 1-14 和图 1-15）。

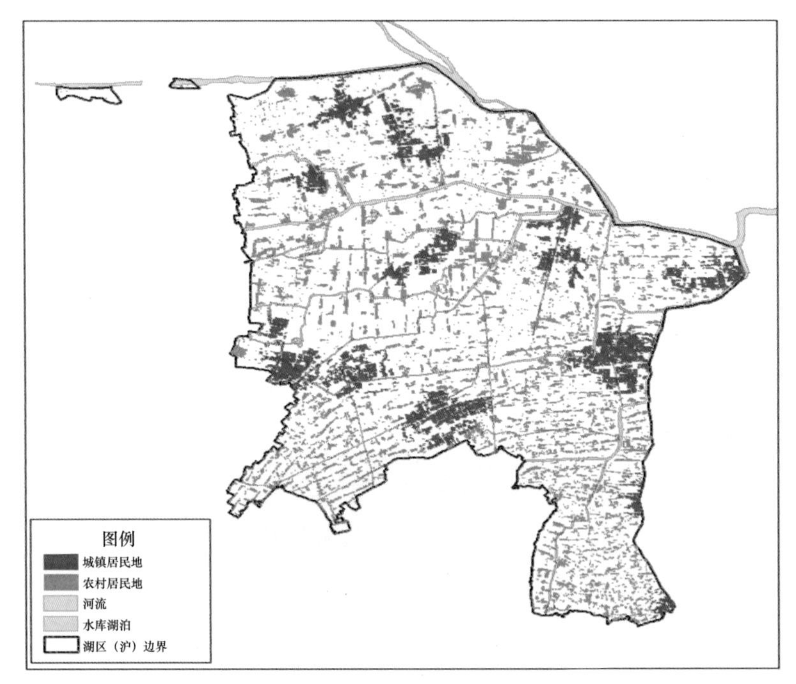

图 1-14　某区域内居民地分布图

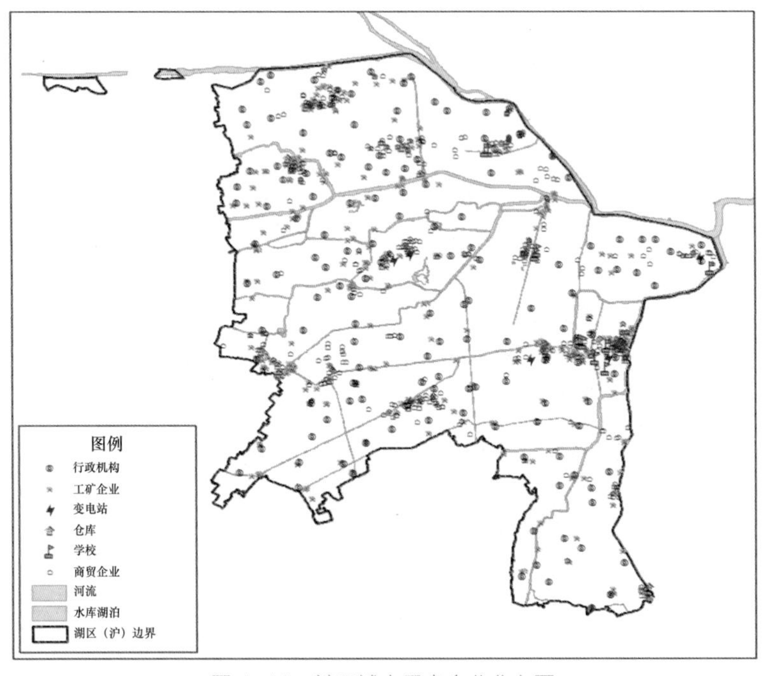

图 1-15　某区域内重点企业分布图

如果考虑了承灾体资产的价值，则能更直观地以同一标准（价值）展现区域内各种资产的分布状况。可以采用资产价值估算方法（现行市价法、收益现值法、重置成本法、清算价格法等），并考虑承灾体的数量对资产的价值进行估算。

有的经济价值指标也可以通过经济统计数据来推求，经济统计数据通常以非空间数据方式存储，即通过县区（乡镇）行政单元来收集、汇总和发布，数据并未指向与其相应的地物对象，难以体现统计单元内部的空间差异，所以需要恢复或重建其空间差异特征。借助于 GIS 技术，可以将各类统计指标定义在相应的土地利用图层上，例如将统计数据的人口分布范围限定在居住用地上，种植业产值定位在耕地上，工业资产定位在工业用地上等。中国科学院地理科学与资源研究所资源环境数据中心基于土地利用和统计数据制作了全国范围内基于 1km 网格人口分布见图 1–16 和 1km 网格 GDP 分布见图 1–17[68]。

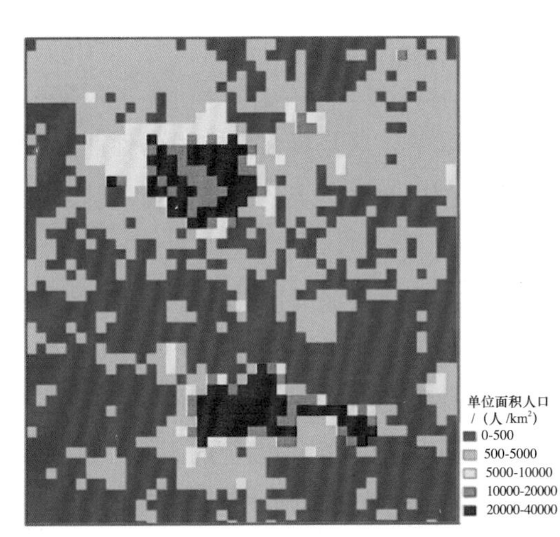

图 1–16　1km 网格人口分布图

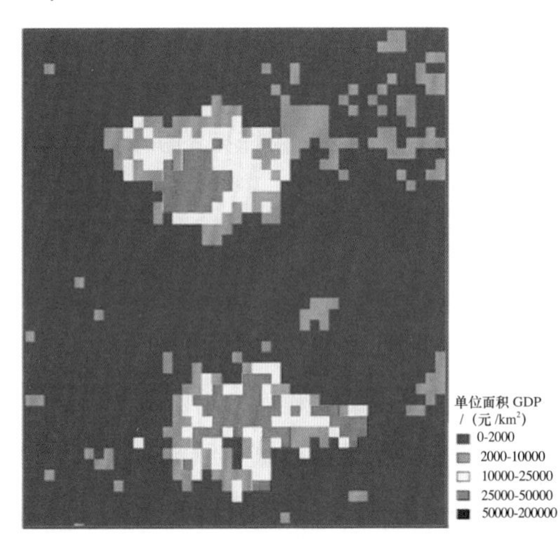

图 1–17　1km 网格 GDP 分布图

（2）脆弱性曲线。1964 年，美国的 White 首次提出了脆弱性曲线方法应用于洪灾脆弱性评估，也是目前脆弱性曲线发展较为完善的灾种之一。相对而言，淹没水深－损失曲线法是美国最常用的洪灾脆弱性评估方法，通过受淹资产的灾前价值与其直接经济损失率得到损失值。确定淹没水深－损失率关系是这种方法的核心，其函数形式表现多样，学者 L.Douglas James 与 Robert R.Lee[69] 给出了分段线性城市财产淹没水深－损失率函数，StuartJ.Appelbaum 提出了分类财产的等级式淹没水深损失率函数；Sujit das 和 Russell lee 利用 R^2 统计，给出了居民住房的多项式形式的损失率函数 [70]。美国联邦保险与减灾管理局和美国陆军工程师团也先后提出过辅助洪水保险和减灾决策的淹没水深－损失曲线。在美国得到广泛应用的自然灾害损失评估软件 HAZUS–MH 的技术手册中，对 900 多种淹没水深－损失率曲线进行了讨论 [71]。在因风暴潮引起的洪涝损失评估中，除淹没水深之外，波浪作用力是美国洪灾损失评估考虑的另一重要因素（见图 1–18）。而在估算农作物损失时，淹没历时也作为反映洪水特征的一项重要指标被考虑。

英国洪灾研究中心（FHRC）的 Penning Roswell[72] 等提出了针对英国居住和商用房产的淹没水深－损失曲线。他们将建筑分为 21 类，并分别求出各类建筑在 2 种水灾

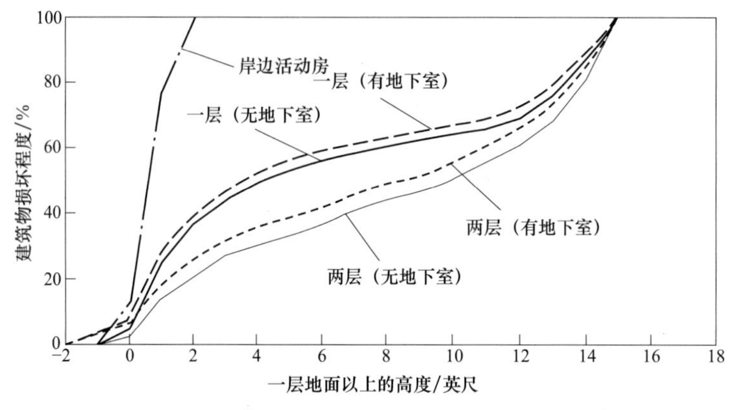

图 1-18　一组典型的风暴潮水深－损失曲线图（大浪作用下）

延时情况及 4 种社会条件中的洪灾脆弱性曲线共 168 条，这是目前洪灾脆弱性曲线研究最为详尽的成果之一[73]。其中以建筑物和财产的损失金额（英镑）作为衡量脆弱性的指标（见图 1-19）。

荷兰建立了多种资产的淹没水深－损失曲线法，洪灾直接经济损失值根据资产数量、单位资产的最大可能损失值以及洪灾损失系数共同确定[74-75]。损失系数相当于洪灾损失率，它揭示了资产的受损程度，用以衡量资产的脆弱性，该系数取决于相应的淹没特征。荷兰根据历史洪灾记录（1953 年欧洲大洪水）建立资产的损失系数与淹没特征的函数关系，对于资料不足而难以建立损失系数函数的类型，则通过征询建筑工程师、企业管理者和经营者的方式来近似确定。荷兰在全国范围内采用统一的洪灾损失系数函数关系，但会根据评价区域所属风险区的不同而对该关系进行相应的调整。

德国的 HOWAS 数据库包含有针对不同建筑物上千条洪灾历史记录，也被应用于脆弱性曲线的构造。澳大利亚资源与环境研究中心（CRES）构建的 ANUFLOOD 模型，利用英国和澳大利亚的洪水灾情数据构建了住宅等建筑物的脆弱性曲线。Dutta 等则给出了包括建筑物和农作物在内的多种承灾体日本水灾脆弱性曲线。

我国在洪灾损失率与水深关系方面也进行了大量的研究，有代表性的研究有：施国庆[76]分析了洪灾损失率的主要影响因素，提出了相关曲线图解法、多元回归分析法等洪灾损失率确定方法。陈浩等人[77]在调查黄河滩区、广州市等历史洪涝灾害损失的基础上，建立各类资产的损失率线性函数关系。万庆[78]认为除了研究单点时刻的淹没水

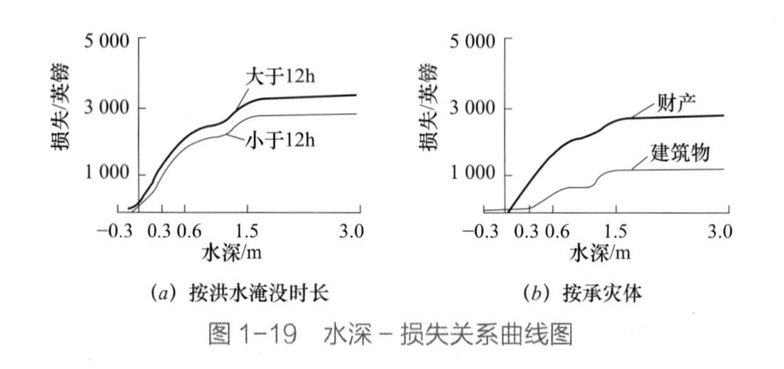

图 1-19　水深－损失关系曲线图

深－损失率关系外，有必要研究基于洪水淹没过程的淹没水深与损失率关系。杨秋珍[79]等通过田间试验探求了绿叶菜损失率与叶龄、淹没水深及淹没历时之间的关系，建立了叶菜淹水损失率试验统计模型等。冯民权[80]总结出财产损失率与淹没水深关系有多项式函数、指数函数关系，其适用性视具体情况而定。王艳艳[81]通过对上海市历史灾情进行调查统计分析，提出了上海市暴雨内涝分类资产洪灾损失率与淹没水深的关系见图 1–20。

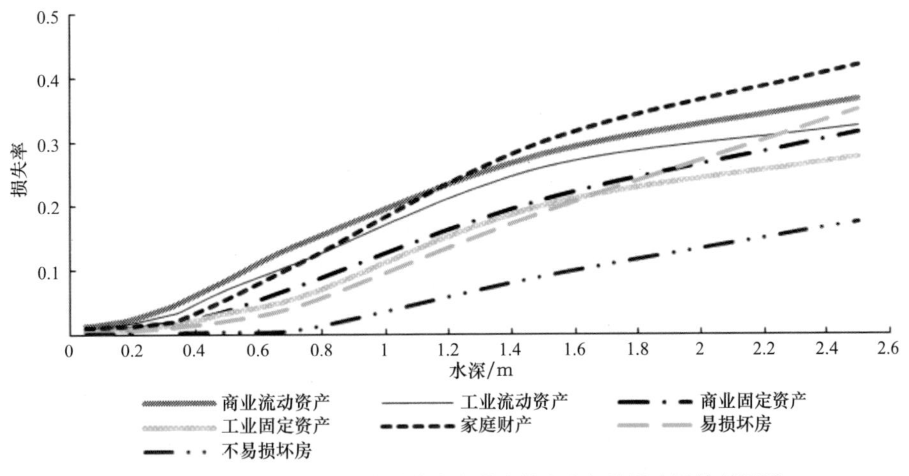

图 1–20　上海市暴雨内涝分类资产洪灾损失率与淹没水深的关系图

与国外同类研究比较，我国缺乏系统性的有权威的损失率关系研究，根据洪灾损失调查数据，采用参数统计模型建立的分类资产淹没水深与损失率的关系仅适用于具体的研究区域。而对不同研究范围的损失率关系需要根据实际情况另行推求，受资料限制，在洪灾损失率的关系选取随意性较大，从而影响了评估结果的准确性[82]。

1.3.3　洪水风险分析

根据洪水风险的定义，洪水风险 = 洪水危险性（Hazard）× 承灾体脆弱性（Vulnerability），洪水风险分析就是叠加分析洪水危险性分析和承灾体脆弱性分析的结果。洪水危险性分析主要反映洪水灾害的自然属性，一般通过对洪水本身存在的危险性因素进行分析研究，主要包括洪水淹没范围及水深、淹没流速和淹没历时等因子；后者主要通过对研究区的社会经济结构和分布统计调查，估计当遭遇不同强度洪水侵袭时的洪灾损失程度和分布情况。

英国专家在《未来洪水风险预见》项目中，考虑洪水发生的频率，洪水的危险性以及承灾体脆弱性，分析了 21 世纪 30 年代和 80 年代在不同社会经济情景和气候变化情景下英国基于 10km 网格洪水风险分布（见图 1–21），其所采用的风险指标为综合频率与洪灾损失所得到的期望洪灾损失值[83]。

荷兰在欧盟洪水风险管理项目中根据洪水频率、淹没特征确定了洪水风险（可能损失）分布（见图 1–22）。图 1–22 中的渲染颜色越重，表示风险越大。荷兰政府借此图作为参考

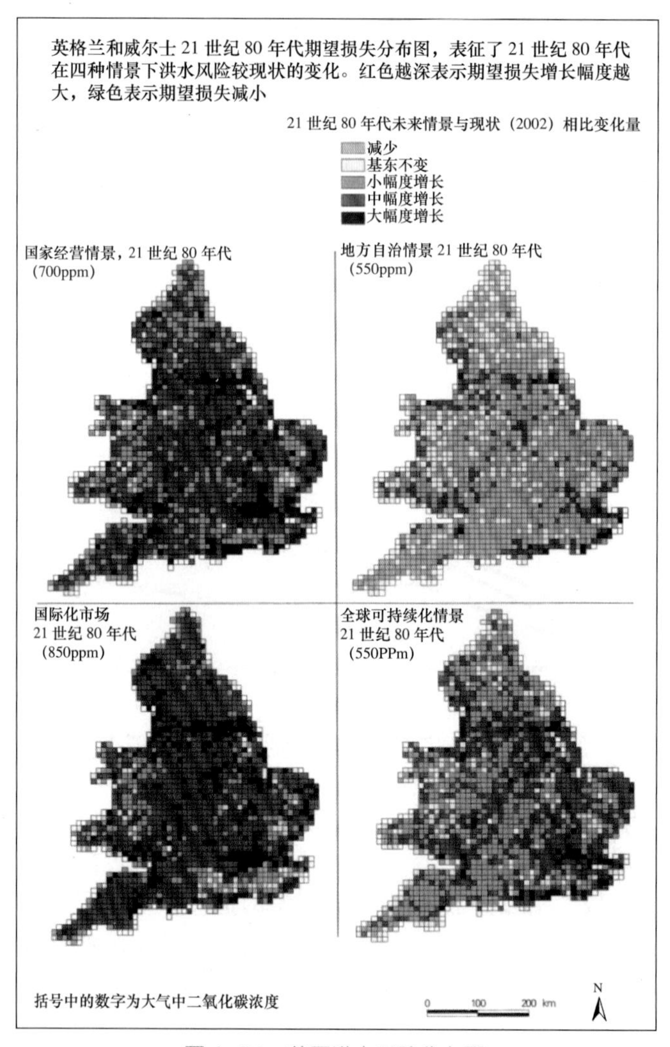

图 1-21　英国洪水风险分布图

采取相应的防洪减灾措施。

洪水风险的分析过程主要包括以下几个方面（见图 1-23）。

（1）根据数学模型模拟计算确定洪水淹没范围、淹没水深、淹没历时等危险性指标。

（2）搜集社会经济调查资料、社会经济统计资料以及空间地理信息资料，并将社会经济统计数据与相应的空间图层建立关联，如将家庭财产定位在居民地上，将农业产值定位在耕地上等，并进一步推求承灾体价值，反映承灾体在空间上的分布差异。

（3）选取具有代表性的典型地区、典型单元、典型部门等分类作洪灾损失调查统计，根据调查资料估算不同淹没水深（历时）条件下，各类财产洪灾损失率，建立淹没水深（历时）与各类财产洪灾损失率关系表或关系曲线，也即脆弱性曲线。

（4）洪水淹没特征分布与社会经济特征分布通过空间地理关系进行拓扑叠加，获取洪水影响范围内不同淹没水深下社会经济不同财产类型及数量，得到受淹指标，包括受影响人口及受淹分类资产数量等。

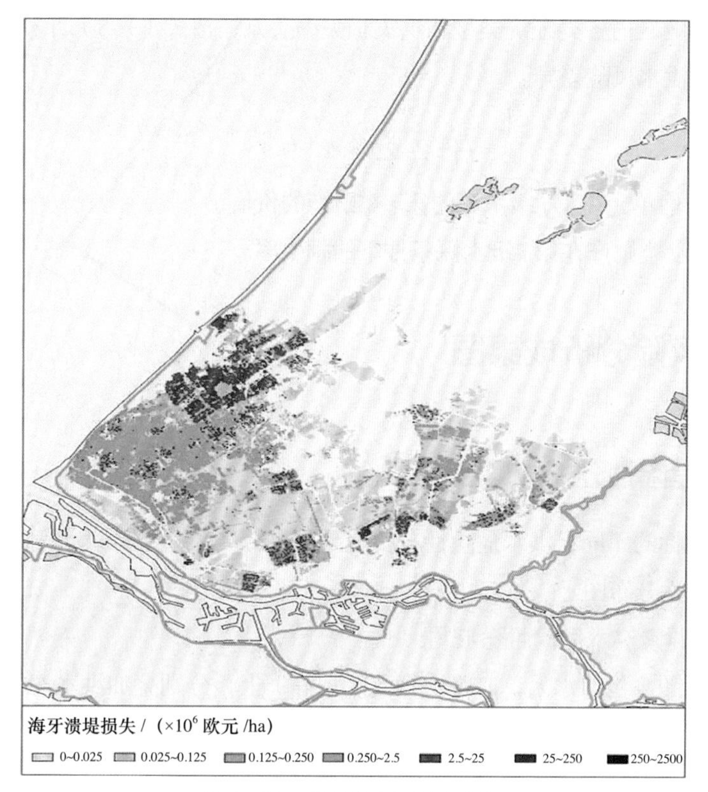

图 1-22　荷兰洪水风险分布图

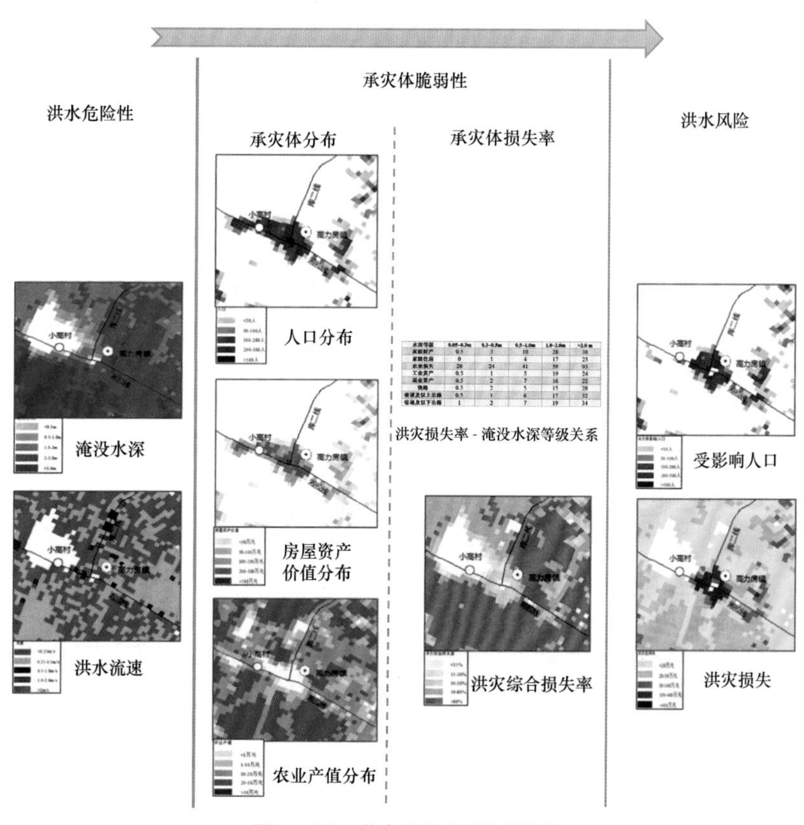

水深等级	0.05~0.3m	0.3~0.5m	0.5~1.0m	1.0~2.0m	>2.0 m
家庭财产	0.5	3	10	28	38
家庭住房	0	1	4	17	23
农业损失	20	24	41	59	93
工业资产	0.5	1	5	19	24
商业资产	0.5	2	7	16	22
铁路	0.5	2	5	15	28
省道及以上公路	0.5	1	6	17	32
省道及以下公路	1	2	7	19	34

图 1-23　洪水风险分析过程图

（5）根据影响区内各类经济类型和洪灾损失率关系，按式（1–5）计算洪灾经济损失，用以表征区域的洪水风险差异。

$$D=\sum_{i}\sum_{j}W_{ij}\eta(i,j) \tag{1-5}$$

式中　W_{ij}——评估单元在第 j 级水深的第 i 类财产的价值；

$\eta(i,j)$——第 i 类财产在第 j 级水深条件下的损失率。

1.4　洪水风险分析成果图

1.4.1　洪水危险性分析成果图

根据选用指标的不同，洪水危险性分析成果图可分为单一要素洪水危险性分布图和综合要素洪水危险性分布图。

1.4.1.1　单一要素洪水危险性分布图

在基础地形图（包括水系、道路、行政区划等）上，分别叠加洪水淹没水深、淹没历时和洪水到达时间、洪水流速等信息生成的相应风险图层，即可形成相应的单一要素洪水危险性分布图。单一要素洪水危险性分布图包括洪水淹没范围图、洪水淹没水深图、洪水淹没历时图、洪水到达时间图和洪水流速图等。

（1）洪水淹没范围图。洪水淹没范围图通常是在基础图（一般包括河流水系、道路交通、行政区划等图层）上，叠加洪水淹没范围信息后形成的表示洪水淹没范围的地图。洪水淹没范围图可以是一种频率洪水或一种洪水组合方案的淹没范围图，也可以是将多种频率洪水的淹没范围绘制在一张图上（见图 1–24）。图 1–24 为某区域的洪水淹没边界及洪泛区地图，图上标示了 100 年一遇（深灰色区域）、500 年一遇洪水淹没边界（白色封闭区域，图中标示为 ZONE B 的区域）及 500 年一遇以上洪水影响区（图中标示 ZONE C 的区域，即洪水风险较低的区域）。

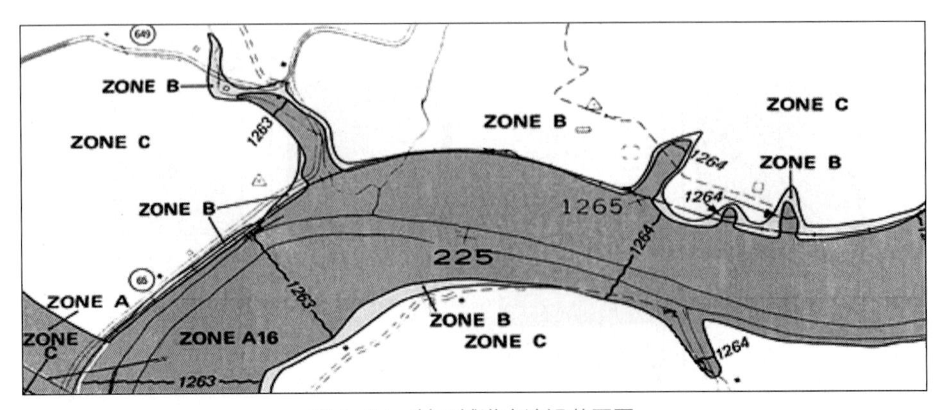

图 1–24　某区域洪水淹没范围图

（2）洪水淹没水深图。洪水淹没水深图是被最多绘制和应用的单一要素洪水危险性分布图。该类型的图可以利用针对某种方案下整个区域的最大淹没水深作为指标来绘制，也可以针对某种方案下道路最大积水作为指标来绘制[84]，后者通常应用在城市洪水风险图的绘制中。某城区发生 50 年一遇设计暴雨过程的各处最大淹没水深分布见图 1-25，某城区发生 100 年一遇设计暴雨过程的主干道路上的最大淹没水深分布见图 1-26。

图 1-25　最大淹没水深分布图

图 1-26　道路淹没水深分布图

（3）洪水淹没历时图。洪水淹没历时图表现的是在一次洪水过程中，区域从开始受淹到最终退水不再受淹之间经历的时间（见图 1–27）。图 1–27 中按照淹没历时的长短，将受淹区域分成了“重度滞水区”（淹没历时大于 240h）、“中度滞水区”（淹没历时 120~240h）、“轻度滞水区”（淹没历时小于 120h）。一般情况下，防洪保护区或蓄滞洪区需要绘制洪水淹没历时分布图，用于辅助防汛应急预案和避险转移方案的制定。

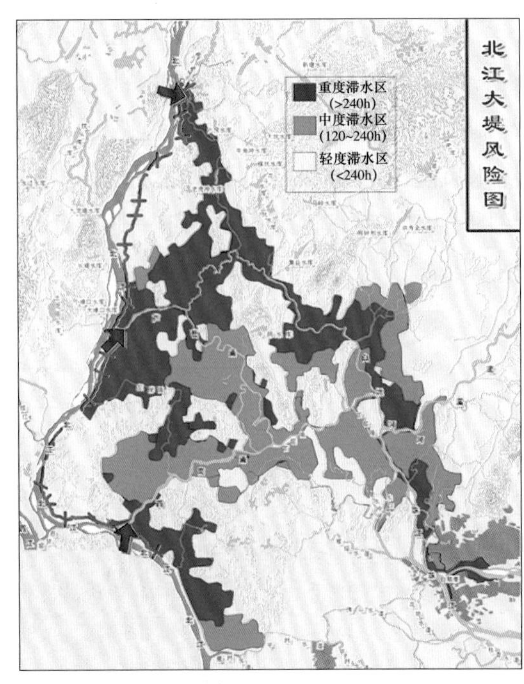

图 1–27　洪水淹没历时图

（4）洪水到达时间图。洪水到达时间图描述的是洪水发生后，从溃决淹没开始，洪水峰值演进到各处所需的时间（见图 1–28）。在防洪保护区或蓄滞洪区洪水风险图的绘制中，通常需绘制洪水到达时间图，该图对于指导防汛应急预案和避险转移方案的制定有重要的参考价值。

（5）洪水流速图。洪水流速图通常表现的是在一次洪水过程中，受淹区域内各处最大流速的大小分布（见图 1–29）。图 1–29 中按照流速的大小，将受淹区域分成了“急流区”（流速大于 1.0m/s）、“平流区”（流速 0.5~1.0m/s）、“缓流区”（流速小于 0.5m/s）。一般情况下，蓄滞洪区、水库泄洪或溃坝需要绘制洪水流速分布图，用于指导防汛应急预案和避险转移方案的制定。另外，对于山区城市，绘制洪水流速分布图，特别是道路上的洪水流速分布图对编

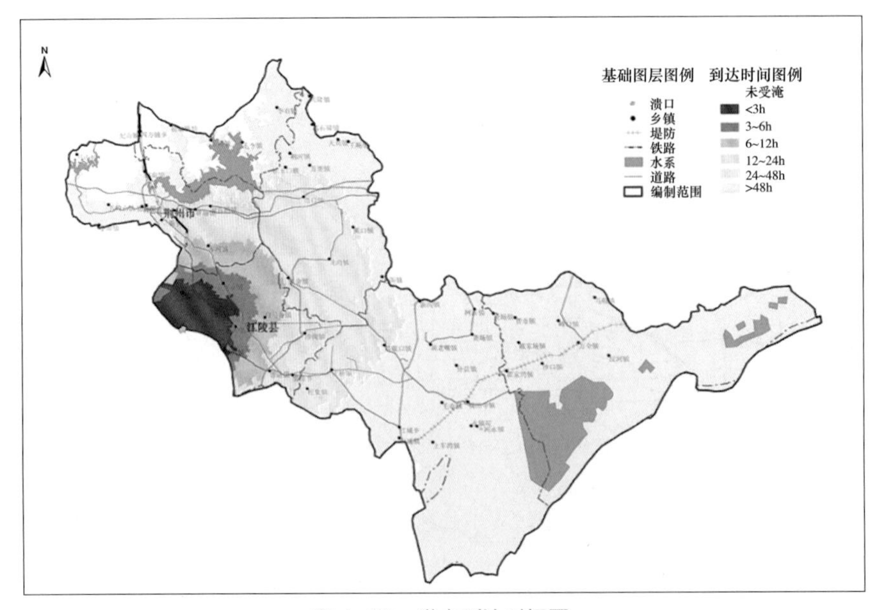

图 1–28　洪水到达时间图

制城市防汛应急预案也很有帮助。

1.4.1.2 综合要素洪水危险性分布图

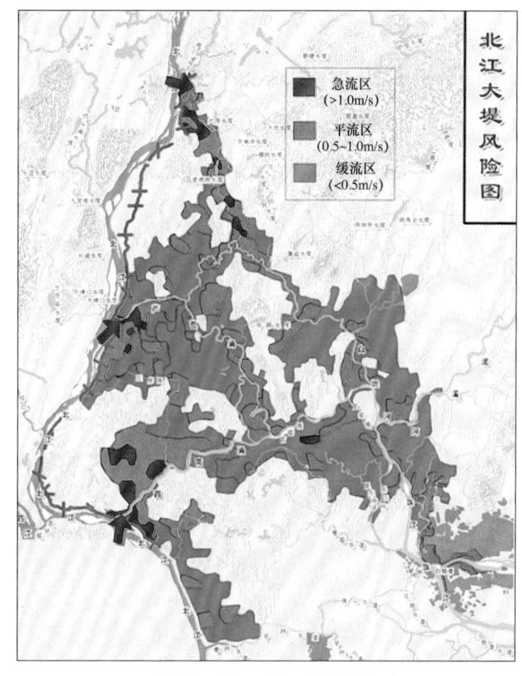

图 1–29 洪水流速图

单一指标往往只能反映洪水危险性的一个方面，为全面了解洪水危险性大小，一些国家将淹没水深、淹没历时、到达时间、淹没流速等多个指标综合成一个指标，并对该指标分等后绘制洪水危险性分布图，这种图称为综合要素洪水危险性分布图。由于综合要素危险性分布图是先将描述洪水危险性的多个指标综合成一个指标，再利用综合指标对危险区进行分等、分区，所以这类图也可称为洪水危险性区划图。如英国用危险率来表示洪水危险性大小，如式（1–6），绘制的综合要素洪水危险性分布见图 1–30。

$$HR=d\times(v+0.5)+DF \tag{1–6}$$

式中 HR——洪水危险率；

d——淹没水深；

v——流速；

DF——泥石因子。

刘树坤等利用二维水动力学模型计算永定河泛区在遭受百年一遇、50 年一遇洪水时的洪水泛滥过程，根据计算得到的淹没水深、流速、流向等结果，将整个分洪区划分为极危险区、危险重灾区、重灾区、轻灾区和安全区。

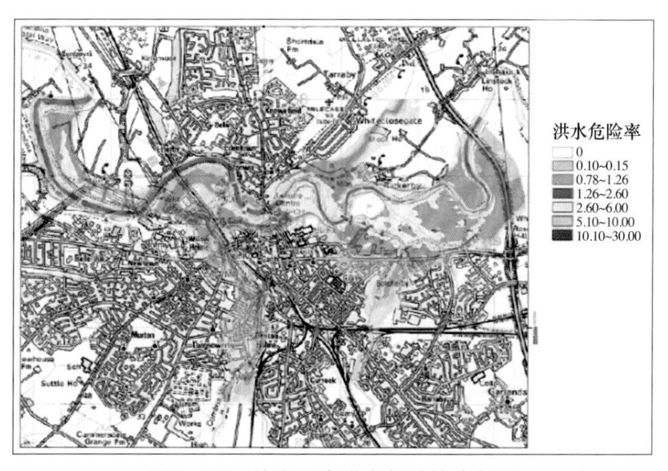

图 1–30 综合要素洪水危险性分布图

除了用水深、流速、淹没历时等指标综合表示洪水危险性以外，有些国家用洪水发生的频率和洪水强度综合分等后，作为洪水危险性分等的指标并进行区划图绘制（见图 1–31）。图 1–31 中用红色、蓝色、黄色和浅黄色分别表示洪水高风险区、洪水中等风险区、洪水低风险区和极低风险区。瑞士的洪水风险区划分选取洪水频率和洪水强度两个指标，其中洪水频率分为 30 年、100 年和 300 年一遇三个等级，根据淹没水深、流速、特殊流量、横向侵蚀范围以及泥石因子等综合评价得到的洪水强度也分为低、中和高三个等级，组合洪水频率和洪水强度两个指标可得到图 1–31 中的极低、低、中和高洪水风险区。

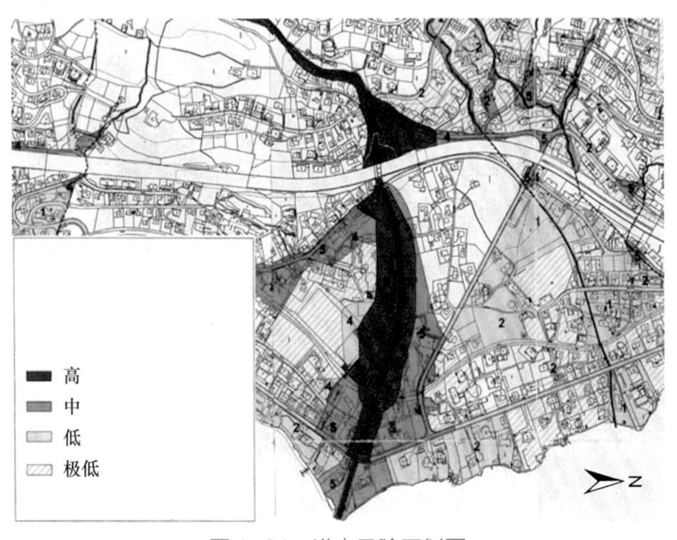

图 1–31　洪水风险区划图

这种洪水危险性分析成果图主要服务于土地利用规划、洪水风险管理和风险意识教育等领域，一般高危险区被界定为禁止开发区；中危险区为有条件性的利用区，即除非满足大量的限制条件后才可利用；低危险区允许开发利用的限制更少，但需告知区域内居民其所处位置的危险程度。

1.4.2　承灾体脆弱性分析成果图

1.4.2.1　承灾体分布图

（1）人口分布图。人口分布图用来描述人口的地理空间分布。人口分布状况可以通过调查直接获取，也可以通过统计资料来推求。我国人口数据通常是以行政单元为统计单位的。为了准确地表征人口的分布状况，需要对人口统计数据进行空间分析。通常采用居民地法对人口统计数据进行空间分析，即认为人口是离散地分布在居民地范围内，根据居民地的面积以及居民地人口的密度相乘得到某居民地地块上的人口数量及分布。某防洪保护区基于网格的人口分布见图 1–32，颜色越深表示该网格上的人口越密集。

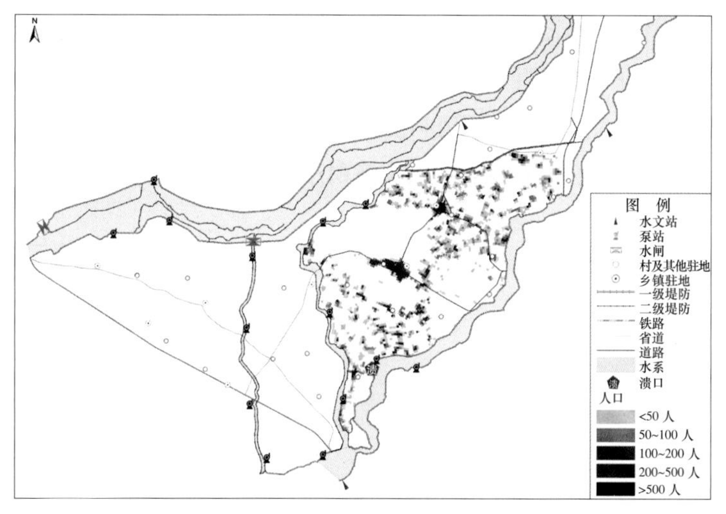

图 1-32　某防洪保护区基于网格的人口分布图

若行政区内人口分布较为均匀，也可采用行政区受淹面积的比例来概算受影响人口。该算法认为某行政区内的人口是平均分布在该行政单元边界内的，然后根据网格内行政区的面积以及人口密度得到网格内的人口数量，并据此对网格进行颜色渲染形成基于网格的人口分布图。

（2）房屋价值分布图。房屋价值分布图用来描述房屋价值地理分布情况，房屋价值的分布可以通过现场调查直接获取，也可通过房屋分布地图资料以及单位面积房屋价值资料推求获取。某防洪保护区基于网格的房屋资产价值分布见图 1-33，根据房屋分布图层与网格图层叠加计算每个网格上的房屋面积，结合当地单位面积房屋价值，计算得到每个网格上的房屋价值，并据其对网格进行颜色渲染，颜色越深表示该网格房屋价值越大。

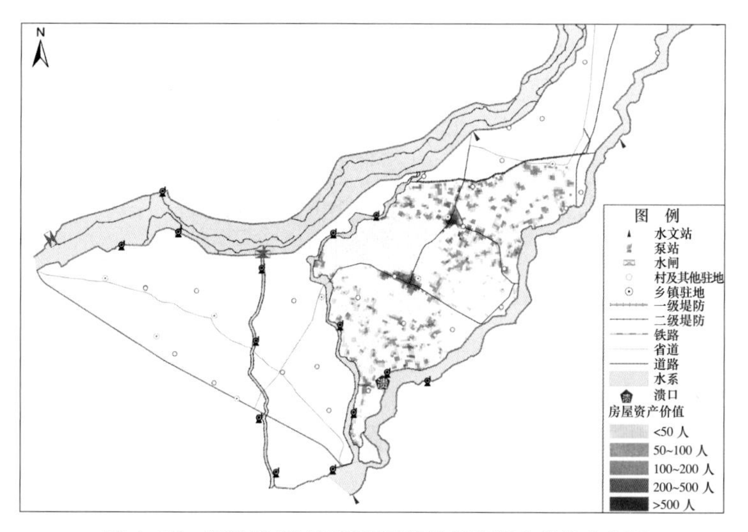

图 1-33　某防洪保护区基于网格的房屋资产价值分布图

（3）居民家庭财产分布图。居民家庭财产分布图用来表示居民财产的地理分布状况。根据社会经济统计资料中的每百户家庭耐用消费品拥有量及生产资料拥有量推求人均家庭财产值，并结合区域内人口分布状况进行居民家庭财产的推求，某防洪保护区基于网格的家庭财产分布见图 1-34，分布在网格上的家庭财产值越大，网格颜色越深。

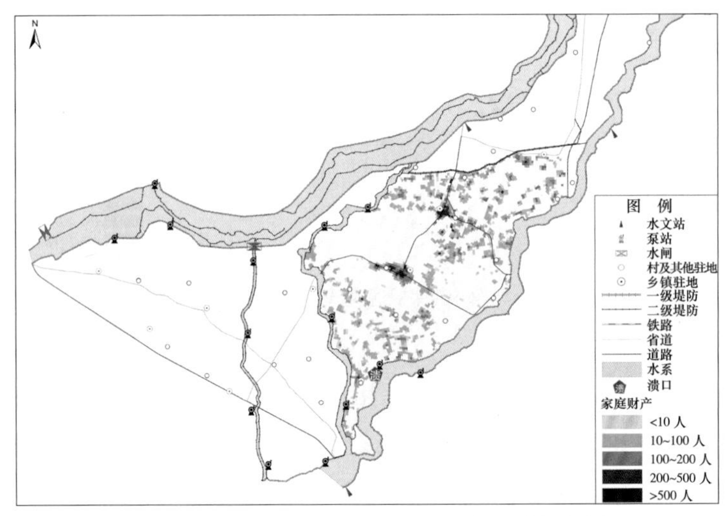

图 1-34　某防洪保护区基于网格的家庭财产分布图

（4）农业产值分布图。农业产值分布图用来表征区内的农业生产地理分布状况。与前述其他资产分布图件相同，可以通过实地调查获取，也可以通过社会经济统计数据推求。某防洪保护区基于网格的农业产值分布见图 1-35，首先根据农业用地图层、行政区划图层

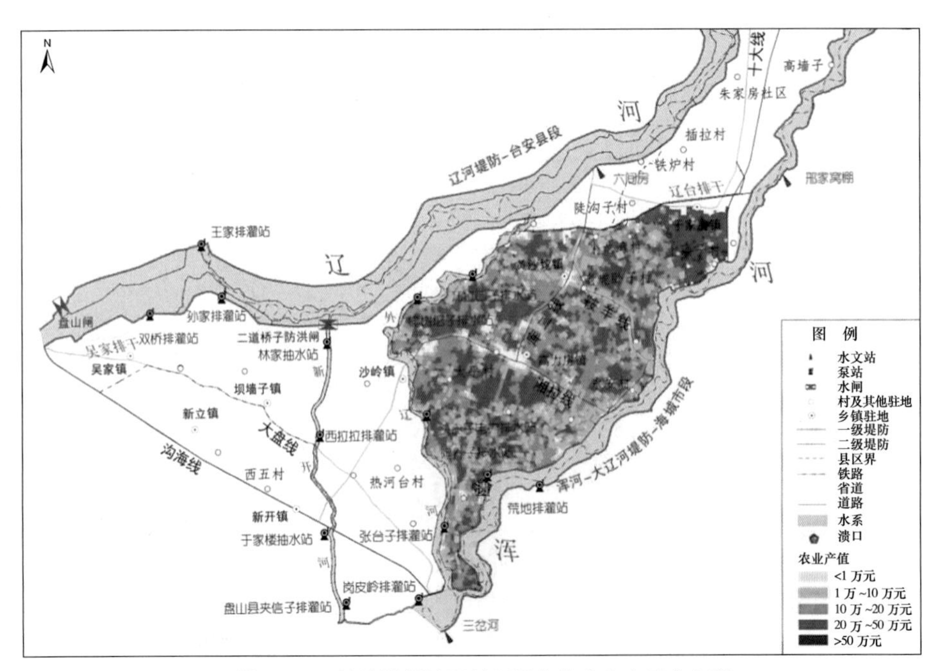

图 1-35　某防洪保护区基于网格的农业产值分布图

以及网格图层叠加计算每个网格上的农业用地面积及其所属行政区信息，结合社会经济统计资料中的各个行政区农业产值数据，进一步推求网格上的农业产值分布。

（5）总资产价值分布图。将各类资产价值按网格汇总求和，某防洪保护区基于网格总资产价值分布见图 1–36，可以更直观地从总体上掌握研究区域资产的分布情况。

1.4.2.2 承灾体脆弱性曲线分布图

洪灾损失率是描述承灾体脆弱性的相对指标，基于网格展示了某防洪保护区堤防溃决后受淹区域的综合损失率分布（见图 1–37），综合损失率根据网格上各类资产损失率按照网格内相应资产比例进行加权平均得到。

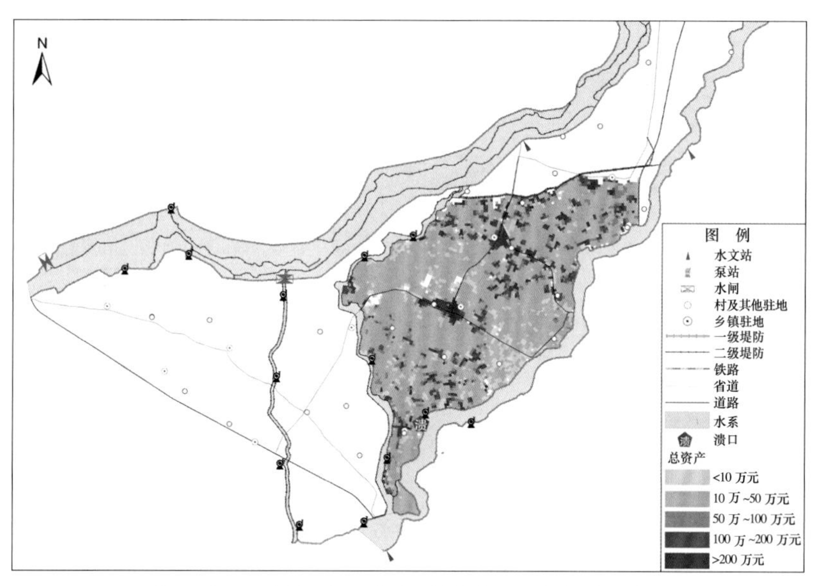

图 1–36 某防洪保护区基于网格的总资产价值分布图

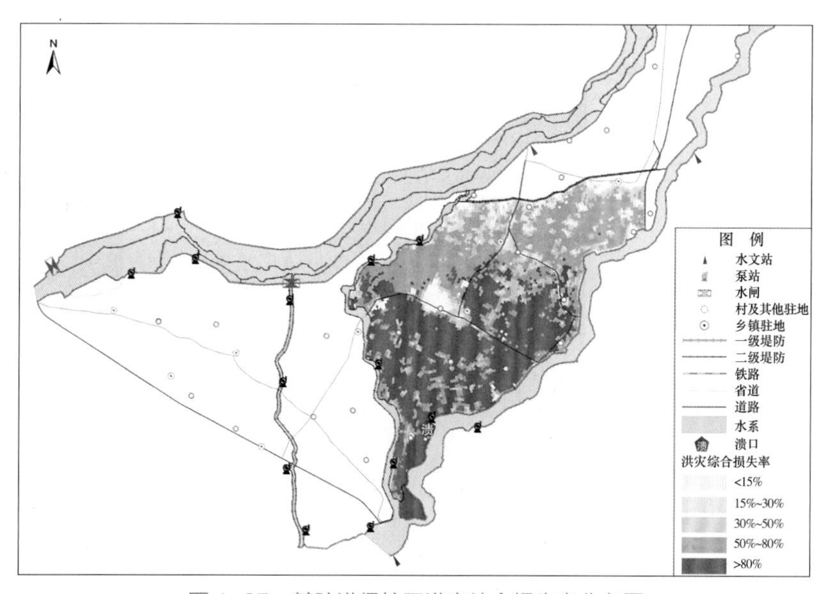

图 1–37 某防洪保护区洪灾综合损失率分布图

1.4.3 洪水社会经济风险成果图

1.4.3.1 受影响人口分布图

受影响人口分布图展现淹没区人口的地理分布状况，是人口分布和洪水淹没范围叠加的结果。与人口分布图相比，不在淹没范围内的人口在受影响人口分布图中不予展示。受影响人口分布图可作为救灾和避险转移的主要依据。某防洪保护区基于网格受影响人口分布见图 1-38，网格颜色越深，表示该网格内受影响人口数量越多。

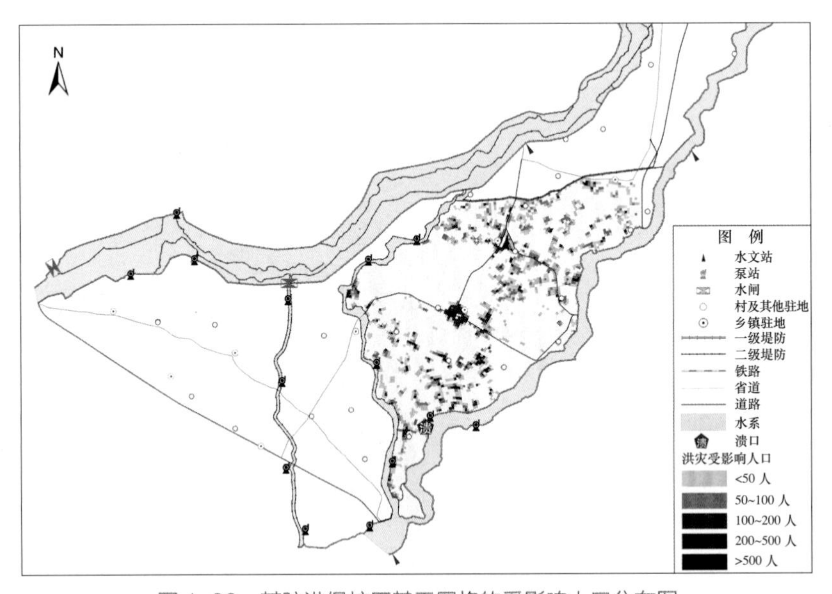

图 1-38 某防洪保护区基于网格的受影响人口分布图

1.4.3.2 洪灾损失分布图

洪灾损失分布图是以洪水灾害损失作为指标，利用地图来表示不同区域洪灾损失大小和分布情况。洪灾损失分布图又可分为两种：一种是以货币表示的定量化的洪灾损失为指标绘制分布图；另一种是将洪灾损失的等级作为指标绘制分布图，也可称为洪灾损失区划图。

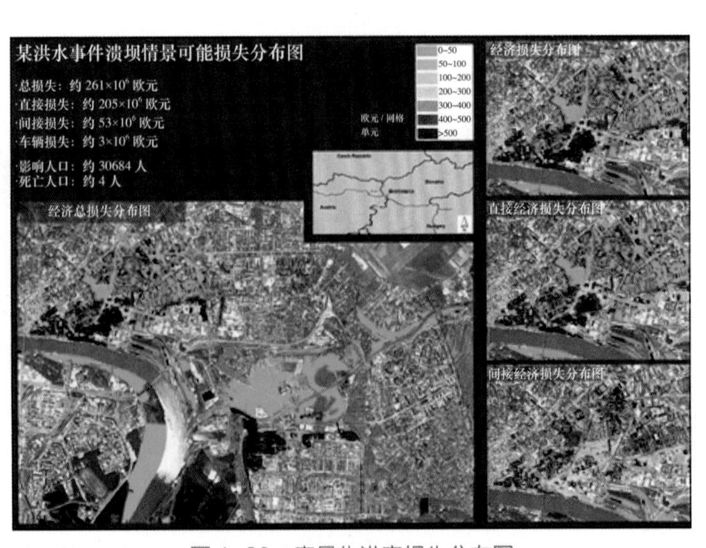

图 1-39 定量化洪灾损失分布图

位于多瑙河畔小喀尔巴阡山麓的斯洛伐克首都布拉迪斯拉发城市的一张定量化洪灾损失分布见图 1-39，该图用绿、黄、橙、红等颜色分 7 等表示多瑙河发生百年一遇洪水时，某水库溃坝造成的城市受淹区的直接经济损失、间接经济损失和经济总损失的分布图。其中左下角和右上角是经济总损失分布图，右边居中和右下角的图形分别表示的是直接经济损失分布图和间接经济损失分布图。

基于网格绘制的某防洪保护区洪灾总损失分布见图 1-40，根据计算得到某防洪保护区遇 100 年一遇洪水某堤防溃决后所造成的直接经济损失（包括房屋损失、家庭财产损失、农业损失等），对其进行等级划分，根据网格上的直接经济损失分级进行颜色渲染，用以表示损失的严重程度。

洪灾损失区划见图 1-41，从图 1-41 中，首先将洪灾损失划分为“极高”、“高”、“中”和“低”四个级别，并分别以紫色、棕色、红色和橙色表示四个级别的洪灾风险等级，在此基础上进行区划图绘制。

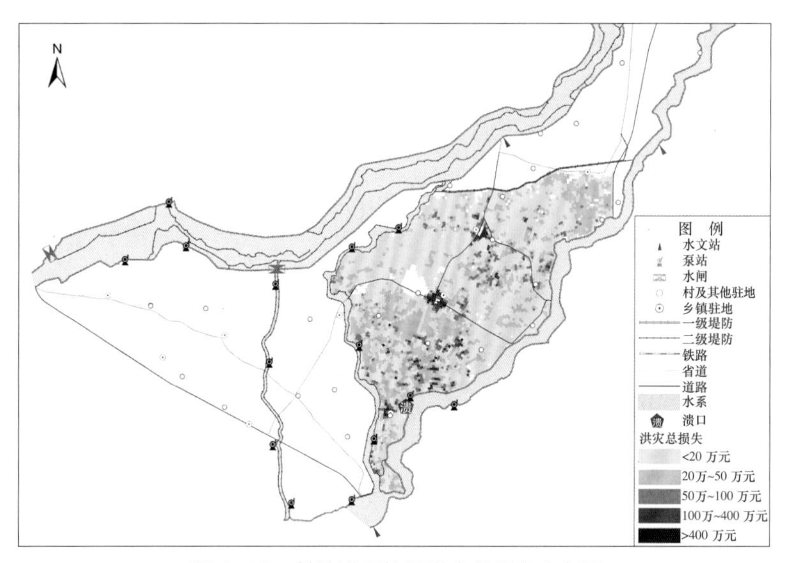

图 1-40　某防洪保护区洪灾总损失分布图

图 1-41　洪灾损失区划图

2　洪水分析模型

2.1　模型原理

2.1.1　基本方程

模型对平面水流按二维非恒定流进行模拟，针对研究区域内的道路和宽度较小的河道，在二维模型中结合一维非恒定流进行求解。模型将有限体积法与有限差分法的优点相结合，采用无结构不规则网格对研究区域进行离散，在网格形心处计算水深，在网格周边通道上计算流量。其基本方程是：

连续方程：$$\frac{\partial H}{\partial t}+\frac{\partial M}{\partial x}+\frac{\partial N}{\partial y}=q \tag{2-1}$$

动量方程：$$\frac{\partial M}{\partial t}+\frac{\partial (uM)}{\partial x}+\frac{\partial (vM)}{\partial y}+gH\frac{\partial Z}{\partial x}+g\frac{n^2u\sqrt{u^2+v^2}}{H^{\frac{1}{3}}}=0 \tag{2-2}$$

$$\frac{\partial N}{\partial t}+\frac{\partial (uN)}{\partial x}+\frac{\partial (vN)}{\partial y}+gH\frac{\partial Z}{\partial y}+g\frac{n^2v\sqrt{u^2+v^2}}{H^{\frac{1}{3}}}=0 \tag{2-3}$$

式中　H——水深；

Z——水位；

M、N——x、y 方向的单宽流量；

u、v——流速在 x、y 方向的分量；

n——糙率系数；

g——重力加速度；

t——时刻；

q——源汇项，模型中代表有效降雨强度和排水强度，其中有效降雨强度指计算时段内降雨量形成的径流量，由降雨量乘以径流系数求得。排水强度是指城市化区域地下排水管网系统的排水强度。

2.1.2　控制方程的离散

为了既简化计算方法、提高模型运算速度，又保证基本控制方程的守恒性、稳定性和较高的计算精度，模型在基本状态变量的离散化布置方式上，借鉴了有限体积法和显式有限差分法。在网格的形心计算水深，在网格周边通道上计算法向单宽流量，同时，水深与流量在时间轴上分层布置,交替求解。由初始时刻已知的每个网格水位,通过动量方程求得 *DT*(步长) 时刻各条通道上的单宽流量，再把结果代入连续方程求得 2*DT* 时刻所有网格的水位，如此不断循环计算直到结束（见图 2–1）。该方式物理意义清晰，并且有利于提高计算的稳定性。

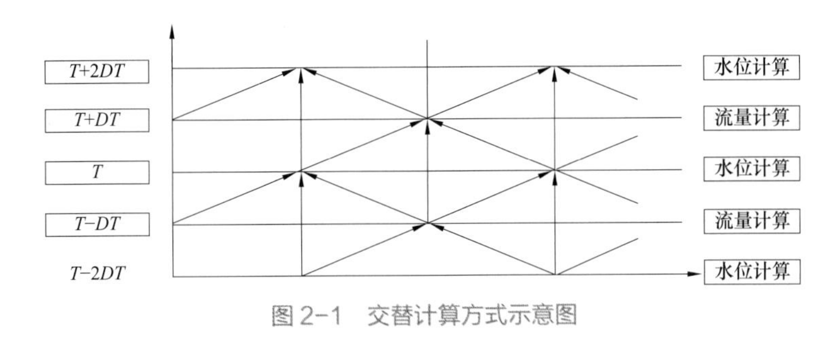

图 2–1　交替计算方式示意图

（1）连续方程的离散。由于计算时间间隔很小（只有几到十几秒），网格水位变化不大，因而可以假定同一时段同一网格水位不变。将式（2–1）对任一网格进行面积分，得

$$\int_A\left(\frac{\partial H}{\partial t}+\nabla H\vec{u}\right)\mathrm{d}A=\int_A q\mathrm{d}A \tag{2–4}$$

根据高斯定理，式（2–4）可改写为

$$\int_A\frac{\partial H}{\partial t}\mathrm{d}A+\oint_l(H\vec{u}\cdot\vec{n})\mathrm{d}l=\int_A q\mathrm{d}A \tag{2–5}$$

由于一般建立的区域二维非恒定流模型的网格面积较小，每个网格内地势变化不大，因此可以认为水深和降雨在同网格内是均匀的，将式简化为

$$A\frac{\partial H}{\partial t}+\oint_l(H\vec{u}\cdot\vec{n})\mathrm{d}l=qA \tag{2–6}$$

式中　$\vec{u}$——计算网格周边上一点的流速矢量；

　　$\vec{n}$——该点的外法线方向单位分量。

令 $Q=H\vec{u}\cdot\vec{n}$，对任一 K 边形网格，式（2–6）等号左边第二项线积分可记为

$$\oint_l Q\mathrm{d}l=\sum_{k=1}^{K}Q_kL_k \tag{2–7}$$

式中　L_k——通道宽度；

　　Q_k——通道的单宽流量；

　　K——网格边数；下标 k 为通道号。

连续方程对任一网格的显式离散化形式为

$$H_i^{T+2DT}=H_i^T+\frac{2DT}{A_i}\sum_{k=1}^{K}Q_{i_k}^{T+DT}L_{i_k}+2DTq^{T+DT} \tag{2–8}$$

式中　A_i——第 i 网格的面积；
T——当前计算时刻；
DT——时间步长的一半；
q——源汇项，指有效降雨强度和区域排水强度。

（2）动量方程的离散。根据高斯定理，将动量方程沿网格各通道进行线积分，并根据分析区域内的自然水流条件及不同建筑物类型，对动量方程作相应的简化，分别采取不同的简化和离散格式。

对于河道内的通道和普通陆面通道，其动量方程中保留局地加速度项、重力项和阻力项，离散形式为

$$Q_j^{T+DT}=Q_j^{T-DT}-2DTgH_j^T\frac{Z_{j2}^T-Z_{j1}^T}{DL_j}-2DTg\frac{n^2Q_j^{T+DT}\left|Q_j^{T-DT}\right|}{(H_j^T)^{\frac{7}{3}}} \qquad (2\text{–}9)$$

式中　Q_j^{T+DT}、Q_j^{T-DT}——第 j 通道在 $T+DT$ 和 $T-DT$ 时刻的单宽流量；
DT——计算时间步长；
g——重力加速度；
H_j^T——第 j 通道在 T 时刻的平均水深；
Z_{j1}^T、Z_{j2}^T——第 j 通道两侧网格在 T 时刻的水位；
DL_j——为空间步长，即第 j 通道两侧网格形心到通道中点的距离之和；
n——糙率。

2.2　降雨产流计算

2.2.1　降雨过程插值

1. 空间插值

针对降雨过程的空间插值，洪水分析模型可以考虑降雨空间分布不均匀的特点，当以雨量站的实测或设计降雨过程作为输入条件时，可自动按反距离加权插值法生成每个网格形心点的降雨过程。计算过程如下：

按照反距离加权法，假定离网格形心越近的雨量站其降雨量数据对网格的影响越大，且离网格点（A，B）最近的 N 个雨量站对网格的雨量有影响，影响作用与这 N 个雨量站到网格形心（X_c，Y_c）的距离有关。

设 N 个雨量站的坐标为（X_i，Y_i）（$i=1$，⋯，N），令（X_i，Y_i）到网格形心（X_c，Y_c）的距离为 D_{ik}，则有：

$$D_{ik}=\sqrt{(X_i-X_c)^2+(Y_i-Y_c)^2} \qquad (2\text{–}10)$$

求出离网格形心（X_c, Y_c）最近的 N 个雨量站到网格形心的距离 D_{ik}（$i=1$，⋯，N）后，

则网格形心（X_c，Y_c）处的估计雨量值为

$$Z_{(X_c,Y_c)}=\frac{\sum_{i=1}^{N}\frac{Z_i}{D_{ik}}}{\sum_{i=1}^{N}\frac{1}{D_{ik}}} \tag{2-11}$$

式中 $Z_{(X_c,\ Y_c)}$——网格形心（X_c，Y_c）处的雨量值；

Z_i——雨量站 i 处的实测或设计雨量值。

当以分区设计面雨量过程作为降雨输入条件时，模型可直接根据每个网格所在的暴雨分区生成各网格的设计降雨过程。

2. 时间系列插值

针对降雨过程的时间插值，分析模型的输入数据为等时间段－降雨量数据对，采用降雨强度的方式插值计算各时间步长的降雨量。

假设第 i 个时间段 T_i 内的降雨量为 R_i，模型计算时间步长为 ΔT，则 ΔT 时间段内的降雨量 ΔR 为：

（1）ΔT 小于时间段 T_i，并在时间段 T_i 内时：

$$\Delta R=\frac{R_i}{T_i}\times\Delta T \tag{2-12}$$

（2）ΔT 小于时间段 T_i，并跨第 i–1 和第 i 个时间段，假设在 i 时间段内的时间量为 t：

$$\Delta R=\frac{R_i}{T_i}\times t+\frac{R_{i-1}}{T_{i-1}}\times(\Delta T-t) \tag{2-13}$$

（3）ΔT 大于输入时间段，并包含多个时间段时，假设跨 m 个时间段：

$$\Delta R=\frac{R_i}{T_i}\times t_i+\sum_{1}^{m}R_i+j+\frac{R_i+m+1}{T_i+m+1}\times t_i+m+1 \tag{2-14}$$

$$\Delta T=t_i+\sum_{1}^{m}T_{i+j}+t_{i+m+1} \tag{2-15}$$

2.2.2 产流计算

洪水分析模型中集成的产流计算方法有四种，分别为径流系数法、SCS 模型、Horton 模型和 Green–Ampt 模型，以下为各种方法的原理介绍。

2.2.2.1 径流系数法

采用二维水力学法开展暴雨内涝分析时，降雨条件以有效降雨强度的形式反映在连续方程的源汇项 q 中。有效降雨强度指计算时段内降雨量形成的径流量，由降雨量乘以径流系数求得。区域中不同类型下垫面的径流系数不同，在水力学模型建立时一般根据不同的下垫面类型按面积加权计算每个网格的径流系数。不同土地利用类型对应的默认径流系数见表 2–1。

表 2–1　　　　　　　　　　不同下垫面类型的径流系数取值

下垫面类型	径流系数值
公园或绿地	0.15
非铺砌地表	0.30
屋面	0.90
铺砌地表	0.90
水面	1.00

当无法收集到详细的土地利用分布图时，模型还提供了仅根据居民地分布图概化计算径流系数的方法，即设基本不透水区域的径流系数为 0.9，天然绿地为 0.5，其余部分按不透水面积比例线性内插，按式（2–16）计算：

$$CIM = 0.5 + (0.9 - 0.5)\ AXY \tag{2-16}$$

式中　CIM——径流系数；

AXY——面积修正率，即每个网格内居民地面积占网格总面积的比例。

以上经验公式确定的径流系数为模型参数的初值，需根据区域实际情况对其进行调整，并在模型率定过程中，结合模拟的历史典型暴雨洪水淹没结果进行率定和验证。

2.2.2.2　SCS 模型

SCS[85–86]（Soil Conservation Service）模型为美国水土保持局在 20 世纪 50 年代开发的水文模型，因其数据要求低，计算简单，在国内外得到广泛应用。在 FRAS 中被用于计算各网格在降雨和产生径流后的下渗量，并在连续方程的源汇项 q 中扣除。SCS 模型综合考虑了流域降雨、土壤类型、土地利用方式及管理水平、前期土壤湿润状况与径流间的关系。假定集水区的实际入渗量（F）与实际径流量（Q）之比等于集水区该场降雨前的潜在入渗量（S）与潜在径流量（Q_m）之比，即

$$\frac{F}{Q} = \frac{S}{Q_m} \tag{2-17}$$

假定潜在径流量为降雨量（P）与由径流产生前植物截流、初渗和填洼蓄水构成集水区初损量 I_a 的差值，即

$$Q_m = P - I_a \tag{2-18}$$

实际入渗量为降雨量减去初损和径流量，即

$$F = P - I_a - Q \tag{2-19}$$

由上述 3 个公式可得出：

$$\begin{cases} Q = \dfrac{(P-I_a)^2}{P+S-I_a} & P \geqslant I_a \\ Q = 0 & P < I_a \end{cases} \tag{2-20}$$

为简化计算，假定集水区该场降雨的初损为该场降雨前潜在入渗量的 2/10，即

$$I_a = 0.2S \tag{2-21}$$

则降雨量、实际径流量与潜在入渗量存在如下关系：

$$\begin{cases} Q = \dfrac{(P-0.2S)^2}{P+0.8S} & P \geqslant 0.2S \\ Q = 0 & P < 0.2S \end{cases} \tag{2-22}$$

由此，集水区的径流量取决于降雨量与该场降雨前集水区的潜在入渗量，而潜在入渗量又与集水区的土壤质地、土地利用方式和降雨前的土壤湿度状况有关，SCS 模型通过一个经验性的综合反映上述因素的参数 *CN* 来推求 *S* 值。

$$S = \frac{25400}{CN} - 254 \tag{2-23}$$

由式（2–19）、式（2–22）和式（2–23），通过参数 *CN* 即可求得集水区的径流量和潜在入流量，在模型中，通过各网格的 *CN* 值求解各网格的下渗量，并且反映在源汇项中。在实际条件下，*CN* 值在 30 ~ 100 之间变化。根据土壤特性，将土壤划分为 A、B、C、D 四种类型，根据 *CN* 值表可以查得不同土地利用条件下，不同土壤类型的 *CN* 值。然后将土壤湿润状况根据径流事件发生前 5 天的降雨总量（即前期降雨指数 API）划分为湿润、中等湿润和干旱三种状态（见表 2–2），再调节由查表获得的 *CN* 值。

表 2–2　　土壤湿润状况划分表

前期土壤湿润程度等级（AMC 等级）	前 5 天总雨量 /mm	
	休眠季节	生长季节
AMC Ⅰ	< 12.7	< 35.56
AMC Ⅱ	12.7 ~ 27.94	35.56 ~ 53.34
AMC Ⅲ	> 27.94	> 53.34

2.2.2.3　Horton 模型

Horton 模型 [77, 87] 是下渗能力与时间的关系函数，计算式（2–24）为

$$f_p(t) = f_c + (f_0 - f_c)\,e^{-\alpha t} \tag{2-24}$$

式中　$f_p(t)$——t 时刻的下渗率；

f_c——稳定下渗率；

f_0——初始下渗率；

t——降雨历时；

α——与土壤有关的特性参数，或反映下渗率递减率的指数。

在实际计算各网格的下渗量时，除考虑降雨强度外，还需要考虑网格的前期积水在相邻网格之间的汇流情况，采用的计算公式 [88] 为

$$f(t)=\min\left\{f_p(t),\left[\frac{h+runon}{t}+i(t)\right]\right\} \tag{2-25}$$

式中 $f(t)$——t 时刻的实际下渗率；

$runon$——相邻网格来水；

h——网格积水；

$i(t)$——降雨强度。

2.2.2.4 Green-Ampt 模型

Green-Ampt 模型[77，89-90]为澳洲科学家 W H Green 和他的学生 G A Ampt 提出的下渗模型，由于该模型计算简单，并且有一定的物理基础，被广泛用于入渗问题的研究，在本模型中用于计算各网格在降雨和产生径流后的下渗情况。该模型研究的是初始干燥的土壤在薄层积水时的入渗问题，假定入渗时存在着明确的水平湿润面，将湿润的和未湿润的区域截然分开，湿润区土壤达到饱和，湿润区为饱和含水率 θ_S，湿润锋前为初始含水率 θ_i（见图 2-2）。

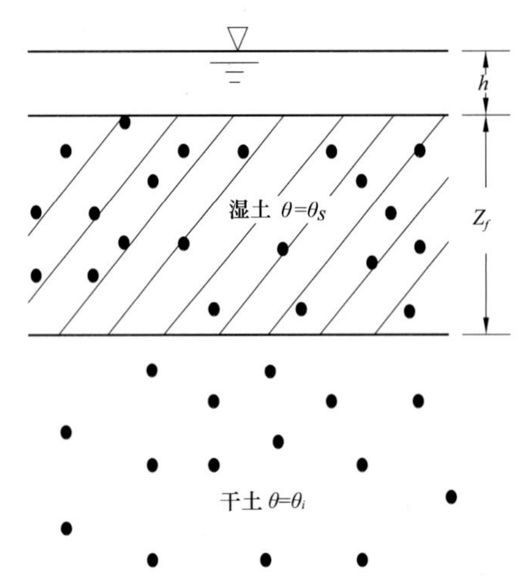

图 2-2　Green-Ampt 模型下渗原理示意图

Green-Ampt 计算式（2-26）为

$$f=K_s\frac{Z_f+S_f+h}{Z_f} \tag{2-26}$$

式中 f——土壤入渗率；

K_s——土壤饱和导水率；

S_f——湿润处平均吸力；

Z_f——概化的湿润锋深度；

h——地表处的总水势，当地表积水很小时，$h\approx 0$。

由下渗量 $F(t)$ 和下渗率 $f(t)$ 的关系，可得

$$F(t)=K_st+S_f\Delta\theta\ln\left[1+\frac{F(t)}{S_f\Delta\theta}\right] \tag{2-27}$$

式中　F——累积入渗量；

$\Delta\theta$——含水率之差，即饱和含水率 θ_s 与初始含水率 θ_i 的差值。

Green–Ampt 模型用于降雨入渗后，设网格雨强、前一计算时间步长的积水和本计算时段相邻网格径流量的加和为 i，在计算步长内，当 i 小于土壤的入渗能力时，地表不积水，下渗率为 f=i；当 i 大于土壤的下渗能力时，地表积水不能及时排出，开始积水，记开始时间为 t_p，因此，整个过程的入渗率可用式（2–28）计算：

$$\begin{cases} f=i & t\leqslant t_p \\ f=K_s\left[1+\Delta\theta S_f/F\right] & t>t_p \end{cases} \tag{2-28}$$

式中　F——开始积水之后的累积渗流量。

2.3　地物及工程水流模拟

2.3.1　区域内宽度较小的河道

区域内宽度较小的河道设计为特殊通道，通道内水流既沿着通道方向流动，同时还与通道两侧网格进行交换。沿通道方向的水流按一维明渠非恒定流计算，计算式（2–29）为

$$Q_j^{T+DT}=Q_j^{T-DT}-2DTgH_j^T\frac{Z_{j2}^T-Z_{j1}^T}{DL_j}-2DTg\frac{n^2Q_j^{T+DT}\left|Q_j^{T-DT}\right|}{(H_j^T)^{\frac{7}{3}}} \tag{2-29}$$

式中　T——时刻；

DT——计算时间步长；

j——特殊通道的编号；

Q_j——沿特殊通道方向的单宽流量；

H_j——第 j 通道上的平均水深；

Z_{j1}、Z_{j2}——第 j 条特殊通道两侧节点的水位；

DL_j——特殊通道的长度。

特殊通道与两侧网格之间的水流交换按堰流式（2–30）计算：

$$Q_j^{T+DT}=\sigma m\sqrt{2g}h_j^{\frac{3}{2}} \tag{2-30}$$

式中　T——时刻；

DT——计算时间步长；

j——特殊通道的编号；

Q_j^{T+DT}——在 $T+DT$ 时刻从与该通道相邻的一侧网格流入的单宽流量；

σ——宽顶堰淹没出流系数；

m——宽顶堰流量系数；

g——重力加速度；

h_j——道路一侧的堰顶水深，由特殊通道水位和网格水位共同确定。

水位的计算单元由特殊通道之间的相交点（特殊节点）及与特殊节点相连的 N 条通道（取一半长度）组成（见图 2-3），利用连续方程进行计算，其离散格式为

$$H_{di}^{T+2DT} = H_{di}^{T} + \frac{2DT}{A_{di}}\left(\sum_{k=1}^{N} Q_{ik}^{T+DT} b_{ik} + \sum_{J=1}^{2N} Q_{ij}^{T+DT} L_{ij}/2\right) + 2DTq_{di}^{T+DT} \quad (2\text{-}31)$$

式中 H_{di}、A_{di}——特殊计算单元的平均水深和面积；

$\sum_{k=1}^{N} Q_{ik}^{T+DT} b_{ik}$——与特殊节点 i 相连的 N 条特殊通道上沿通道方向的流量之和；

$\sum_{J=1}^{2N} Q_{ij}^{T+DT} L_{ij}/2$——与特殊节点 i 相连的 N 条特殊通道与其两侧网格之间的流量之和；

q_{di}^{T+DT}——特殊单元的源汇项；

b_{ik}——特殊通道的宽度；

L_{ij}——特殊通道的长度。

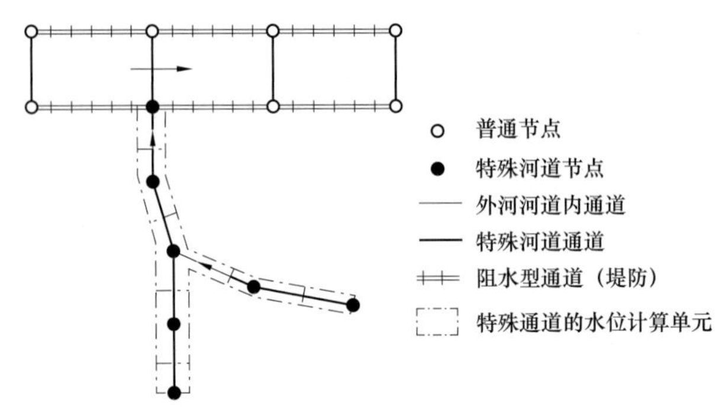

图 2-3 特殊河道通道概化示意图

2.3.2 堤防、铁路、公路等阻水建筑物

堤防、铁路、公路等阻水建筑物在模型中称为阻水型通道，是对区域中有阻水作用的建筑物，模型中概化为连续堤、缺口堤等，采用堰流公式（2-32）计算：

$$Q_j^{T+DT} = \mu_1 b\sqrt{2g} H_j^{\frac{3}{2}} \quad (2\text{-}32)$$

式中 H_j——通道上的水深；

Q_j——通道 j 上的单宽流量；

b——宽顶堰的淹没出流系数；

μ_1——流量系数。

对有缺口的堤防，分别考虑缺口段和非缺口段，计算方法同上。

对有桥涵的堤防，在无压流的情况下，计算方法与有缺口的堤相同；在有压流情况下，采用孔口出流公式（2-33）计算：

$$Q_j^{T+DT} = \text{sign}(Z_{j1}^{T} - Z_{j2}^{T})\, 0.6998e\sqrt{2gh_*} \quad (2\text{-}33)$$

式中 e——孔高；

h_*——特征水头。

2.3.3 水闸

研究区域内的河湖水闸出口，在无压流情况下，采用堰流公式（2–32）计算；在有压流的情况下，采用孔流公式（2–33）计算。

根据水闸所在位置的不同，模型将水闸分为 5 种类型：0 位于边界通道，将水排入分析区域外；1 位于特殊河道通道，将水排入河道型网格；2 位于特殊河道通道，将水排入另一特殊河道；3 位于河道型通道，将水排入河道型网格；4 位于河道型通道，将水排入特殊河道（见图 2–4）。

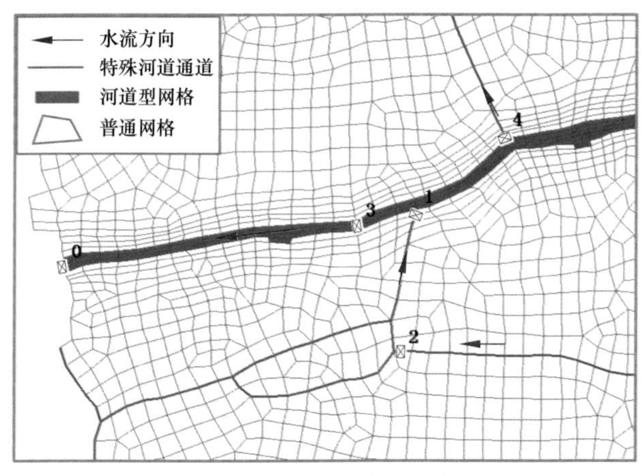

图 2–4　模型中的水闸位置分类示意图

水闸的调度方式除了遵照调度规则外，如根据某一水文站的水位进行开闸或关闸，在实际调度过程中还会出现按时间调度或同时考虑时间和水位的情况。模型中根据不同的调度方式分别采用不同的参数来反映水闸的调度过程（见表 2–3）。

表 2–3　不同调度方式下的水闸参数表

参数名称	含义	调度方式		
		按水位调度	按时间调度	按时间和水位调度
序号	水闸的编号	√	√	√
水闸类型	根据水闸所在位置不同分为 5 种类型（见图 2–4）	√	√	√
开闸时间	按设定的调度方式运行的开始时间	√		
开闸水位	（1）当闸门为引水闸时：参考站水位小于开闸水位时开闸，大于该水位时闸门关闭；（2）当闸门为排水闸时：大于该水位开闸，小于该水位时闸门关闭	√		

续表

参数名称	含义	调度方式		
		按水位调度	按时间调度	按时间和水位调度
关闸水位	（1）当闸门为引水闸时：闸内水位高于该水位时关闸，低于时不作为约束条件； （2）当闸门为排水闸时：闸内水位低于该水位时关闸，高于时不作为约束条件	√		
开闸限制水位	针对受水河道的限排水位	√		
所在通道编号	闸门所在通道的编号	√	√	√
闸下游节点编号	闸门下游的节点编号（当闸门位于特殊通道上时）	√	√	√
闸孔宽	闸孔总净宽	√	√	√
闸底高	闸门底高程	√	√	√
最大排水流量	闸门的最大排水流量	√	√	√
排入或引水的网格编号	当水闸排水入河道型网格或由河道型网格引水时，需此参数	√	√	√
参考站所在节点编号	按水位调度时的参考站所在节点编号	√		
参考站所在网格编号	按水位调度时的参考站所在网格编号	√		
开闸比例	由开闸孔数占闸孔总数的比例计算	√		
是否允许倒流	指闸下水位超过闸上水位一定范围时，是否强制关闸	√	√	
强制关闸时的容限值	指强制关闸时的容限值	√	√	
开闸次数	按时间调度时的开关闸次数		√	√
开闸时间 1	第 1 次开闸的时间		√	√
关闸时间 1	第 1 次关闸的时间		√	√
开闸水位 1	第 1 次开闸时的闸上水位			√
关闸水位 1	第 1 次关闸时的闸上水位			√
开闸比例 1	第 1 次开闸时的开闸比例		√	√
开闸时间 2	第 2 次开闸的时间		√	√
关闸时间 2	第 2 次关闸的时间		√	√
开闸水位 2	第 2 次开闸时的闸上水位			√
关闸水位 2	第 2 次关闸时的闸上水位			√
开闸比例 2	第 2 次开闸时的开闸比例		√	√
⋮				

注 表中“√”指在相应的调度方式下需包含此参数。

2.3.4 泵站

模型将泵站置于水深计算单元，即网格、特殊节点或河网区的排涝单元内。泵站所在计算单元的抽排水量以及排入的计算单元增加的水量均作为源汇项在求解水量平衡方程时计算。

根据泵站所在位置的不同，模型将泵站分为 10 种类型（见图 2-5 和图 2-6）：0 位于边界节点，排入区域外；1 位于特殊河道节点，排入河道型网格；2 位于排水系统出口，排入特殊河道节点；3 位于特殊河道节点，排入另一特殊河道节点；4 位于排水系统出口，排入河道型网格，5 位于排涝单元内，排入模型中未概化的蓄水面内；6 位于排涝单元内，排入特殊河道、河道型或湖泊型网格内；7 位于普通网格，排入河道型网格或湖泊内；8 位于普通网格，排入特殊河道节点；9 位于某网格，排入区域外。

其中，排涝单元是针对平原河网区提出的排涝计算单元，一般为由主干河流、工程（主要为堤防、圩堤）等边界围成的封闭区域（见图 2-6）。河网排涝单元边界河流为单元体的洪水外排通道，单元内部河流一般级别较小，为单元边界河流的支流，是单元内部洪水的排泄通道。对于平原河网区域，由于河流之间及同一河流之间坡降较小，单元内部河流之间水位基本无变化，可以假设单元内部河流水位为统一的值。为解决建立复杂河网导致的计算繁杂等问题，模型在模拟河网排涝单元洪水的排涝问题时，一般将排涝单元边界上的河流概化为特殊河道通道，按一维非恒定流模拟，排涝单元内部的河流整体作为一个计算单元考虑，定义为“虚拟蓄水容积”，只模拟其对洪水的调蓄作用，各网格内的虚拟蓄水容积通过将该网格内未概化为特殊河道的河流水面面积与调蓄水深乘积获得。各排涝单元

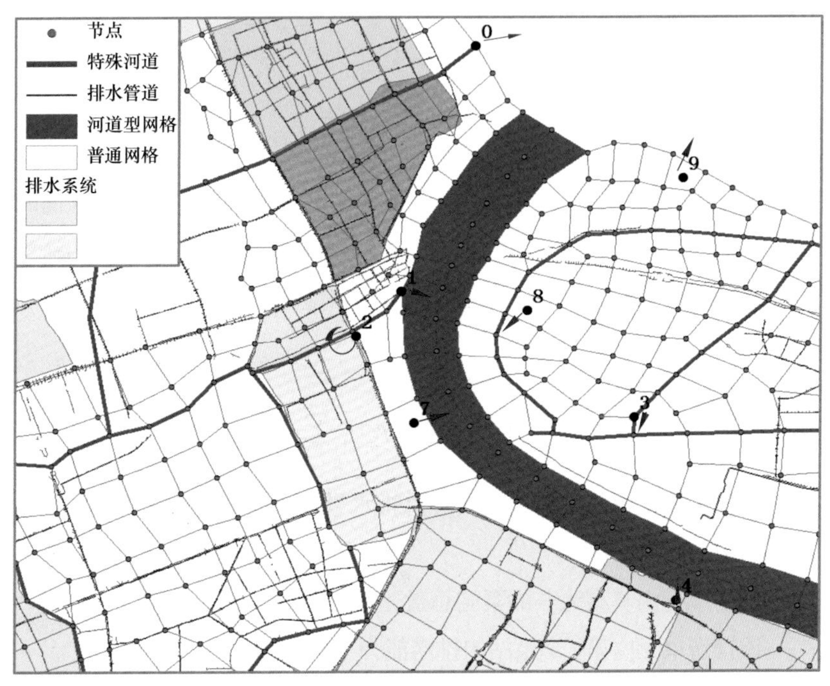

图 2-5　模型中的泵站位置分类示意图

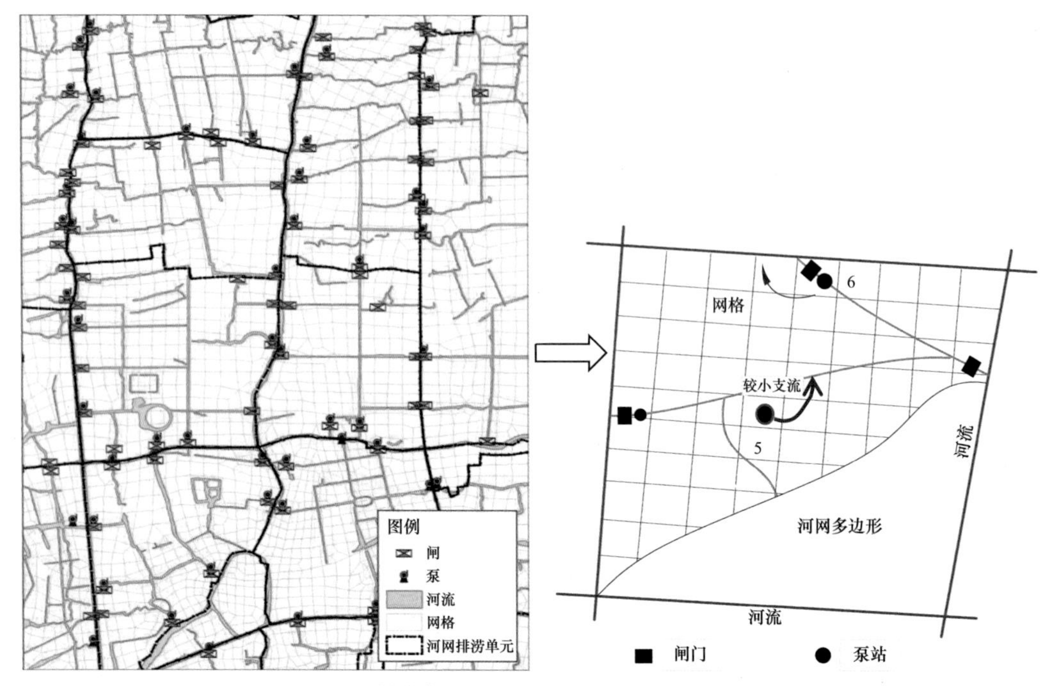

图 2-6　排涝单元及位于排涝单元中的泵站示意图

在任一时刻的洪水水量用式（2–34）计算：

$$W_{rp}=\sum_{i=1}^{n}A_{r_i}h_{r_i}+\sum_{i=1}^{n}A_{c_i}h_{c_i} \tag{2–34}$$

式中　i——河网排涝单元包含的网格；

A_{r_i}——i 网格的虚拟蓄水面积；

A_{c_i}——i 网格的面积，m^2；

h_{r_i}——i 网格的虚拟蓄水深；

h_{c_i}——i 网格的淹没水深，m。

当泵站类型为 5，即将排涝单元内的洪水排入模型中未概化的虚拟蓄水面时，某一排涝单元内该类泵站的实际总排水量为当前计算步长内排涝单元中所有网格的淹没水量、所有泵站按其设计排涝能力的排水量和单元内所有网格虚拟蓄水面的剩余存蓄容积三者中的最小值用式（2–35）计算：

$$W_{p1}=\min\left[\sum_{i=1}^{n}A_{c_i}h_{c_i},\sum_{j=1}^{m_1}2DTQ_{pj1},\sum_{i=1}^{n}A_{r_i}(H_{r_i}-h_{r_i})\right] \tag{2–35}$$

式中　W_{p1}——某排涝单元中此类泵站的实际总排水量，全部排入该排涝单元内的虚拟蓄水面上；

m_1——排涝单元内类型为 5 的泵站总数；

Q_{pj1}——该排涝单元内第 j 个泵站的排涝能力；

H_{r_i}——i 网格的最大虚拟蓄水深。

各网格因排涝而减少的水量按其原有淹没水量占其所在排涝单元所有网格淹没水量的比例进行折减。

当泵站类型为 6 时，即将排涝单元内的洪水排入其周边的特殊河道、河道型网格或湖泊型网格时，某一排涝单元内该类泵站的实际排水量为以下二者中的较小值：当前计算步长内排涝单元中所有网格的淹没水量与虚拟蓄水面内的实际存蓄水量之和，泵站按设计排涝能力的排水量。公式如下：

$$W_{p2} = \min\left(\sum_{i=1}^{n} A_{r_i} h_{r_i} + \sum_{i=1}^{n} A_{c_i} h_{c_i},\ \sum_{j=1}^{m_2} 2DTQ_{pj2}\right) \tag{2-36}$$

式中 W_{p2}——某排涝单元中此类泵站的实际总排水量，全部排入该排涝单元周边的主干河道内；

m_2——排涝单元内类型为 6 的泵站总数；

Q_{pj2}——该排涝单元内第 j 个泵站的排涝能力。

各网格因排涝而减少的水量按其原有总水量（包括淹没水量和虚拟蓄水容积内的水量）占其所在排涝单元所有网格总水量的比例进行折减。

与水闸的调度方式类似，泵站的调度方式除了遵照调度规则外，如根据某一水文站的水位进行开泵或关泵，在实际调度过程中还会出现按时间调度或同时考虑时间和水位的情况。模型中根据不同的调度方式分别采用不同的参数来反映泵站的调度过程，泵站参数见表 2–4。

表 2–4　　泵站参数表

参数名称	含义	调度方式		
		按水位调度	按时间调度	按时间和水位调度
序号	泵站的编号	√	√	√
泵站类型	根据泵站所在位置不同分为 10 种类型（见图 2–5 和图 2–6）	√	√	√
开泵限制水位	针对受水河道的限排水位	√	√	√
设计起排水位	当参考站水位大于该水位时，开泵	√		
设计止排水位	当参考站水位小于该水位时，关泵	√		
设计排水能力	泵站的设计排水能力	√	√	√
所在节点或网格编号	泵站所在的特殊节点编号或网格编号	√	√	√
泵站状态	取开或关，当设定为关时，其调度规则有效，反之，调度规则无效	√	√	√
排入网格编号	泵站将水排入的网格编号	√	√	√
排入节点编号	泵站将水排入的特殊节点编号	√	√	√
所属排水分区编号	泵站所属排水分区的编号	√	√	√
所属排涝单元编号	泵站所属排涝分区的编号	√	√	√

续表

参数名称	含义	调度方式		
		按水位调度	按时间调度	按时间和水位调度
参考站节点编号	泵站按规则调度时参考站点所在的特殊河道节点编号	√	√	√
参考站网格编号	泵站按规则调度时参考站点所在的河道型网格编号	√	√	√
开泵比例	由开泵台数占泵站总台数的比例计算	√		
开泵次数	按时间调度时的开关泵次数		√	√
开泵时间 1	第 1 次开泵的时间		√	√
关泵时间 1	第 1 次关泵的时间		√	√
开泵水位 1	第 1 次开泵时的泵前水位			√
关泵水位 1	第 1 次关泵时的泵前水位			√
开泵比例 1	第 1 次开泵时的开泵比例		√	√
开泵时间 2	第 2 次开泵的时间		√	√
关泵时间 2	第 2 次关泵的时间		√	√
开泵水位 2	第 2 次开泵时的泵前水位			√
关泵水位 2	第 2 次关泵时的泵前水位			√
开泵比例 2	第 2 次开泵时的开泵比例		√	√
⋮				

注 表中“√”指在相应的调度方式下需包含此参数。

2.3.5 城市道路

对城市化区域内暴雨顺街行洪现象模拟的思路有以下几个步骤。

（1）将道路设定为特殊通道，给定高程和长宽尺寸，与其他通道计算同步进行，特殊通道两侧如果有阻水建筑物，将其设为堤防。

（2）以特殊道路通道两侧的特殊节点作为计算循环变量，节点所连的通道数为计算道路数（设有 N 条通道），使这个节点和它所连的 N 条通道（取一半长度）组成一个计算单元（见图 2-7）。

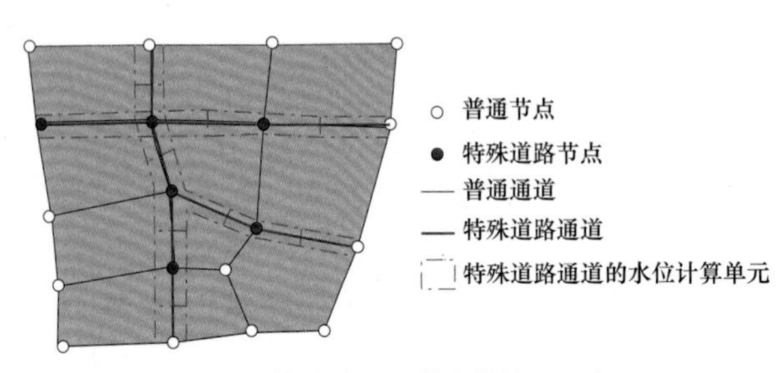

图 2-7　特殊道路通道计算单元示意图

（3）利用计算单元内的水位与网格水位计算通道两侧的流量，每条通道两侧各有一个流量，共计 $2N$ 个流量。特殊道路通道与网格间的流量采用堰流公式计算，公式如下：

$$Q_j^{T+DT}=\sigma m\sqrt{2g}h_j^{\frac{3}{2}} \tag{2-37}$$

式中 T——时刻；

DT——计算时间步长；

j——特殊道路通道的编号；

Q_j^{T+DT}——在 $T+DT$ 时刻从与该通道相邻的一侧网格流入的单宽流量；

σ——宽顶堰淹没出流系数；

m——宽顶堰流量系数；

g——重力加速度；

h_j——道路一侧的堰顶水深，由特殊道路通道水位和网格水位共同确定。

（4）采用一维明渠非恒定流公式计算相邻通道之间的流量，即沿街水流流量，共计 N 个流量，公式如下：

$$Q_k^{T+DT}=Q_k^{T-DT}-2DTgH_k^T\ \frac{Z_{j2}^T-Z_{j1}^T}{L_k}-2DTg\frac{n^2Q_k^{T+DT}\left|Q_k^{T-DT}\right|}{\left(H_k^T\right)^{\frac{7}{3}}} \tag{2-38}$$

式中 T——时刻；

DT——计算时间步长；

k——特殊道路通道的编号；

Q_k^{T+DT}——$T+DT$ 时刻特殊通道 k 上的单宽流量；

Q_k^{T-DT}——$T\text{-}DT$ 时刻特殊通道 k 上的单宽流量；

g——重力加速度；

H_k^T——该通道在 T 时刻的平均水深；

Z_{j2}^T、Z_{j1}^T——该通道两侧节点在 T 时刻的水位；

L_k——通道长度；

n——通道的糙率。

（5）将计算所得的 $3N$ 个流量代入连续方程，求出计算单元内的水位，用式（2–39）计算：

$$H_{di}^{T+2DT}=H_{di}^T+\frac{2DT}{A_{di}}(\sum_{k=1}^{N}Q_{ik}^{T+DT}b_{ik}+\sum_{j=1}^{2N}Q_{ij}^{T+DT}L_{ij}/2)+2DTq_{di}^{T+DT} \tag{2-39}$$

式中 T——时刻；

DT——计算时间步长；

i——特殊道路节点编号；

j、k——与该特殊道路节点相连的各特殊道路通道的编号；

N——与该节点相连的特殊道路通道总数；

H_d、A_d——特殊单元的平均水深与面积；

$\sum Q_k$、$\sum Q_j$——特殊通道上的流量及通道与网格间交换的各流量之和；

b、L——通道的宽和长；

q——源汇项，包括降雨强度和排水强度。

2.3.6 地下空间

城市中的地下空间包括地下商场、广场、地铁、车库、人行过街通道、隧道和车行下立交等，在有地下空间存在的区域，洪涝仿真模型为每个空间赋其底高程、净高、面积、面积修正率、排水泵站能力、入口数量及各入口的宽度、挡水建筑物高度、入口处地面高程等属性，并与网格、道路通道和节点建立空间对应关系，通过比较所在网格或道路的地面水深（或水位）与入口处挡水建筑物的高度判断该地下空间是否会进水，如发生进水，按堰流公式计算流入地下空间中的流量，从而确定进入地下空间中的水量和积水深度。城市洪涝仿真模型的地下空间计算模块见图 2-8 示意。

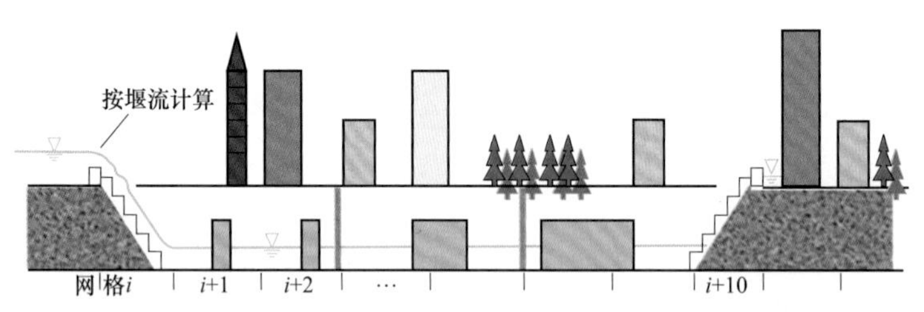

图 2-8　城市洪涝仿真模型的地下空间计算模块示意图

地下空间进水模拟的步骤如下：

（1）地下空间基础参数的赋值。为每个空间赋其底高程、净高、面积、面积修正率、排水泵站能力、入口数量及各入口的宽度、挡水建筑物高度、入口处地面高程等属性。这些属性均直接影响地下空间是否可能进水、一旦进水时的进水量和积水深度。

（2）地下空间与地面计算要素之间拓扑关系的建立。由于地下空间进水的模拟需要依托城市地面洪涝模拟结果，所以需要建立地下空间与地面计算要素之间的拓扑关系。在模型构建时需建立地下空间与地面网格、道路通道和道路节点之间的空间对应关系，这些对应关系共三类：

1）与网格对应。如地下商场、地下广场、地铁站等面积较大的地下空间，可能与一个或多个网格对应（见图 2-9）。

2）与道路通道对应。如地下隧道等线性的地下空间,可能与一条或多条道路通道对应。

3）与道路节点对应。如车行下立交、人行过街通道等点状的地下空间，一般与某一个道路节点或某个网格对应。

（3）地下空间进水量计算。通过比较地下空间所在网格或道路的地面水位与入口处挡水建筑物的高度判断该地下空间是否会进水。当地面水位超过挡水建筑物顶高程时，发生

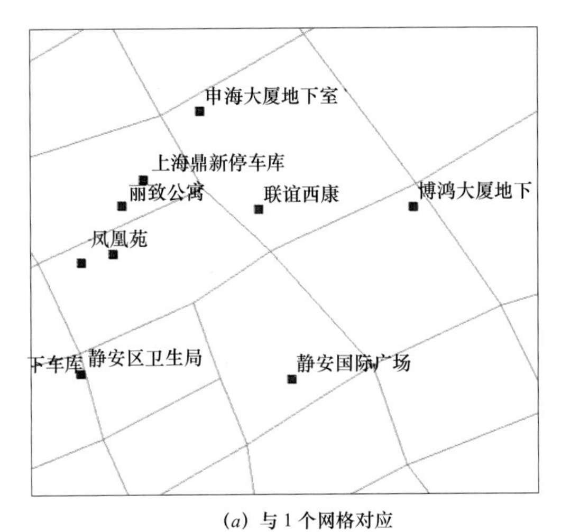

(*a*) 与 1 个网格对应

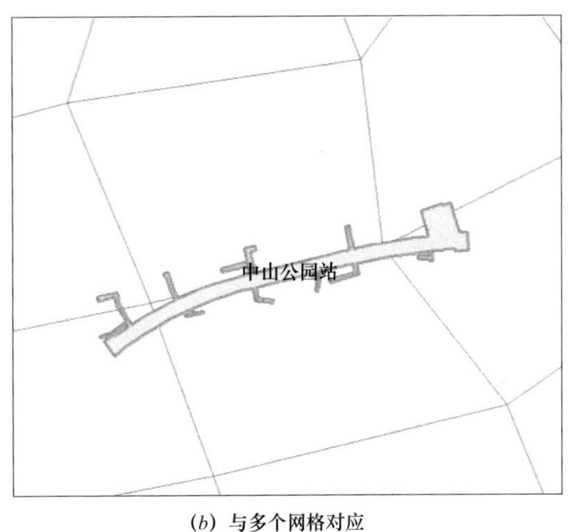

(*b*) 与多个网格对应

图 2-9　不同地下空间与网格的空间对应关系图

进水，并按堰流公式计算流入地下空间中的流量：

$$Q_j^{T+DT}=\sigma m\sqrt{2g}h_j^{\frac{3}{2}} \tag{2-40}$$

式中　T——时刻；

DT——计算时间步长；

j——地下空间入口的编号；

Q_j^{T+DT}——在 $T+DT$ 时刻挡水建筑物堰顶的单宽流量；

σ——宽顶堰淹没出流系数；

m——宽顶堰流量系数；

g——重力加速度；

h_j——挡水建筑物所在位置的堰顶水深。

（4）地下空间积水深度计算。地下空间的积水深度通过积水量除以面积获得，同时考虑地下空间内的建筑物对积水面积的修正作用，计算公式如下：

$$H_i^{T+DT}=H_i^T+\frac{\sum_{j=1}^{n}Q_j^{T+DT}B_jDT}{A_i(1-AXY_i)} \tag{2-41}$$

式中　T——时刻；

DT——计算时间步长；

i——地下空间的编号；

j——地下空间入口的编号；

H_i^{T+DT}——在 $T+DT$ 时刻第 i 个地下空间的积水深度；

H_i^T——在 T 时刻第 i 个地下空间的积水深度；

n——地下空间入口总数；

Q_j^{T+DT}——在 $T+DT$ 时刻挡水建筑物堰顶的单宽流量；

B_j——第 j 个入口的宽度；

A_i——地下空间的总面积；

AXY_i——地下空间的面积修正率。

2.3.7 溃口过程

溃口过程计算包括溃口发展过程计算和溃口处流量过程计算。

（1）溃口发展过程计算。为了比较灵活地表现溃口发展的过程，模型中提供了三种溃口宽度演化方式，分别为瞬间溃决、经验公式和用户自定义的方式。

1）瞬间溃决。即溃口在瞬间达到最终溃口宽度和溃口底高程，仅需已知溃口宽度和溃口底高程两个参数即可开展计算。

2）按经验公式溃决。模型中采用的经验公式如下：

在汇流点：

$$B_b=4.5(\log_{10}B)^{3.5}+50 \tag{2-42}$$

在其余地点：

$$B_b=1.9(\log_{10}B)^{4.8}+20 \tag{2-43}$$

式中 B_b——溃口宽，m；

B——河宽，m。

对于堤防溃口宽随时间的变化，可以按经验公式确定：

当 $t=0$ 时：$B'_b=B_b/2$

当 $0<t\leqslant T$ 时：$B'_b=B_b/2(1+t/T)$

当 $t>T$ 时：$B'_b=B_b$

式中 t——溃堤后的历时，min；

T——溃堤持续时间；

B'_b——任一时刻的溃口宽，m；

B_b——最终溃口宽，m。

溃堤持续时间按式（2-44）确定：

$$T=1.527(B_b-10) \tag{2-44}$$

3）用户自定义。用户自定义的方式是指由用户通过输入时间—溃口宽度和时间—溃口底高程的方式控制溃口宽度和溃口底高程的发展过程。

（2）溃口处流量过程计算。

1）正堰公式。按正堰公式计算时，溃口位置的出流流量根据溃口内外的水位差采用宽顶堰公式进行计算。公式如下：

$$Q_j^{T+DT}=\sigma m\sqrt{2g}h_j^{\frac{3}{2}} \tag{2-45}$$

式中　σ——宽顶堰淹没出流系数；

m——宽顶堰流量系数。

2）侧堰公式。采用宽顶堰公式时，一般要求堰的走向与水流流向相垂直。但河段堤防溃决时，一般为侧堰水流状态。模型中选用的侧堰水流计算公式如下：

$$Q=m(1-\frac{v_1}{\sqrt{gh_1}}\sin\alpha)b\sqrt{2g}H_1^{\frac{3}{2}} \tag{2-46}$$

式中　m——一般正堰时的流量系数；

v_1——侧堰首端河渠断面的平均流速；

g——重力加速度；

h_1——侧堰首端河渠断面水深；

α——水流方向与溃口出流方向的夹角；

b——溃口的宽度；

H_1——堰上水头。

2.4　地下排水计算

2.4.1　地下水库模型

城市的雨水排水系统由入水口（雨篦子）、地下排水管网和管网出口处的排水泵站等组成。当计算域内无法收集到排水系统的详细设计资料时，采用简化方法计算，即将各排水分区作为概化的“地下水库”来考虑，根据各排水分区的设计标准为分区内各网格设定一地下蓄水空间来反映排水系统对地面积水的影响。地下水库模型包括三个子模块，其计算流程见图 2–10。

（1）地下水库概化模块。将各排水分区概化为“地下水库”，通过城市的暴雨强度公式和排水系统的设计标准为各排水分区内各网格估算地下蓄水空间容量，用于评估排水管网系统对地面积水的影响。

（2）网格排水量计算模块。用于计算各网格在每个模拟步长内实际排入地下水库的水量，通过对比网格的地面积水量与其地下水库内的剩余存蓄空间，取二者中的较小值作为网格的实际排水量。

（3）排水分区存蓄水量计算模块。用于计算每个排水分区在每个模拟步长结束时，各网格下的地下水库存蓄的总水量。

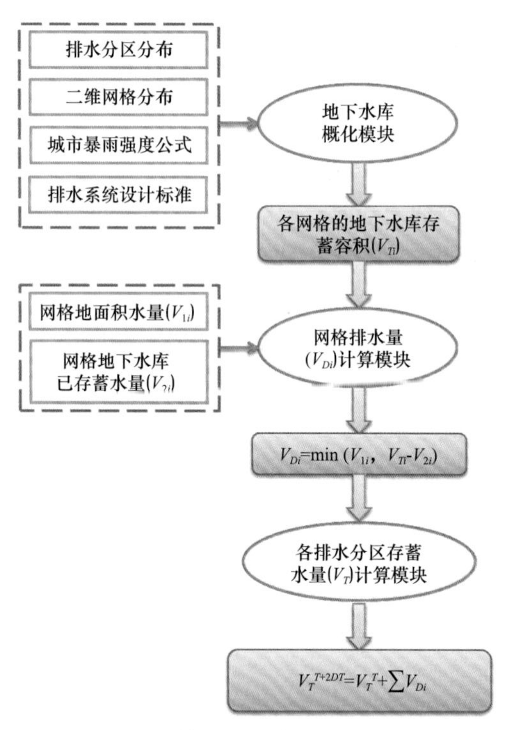

图 2-10　地下水库模型的计算流程图

2.4.2　等效管网模型

当计算域内有详细的排水管网空间分布和设计资料时，调用排水管网子模块，采用“等效管网”的概念，以网格为计算单元，地下管网内按一维非恒定流模拟，并与地面二维非恒定流耦合。将二维非恒定流连续方程中的源汇项分解为单位时间的有效降雨量与排水量两部分。当降雨量小于网格排水强度时，降雨量全部转换为排水量进入地下管网；反之，两者的差转为地表径流量。在洪涝并发的情况下，若判断排水系统失效，则降雨量全部转为径流量。城市洪涝仿真模型的地下排水管网计算模块逻辑结构见图 2-11。

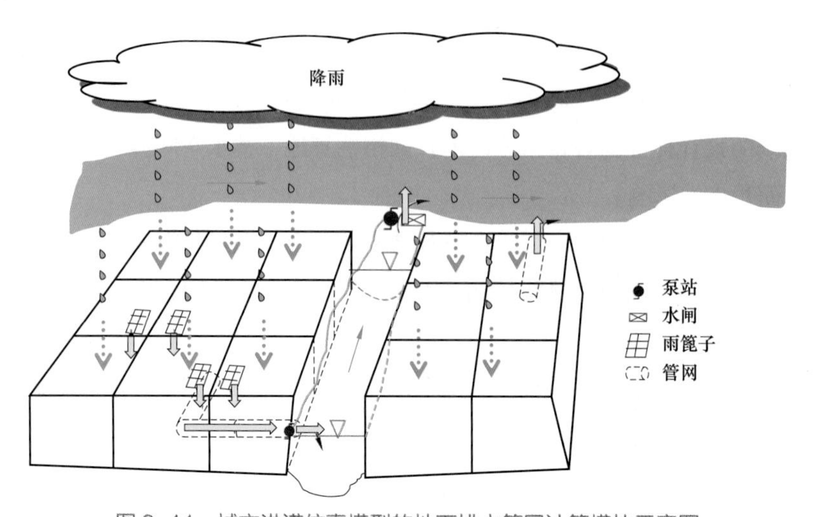

图 2-11　城市洪涝仿真模型的地下排水管网计算模块示意图

模型中地下排水管网需要针对具体划分的网格进行合理概化。概化的管道在网格中的布置形式有以下几种[91]：①“I”形：有一个或两个位于对边的含管道网格与此网格相连；②“L”形：有两个位于邻边的含管道网格与此网格相连；③“T”形：有三个含管道网格与此网格相连；④“+”形：有四个含管道网格与此网格相连；⑤“★”形：有五个含管道网格与此网格相连（见图 2–12 和图 2–13）。

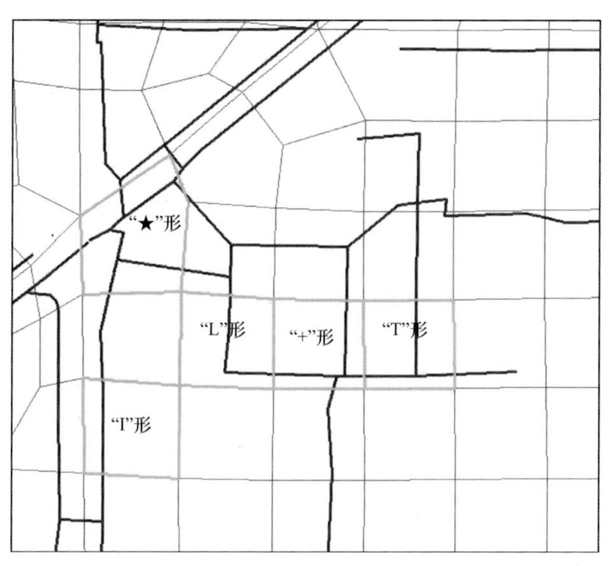

图 2–12　某区域网格分布和排水管网分布图

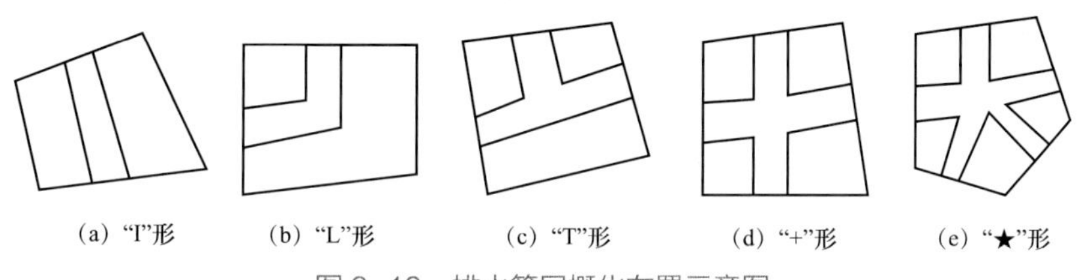

图 2–13　排水管网概化布置示意图

根据排水管网分布建立概化的城市地下排水管网子模型见图 2–14（纵剖面图）。以网格为计算单位，以实际排水管网的分布，确定各网格的排水管道体积及网格间管道的水流交换关系。管道内水流自成系统计算流量和水位，当网格管道体积小于排水量与管道之间水流交换量之和时，可能出现降雨量滞留地面形成地面径流甚至管道水流涌出的现象。

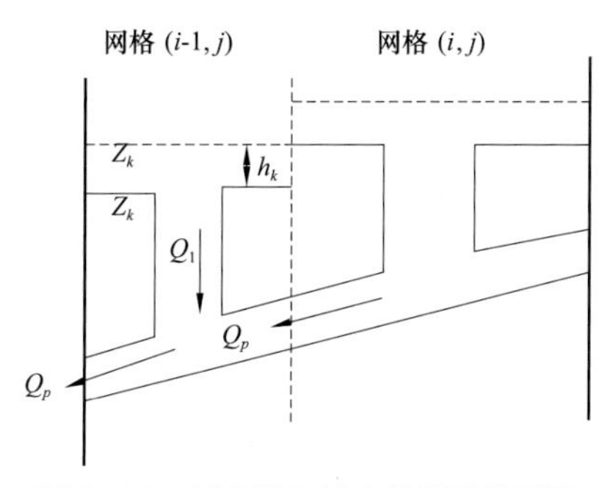

图 2–14　城市地下排水管网子模型图

城市排水管网子模型模拟的步骤如下：

（1）网格排水强度 $qc_{i,j}$ 和排水能力 $Qc_{i,j}$ 计算。网格的排水强度一般根据区域各排水分区的雨水排水设计标准进行取值。当区域内排水标准未达到设计值时，则可根据分区内所有排水泵站的设计或实际排水能力进行确定，各网格的排水能力按该网格面积占分区总面积的比例分配。计算公式如下：

$$qc_{i,j} = 3.6\frac{Qs_j}{\sum_{i=1}^{nj} A_{i,j}} \tag{2-47}$$

$$Qc_{i,j} = Qs_j\frac{A_{i,j}}{\sum_{i=1}^{nj} A_{i,j}} \tag{2-48}$$

式中 Qs_j——网格所在第 j 排水分区的排水能力，m^3/s；

$A_{i,j}$——网格的面积，km^2；

nj——此排水分区内的网格总数。

（2）管道内流量 Q_p 的计算。在排水管道中的水流运动存在明渠流和有压流两种形式，因此，模型中需要考虑在同一管段内有压流与明渠流的交替计算。模型借鉴了 Preissmann 提出的“明窄缝”（Open Slot）的概念：假设在每一网格内的管道顶端有一个连续的、狭长的窄缝，存在一个自由水面，管道内的水头用窄缝内的水头表示，计算流量时采用窄缝内的水头，则有压流可以转换为明渠流计算。由于假设窄缝的宽度非常小，因此窄缝的存在不影响连续方程的计算。管道内水流按一维非恒定流进行模拟，其动量方程为

$$\frac{1}{g}\frac{\partial Q_p}{\partial t} = -A_p\frac{\partial Z_p}{\partial l_p} - \frac{{n_p}^2 Q_p\left|Q_p\right|}{A_p R^{\frac{4}{3}}} \tag{2-49}$$

式中 Q_p——管道中的流量，可以为有压流或明渠流；

Z_p——管道中的水位（当流态是明流时，为管道内实际水位，当流态是有压流时，为窄缝内压强水头）；

l_p——管道的长度；

n_p——管道糙率（一般取 0.013）；

A_p——过水断面面积；

R——水力半径。

将式（2-49）离散后得到

$$Q_{pi}^{T+DT} = Q_{pi}^{T\text{-}DT} - 2DTgA_{pi}\frac{Z_{i2}^T - Z_{i1}^T}{DL_i} - 2DTg\frac{n^2 Q_{pi}^{T\text{-}DT}\left|Q_{pi}^{T\text{-}DT}\right|}{A_{pi}R_{pi}^{\frac{4}{3}}} \tag{2-50}$$

式中 A_{pi}——管道过水断面面积；

Z_{i1}、Z_{i2}——两相临网格管道中的水位值；

DL_i——与通道相邻的两个网格形心到通道中点距离之和。

当管道内为明渠流时，A_{pi} 为管道计算断面上平均水深 h_p 与管道平均宽度 B_p 之积（模型概化时假设管道断面为正方形），此时 Z_{i1} 和 Z_{i2} 分别为两相临网格管道中的水位值；当管道内为满流时，A_{pi} 为管道的断面面积，Z_{i1} 和 Z_{i2} 为两相临网格管道窄缝中的压强水头值。

（3）网格实际排水强度 $q_{i,j}$ 和排水流量 $Qs_{i,j}$ 的计算。网格实际排水强度和排水流量除与排水能力和网格地面积水量有关外，还与管道内的流态有关。

1）当为明渠流时：

$$Qs'_{i,j}=V_{i,j}/2\Delta T \qquad V_{i,j}/2\Delta T\leqslant Qc_{i,j} \tag{2-51}$$

$$Qs'_{i,j}=Qc_{i,j} \qquad V_{i,j}/2\Delta T>Qc_{i,j} \tag{2-52}$$

式中 $Qs'_{i,j}$——临时变量；

$V_{i,j}$——网格的地面积水总量。

设管道内还能容纳水的体积为 V_{lp}：

$$V_{lp}=B_pl_p(H_p-h_p)$$

式中 H_p——管道高度。

模型中因将排水管道均概化为正方形，故 $H_p=B_p$，则

$$Qs_{i,j}=Qs'_{i,j} \qquad Qs'_{i,j}\leqslant V_{lp}/2\Delta T \tag{2-53}$$

$$Qs_{i,j}=V_{lp}/2\Delta T \qquad Qs'_{i,j}>V_{lp}/2\Delta T \tag{2-54}$$

2）当为有压流时：

当管道内压强水头 Z_p 未超过网格地表水位 $Z_{i,j}$ 时，$Qs_{i,j}=0$

否则，产生反向溢流，$Qs_{i,j}=-\frac{1}{2DT}(Z_p-Z_{i,j})l_pB_s$，$q_{i,j}=Qs_{i,j}/A_{i,j}$

式中 B_s——窄缝的宽度。

按式（2-55）进行计算：

$$B_s=\frac{gA_c}{\alpha^2} \tag{2-55}$$

式中 α——水击波速，根据日本学者的研究，按 10m/s 取值[92]；

A_c——管道断面面积。

（4）管网内水深 H_{i1}^{T+2DT} 的计算。将管道内流量 Q_p 和网格实际排水流量 $Qs_{i,j}$ 代入连续方程中，得到

$$H_{i1}^{T+2DT}=H_{i1}^{T}+\frac{2DT}{A_{i1}}\sum_{k=1}^{N}Q_{pi}^{T+DT}+\frac{2DTQs_{i1}^{T+DT}}{A_{i1}} \tag{2-56}$$

当管道内为明渠流时，A_{i1} 取管道的底面积，即管道长度 l_p 与管道平均宽度 B_p 之积；当为有压流时，$A_{i1}=l_pB_s$。

当利用式（2–56）计算得到的 H_{i1}^{T+2DT} 值大于管道顶端高程时，由 H_{i1}^{T+2DT} 计算得到的水位值即为窄缝内的压强水头，否则计算结果为管道内的明渠流水位值。管网出水口处的流量根据出水口所在网格的压强水头与河道水位关系按非恒定流计算。

2.4.3 精细管网模型

精细管网模型对实际排水系统做尽可能真实的模拟，通过建立排水管道、入水口、管道结点等的连续和动量方程，并求解完整方程组实现。这种方法能够较准确的描述排水管道的入流、汇水、调蓄及水流流态等，并可以耦合求解节点处水位，以及管道断面流量等。模型的计算原理如下。

（1）管道控制方程。

$$\frac{\partial A}{\partial t}+\frac{\partial Q}{\partial x}=0 \tag{2–57}$$

$$\frac{\partial Q}{\partial t}+\frac{\partial\left(Q^2/A\right)}{\partial x}+gA\frac{\partial H}{\partial x}+gAS_f=0 \tag{2–58}$$

式中 A——管道断面面积，m^2；

Q——管道流量，m^3/s；

x——沿管道距离，m；

H——管道中的水头，m；

S_f——摩阻坡降。

$$S_f=\frac{n^2}{R^{1.333}}V|V| \tag{2–59}$$

式中 n——曼宁糙率系数；

R——水力半径；

V——水流流速。

利用显式有限差分格式，当结点水位未发生超载时，根据式（2–57）~式（2–59），管道水流计算式（2–60）为

$$Q_{t+\Delta t}=\frac{1}{1+gn^2|\bar{V}|\Delta t/\bar{R}^{1.333}}\left[Q_t+2\bar{V}\Delta A+\frac{V^2(A_2-A_1)\Delta t}{L}-g\bar{A}\frac{H_2-H_1}{L}\Delta t\right] \tag{2–60}$$

式中 $\bar{V}$、$\bar{A}$、$\bar{R}$——t 时刻管道的平均流速、断面面积和水力半径；

Q_t——t 时刻的管道流量；

ΔA——管道断面积在 Δt 时间内的变化值；

H_2、H_1——管道上、下游结点的水头；

A_2、A_1——管道上游和下游结点的断面面积；

L——管道长度。

（2）结点控制方程。针对管道结点，需要建立附加控制方程，按照结点水位是否发生超载采用两种形式。未发生超载时，利用式（2–61）计算；发生超载时，利用式（2–62），并结合式（2–60）计算[93]：

$$\frac{\partial H}{\partial t}=\frac{\sum Q}{ASTORE+\sum AS} \tag{2–61}$$

式中 H——结点水头，m；

$ASTORE$——结点的水流表面积，m^2；

AS——结点所连接管道对结点贡献的水流表面积，m^2。

$$\sum\left(Q+\frac{\partial Q}{\partial H}\Delta H\right)=0 \tag{2–62}$$

式中 ΔH——结点水头的调整量。

对于不发生超载的情况，式（2–61）离散为

$$H_{t+\Delta t}=H_t+\frac{\Delta t\ [(\sum Q)_t+(\sum Q)_{t+\Delta t}]}{2\left(ASTORE+\sum AS\right)_{t+\Delta t}} \tag{2–63}$$

对于发生超载的情况，式（2–60）、式（2–62）转换为

$$H_{t+\Delta t}=H_t+\frac{(\sum Q)_t+(\sum Q)_{t+\Delta t}}{2\sum\{g\bar{A}\Delta t/[L(1+gn^2|\bar{V}|\Delta t/\bar{R}^{1.333})]\}} \tag{2–64}$$

管道与结点特征参数见图 2–15。

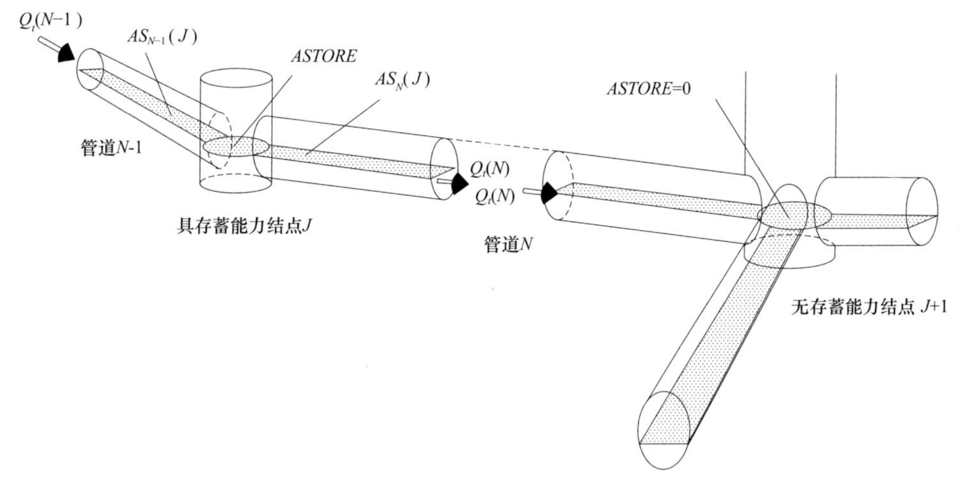

图 2–15 管道与结点特征参数图

（3）地上、地下洪水交换。地上、地下洪水通过雨篦子、检查井等入水口实现交换。在模型中，将入水口布置在特殊通道或网格上，采用堰流公式或孔口方程计算。当地面或道路积水水头大于管道水头时，采用宽顶堰公式即式（2-65）计算；当地面或道路积水水头小于管道水头时，采用孔口方程即式（2-66）计算：

$$Q_i^{t+\Delta t}=C_iB_i\sqrt{2g}\ (Z^t-Z_i^t)^{\frac{3}{2}} \tag{2-65}$$

式中 C_i——宽顶堰的流量系数；

B_i——入水口的周长；

Z^t——入水口所在的网格或道路特殊通道水位；

Z_i^t——入水口的水头。

$$Q_i^{t+\Delta t}=\mu_iA_i\sqrt{2g}\ (|Z^t-Z_i^t|)^{\frac{1}{2}} \tag{2-66}$$

式中 μ_i——孔口流量系数；

A_i——孔口断面面积。

2.5 模型构建

洪水分析模型的构建流程为在基础数据准备齐全的基础上，开展网格剖分与拓扑关系的建立、属性赋值、工程添加、溃口设置、降雨条件设置、排水条件设置、边界条件设置、初始条件设置及运算控制条件设置，之后调用核心的计算模块开展模拟计算，得到模拟结果。

2.5.1 网格剖分与拓扑关系的建立

2.5.1.1 网格剖分

1. 网格剖分方法

网格剖分是将研究区域划分为模型计算需要的不规则网格，剖分时网格应顺应地形地物布局，包括区域内的主干河道和大型湖泊、堤防、主干道路、铁路等阻水和排水的设施。网格的边需沿着这些线状构筑物或面状要素的边界布设（见图 2-16、图 2-17）。

洪水风险分析软件具有网格自动剖分模块，采用的方法分为两类。

（1）波前推进法。波前推进法（Advancing Front Technique，简称 AFT）。该方法的基本流程如下。

1）离散待剖分域的边界，离散后的剖分域边界是外框首尾相连的线段的集合，内部线段是相连接或者距离满足要求的独立线段，这种离散后的内外域边界称为前沿。

2）从前沿开始，依次插入一个节点，并连接生成一个新的单元。

3）更新前沿，这样前沿即可向待剖分域的内部推进。这种插入节点、生成新单元、更新前沿的过程循环进行，当前沿为空时表明整个域剖分结束。结束后，软件会将各个区

图 2-16　某区域网格剖分时考虑的阻水和排水构筑物分布图

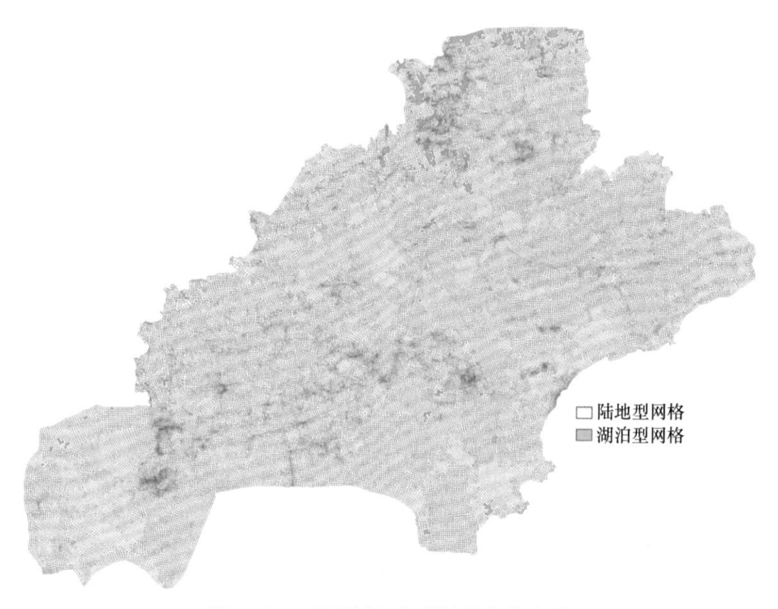

图 2-17　某区域剖分后的网格分布图

域的前沿做相对合理的链接，以最后形成完全填充的区域。

（2）改进后的变步长波前推进法。改进后的变步长波前推进法的分析步骤如下。

1）生成三角网，便于通过几何插值计算剖分插入点的剖分步长值。

2）将内部的剖分线段按照逆时针顺序排列，然后离散待剖分线段，按照波前推进法进行一波网格剖分。

3）用波前推进法剖分最外围的剖分线，遇到内部区域的剖分线段所形成的剖分网格时，则合并之，使其也参与下一波的网格剖分。

该网格自动剖分技术对数据的要求为：①最外围的剖分线必须是不自相交的闭合线，

其他所有的剖分线段（简称内部剖分线）必须包含在此剖分线的区域内，以保证剖分的收敛性；②内部剖分线之间不能相互重叠，且平行间隔距离不能小于剖分间距。

2. 网格剖分步骤

（1）处理剖分数据。所有参与剖分的数据，在剖分之前需经过基础的合并处理，可以将参与剖分的所有相关数据叠放到一个图层上供用户查看和编辑，用户可以在这个合并图层内，修正那些重复的以及错误的数据内容，然后将修正的数据作为剖分依据，而不必破坏原始的数据内容。

（2）规范剖分数据。将内部剖分线按照交点进行打断，然后根据逆时针顺序重新组合，将各种复杂的剖分线段简化成一条条互不交叉的矢量线段，从而可以采用波前推进法对内部剖分线段进行一波网格剖分。

（3）网格剖分。根据改进后的波前推进法进行网格剖分。

（4）网格优化。移动点，即对不在剖分线段上的剖分节点，或去掉只有被两条边使用的移动点，或去掉对角节点都只被三条边使用的网格。进行网格优化后，形成的结果会更加符合预期要求。

（5）网格光顺处理。网格的光顺处理，是将初次剖分的网格，根据相互的关系情况做更加平滑的分布处理，使得最终的结果更加均匀平滑。在进行光顺处理过程中，外围剖分线上的节点不能进行移动，而内部剖分线上的节点，只能在其对应的剖分线上进行移动。这样可以使剖分的结果最大程度地符合约束线的形态。

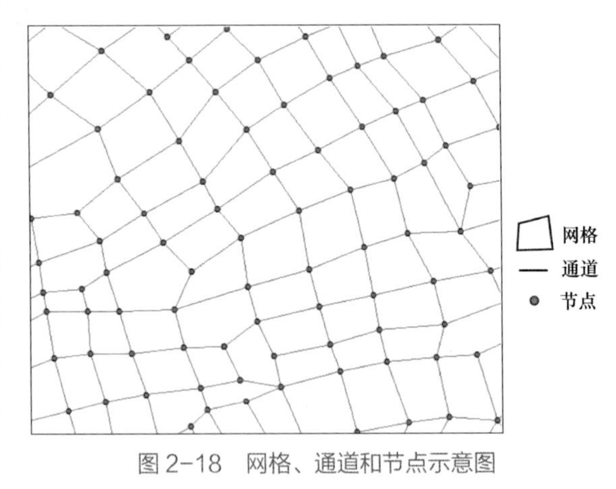

图 2–18　网格、通道和节点示意图

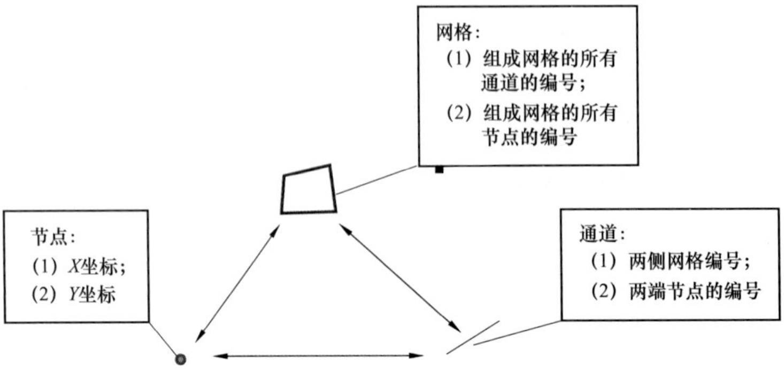

2.5.1.2　拓扑关系的建立

拓扑关系的建立[94]是指建立模型中三个基本要素——网格、通道和节点之间的拓扑关系，以及建立特殊通道和特殊节点之间的拓扑关系（见图 2–18~图 2–21）。

网格：
(1) 组成网格的所有通道的编号；
(2) 组成网格的所有节点的编号

节点：
(1) X坐标；
(2) Y坐标

通道：
(1) 两侧网格编号；
(2) 两端节点的编号

图 2–19　拓扑关系的建立示意图

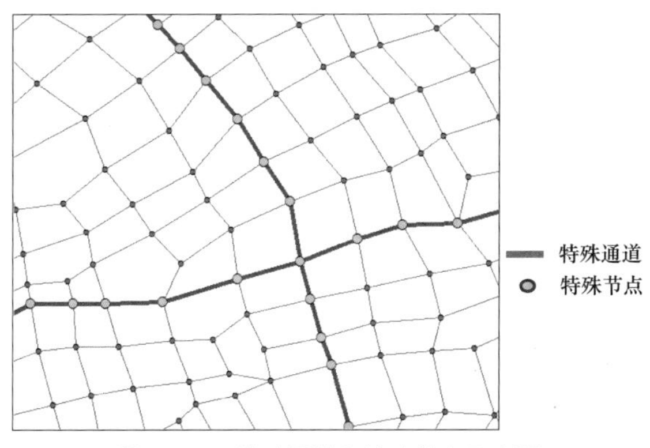

图 2-20　特殊通道和特殊节点示意图

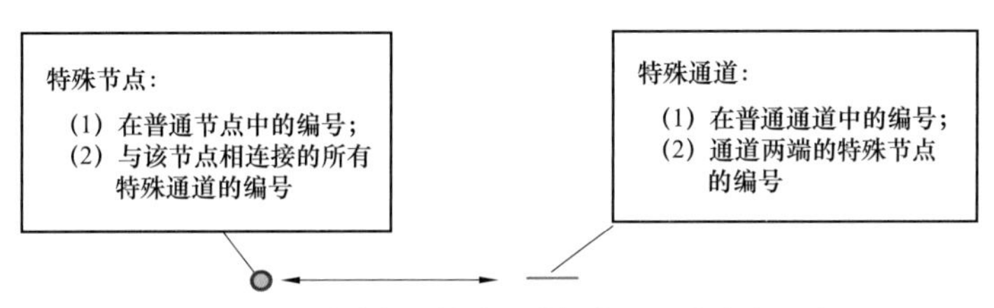

图 2-21　特殊节点和特殊通道拓扑关系的建立示意图

2.5.2　属性赋值

属性赋值针对网格、阻水型通道、特殊河道通道和特殊道路通道等分别赋值。网格和通道属性赋值内容见表 2-5。

表 2-5　网格和通道属性赋值内容

对象	所需属性赋值内容
网格	（1）网格类型：分为河道型、湖泊（水库）型和陆地型； （2）高程：网格的平均高程； （3）糙率：根据网格内的土地利用类型确定的综合糙率； （4）面积修正率：指各网格内居民地面积与网格面积之比
阻水型通道	（1）类型：按模型中阻水型通道的取值赋值； （2）通道顶高程：如堤顶高程、铁路路面高程等； （3）缺口宽：通道上缺口的宽度； （4）缺口底高：缺口的底高程
特殊河道通道	按梯形或矩形赋值： （1）河底高； （2）左堤高程； （3）右堤高程； （4）上宽； （5）下宽
特殊道路通道	（1）路面高程； （2）路宽； （3）路肩石（马路牙）顶高程

2.5.3 工程添加

在模型中添加影响洪水演进过程或暴雨内涝分布的防洪排涝工程或构筑物，并设定各类工程对象的属性数据。这些工程一般包括：水闸、泵站、桥梁、涵洞和地下空间，各类工程对象需设定的位置及赋值的属性内容见表 2–6。

表 2–6　　各类工程对象需设定的位置属性赋值内容表

<table>
<tr><th>工程名称</th><th>可设定的位置</th><th colspan="3">所需属性赋值内容</th></tr>
<tr><td>水闸</td><td>（1）河道内的普通通道；
（2）特殊河道通道</td><td colspan="3">见表 2–3，包括水闸类型、开闸时间、开闸水位、关闸水位、开闸限制水位、所在通道编号、闸下游节点编号、闸孔宽、闸底高、最大排水流量、排入或引水的网格编号、参考站所在节点编号、参考站所在网格编号、开闸比例、是否允许倒流、强制关闸时的容限值等</td></tr>
<tr><td>泵站</td><td>（1）特殊河道节点；
（2）特殊道路节点；
（3）网格</td><td colspan="3">见表 2–4，包括泵站类型、开泵限制水位、设计起排水位、设计止排水位、设计排水能力、所在节点或网格编号、泵站状态、排入网格编号、排入节点编号、所属排水分区编号、所属排涝单元编号、参考站节点编号、参考站网格编号、开泵比例等</td></tr>
<tr><td>桥梁</td><td>通道</td><td colspan="3">所在通道编号、桥的长度、桥面高程、桥孔个数、桥孔底高程、桥孔宽度、桥孔顶高程</td></tr>
<tr><td>涵洞</td><td>通道</td><td colspan="3">所在通道编号、涵洞个数、涵洞宽度、涵洞底高程、涵洞顶高程</td></tr>
<tr><td rowspan="2">地下空间</td><td rowspan="2">（1）网格；
（2）特殊道路通道；
（3）特殊道路节点</td><td colspan="3">（1）地下空间编号；
（2）底高程；
（3）净高；
（4）面积；
（5）面积修正率；
（6）排水泵站能力；
（7）以及根据地下空间所在位置按以下三种情况选其一赋值：</td></tr>
<tr><td>所在网格个数：
第 1 个网格的编号；
第 1 个网格所含入口数量；
第 1 个入口的宽度；
第 1 个入口挡水建筑物高度；
第 1 个入口处地面高程；
第 2 个入口的宽度；
第 2 个入口挡水建筑物高度；
第 2 个入口处地面高程；
……
第 2 个网格的编号；
第 2 个网格所含入口数量；
第 1 个入口的宽度；
第 1 个入口挡水建筑物高度；
第 1 个入口处地面高程；
……</td><td>所在特殊道路通道个数：
第 1 个通道的编号；
第 1 个通道所含入口数量；
第 1 个入口的宽度；
第 1 个入口挡水建筑物高度；
第 1 个入口处地面高程；
第 2 个入口的宽度；
第 2 个入口挡水建筑物高度；
第 2 个入口处地面高程；
……
第 2 个通道的编号；
第 2 个通道所含入口数量；
第 1 个入口的宽度；
第 1 个入口挡水建筑物高度；
第 1 个入口处地面高程；
……</td><td>所在特殊道路节点个数：
第 1 个节点的编号；
第 1 个节点所含入口数量；
第 1 个入口的宽度；
第 1 个入口挡水建筑物高度；
第 1 个入口处地面高程；
第 2 个入口的宽度；
第 2 个入口挡水建筑物高度；
第 2 个入口处地面高程；
……
第 2 个节点的编号；
第 2 个节点所含入口数量；
第 1 个入口的宽度；
第 1 个入口挡水建筑物高度；
第 1 个入口处地面高程；
……</td></tr>
</table>

2.5.4 溃口设置

当研究区域的洪水分析方案中存在溃口时，需在模型构建时指定溃口的位置、溃决方式及相关参数，溃口设置见表 2–7。

表 2–7　　溃口设置表

溃口位置	需设置的相关参数或条件
内部溃口	（1）溃决时机设置（以下两种选其一）： 1）溃决时间； 2）溃决水位。 （2）溃口发展过程（以下三种选其一）： 1）瞬间溃决： A. 溃口底高程； B. 溃口宽度。 2）经验公式： A. 溃口底高程； B. 所在河道宽度。 3）自定义： A. 溃口底高程； B. 时刻 1，溃口宽； C. 时刻 2，溃口宽； D.……
边界溃口	（1）溃决时机设置（以下两种选其一）： 1）溃决时间； 2）溃决水位。 （2）溃口发展过程（以下三种选其一）： 1）瞬间溃决： A. 溃口底高程； B. 溃口宽度。 2）经验公式： A. 溃口底高程； B. 所在河道宽度。 3）自定义： A. 溃口底高程； B. 时刻 1，溃口宽； C. 时刻 2，溃口宽； D.…… （3）溃口处河道水位过程

注　表中仅为溃口处水流按正堰计算时需设置的参数，当按侧堰计算时，还需补充设置分水角度、水位断面面积关系和水位流量关系。

2.5.5 降雨条件设置

降雨条件的设置包括雨量站坐标或降雨分区位置分布的设定、各雨量站或分区降雨过程的设定，以及降雨产流计算相关参数的设定（见表 2–8）。

表 2-8　　　　　　　　　　　降雨条件设置表

内容	需设置的相关参数或条件
降雨空间分布设定	以下两种选其一： （1）雨量站分布。各雨量站的 X、Y 坐标； （2）降雨分区分布。分区编号； 各分区包含的网格编号
降雨过程设定	给定各雨量站或各分区的降雨过程
降雨产流计算相关参数设定	以下四种模拟方式选其一： （1）径流系数法： 各网格的径流系数：与各网格内的土地利用类型分布有关，可根据不同土地利用类型的经验径流系数取值后，按面积加权获得各网格的综合径流系数。 （2）SCS 模型： 1）CN 值：为 SCS 曲线值，与土壤类型、土地利用类型和前期雨量有关； 2）排干时间：指完全饱和土壤彻底排干需要的时间，典型值范围在 2~14d 之间。 （3）Horton 模型： 1）最大下渗率：指霍顿下渗曲线上的最大入渗速率，与土地利用类型和土壤类型有关； 2）最小下渗率：指霍顿下渗曲线上的最小入渗速率，与土地利用类型和土壤类型有关； 3）衰减常数：指霍顿下渗曲线的入渗速率衰减常数，单位为 h^{-1}，典型值范围在 2~7 之间； 4）排干时间：指完全饱和土壤彻底排干需要的时间，典型值范围在 2~14d 之间； 5）最大下渗体积：指可能的最大下渗容积，可通过用土壤孔隙率与凋萎点的差值乘下渗区的深度估得。 （4）Green-Ampt 模型： 1）吸入水头：指沿土壤湿润锋面的毛细吸水平均值； 2）导水率：指土壤的饱和导水率； 3）初始亏损：指初始干燥土壤的容积百分数，即土壤孔隙率和初始湿度之差。 注：以上这些参数主要与土壤类型有关

2.5.6　排水条件设置

排水条件的设置与所选排水模型有关：当选择“地下水库模型”时，需计算和设定各排水分区的径流系数、排水体积和所包含的网格编号等信息；当选择“等效管网模型”时，需计算和设定每个网格包含的排水管网总体积、总长度、平均管径、平均底高和平均底坡等参数;当选择“精细管网模型”时，需要输入管道、管道结点（包括管道结点、入水口等）的特征参数，以及结点与排水分区、网格和特殊道路通道的拓扑关系。排水条件设置见表 2-9。

表 2-9　　　　　　　　　　　排水条件设置表

排水模型	需设置的相关参数或条件
地下水库模型	（1）排水分区编号； （2）排水起始时间：指某一洪水分析方案下，排水分区开始运行的时间； （3）径流系数：排水分区的综合径流系数； （4）排水体积：各排水分区地下水库能容纳水的体积； （5）各分区包含的网格编号

续表

排水模型	需设置的相关参数或条件
等效管网模型	（1）总体积：即位于某网格下的所有排水管道的总体积，根据网格与排水管网数据的空间位置叠加分析，结合各管道的管径、长度获得； （2）总长度：即位于某网格下的所有排水管道的总长度，根据网格与排水管网数据的空间位置叠加分析获得； （3）平均管径：即位于某网格下的所有排水管道的平均管径，模型假定每个网格下的管道断面均为正方形，故：$平均管径=\sqrt{\frac{管道总体积}{管道总长度}}$； （4）平均底高：即位于某网格下的所有排水管道的平均底高，根据网格与排水管网数据的空间位置叠加分析，并结合每个管道的起点和终点底高获得； （5）平均底坡：即位于某网格下的所有排水管道的平均底坡，根据网格与排水管网数据的空间位置叠加分析，并结合每个管道的底坡获得； （6）是否为出水口：指某网格是否含出水口； （7）排入网格号：根据排水管网的实际分布判断含出水口的网格下的管道内水流排入的网格编号； （8）排入通道号：根据排水管网的实际分布判断含出水口的网格下的管道内水流排入的特殊河道通道编号
精细管网模型	（1）排水分区编号； （2）管道编号； （3）管道结点编号； （4）管道结点所在特殊道路通道或网格编号，如结点为与地面水量的交换点，优先将其布置在特殊道路通道上，若水量交换点所在的道路未被概化模拟，则将其布置在网格上； （5）管道起始结点编号：管道起始位置所连接的结点编号； （6）管道末端结点编号：管道末端位置所连接的结点编号； （7）管道起始高程：本段管道的起始高程； （8）管道末端高程：本段管道的末端高程； （9）管道形状及特征参数，如为圆形，需输入管道直径； （10）管道最大允许流量； （11）管道糙率； （12）管道结点底高程； （13）管道结点最大水深； （14）管道结点初始水深； （15）管道结点周长

2.5.7　边界条件设置

边界条件设置包括设定研究区域河流的入流和出流条件，每类条件均涉及所在位置的确定和水文数据或参数的给定。边界条件设置见表 2–10。

表 2–10　边界条件设置表

边界类型	可设定的位置	需设置的相关参数或条件
入流	（1）河道型通道； （2）特殊河道通道	以下两种情况选其一： （1）流量过程； （2）水（潮）位过程

边界类型	可设定的位置	需设置的相关参数或条件
出流	（1）河道型通道； （2）特殊河道通道	以下三种情况选其一： （1）水（潮）位过程； （2）水位流量关系； （3）曼宁公式： 1）糙率； 2）水力坡降

2.5.8 初始条件设置

初始条件设置包括设定研究区域内河流水系、湖泊等的初始水位或水深条件，需根据具体计算方案下的洪水频率、工况情况等确定。初始条件设置见表2-11。

表2-11 初始条件设置

对象	初始条件类型	需设置的相关参数或条件
河道型网格	水深	所有河道型网格的初始水深值
	水位	（1）各已知站点的初始水位信息，包括： 1）站点编号； 2）起点距； 3）初始水位。 （2）各河道型网格在其所在河流上的起点距
湖泊型网格	水深	所有湖泊型网格的初始水深值
	水位	（1）各湖泊的初始水位信息，包括： 1）湖泊编号； 2）初始水位。 （2）各湖泊型网格所属湖泊的编号
特殊河道通道	水深	（1）各条河流的初始水深，包括： 1）河流编号； 2）初始水深。 （2）各特殊河道通道所在的河流编号
	水位	以下两种情况选其一： （1）按各条河流上的水位站给定初始水位，并沿河流线性插值计算每条通道上的初始水位，需设定的参数包括： 1）水位站编号； 2）所属河流编号； 3）起点距； 4）初始水位； 5）各特殊河道通道在其所在河流上的起点距。 （2）按各排水分区内的水位站给定初始水位，并取每个排水分区内所有水位站的平均水位作为该分区内所有特殊河道通道的初始水位，需设定的参数包括： 1）水位站编号； 2）所属排水分区编号

2.5.9 运算控制条件设置

运算控制条件设置包括模型计算时间的设置和计算过程中监视条件的设置，运算控制条件设置见表 2–12。

表 2–12　　运算控制条件设置

类型		需设置的相关参数或条件
模型计算时间		（1）计算总时长； （2）计算步长； （3）输出时间间隔
运算监视	监视对象	（1）网格； （2）普通通道； （3）特殊河道通道； （4）特殊河道节点； （5）特殊道路通道； （6）特殊道路节点； （7）排水分区； （8）水闸； （9）泵站； （10）地下空间； （11）桥梁； （12）涵洞； （13）溃口
	监视内容	（1）水深； （2）水位； （3）流量； （4）流速； （5）水量
	监视时间间隔	计算步长或给定的时间间隔

2.5.10 模型模拟结果

模型模拟结果以文本格式（.txt）输出并入库，包括每个网格的水深过程，每个特殊道路通道的水深（水位）、流量和流速过程，以及在整个计算过程中每个网格和每条特殊道路通道的最大水深（水位）值、最大水深对应的时刻、淹没历时、通道最大流速等信息。具体如下：

（1）网格最大淹没信息：包括每个网格的最高水位、最大水深、最大水深对应的时刻、淹没历时、洪水到达时间等。

（2）网格淹没过程信息：包括每个网格在预先设定的结果文件输出时刻的水深值。

（3）道路最大淹没信息：包括每条道路通道的最大水深、最大水深对应的时刻、最大流速、最大流速对应的时刻、淹没历时、洪水到达时间等。

（4）道路淹没过程信息：包括每条路段在预先设定的结果文件输出时刻的水深、流速和流量及每个道路节点处的水深过程。

（5）地下空间进水信息：包括每个地下空间的最大水深和进水总量。

（6）溃口信息：包括每个溃口处的流量过程及溃决总水量。

（7）水闸信息：包括每个水闸的流量过程、闸上和闸下的水位过程，以及过闸总水量。

（8）泵站信息：包括每个泵站的流量过程和排水总量。

（9）涵洞信息：包括每个涵洞所在通道的流量过程。

2.6 模型运用方式

根据不同的功能要求，模型可以分为三种不同的运用方式，即验证计算、实时预报计算和设计方案计算，模型运用方式见图 2-22。

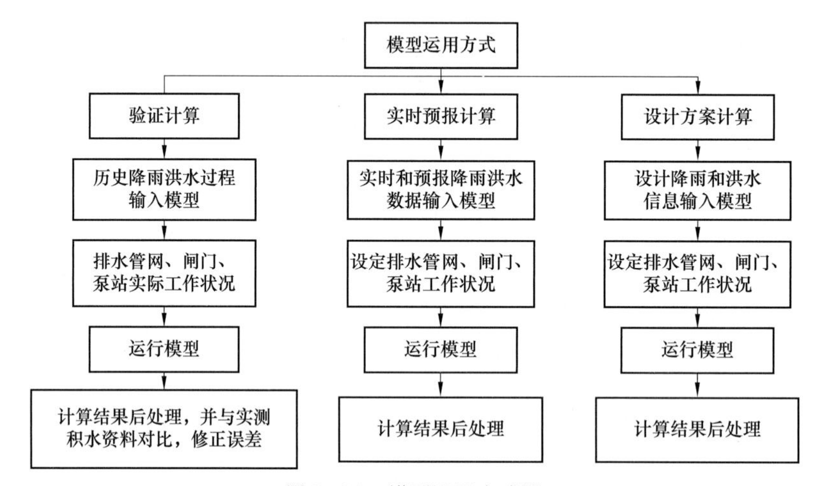

图 2-22　模型运用方式图

（1）验证计算。验证计算是采用历史降雨洪水信息作为模型的输入条件，并按实际工况设定水闸、泵站、排水管网等防洪排涝（水）工程的运行过程，从而对历史降雨洪水造成的淹没情况进行重演。在计算结束后，通过与实测资料对比，率定模型参数，验证模型的模拟精度。

（2）实时预报计算。实时预报计算是采用实测和预报的水雨情数据作为模型的输入条件，同时，人为假定或按调度规则设定水闸、泵站、排水管网等防洪排涝（水）工程的运行状况后，调用模型对暴雨洪水在某一预见期内可能造成的淹没情况进行模拟计算，为防汛预警决策提供支持。

（3）设计方案计算。设计方案计算是采用设计暴雨和洪水过程作为模型的输入条件，同时，人为假定或按调度规则设定水闸、泵站、排水管网等防洪排涝（水）工程的运行状况后，调用模型对该设计暴雨洪水方案可能造成的淹没情况进行模拟计算。

模型模拟结果与实测积水数据对比分析见图 2-23，在内涝预警系统中调用模型开展实时预报计算见图 2-24。

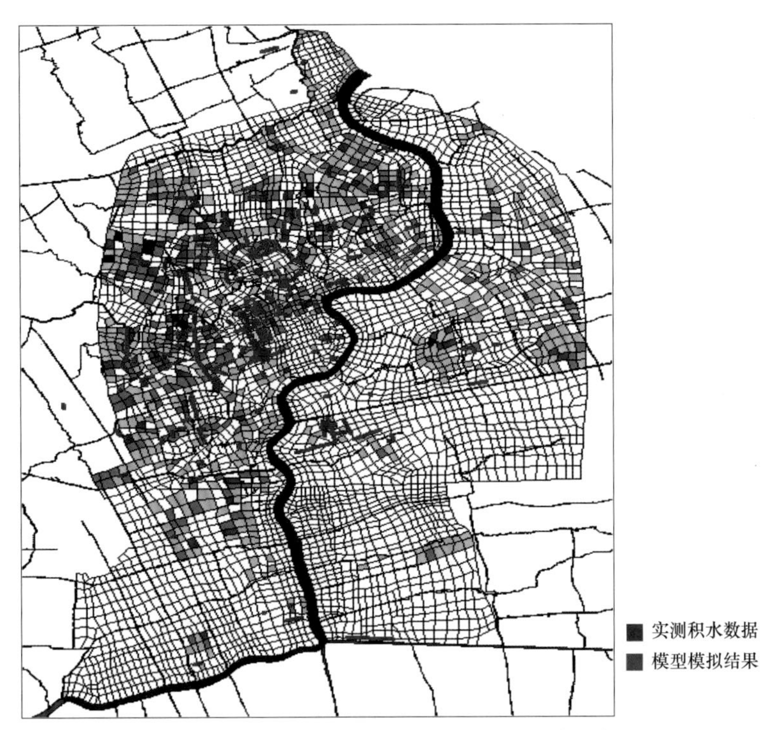

图 2-23　模型模拟结果与实测积水数据对比分析图

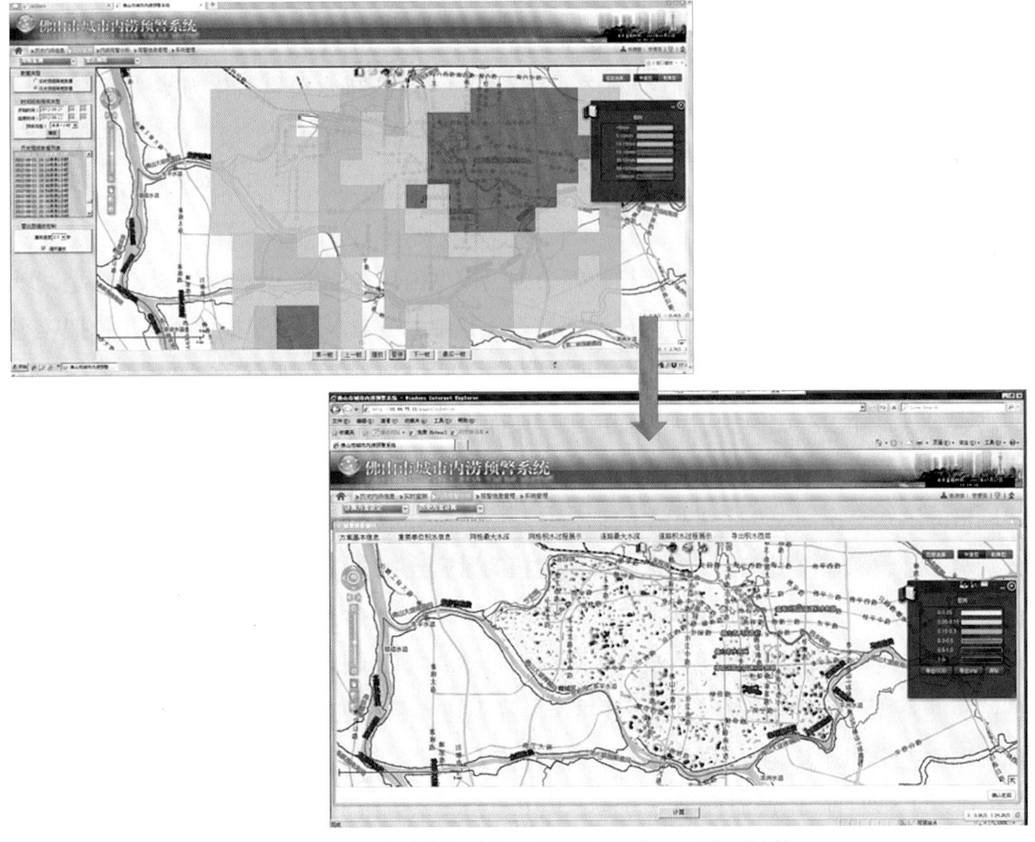

图 2-24　在内涝预警系统中调用模型开展实时预报计算

2.7 模型特点

本书中的洪水分析模型由降雨产流、地面汇流、地下排水、各类防洪排涝工程设施等模块组成，适用于城市、蓄滞洪区和防洪保护区因降雨、洪水和风暴潮等多洪水来源和防洪排涝（水）工程调度等多因素影响下的洪水淹没分析，用户可根据分析需求选择不同的模块。该模型已成功应用于黄河下游、淮河、永定河等河道，荆江分洪区、蒙洼、北荆堤滞洪区、洪湖东分块、杜家台分蓄洪区、永定河泛区、小清河分洪区、湛江蓄滞洪区、黄庄洼蓄滞洪区和大黄浦洼蓄滞洪区等分蓄洪区，洪湖监利长江干堤保护区、北江大堤保护区、荆江大堤保护区、上海市浦东防潮保护区、杭嘉湖嘉南区和上塘河区等防洪（潮）保护区，以及上海、北京、广州、天津、嘉兴、济南、佛山、青岛等城市的洪水淹没分析计算和洪水风险图编制。同时，在南水北调工程焦作高填方段溃决洪水影响评价和南水北调中线总干渠高填方渠段洪水影响评价中，也得到了良好的应用效果。该模型具有如下特点。

（1）网格剖分方式对下垫面的概化能力强。采用非结构不规则网格对研究区域进行离散，划分网格时可以较好地适应地形。网格以四边形为主，局部可以选用三角形或五边形，布置灵活。网格的边可以沿着挡水建筑物（堤防、高速公路、铁路等）、导水建筑（河渠）或者边界布置，使地形概化更接近实际，以考虑这些工程的阻水和排水作用。网格剖分时可以根据地物分布特点，对网格局部调整、加密，使网格与地形更为贴合。

模型采取特殊通道的方式计算河道和道路行洪，在网格剖分时，对较宽的或有堤防的河道，可按实际宽度概化为河道型网格；对较窄的河道或排水渠可概化为特殊河道通道，对道路可概化为特殊道路通道。特殊通道的概化方式使得模型可模拟城市密集道路和研究区域内较窄的河道，解决了采用小网格而导致的网格数量巨大，采用大网格而导致的窄河道、道路等无法模拟的难点。

（2）内嵌模型丰富，对洪涝等模拟能力强。模型内包含一维、二维水动力学模型，以及降雨产流和地下排水的多类实际或概化模型。其中，一维水动力学模型可用于模拟较小河道和城市内的道路行洪；二维水动力学模型可用于模拟洪水在地面和宽度较大的河道中的洪水演进；降雨产流模型用于模拟降雨形成净雨的过程；地下排水模型用于模拟城市排水管网、泵站等排水设施的排水作用。一维模型通过计算洪水沿通道方向，以及与通道两边网格的洪水交换实现与二维模型的耦合，降雨产流和地下排水模型在网格和特殊通道上分别与一维、二维模型耦合，实现一体化建模的紧密连接方式。模型实现了降雨产流、汇流或洪水演进、排水、积水或淹没等洪水形成全过程、实时同步模拟。

降雨产流计算时，模型可直接将区域内雨量站或气象预报格网的空间位置分布信息和各站实测降雨过程或格网预报降雨过程作为降雨边界条件进行模拟计算，充分适应了实际降雨时空分布不均匀的特征。模型内嵌径流系数法、SCS 模型、Horton 模型和 Green-Ampt 模型等四种降雨产流模型或方法。其中，径流系数法主要考虑了不同土地利用类型径流系数的差异性，计算简捷，对数据要求较低。SCS 模型综合考虑了流域降雨、土壤类型、土地利用方式及管理水平、前期土壤湿润状况等，将土壤划分为A、B、C、D四种类型，通过CN值计算产流量。Horton模型和Green-Ampt模型分别考虑了土地利用类型、土壤湿度、排干时间、土壤质地类型等计算量。SCS模型、Horton模型和Green-Ampt模型这三种模型对数据要求稍高。

地下排水模型中包含了地下水库、等效管网和精细管网模型三种地下排水计算方式。地下水库法以将排水分区概化为地下水库的方式来考虑，通过城市的暴雨强度公式和排水系统的设计标准为各排水分区内各网格估算地下蓄水空间容量，从而反映排水系统对地面积水的影响，对资料要求低，适用于缺乏管网资料时的排水计算。等效管网法和精细管网模型考虑城市排水管网分布、入水口（水篦子）、排水口、排水泵站的调度等，通过建立管道的一维非恒定流模型，计算洪水在管道中的传输，并与地面二维模型耦合，可实时计算地上和地下洪水的交换，适用于具有详细管网资料的城市开展洪涝模拟。其中，等效管网法对实际管网按照五种基本管道形式概化，简化了计算内容，提高了模拟速度；精细管网模型计算了每个入水口和管道的洪水过程，适用于开展小范围积水分布精细模拟。三种地下排水模型便于用户根据资料收集情况和模拟需求开展研究，提高了软件的适用性。

（3）有效模拟防洪工程及其调度影响。模型包含了防洪排涝工程的模拟模块，综合考虑了堤防（圩堤、海塘）及其他阻水建筑物的阻水作用，闸、泵等防洪工程的过水和实时控制功能，使软件能适用于防洪保护区、蓄滞（行）洪区等的控制分洪，以及城市在防洪排涝工程实时调度下的洪水分析。模型中将闸门、泵站按照工程的位置、作用等进行分类，在对工程建模概化时，可根据闸、泵的实际位置和作用分别选择。为模拟工程的调度规则，设置了按时间、按规则、按时间和规则结合等多种调度方式，能够满足防洪排涝工程的复杂调度模拟需求。

（4）模型针对特殊地物的处理方式，增强了软件对城市、河网模拟中的适用性。模型将较窄的河道处理为特殊河道通道，并建立一维模型，模拟洪水在小河流的演进，以及与网格的交换，使模型在不受网格尺寸限制下具备对小河流的模拟能力。另外，针对河网区域，除较窄河道可概化为特殊河道通道外，对于特殊河道通道的支流，它们的洪水存蓄功能常对区域防洪具有重要作用。通过在网格上设置水面率、存蓄水深两个属性的方式来模拟河网的调蓄功能。

对于城市区域，存在着建筑物密集、雨水沿道路快速行洪，以及洪水容易造成地面和地下淹没的空间分布等特点，模型通过网格剖分、建筑物概化，以及增加模拟对象等分别处理，增强了软件在城市中的适用性。

1）沿道路行洪模拟。网格剖分时，将道路作为控制内边界，并赋值为特殊道路通道，采取与特殊河道通道类似的一维方式模拟、计算，可给出道路淹没水深、行洪流速、淹没历时等洪水特征。

2）建筑物模拟。建筑物较为密集，会阻挡和改变水流的方向，以及影响洪水的淹没水深等，城市积水一般仅会在无建筑物分布的空间内形成，在计算每个网格的积水深度时，需要将建筑物所占的面积扣除。模型在网格中设置了面积修正率属性——建筑物面积占网格面积的比值，通过设置该比值的大小控制建筑物对洪水的影响程度。

3）地下空间模拟。针对城市中的地下商场、广场、地铁、车库、人行过街通道、隧道和车行下立交等地下空间，分别根据其分布形状，按照点状、线状和面状地下空间对象进行概化，通过对设置地下空间洪水存蓄、排泄属性等，并与网格、道路通道和节点建立空间对应关系，模拟了地下空间的洪水淹没情况，包括进水量、积水深度等。

（5）模型可适用于多洪源、复杂工况的模拟。基于内嵌的一维、二维洪水演进模型，降雨和排水模型，以及防洪排涝工程模拟模块，模型可用于分析区域暴雨形成的积水内涝，内部或外部洪水在河道中的演进，以及造成的堤防漫溢或溃决，高低潮位等多洪水源造成的影响，以及各洪水源组合下的洪涝淹没或积水情况，并且能够模拟基于闸、泵控制规则的防洪排涝工程调度等复杂工况。

3　洪水影响分析及洪灾损失评估模型

洪水影响分析主要包括淹没范围和各级淹没水深区域内社会经济指标的统计分析。洪灾损失评估是对各量级洪水对淹没区造成的灾害损失进行的评估分析。洪水影响分析与洪灾损失评估以不同级别的行政区域（市 / 县 / 区、乡镇 / 街道、行政村等）为统计单元进行。

3.1　洪水影响分析及洪灾损失评估技术流程

洪水影响分析及洪灾损失评估的技术流程[95]见图 3–1。

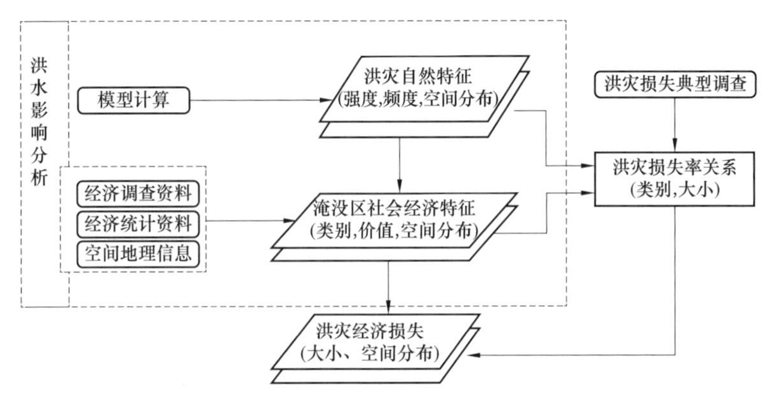

图 3–1　洪水影响分析及洪灾损失评估技术流程图

（1）根据数学模型模拟计算确定洪水淹没范围、淹没水深、淹没历时等致灾特性指标。

（2）搜集社会经济调查资料、社会经济统计资料以及空间地理信息资料，并将社会经济统计数据与相应的空间图层建立关联，如将家庭财产定位在居民地上，将农业产值定位在耕地上等，反映社会经济指标在空间上的分布差异。

（3）洪水淹没特征分布与社会经济特征分布通过空间地理关系进行拓扑叠加，获取洪水影响范围内不同淹没水深下社会经济不同财产类型的价值及分布。

（4）选取具有代表性的典型地区、典型单元、典型部门等分类作洪灾损失调查统计，根据调查资料估算不同淹没水深（历时）条件下，各类财产洪灾损失率，建立淹没水深（历时）与各类财产洪灾损失率关系表或关系曲线。

（5）根据影响区内各类经济类型和洪灾损失率关系，按式（3–1）计算洪灾经济损失：

$$D=\sum_{i}\sum_{j}W_{ij}\eta(i,j) \tag{3-1}$$

式中　W_{ij}——评估单元在第 j 级水深的第 i 类财产的价值；

$\eta(i,j)$——第 i 类财产在第 j 级水深条件下的损失率。

通常将（1）~（3）的工作内容称为洪水影响分析，（4）、（5）的工作内容称为损失评估。

3.2 社会经济数据的空间展布

洪涝灾害损失评估涉及大量的空间数据，无论是洪水强度分布，还是受淹区域的社会经济信息，都应具有空间属性。通常收集的人口、经济产业发展等经济统计数据，均以非空间数据方式存储，即通过县、区（乡、镇）行政单元来收集、汇总和发布，数据并未指向与其相应的地物对象，难以体现统计单元内部的空间差异，为了更好地进行洪涝灾害影响评估，需要恢复或重建其空间差异特征。

借助于 GIS 技术，可以将各类统计指标定义在相应的土地利用图层上，例如将人口分布范围限定在居民地上，种植业产值定位在耕地上，工业资产定位在工业用地上等。社会经济统计指标的 GIS 表达方式见图 3–2，每个指标在其定义的单元范围内既可以进行离散化处理，又可以认为其在某单元内连续分布，即每一个空间位置对应一个空间变量的值，在一个（统计）单元内可以概化为均匀分布或仍然具有空间差异。

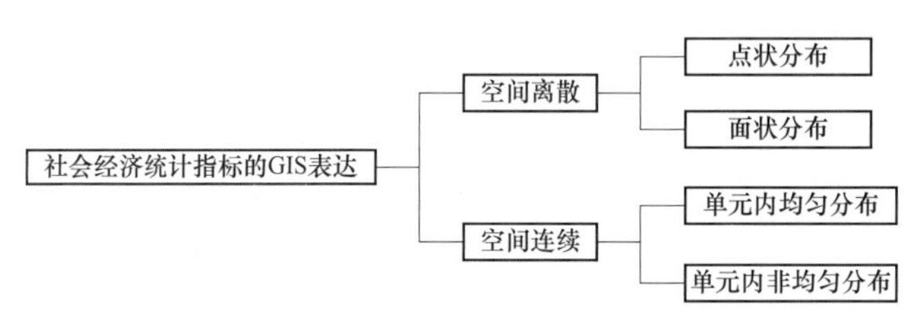

图 3–2　社会经济统计指标的 GIS 表达方式示意图

3.3 洪水影响分析

根据研究区域洪水分析得到的淹没范围、淹没水深（历时）等要素，结合淹没区内的社会经济情况，综合分析评估洪水影响程度，包括淹没范围内不同淹没水深区域内的受淹行政区面积、受淹居民地面积、受淹耕地面积、受淹重点单位数、受淹交通道路长度、受影响人口和 GDP 等。

（1）受淹行政区面积、受淹居民地面积及受淹耕地面积的统计。基于 GIS 软件的叠加分析功能，将淹没图层分别与行政区图层、耕地图层以及居民地图层相叠加，得到对应不同洪水方案不同淹没水深等级下的受淹行政区面积、淹没耕地面积、受淹居民地面积等。

（2）受淹重点单位数的统计。重点单位在 GIS 图层上通常呈点状分布。在得到洪水淹没特征之后，将淹没图层、行政区界图层和重点单位图层进行空间叠加运算，即面图层与点图层的叠加运算得到位于淹没区的重点单位数量、具体分布情况及其相关属性信息。根据数据收集的情况，确定受淹重点单位主要包括：工厂、学校、医院、行政机关、仓库、商贸企业等。

（3）受影响交通道路长度的统计。道路遭受冲淹破坏是洪水灾害主要类型之一。道路在 GIS 矢量图层上呈线状分布，受淹道路的统计通过道路线图层与洪水模拟面图层叠加运算实现，能够获取不同淹没方案下的受淹道路长度等数据信息。主要考虑城市主干道、城市次干道以及过境的省道、国道、县道等道路级别。

（4）受影响人口统计。人口数据通常是以行政单元为统计单位的。为了进行准确的受影响人口统计，需要对人口统计数据进行空间分析。

通常采用居民地法对人口统计数据进行空间分析，即认为人口是离散地分布在该行政区域的居民地范围内，每块居民地上又是均匀分布的变量，采用人口密度 $d_{i,j}$ 来表征。如各行政单元受淹居民地面积用 $A_{i,j}$ 来表示，则受灾人口可用式（3–2）计算：

$$P_e=\sum_i\sum_j A_{i,j}\,d_{i,j} \tag{3–2}$$

式中 P_e——受灾人口；

$A_{i,j}$——第 i 行政单元第 j 块居民地受淹面积；

$d_{i,j}$——第 i 行政单元第 j 块居民地的人口密度。

某个行政单元的居民地受淹面积通过行政区界、居民地图层以及淹没范围图层叠加统计得到。结合人口密度，对各行政单元受不同淹没水深影响的受灾人口进行统计。在确定了受影响人口的空间分布之后，与其相关的其他指标如 GDP、房屋、家庭财产等指标可在此基础上进一步推求。

若行政区内人口分布较为均匀，也可采用行政区受淹面积的比例来概算受影响人口。该算法认为某行政区内的人口是平均分布在该行政单元边界内的，受灾人口比例与该行政区受淹面积占整个行政区面积的比例相同，进而根据行政区人口总数推算受灾人口数，如式（3–3）：

$$P_e=\frac{PA_f}{A} \tag{3–3}$$

式中 P——区域总人口；

A_f——某一行政区域的受淹面积；

A——行政区域总面积。

（5）受影响 GDP 的统计。可按人均 GDP 法或地均 GDP 方法计算受影响 GDP。人均 GDP 法即根据某行政区受影响人口与该行政区的人均 GDP 相乘计算受影响 GDP；地均 GDP 法则是按照不同行政单元受淹面积与该行政区单位面积上的 GDP 值相乘来计算受影响 GDP。

3.4 洪灾损失评估

洪灾损失指标包括住宅损失、家庭财产损失、工业资产损失、工业产值损失、商贸企业资产损失、商贸企业主营收入损失、道路损失等。

3.4.1 损失率的确定

洪灾损失率指各类财产损失的价值与灾前或正常年份原有各类财产价值之比。影响洪灾损失率的因素很多，如淹没程度（水深、历时等）、财产类型、成灾季节，抢救措施等。一般按不同地区、承灾体类别分别建立洪灾损失率与淹没程度（水深、历时、流速、避洪时间）的关系曲线或关系表。

为分析研究区域各淹没等级、各类财产的洪灾损失率，通常在洪灾区（亦可在相似地区近几年受过洪灾的地方）选择一定数量、一定规模的典型区作调查。在实地调查的基础上，再结合成灾季节、范围、洪水预见期、抢救时间、抢救措施等，建立洪灾损失率与淹没深度、时间、流速等因素的相关关系。

3.4.2 直接经济损失估算

在确定了各类承灾体受淹程度、灾前价值之后，根据洪灾损失率关系，即可进行各类洪灾直接经济损失估算。洪灾损失类别常分为：城乡居民住房财产损失；农林牧渔业损失；城乡工矿、商业企业损失；铁路交通、供电、通信设施等损失；水利水电等面上工程损失和其他方面的损失等六大类。主要直接经济损失的计算方法如下：

（1）城乡居民家庭财产、住房洪涝灾损失计算。城乡居民家庭财产直接损失值可采用式（3–4）计算：

$$R_{rc}=R_{rcu}+R_{rcr}=\sum_{i=1}^{n}W_{ui}\eta_{ui}+\sum_{i=1}^{n}W_{ri}\eta_{ri} \tag{3–4}$$

式中 R_{rc}——城乡居民家庭财产洪涝灾直接损失值，元；

R_{rcu}——城镇家庭财产洪灾直接损失值，元；

R_{rcr}——农村居民家庭财产损失值，元；

W_{ui}——第 i 级淹没水深下，城镇居民家庭财产灾前价值，元；

W_{ri}——第 i 级淹没水深下，农村居民家庭财产灾前价值，元；

η_{ui}、η_{ri}——第 i 级淹没水深下，城镇、农村家庭财产洪灾损失率，%；

n——淹没水深等级数。

城乡居民住房损失计算方法与城乡居民家庭财产的方法类似，通过城乡居民住房的灾前价值与相应的损失率相乘得到。

（2）工商企业洪涝灾损失估算。

1）工商企业资产损失估算。计算工商企业各类财产损失时，需分别考虑固定资产（包含厂房、办公、营业用房，生产设备、运输工具等）与流动资产（包含原材料、成品、半成品及库存物资等），其计算公式如式（3–5）：

$$R_{ur}=R_{urf}+R_{urc}=\sum_{i=1}^{n}W_{fi}\eta_{i}+\sum_{i=1}^{n}W_{ci}\beta_{i} \tag{3–5}$$

式中　R_{ur}——工业企业洪涝灾财产总损失值，元；

R_{urf}——工业企业洪灾固定资产损失值，元；

R_{urc}——工业企业洪灾流动资产损失值，元；

W_{fi}——第 i 级淹没水深等级下企业固定资产值，元；

W_{ci}——第 i 级淹没水深等级下企业流动资产值，元；

η_i——第 i 级淹没水深下，工业企业固定资产洪灾损失率，%；

β_i——第 i 级淹没水深下，工业企业流动资产洪灾损失率，%；

n——淹没水深等级数。

2）工商企业停产损失估算。企业的产值和主营收入损失是指因企业停产停工引起的损失，产值损失主要根据淹没历时、受淹企业分布、企业产值或主营收入统计数据确定。首先从统计年鉴资料推算受影响企业单位时间的平均产值或主营收入，再依据淹没历时确定企业停产停业时间后，进一步推求企业的产值损失。

（3）农业经济损失估算：

$$R_a = \sum_{i=1}^{n} W_{ai}\eta_i \tag{3-6}$$

式中　R_a——农业直接经济损失，元；

W_{ai}——第 i 级淹没水深等级下，农业总产值，元；

η_i——第 i 级淹没水深等级下，农业产值损失率，%；

n——淹没水深等级数。

（4）交通道路损失估算。根据不同等级道路的受淹长度与单位长度的修复费用以及损失率估算交通道路损失。

（5）总经济损失计算。各类财产损失值的计算方法如上所述，各行政区的总损失包括家庭财产、家庭住房、工商企业、农业、道路，各行政区损失累加得出受影响区域的经济总损失如式（3–7）。

$$D = \sum_{i=1}^{n} R_i = \sum_{i=1}^{n}\sum_{j=1}^{n} R_{ij} \tag{3-7}$$

式中　R_i——第 i 个行政分区的各类损失总值，元；

R_{ij}——第 i 个行政分区内，第 j 类损失值；

n——行政分区数；

m——损失种类数。

4　洪水风险分析软件的设计开发

4.1　需求分析

软件需要包括三部分的业务模块，分别为数据准备模块、洪水分析模块和损失评估模块。数据准备模块主要负责洪水分析模型和损失评估模型运行所需要的相关数据的准备和处理工作，包括模型所需要的网格、通道、工程设施、初始条件、边界条件、降雨、排水系统等数据。洪水分析模块负责调度和监控洪水分析计算模型的运行，并展示计算结果。损失评估模块用于处理社会经济数据、损失率和损失计算相关参数，并开展洪水影响分析和损失评估计算。

4.1.1　数据类型

软件涉及地理信息、水文、水利工程、社会经济等各类数据，格式包括 shp 图层、数字高程（DEM）、表格、文本等类型。

（1）网格、通道、节点，分别为由软件剖分生成的 shp 面、线和点状图层。

（2）基础地理信息、水利工程数据，包括：河流、湖泊、道路、铁路、行政区划、建筑物分布、土地利用，以及闸、泵、堤等 shp 图层。

（3）降雨分区、雨量站 shp 图层。

（4）排水分区、排水管网、排水管网节点图层。

（5）高程散点 shp 图层。

（6）DEM 数据。

（7）拓扑关系数据，基于网格、通道、节点、排水分区、排水管网、排水管网节点和降水分区等数据所建立的空间拓扑关系数据，主要是以数据文件的形式存储。

（8）降雨、入流、出流、水位过程数据，水位流量关系等水文数据，主要是以数据文件的形式存储。

（9）水利工程调度数据，主要是以数据文件的形式存储。

（10）社会经济统计数据，主要是以数据文件的形式存储。

（11）损失率等洪水影响与损失评估计算参数，主要是以数据文件的形式存储。

4.1.2　功能需求

软件从功能上分为工程管理、数据准备、洪水分析、损失评估和 GIS 辅助功能五大模块。

4.1.2.1　工程管理模块

用于为某个研究区域每一分析方案建立一个分析工程。每个分析工程为由研究区域的基础地理数据、水利工程数据、水文数据、洪水风险信息、洪水分析模型、社会经济统计信息、洪灾损失率、洪水影响和损失评估模型等组成的集合。工程管理功能需求见表 4-1。

表 4-1　　　　　　　　　　工程管理功能需求表

序号	功能名称	需求说明
1	新建工程	在软件中新建一个工程，设定工程名称、描述等参数
2	打开工程	打开一个工程，并加载工程下的各类数据和文件
3	保存工程	将工程参数和数据保存到工程中
4	另存工程	将工程数据和文件另存到其他位置

4.1.2.2　数据准备模块

数据准备模块主要是为处理并准备好工程中各类数据所开发的功能。用户通过本功能为分析计算创建一个工程文件包，通过基础数据导入功能将各类地形地物等基础数据导入工程，再利用软件剖分生成计算网格、通道和节点等计算单元，并对这些计算单元的属性等进行赋值；对河道、道路、铁路、桥梁、涵洞以及水利工程等各类设施进行概化；设置工程的降雨、入流、出流、初始水位水深、排水条件等完成数据准备工作。数据准备功能需求见表 4-2。

表 4-2　　　　　　　　　　数据准备功能需求表

<table>
<tr><th>序号</th><th>功能名称</th><th>子功能点</th><th>需求说明</th></tr>
<tr><td>1</td><td colspan="2">基础数据导入</td><td>根据类型直接选取需要导入的基础数据，软件自动匹配类型和字段，并将数据直接导入</td></tr>
<tr><td rowspan="6">2</td><td rowspan="6">网格生成</td><td>网格剖分</td><td>利用导入的基础地理信息数据，通过软件内置的网格剖分程序将边界数据剖分成面状矢量网格数据</td></tr>
<tr><td>网格导入</td><td>自动载入网格剖分的结果网格数据，并存入工作空间库中，自动设置拓扑关系，获取相邻所有网格编号，保存到网格层拓扑字段，添加地图展示</td></tr>
<tr><td>生成网格中心点</td><td>将网格面图层转为点图层，取每个网格的中心点，存入空间库中</td></tr>
<tr><td>生成通道</td><td>将网格面图层转为线图层，以通道的形式存入空间库；获取通道两侧网格编号和每个通道的起止节点编号赋值入属性表中</td></tr>
<tr><td>生成通道中心点</td><td>将通道线图层转为点图层，以通道中心点形式存入空间库中</td></tr>
<tr><td>生成网格节点</td><td>将通道线图层要素节点转点图层，并将重复的点要素删除，以网格节点形式存入空间库中</td></tr>
<tr><td rowspan="3">3</td><td rowspan="3">属性提取</td><td>获取网格类型</td><td>将河道图层和网格图层进行叠加，对应网格类型设置为河道型网格；
将湖泊图层和网格图层进行叠加，对应网格类型设置为湖泊型网格</td></tr>
<tr><td>获取高程</td><td>将各种格式的高程数据转为矢量面图层数据并与网格叠加，获取网格内高程面的面积和高程值，求面积加权值，作为网格高程值；
遍历通道，获取通道两侧网格高程值，线性插值计算通道中心点位置的高程值，作为通道高程</td></tr>
<tr><td>获取糙率</td><td>将土地利用图层与网格图层叠加，将各种分类利用的糙率求面积加权值，作为网格的糙率</td></tr>
</table>

续表

序号	功能名称	子功能点	需求说明
3	属性提取	获取房屋面积修正率	将建筑物图层与网格图层叠加，计算落入网格单元中的建筑面积和，求面积和与网格面积比值（介于0~1之间），作为网格面积修正率
		属性自动赋值	将堤防、海堤和铁路图层与通道图层叠加，并将通道赋值对应的类型； 对上述三种通道分别将其按照连续性排序为数组，根据已有的高程值按照距离对通道进行插值计算，为尚未赋值的通道赋高程值
		属性编辑	通过通道列表，查询、定位、编辑通道属性，并保存数据
4	特殊通道设置	自动提取特殊河道通道	基于河道线图层生成缓冲区，与通道图层叠加得到的图层命名为特殊河道通道，存入空间库中，并将通道类型设为特殊河道通道
		手动提取特殊河道通道	选取通道，设定为特殊河道通道，类型设为特殊河道通道，并存入空间库
		手动删除特殊河道通道	选取特殊河道通道，右键选择删除
		生成特殊河道通道节点	选择特殊河道通道图层和网格节点层，并将其叠加得到的节点图层命名为特殊河道通道节点，存入空间库，并存入节点连接的通道编号
		特殊河道通道断面参数自动提取	选择河道断面参数图层，导入Excel格式的河道断面参数数据，在图层中生成断面要素和对应的断面参数
		添加河道断面	在河道断面参数图层中添加断面，并设置断面参数，若河道断面参数图层不存在，创建河道断面参数图层
		删除河道断面	在河道断面参数层中删除选中的河道断面要素
		特殊河道通道断面参数提取	获取所有的河道断面参数数据，并对河道编号相同的特殊河道通道排序；遍历已排序的河道编号相同的特殊河道通道；根据距离起始节点的里程，获取当前特殊河道通道前后的断面参数数据（相同河道编号）进行插值计算；设置当前特殊河道通道的断面参数并保存到要素中
		特殊河道通道属性编辑	编辑特殊河道通道属性
		自动提取特殊道路通道	基于道路线图层生成缓冲区，与通道图层叠加得到的图层命名为特殊道路通道，存入空间库中，并将通道类型设为特殊道路通道
		手动提取特殊道路通道	选取通道，设定为特殊道路通道，类型设为特殊道路通道，并存入空间库
		手动删除特殊道路通道	选取特殊道路通道，右键选择删除
		生成特殊道路通道节点	选择特殊道路通道图层和网格节点层，并将其叠加得到的节点图层命名为特殊道路通道节点，存入空间库，并存入节点连接的通道编号
		特殊道路通道属性设置	设置高程：根据不同的起始点和连续性对特殊道路通道进行排序，得到起始点和对应连接在一起的特殊道路通道数组的对象列表，遍历列表；在当前起始点和对应连接在一起的特殊道路通道数组下，获取相应的高程点数据信息列表，包括对应的特殊道路通道编号、距离对应起始点的里程和高程；遍历当前连接在一起的特殊道路通道数组，根据特殊道路通道对应的通道中心点距离当前起始点的里程和前后的高程点数据信息，插值计算高程；设置特殊道路通道高程属性，并保存； 设置宽度：选择道路面数据；将道路面数据转化为线；遍历特殊道路通道要素，过特殊道路通道中心点作一条线段和面转线的数据会有两个交点，计算两个交点的距离即为道路的宽度；设置特殊道路通道的宽度属性，并保存
		特殊道路通道属性编辑	编辑特殊道路通道属性

续表

序号	功能名称	子功能点	需求说明
5	工程设施	添加闸门	如果闸门图层不存在，则新建闸门图层，在目标通道上创建一个闸门添加到闸门图层中，并自动设置闸门拓扑属性，如所在通道的编号等
		删除闸门	删除闸门图层中的指定闸门
		闸门属性编辑	编辑闸门属性
		添加排涝泵站	如果排涝泵站图层不存在，则新建排涝泵站图层，在目标网格节点上创建一个排涝泵站添加到排涝泵站图层中，并自动设置泵站的拓扑属性，如所在网格节点的编号等
		删除排涝泵站	删除排涝泵站图层中的指定排涝泵站
		排涝泵站属性编辑	编辑排涝泵站属性
		添加桥梁	如果桥梁图层不存在，则新建桥梁图层，在目标通道上创建一个桥梁添加到桥梁图层中，并自动设置桥梁的拓扑属性，如所在通道的编号等
		删除桥梁	删除桥梁图层中的指定桥梁
		桥梁属性编辑	编辑桥梁属性
		添加涵洞	如果涵洞图层不存在，则新建涵洞图层，在目标通道上创建一个涵洞添加到涵洞图层中，并自动设置涵洞的拓扑属性，如所在通道的编号等
		删除涵洞	删除涵洞图层中的指定涵洞
		涵洞属性编辑	编辑涵洞属性
		添加网格型地下空间	如果网格型地下空间层不存在新建网格型地下空间图层，在目标网格上创建一个网格型地下空间添加到网格型地下空间图层中，并自动设置网格型地下空间的拓扑属性，如所在网格编号等
		添加通道型地下空间	如果通道型地下空间层不存在新建通道型地下空间图层，在目标通道上创建一个通道型地下空间添加到通道型地下空间图层中，并自动设置通道型地下空间的拓扑属性，如所在通道编号等
		添加节点型地下空间	如果节点型地下空间层不存在新建节点型地下空间图层，在目标节点上创建一个节点型地下空间添加到节点型地下空间图层中，并自动设置点型地下空间的拓扑属性，如所在节点编号等
		删除地下空间	删除地下空间层中的指定地下空间
		地下空间属性编辑	编辑地下空间属性
6	溃口添加与设置	添加溃口	如果溃口层不存在，创建溃口层；添加溃口；溃口参数的设定（包括入流方式正堰或侧堰，溃口发展过程的选择等）
		删除溃口	删除溃口层中的指定溃口
		溃口属性编辑	编辑溃口要素属性
7	边界条件	设定入流条件	创建入流图层，命名为入流；选中通道层中的目标通道，指定为入口位置（只有边界类型的通道和跟边界型通道相交的通道才能设为入口），基于目标通道的位置新建入流要素；选择边界类型：水位过程或流量过程；选择入流过程数据设置方式：①导入文件；②表格输入；存储入流过程数据到入流图层中
		删除入流	删除入流图层中的指定入流
		入流过程编辑	打开指定入流的入流过程数据，通过图表和表格展示，可以手动编辑表格数据并保存
		设定出流条件	创建出流层，命名为出流;选中通道层中的目标通道，指定为出口位置（只有边界类型的通道和跟边界型通道相交的通道才能设为出口），基于目标通道的shape新建出流要素;选择边界类型:选择水位过程类型,选择设置方式:①导入文件；②表格输入；选择水位流量关系类型，选择设置方式：①导入文件；②表格输入。选择曼宁公式类型：提供两个参数的输入框；保存出流条件数据到出流层中

续表

序号	功能名称	子功能点	需求说明
7	边界条件	删除出流	删除出流层中的指定出流
		出流过程编辑	打开指定的出流过程数据，通过图表和表格展示，可以手动编辑表格数据并保存
		降雨分区方式设定	导入降雨分区数据,创建降雨分区图层,存储到空间库中并命名为降雨分区；建立降雨分区与网格的拓扑关系（网格所在降雨分区编号：根据网格中心点判断）；对每一个分区分别导入降雨过程数据（已经导入数据的区域变换颜色）
		雨量站方式设定	导入雨量站数据，创建雨量站图层，存储到空间库中并命名为雨量站；对每一个站分别导入降雨过程数据（已经导入数据的站点变换颜色）
8	排水模型	导入排水分区	导入排水分区数据并创建排水分区图层，存储到空间库中，与网格图层，建立拓扑关系（网格所在排水分区编号：根据网格中心点判断）
		排水图层导入	导入排水分区图层：建立排水分区与网格的拓扑关系，设置网格所在排水分区编号属性；并导入排水管网图层、入水口图层和出水口图层
		网格排水属性自动提取	遍历网格图层，设置网格排水类型和是否含出水口，获取总体积（m^3），总长度（m），平均管径（m），平均底高（m），平均底坡等属性
		网格排水属性编辑	编辑网格排水相关属性
9	设置初始条件		设定模型运行所必需的网格和特殊河道通道等初始洪水特征值，如水深、水位等

4.1.2.3 洪水分析模块

洪水分析模块用于调用不同的计算模块，开展模型计算，并对其进行监控，计算完成后，根据用户需求展示分析结果等信息。洪水分析功能需求见表4–3。

表4–3　　洪水分析功能需求表

序号	功能名称	子功能点	需求说明
1	模型运行		模型所需的数据组装，模型的调用，计算进度监控，计算暂停和计算结果保存等功能
2	综合信息展示		展示模型的运行状态信息包括：模拟总时长、总步长、最大时间步长、最小时间步长、水量平衡相关统计；降雨量统计信息包括：总降雨量、总下渗量、产流方式等；排水子系统信息：计算方式、总排水量等；网格信息：地面积水面积、容积（积水量）；特殊道路通道信息：积水通道数目、积水节点数目等；地下空间信息：淹没数目、总积水量等；工程设施信息：泵站、闸门等信息
3	网格淹没结果展示	网格最大淹没范围分布	根据用户指定的阈值和网格最大淹没水深值，判定最大淹没范围，并渲染和展示网格图层
		网格最大淹没水深分布	在地图上以不同颜色显示网格的最大淹没水深分布
		网格洪水淹没历时分布	在地图上以不同颜色显示网格的洪水淹没历时分布

续表

序号	功能名称	子功能点	需求说明
3	网格淹没结果展示	网格洪水到达时间分布	在地图上以不同颜色显示网格的洪水到达时间分布
		网格淹没信息查询	用户在地图上单击网格选中，利用图表查询展示该网格的水深、水位、流速过程
		动态演进过程展示	读取淹没水深过程数据，根据设定的演进时间间隔和播放时间间隔，获取当前演进时刻值的网格水深信息，在地图上展示网格水深信息
4	通道和节点淹没结果展示	通道淹没信息查询	用户在地图上单击通道选中，利用图表查询展示该通道断面的流量和流速过程
		特殊河道通道最大水深分布	在地图上以不同颜色显示特殊河道通道的最大水深分布
		特殊河道通道最高水位分布	在地图上以不同颜色显示特殊河道通道的最大水位分布
		特殊河道通道最大流量分布	在地图上以不同颜色显示特殊河道通道的最大流量分布
		特殊河道通道节点最大水深分布	在地图上以不同颜色显示特殊河道通道节点的最大水深分布
		特殊河道通道淹没信息查询	任意位置的特殊河道通道的水位、水深、流速、流量过程查询展示
		特殊道路通道最大水深分布	在地图上以不同颜色显示特殊道路通道的最大水深分布
		特殊道路通道最大流速分布	在地图上以不同颜色显示特殊道路通道的最大流速分布
		特殊道路通道淹没历时分布	在地图上以不同颜色显示特殊道路通道的淹没历时分布
		特殊道路通道洪水到达时间分布	在地图上以不同颜色显示特殊道路通道的洪水达到时间分布
		特殊道路通道淹没信息查询	任意位置的特殊道路通道的水深、流速、流量过程查询展示
		特殊道路通道节点淹没信息查询	任意位置的特殊道路通道节点的水深过程查询展示
5	工程设施计算结果展示	闸门计算结果展示	图表展示用户选中的闸门流量过程
		排涝泵站计算结果展示	图表展示用户选中的排涝泵站流量过程
		涵洞计算结果展示	图表展示用户选中的涵洞流量过程
6	溃口流量过程展示		软件可以利用图表查询展示选中的目标溃口流量过程数据

4.1.2.4 损失评估模块

损失评估模块主要实现基于社会经济统计数据、淹没分析结果等的洪水影响分析和损失评估，包括：社会经济参数的入库与参数设置、洪水损失率的新建和设置、受淹地物分析、受影响人口分析、受影响 GDP 分析和损失评估计算等功能，并利用图表展示分析结果。损失评估功能需求见表 4–4。

表 4–4 损失评估功能需求表

序号	功能名称	子功能点	需求说明
1	社会经济数据	社会经济数据入库	将用户选定的社会经济数据导入工程数据库中
		社会经济参数设置	设置损失分析所需的社会经济参数
2	洪水损失率	新建洪水损失率	新建洪水损失率包括类型、名称、说明、水深等级、水深级数、损失值等
		洪水损失率修改	修改已保存的洪水损失率
		系统损失率设置	将某个洪水损失率设置为软件当前使用的系统损失率
3	影响分析	洪水影响分析	结合基础地理数据（包括行政区、居民地、耕地、铁路、公路等）与洪水淹没数据（主要是指网格面状图层数据）进行空间叠加分析
		受淹地物统计	基于洪水影响分析结果，统计出不同行政区、不同淹没水深等级的受淹面积、受淹耕地面积、受淹道路、受淹重点单位等指标
		受影响人口统计	基于洪水影响分析结果，统计出不同行政区、不同淹没水深等级的受影响人口指标
		受影响 GDP 统计	基于洪水影响分析结果，统计出不同行政区、不同淹没水深等级的受影响 GDP 等指标
4	洪水损失评估计算		结合地理信息、洪水淹没数据和社会经济信息进行空间叠加分析，并调用洪水损失评估计算模块

4.1.2.5 GIS 辅助功能模块

GIS 辅助功能模块主要完成地图操作，包括地图浏览、普通要素选择和基于图形要素选择的功能。

地图浏览实现放大、缩小、平移、漫游、全图、上一视图、下一视图、视图旋转等基本地图浏览工具的功能。

普通要素选择实现点选、线选、矩形选择、任意多边形选择等选择工具的功能。

基于图形要素选择则是以面图层中已选中的面要素（若不选中任何要素，则使用图层整个区域）作为范围在目标图层中选择要素，并高亮显示的功能。

4.1.3 运行环境

为使软件和模型能够顺利运行，并达到较好效果，计算机一般需满足如下运行环境。

（1）硬件环境见表 4–5。

表 4-5　　软件运行的硬件环境

编号	配置项目	配置参数	备注
1	处理器数量	双核	推荐四核
2	处理器主频	3.2GHz 以上	3.2GHz 以上
3	随机存储器容量	1GB 以上	推荐 2GB

（2）软件环境见表 4-6。

表 4-6　　软件运行的软件环境

类型	软件名称及版本	备注
客户端	Windows XP/Vista/Win7	—
第三方平台	ARC GIS 10	—

4.2 软件设计

4.2.1 总体设计

4.2.1.1 技术路线

软件采用构件化、模块化的设计思想，在需求分析抽象的基础上，先进行软件功能构件的设计，然后根据应用功能的不同，可以灵活对软件构建，组装搭建不同的应用功能。整体应用 MVC 框架，在模块化思想的基础上实现数据、功能和界面相分离。软件设计采用统一建模语言 UML 开展。

软件底层运行支撑采用 .NET Framework 4.0 作为开发平台，以 Visual Studio.NET 作为开发环境，采用 .NET 下应用软件开发的首选开发语言 C# 作为主要开发语言。

在数据管理处理展现方面采用 GIS 领域应用最广的 ArcGIS 平台。

在业务数据统计分析方面使用 Microsoft Office Access 数据库，并使用 SQL 结构化标准查询语言高效地完成相关统计分析任务。

软件在界面构建时采用时下最流行、最受欢迎的 DevExpress 界面库。

4.2.1.2 技术结构

软件整体采用了分层和模块化的设计结构，总体分为四层（见图 4-1）。

（1）支撑层。包括了操作系统、.NET Framework 和支撑软件（ArcGIS Engine），作为软件底层支撑软件运行，并提供必需的底层运行库支撑。

（2）数据层。软件数据集中于本地数据库中进行管理。包括基础数据、网格数据、通道数据、工程数据、边界数据、降雨数据和排水数据等数据均存于数据库进行管理。

（3）核心组件层。核心组件层由数据访问层和各类分析工具组件组成。数据访问层负责与数据层进行交互操作。各类分析组件则建立在 ArcGIS 和 .NET Framework 上进行了二次开发，并封装为组件实现独立的功能并供分析应用调用。

（4）应用层。应用层针对各类需求开发了各种功能组件并进行了集成，统一通过软件界面调用。

软件总体框架见图 4–1。

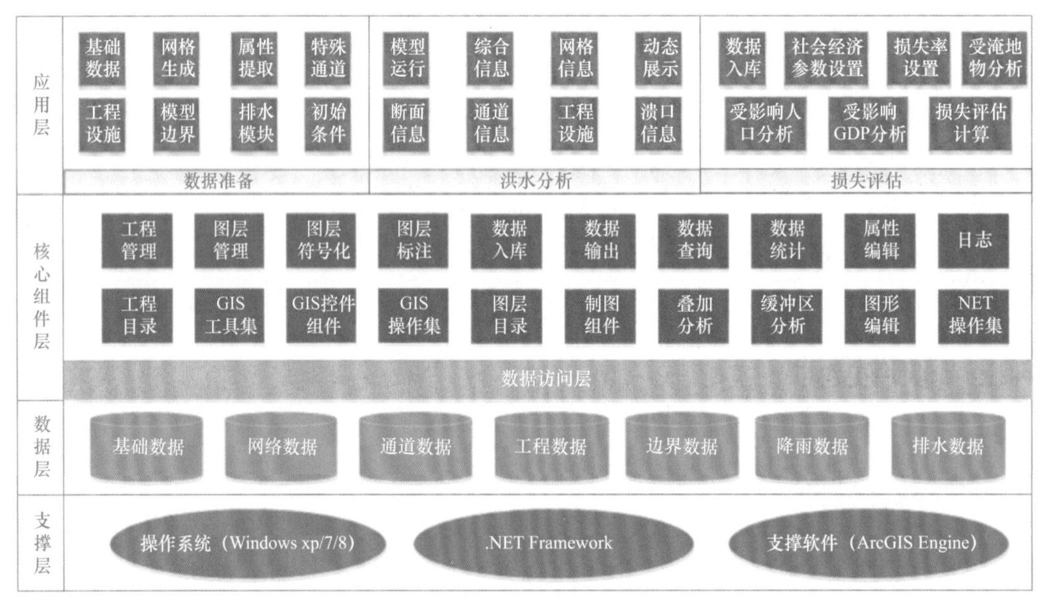

图 4–1　软件总体框架示意图

4.2.1.3　设计原则

（1）成熟性。软件设计和开发采用的各种模式、方法、工具、技术等，都选用当前主流的、成熟稳定的、被广泛认可的产品和方法，确保软件的成熟稳定性。

（2）模块化。软件中各功能模块的设计应注重业务逻辑的细化，采用模块化和开放性设计，同时考虑方便地实现应用模块的屏蔽和启用。

（3）可扩展性。软件的可扩展性应使得软件的合理扩充不会造成系统软硬件、底层框架的重复投资和重复建设。

软件具有良好的可扩展性，在对需求抽象分析的基础上，采用构件化、模块化的思路设计，充分考虑了在需求变更后能方便地进行功能扩充。

（4）易用性。软件在进行界面设计时，需多次与用户进行沟通，力求在功能满足和人机交互界面上贴近用户习惯，提高工作效率服务。

软件中功能模块和功能链接等部分的说明应定义清晰，命名以简单直观为原则，不存在歧义问题。

在功能名称，功能描述，帮助手册帮助下，力求用户在不具备计算机专业知识的前提下，经过相关培训，就能顺利快捷的处理业务应用。

对于有复杂操作逻辑的功能提供基于流程可视化的设计，用户只需按流程便可完成对软件业务的处理。

（5）灵活性。软件基于高度灵活可扩展的软件架构进行设计和实现，不仅考虑满足现有需求，而且考虑将来可能出现的业务。针对一些关键业务点，提供灵活的自定义配置工具，以满足用户针对变化的业务进行定制处理。

在数据的展示上，软件通过与用户的交互，可以采用多种组合方式或依据不同的组合条件，以多种形式展现数据。

4.2.2 容错设计

（1）出错信息设计。所有错误提示信息不能出现用户无法理解的代码调试信息，要以简明扼要的信息说明出现的问题，并给出引导用户继续操作的提示。

（2）容错补救机制。

1）当出现软件故障时，应保证不会因为软件故障产生垃圾数据，在数据处理过程中发生软件故障时，应使数据保持处理前的正确状态。

2）当出现硬件故障时，应提供数据恢复手段，以确保数据的完整性与一致性。

3）当出现人为操作失误时，应提供数据恢复手段。

（3）软件维护设计。系统维护软件提供软件日志记录及运行时进度信息，以便软件出错时，查找软件出错的原因，并能够对软件的主要功能提供实时帮助。

4.2.3 安全性设计

软件提供对于用户误操作或恶意攻击的针对性对策，并能保证用户的资产不受损失以及软件程序不被损坏。软件安全涉及以下 3 个方面。

（1）物理安全。软件物理安全是指保护计算机网络设施以及其他媒体免遭地震、水灾、火灾等环境事故与人为操作失误或错误，以及计算机犯罪行为而导致的破坏。

（2）系统安全。只有经过正式授权获取许可文件或授权码的系统才能使用本软件，其他任何未经授权的个人及单位都不能在计算机上使用本软件进行相关业务数据的处理。

（3）信息安全。

1）信息处理安全。系统管理员应对软件进行定期检查和维护，避免因为软件崩溃和损坏而对系统内存储、处理信息造成破坏和损失。

2）信息内容安全。侧重于保护信息的机密性、完整性和真实性。系统管理员应对所负责软件的安全性进行评测，采取技术措施对所发现的漏洞进行补救，防止窃取、冒充信息等。

3）信息传播安全。要加强对信息的审查，防止和控制非法、有害的信息通过信息网络系统传播，避免对国家利益、公共利益以及个人利益造成损害。

4.3 主要功能

在软件需求的分析基础上，设计和开发了 FRAS，能够用于开展不同区域的洪水分析、洪水影响与损失评估，以及生成洪水风险分析的各专题数据。软件功能包括工程管理、数据准备、模型分析、结果处理四个部分，软件功能结构见图 4–2。

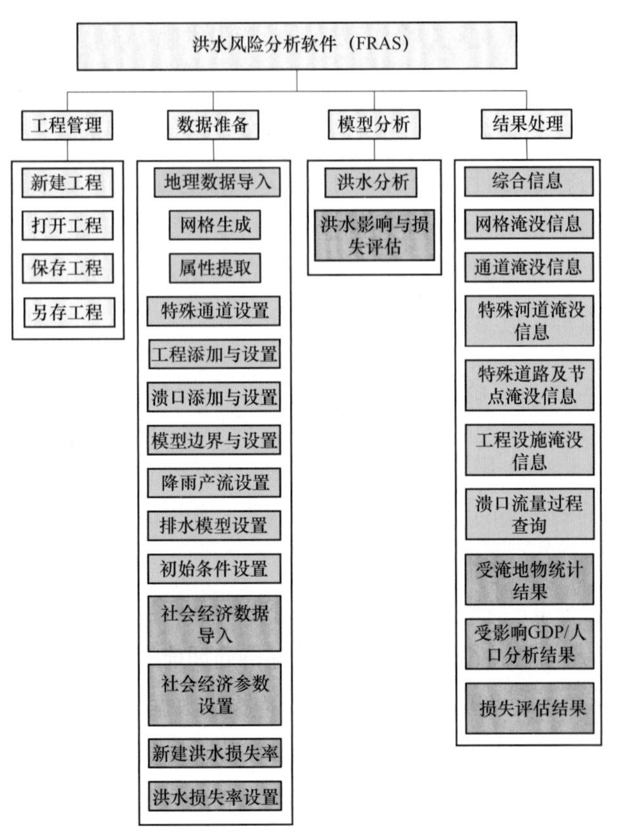

图 4–2 软件功能结构图

4.3.1 工程管理

软件以工程的形式组织数据管理和模型运算，每个工程存储的内容包括研究区域内的基础地理数据、社会经济数据、洪水风险数据，以及模型的设置等，工程管理的功能包含：新建工程，打开工程，保存工程，另存工程等。其界面形式以新建工程为例，见图 4–3。

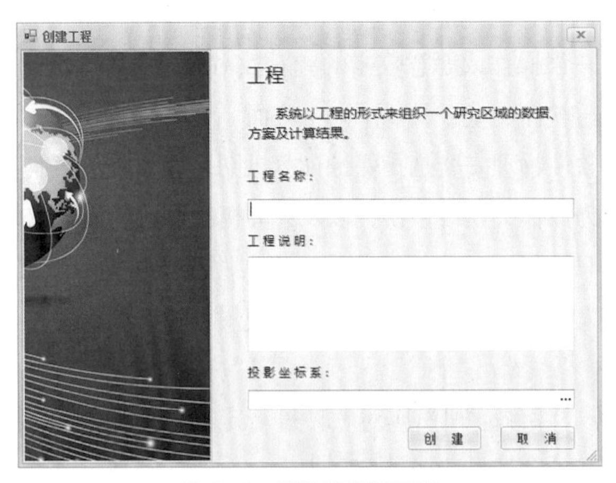

图 4–3 新建工程界面图

4.3.2 数据准备

数据准备模块主要用于洪水风险分析模型的前处理，负责模型运行、展示所需要数据的准备和处理工作，由地理数据导入、网格生成、属性提取、特殊通道设置、工程添加与设置、添加溃口与设置、模型边界设置、降雨产流设置、排水模型设置、初始条件设置、社会经济数据导入、社会经济参数设置、新建洪水损失率、洪水损失率设置等模块组成。

（1）地理数据导入。地理数据导入用于导入 shape 格式的基础地理数据，包括研究范围、行政区界、河流水系、道路、铁路等基础地物，以及水文站、堤防、土地利用、排水分区等专业图层，导入时可以直接将图层的属性字段与软件所需字段匹配（见图 4–4）。

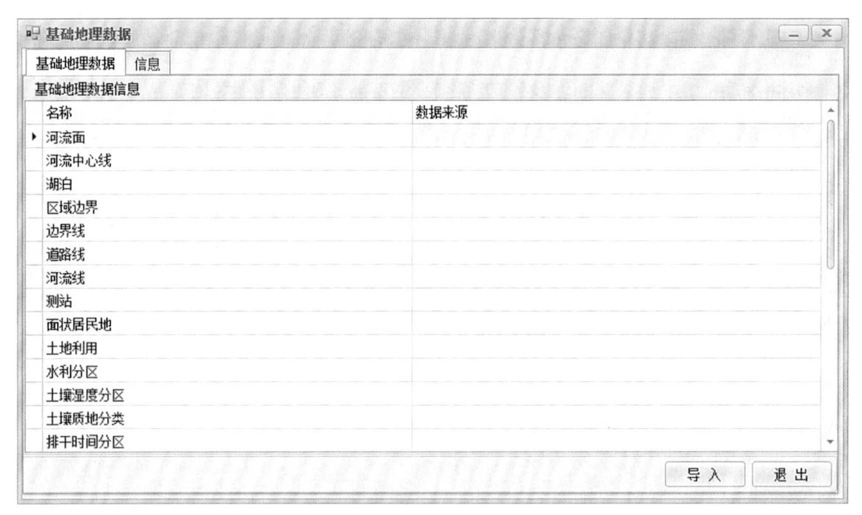

图 4–4　地理数据导入

（2）网格生成。网格生成模块通过调用剖分程序对研究区域进行网格剖分，网格剖分时可导入研究范围等外边界，堤防、道路等内边界控制，生成非结构不规则网格，该模块还可以导入已有网格（见图 4–5）。

图 4–5　网格剖分界面图

（3）属性提取。属性提取通过选择导入的基础地理等 shape 格式图层，利用软件的 GIS 空间分析等功能插值、计算模型运行所需要的基础参数，实现对研究区域的概化，包括设置网格的类型、糙率、高程、面积修正率，以及河道型网格高程等（见图 4–6）。

（4）特殊通道设置。特殊通道设置主要为对特殊通道的提取与属性设置，基于 GIS 空间分析功能实现河流、道路的自动提取，并提供局部手工修正功能，提供河流断面数据的导入、设置和插值分析计算，通过该模块实现对河流、道路的概化，基本功能包括：特殊河道通道位置自动提取、普通通道和特殊河道通道的互相转化、河道断面的生成与编辑、河道断面插值、特殊道路通道位置自动提取、普通通道和特殊道路通道的互相转化和特殊道路通道属性提取。

1）特殊河道通道位置自动提取。输入河流线图层，利用 GIS 空间分析与通道图层叠加，自动选取生成特殊河道通道图层（见图 4–7）。

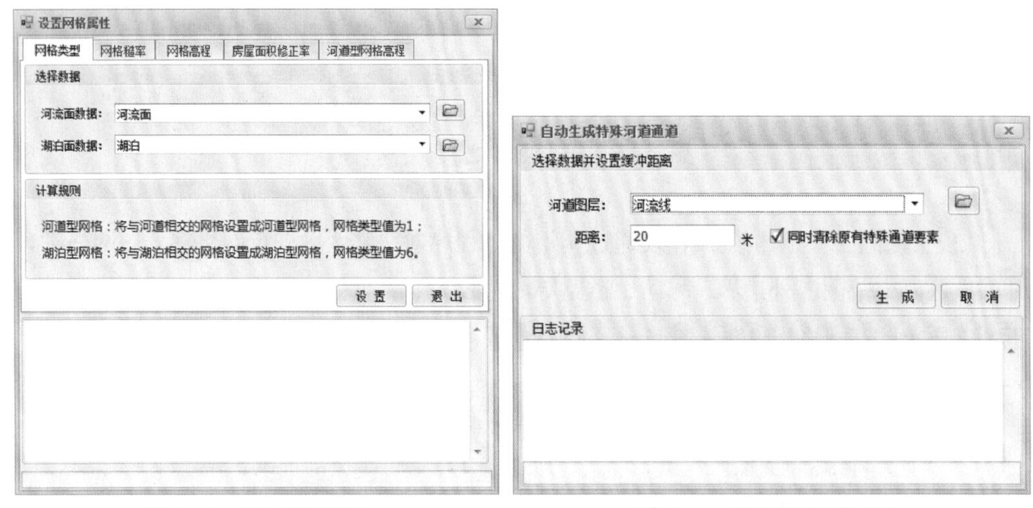

图 4–6 网格属性提取

图 4–7 特殊河道通道提取

2）普通通道和特殊河道通道的互相转化。改变普通通道的类型为特殊河道通道，或者改变特殊河道通道的类型为普通通道（见图 4–8）。

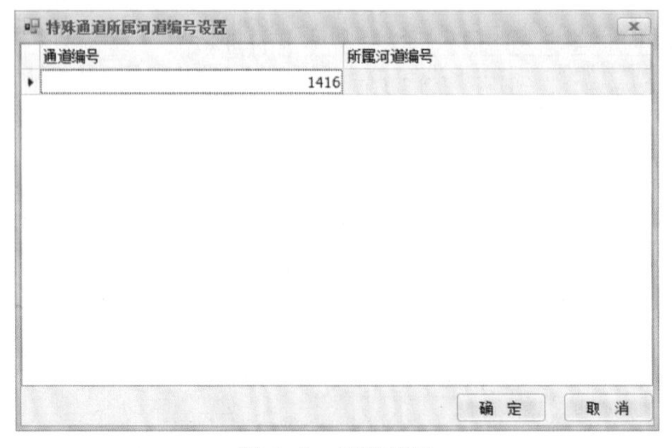

图 4–8 通道转化

3）河道断面的生成与编辑。导入反映河道断面参数的 Excel 文件，由软件自动生成河流断面图层和河流断面参数，在河流断面参数编辑界面中设置梯形、矩形和不规则形断面的参数（见图 4–9 和图 4–10）。

图 4-9　断面参数生成

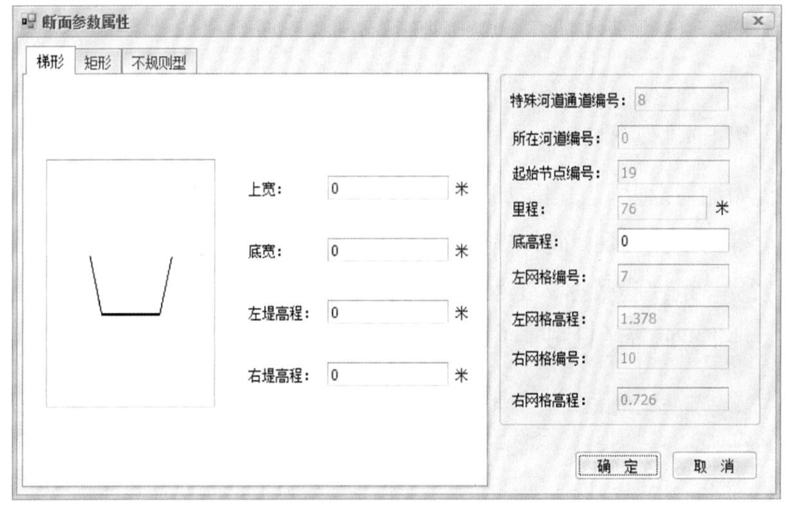

图 4-10　河道断面参数编辑

4）河道断面插值。根据输入的河道断面和参数，自动插值生成所有特殊河道通道的断面参数（见图 4–11）。

5）特殊道路通道位置自动提取。输入道路线图层，利用 GIS 空间分析与通道图层叠加，自动选取并生成特殊道路通道图层（见图 4–12）。

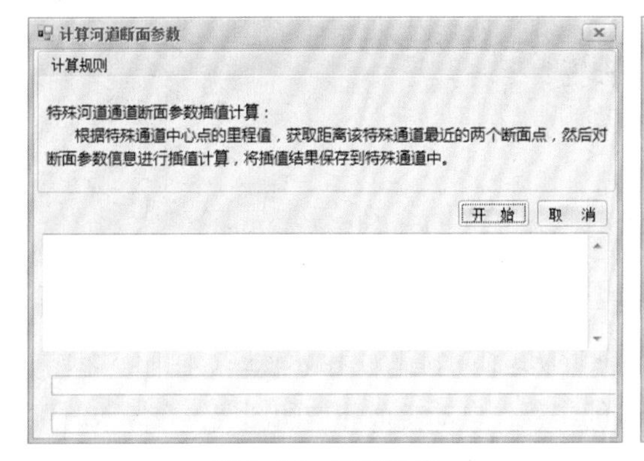

图 4-11　断面插值

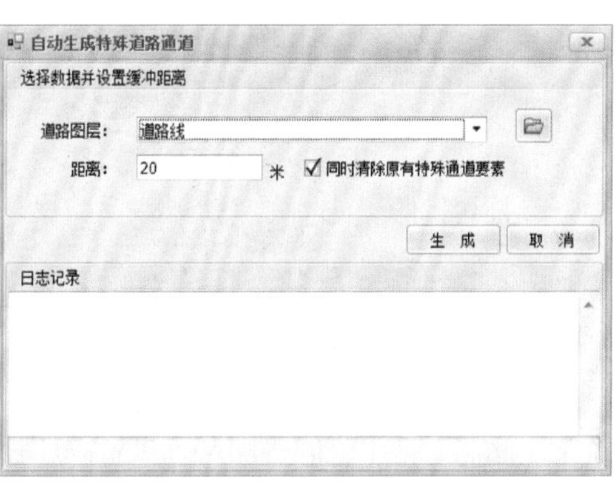

图 4-12　特殊道路通道生成

6）普通通道和特殊道路通道的互相转化。改变普通通道的类型为特殊道路通道，或者改变特殊道路通道的类型为普通通道（见图 4–13）。

7）特殊道路通道属性提取。每条特殊道路通道包括高程和宽度两个属性，导入高程散点图层插值生成特殊道路通道的高程，导入道路面图层，并自动提取道路宽度（见图 4–14）。

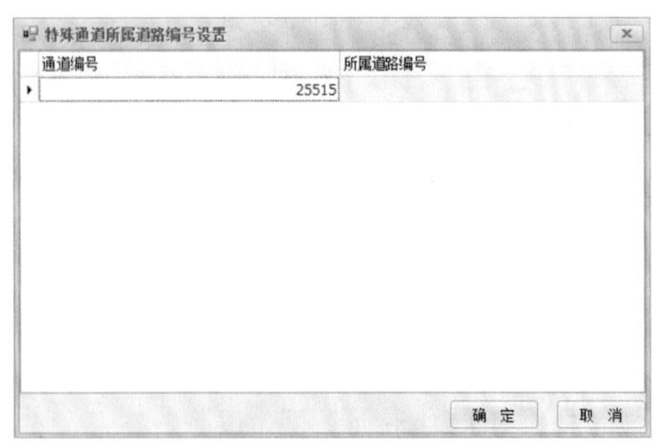

图 4–13　通道转化

图 4–14　属性提取

（5）工程添加与设置。工程添加与设置模块主要用于添加工程、设置工程属性，以及与网格、通道等的拓扑关系，软件提供基于 GIS 的批量导入，设置和局部修正的功能，以及导入已设置完毕的工程数据，工程类型包括堤防、阻水道路、阻水铁路、闸门、泵站、桥梁、涵洞、地下空间等（见图 4–15）。

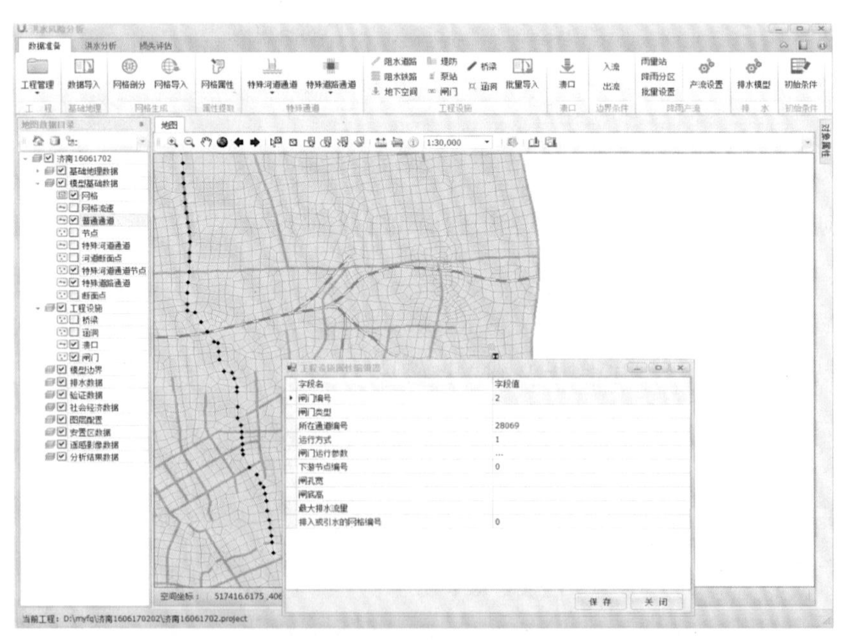

图 4–15　工程添加与设置

工程添加时提供批量导入的功能，通过导入堤防、阻水道路、阻水铁路、闸门、泵站、桥梁、涵洞、地下空间等图层，批量添加相应的工程，自动生成相应的图层，在导入时可将输入数据字段与软件所需字段匹配（见图 4–16）。

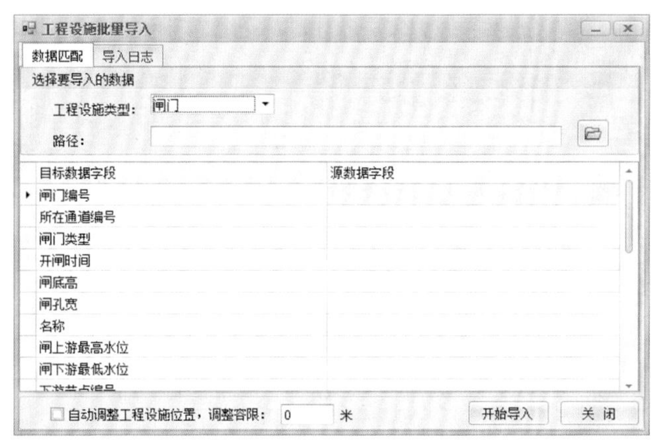

图 4-16　批量导入

（6）溃口添加与设置。溃口添加与设置用于批量添加溃口和设置溃口属性，软件提供边界溃口、内部溃口的两种类型，正堰、侧堰两种水流计算方式，按时间和水位确定溃决时机，以及瞬间溃、经验公式、用户指定等多种溃决过程设置方式。

1）边界溃口。将溃口设置在外边界上，除需设置溃决时机和发展过程参数外，还需要设置水流计算方式为正堰或侧堰（见图 4–17）。

2）内部溃口。将溃口设置在内部边界上,需设置溃决时机和发展过程参数（见图 4–18）。

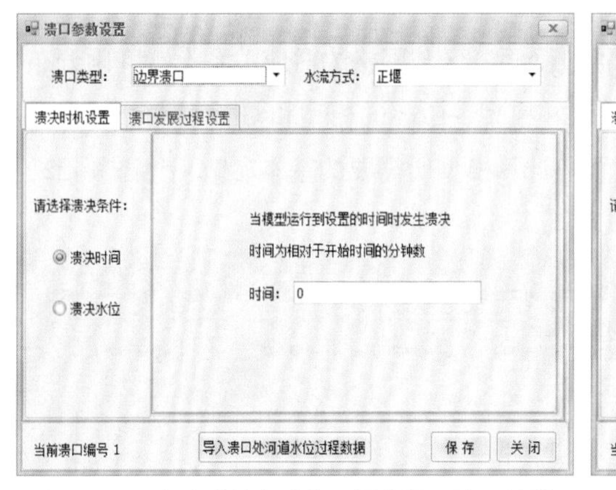

图 4–17　水流计算方式为正堰的边界溃口设置

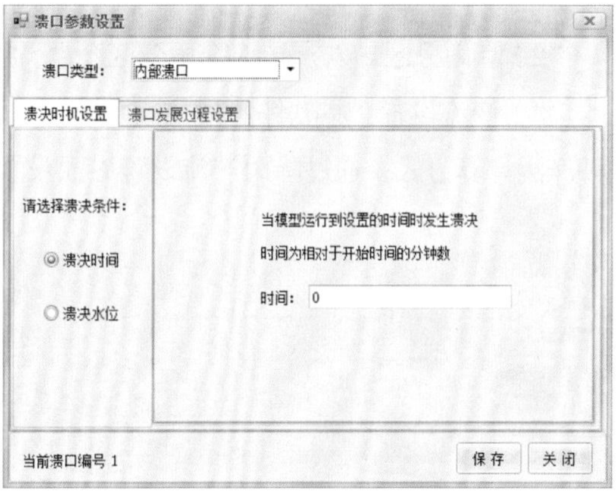

图 4–18　内部溃口设置

（7）模型边界设置。模型边界设置提供模型运行所需边界条件的设置、编辑功能，可设置的边界类型包括水（潮）位、流量过程，以及恒定值、曼宁公式、水位— 流量关系等类型（见图 4–19）。

（8）降雨产流设置。降雨产流设置提供降雨的设置与编辑，以及降雨产流模型参数的设置与编辑。包括雨量站导入和添加、降雨分区导入、产流设置等模块。

1）雨量站导入和添加。通过 GIS 批量导入雨量站分布，通过属性匹配获取历史或实时降雨数据，并进行空间插值展布研究区的雨量（见图 4–20）。

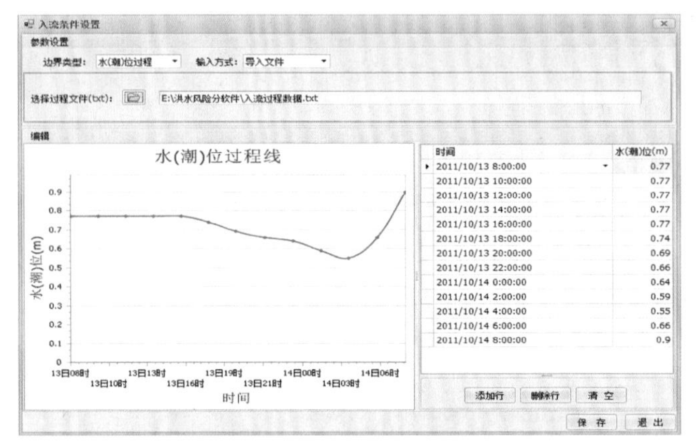

图 4-19　入流条件设置

图 4-20　雨量站导入

2）降雨分区导入。导入降雨分区图层,通过降雨分区与网格的对应关系设置降雨分布。

3）产流设置。本软件包括径流系数法、SCS 模型、Horton 模型和 Green-Ampt 模型四种产流计算方式，通过降雨产流设置界面设置各计算模型所需要的基本参数（见图 4-22）。

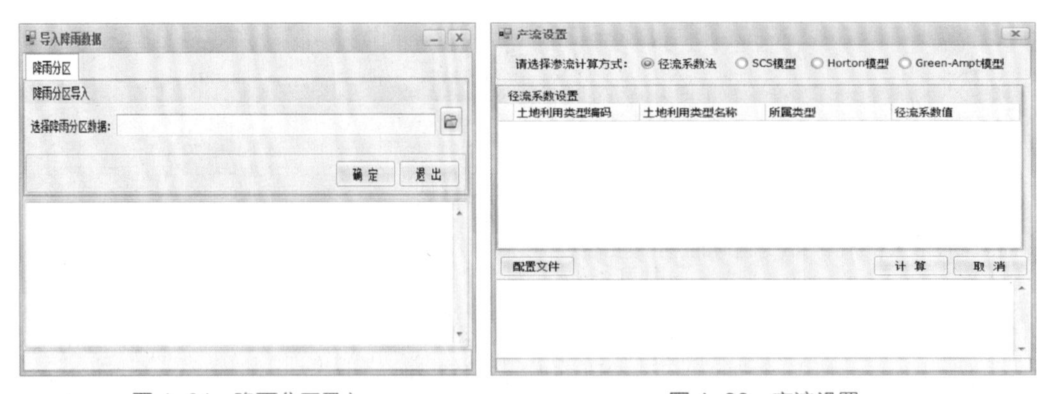

图 4-21　降雨分区导入　　图 4-22　产流设置

采用径流系数法时，导入土地利用类型数据，设置各种土地利用类型的径流系数（见图 4-23）。

采用 SCS 模型设置时，导入土地利用类型数据、土壤湿度分区数据、排干时间分区数据和 CN 值与土地利用类型的配置文件，由软件自动设置模型参数（见图 4-24）。

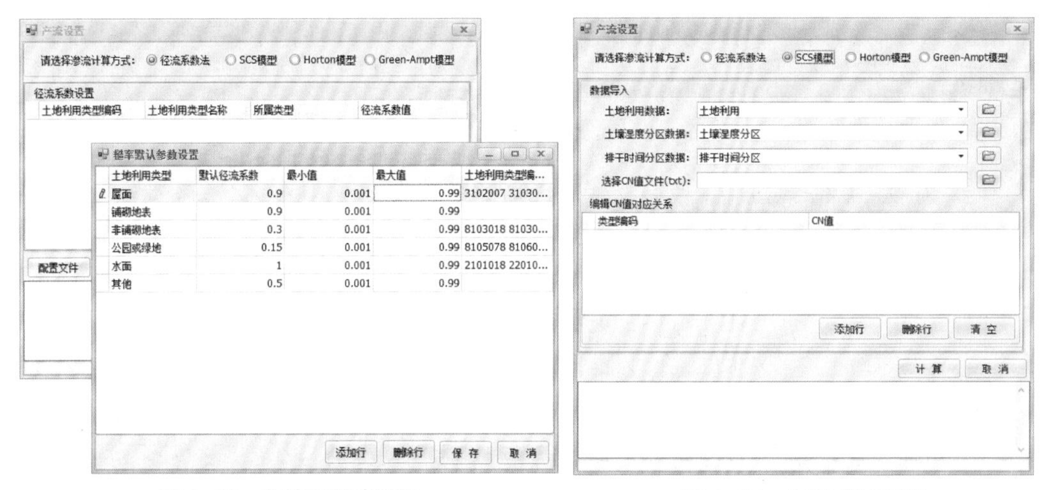

图 4-23　径流系数法设置　　　　图 4-24　SCS 模型设置

采用 Horton 模型设置时，导入土地利用数据、土壤湿度分区数据、排干时间分区数据、土壤质地类型数据，以及土壤特性文件，包括饱和导水率、吸水头、孔隙率等配置文件，由软件自动设置模型参数（见图 4–25）。

采用 Green–Ampt 模型设置时，导入土地利用数据、土壤湿度数据、土壤类型数据。其中，土壤数据包括饱和导水率、吸水头、孔隙率等配置文件，由软件自动设置生成（见图 4–26）。

图 4-25　Horton 模型设置　　　　图 4-26　Green-Ampt 模型设置

（9）排水模型设置。排水模型设置提供排水模型计算参数的设置与编辑，包括排水模型计算方式的选择，以及针对各模型基于 GIS 空间分析的排水管网特征参数概化和排水管网与网格、通道的拓扑关系建立。目前，软件可支持地下水库模型设置和等效管网模型参数设置（见图 4–27、图 4–28）。

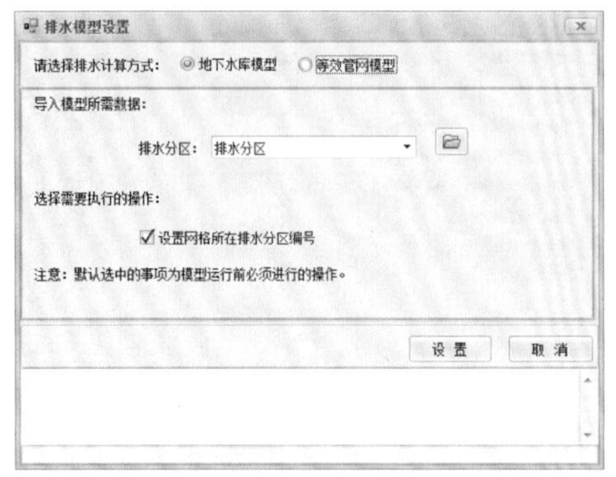

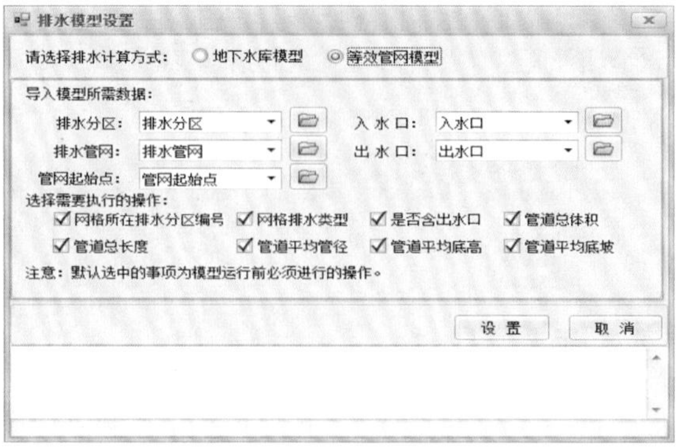

图 4-27　地下水库模型设置

图 4-28　等效管网模型参数设置

（10）初始条件设置。初始条件设置提供对河道型网格、湖泊型网格和特殊河道通道的初始水深、初始水位设置，设置方式包括按测站进行空间插值，按河流或湖泊、水库指定同一初始值等方式。

1）河道型网格。河道型网格的初始条件可设置为初始水深和初始水位，通过输入河流上的测站及水深或水位值，按里程进行空间插值，设置各网格的初始值（见图 4–29）。

2）湖泊型网格。湖泊型网格的初始条件可设置为初始水深和初始水位，通过指定各湖泊上的水深或水位值，设置各湖泊网格的初始值（见图 4–30）。

图 4-29　河道型网格初始条件设置

图 4-30　湖泊型网格初始水位设置

3）特殊河道通道。特殊河道通道的初始条件可设置为初始水深和初始水位，可指定按排水分区、水利分区和河流设置。按排水分区设置时，针对排水分区内的特殊河道通道，根据相应测站的水深或水位值，设定初始值。按水利分区设置时，针对水利分区内的特殊河道通道，根据相应测站的水深或水位值，设定初始值。按河流设置时，根据河流测站的水深或水位值，插值设置初始值（见图 4–31）。

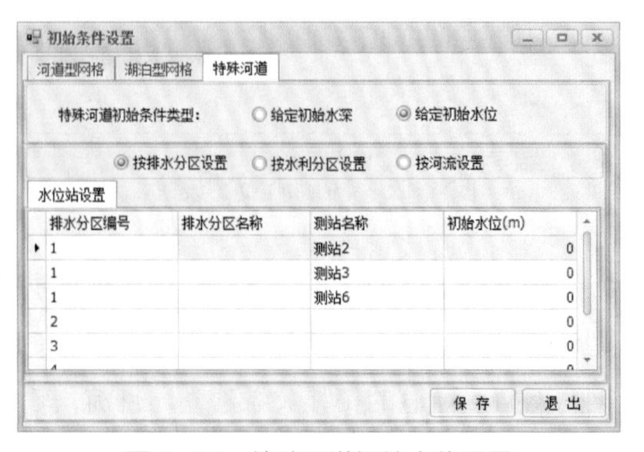

图 4-31　特殊河道初始水位设置

（11）社会经济数据导入。社会经济数据导入用于导入和编辑计算承灾体损失所需要的各类数据，包括综合、人民生活、农业、第二产业及第三产业等五张数据表，表结构由软件预先设定。社会经济统计数据面向用户开放，可通过软件模板编辑或者 Excel 格式实现对社会经济统计数据的添加、删除、修改、保存等编辑功能（见图 4–32）。

（12）社会经济参数设置。设置房屋建筑参数、资产净值率、道路修复费用等基础参数（见图 4–33）。

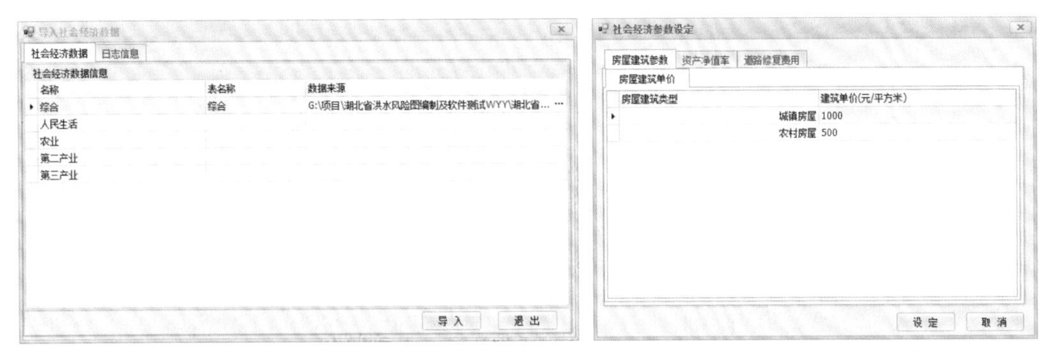

图 4–32　社会经济数据导入

图 4–33　社会经济参数设置

（13）新建洪水损失率。损失率是进行洪水影响分析和损失计算的重要参数。新建洪水损失率主要完成对洪水损失率与淹没特征关系的确定。软件提供定制和自定义两种建立损失率的方式。

损失率定制的方式是按照洪水类型建立洪水损失率，即按照暴雨内涝、山洪、溃堤（坝）洪水、风暴潮等类型建立洪水损失率与淹没水深的关系，软件针对每一种洪水类型都提供了高、中、低三套洪水损失率关系供用户参考，用户可以根据当地的情况在此基础上进行调整（见图 4–34）。

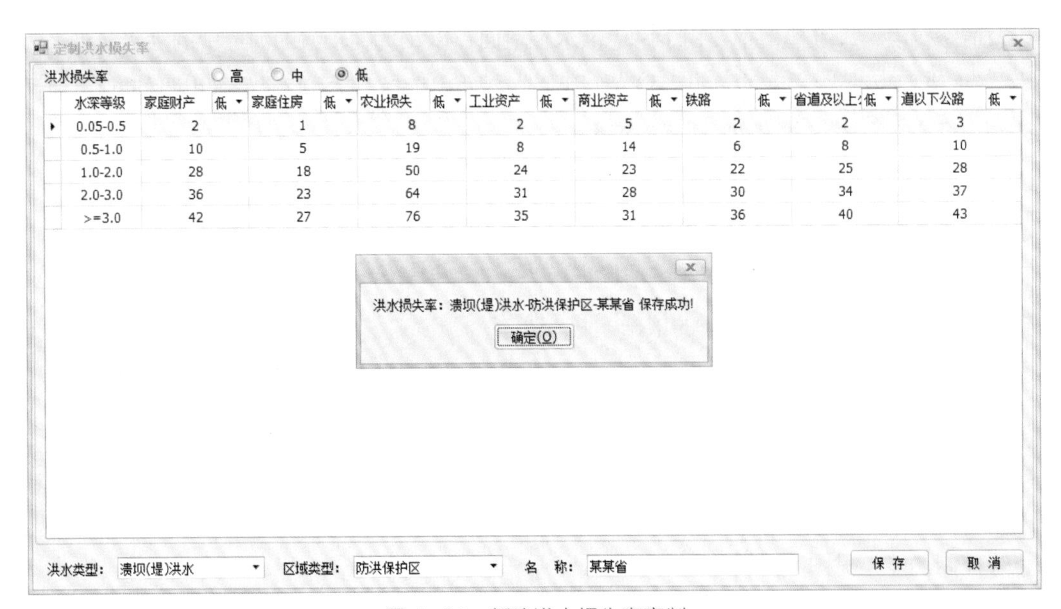

图 4–34　新建洪水损失率定制

损失率自定义的方式是制定典型区域的洪水损失率关系，用户可按照实际需要输入水深等级数以及相应等级的阈值（见图 4–35）。随后进行各个水深等级下对应的具体损失率值的编辑。

（14）洪水损失率设置。在已建立的损失率关系中选择当前方案损失评估时所采用的损失率关系（见图 4–36）。

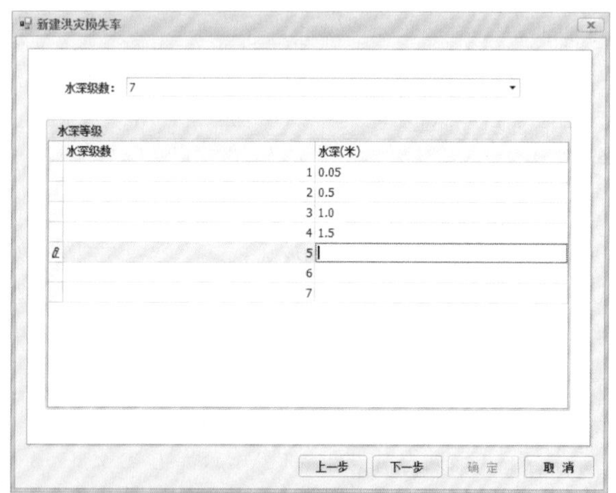

图 4–35 洪水损失率水深等级及阈值确定

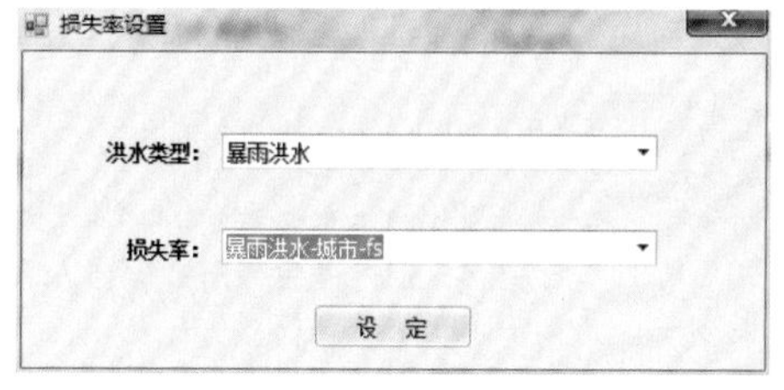

图 4–36 损失率设置

4.3.3 模型分析

模型分析模块提供洪水分析和洪水影响与损失评估两项业务计算模型所需要的配置，并进行参数设置。

（1）洪水分析。当前软件中的洪水分析模型包括了一维、二维、降雨产流、地下排水等模块。其中，一维模型主要用于考虑城市内较小河道（宽度较小，不满足剖分成二维网格），以及道路行洪，二维模型主要用于考虑洪水在地面，以及宽度较大的河道中的洪水演进，一维、二维模型为洪水分析的基础运算模型，无需在界面中选择。降雨产流型采用四种方式计算，分别为径流系数法、SCS 模型、Horton 模型、Green–Ampt 模型；地下排水模块采用地下水库、等效管网、精细管网等模型。降雨和排水这两个模块的计算需要在模型运行界面进行选择，并作为数据准备的依据（见图 4–37）。

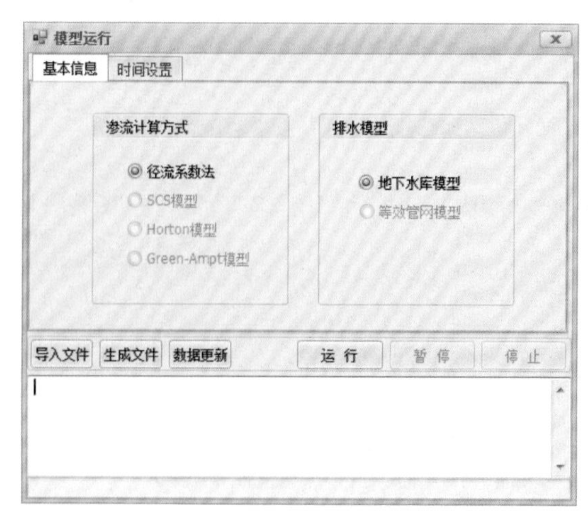

图 4–37 模型基本信息

除模型的选择和配置外，洪水分析还提供运行时间、计算时间和输出时间步长等的设置，并提供模型的运行、暂停和停止等控制功能（见图 4–38）。

（2）洪水影响与损失评估。洪水影响

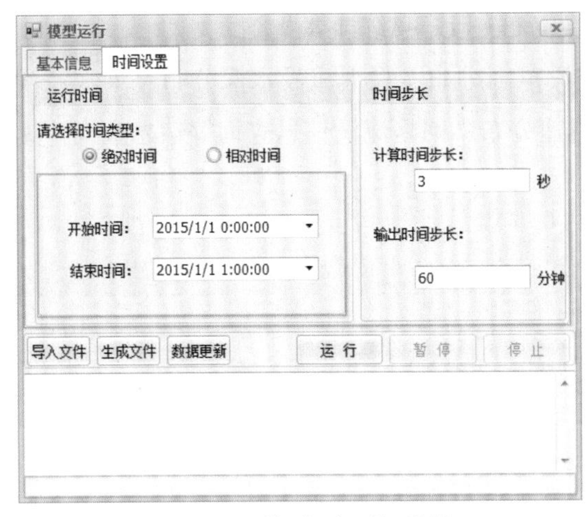

图 4-38　模型运行时间设置

分析模块用于进行受淹地物、受影响人口以及受影响 GDP 的统计。受淹地物统计是对受灾对象的受淹面积、长度、个数等进行统计，对当前损失评估方案的相关信息进行简单展示，包括洪水淹没数据、基础地理数据以及当前方案的损失率名称等。进行淹没统计时需要去除原本有水的区域（河道、湖泊和水库），软件向用户提供了两种去除水域的方式：按网格类型或按水域面去除，用户可以在该界面勾选需要采用的方式。做出选择后，软件调用叠加运算模块统计受淹地物（见图 4–39）。

损失评估是通过调用损失评估模型，获取各类财产洪灾经济损失的过程。损失评估模型是在受淹地物统计的基础上，结合淹没区社会经济统计数据以及预先选定的分类财产的水深 ~ 损失率关系，计算洪灾直接经济损失（见图 4–40）。

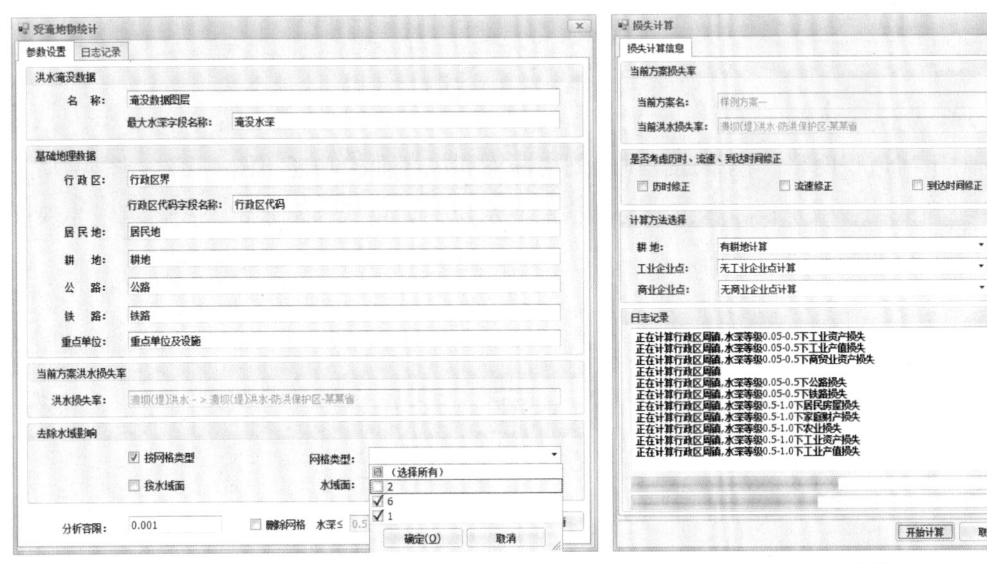

图 4–39　受淹地物统计模块调用　　　　图 4–40　损失评估模块调用

4.3.4　结果处理

结果处理模块提供了对模型计算的综合总结，模型计算成果的展示、统计和分析功能。

（1）洪水分析模型。包括综合信息统计、网格淹没信息统计、通道淹没信息查询，特殊河道通道淹没信息、特殊道路及结点淹没信息的统计、工程设施及溃口流量过程等基本功能。

1）综合信息统计。展示模型计算的设置信息，如计算模块、计算时间的设置，以及模型计算统计信息，如模拟用时、水量平衡数据和淹没信息统计等内容。

2）网格淹没信息统计。提供了最大淹没范围分布、最大淹没水深分布、洪水淹没历时分布、洪水到达时间分布、网格最大流速分布、网格淹没信息查询等信息查询（见图 4–41）。

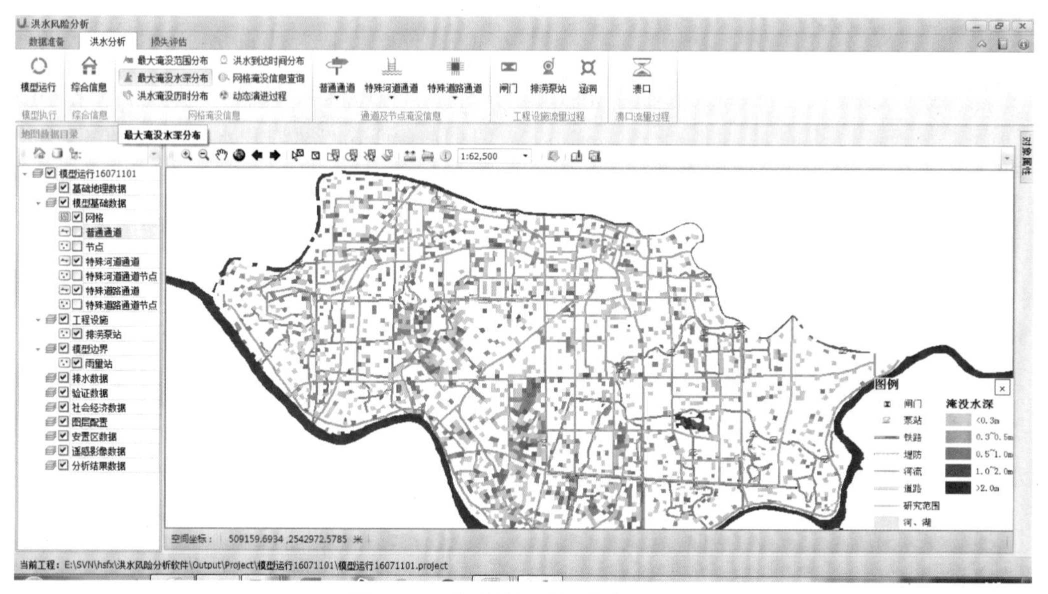

图 4–41　最大淹没水深分布界面图

对于河道型网格，模型还提供绘制横断面和纵断面的功能（图 4–42 ~ 图 4–43）。其中红色线为警戒水位，蓝色线为网格最高水位，紫色线为常水位，浅蓝色线为保证水位，灰色线为河道横断面。

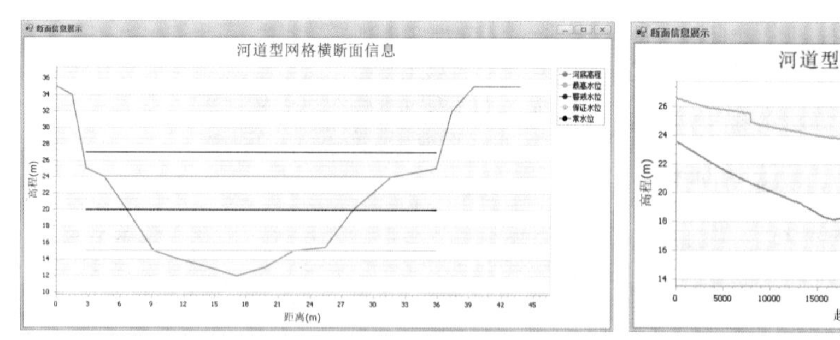

图 4–42　河道型网格横断面信息

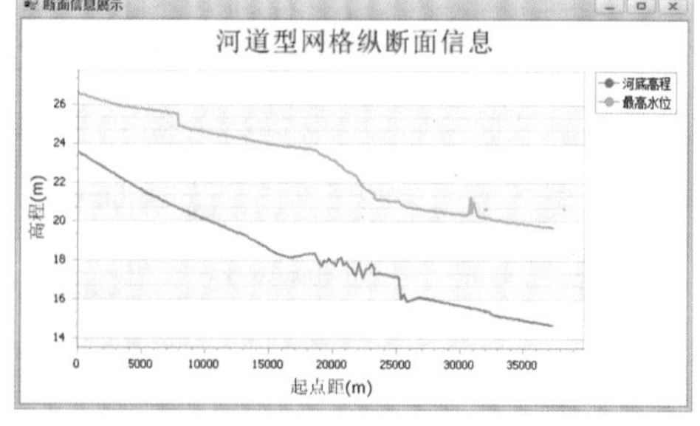

图 4–43　河道型网格纵断面信息

3）通道淹没信息查询。提供普通通道流量过程查询功能（见图 4–44）。

4）特殊河道通道淹没信息。提供最大水深分布、最高水位分布、最大流量分布等统计、淹没信息查询、横断面信息展示、纵断面信息展示功能，沿河流方向和两侧网格方向的洪水流量过程，以及河道横断面和纵断面信息的展示功能。

A. 最大水深分布（见图 4–45）。

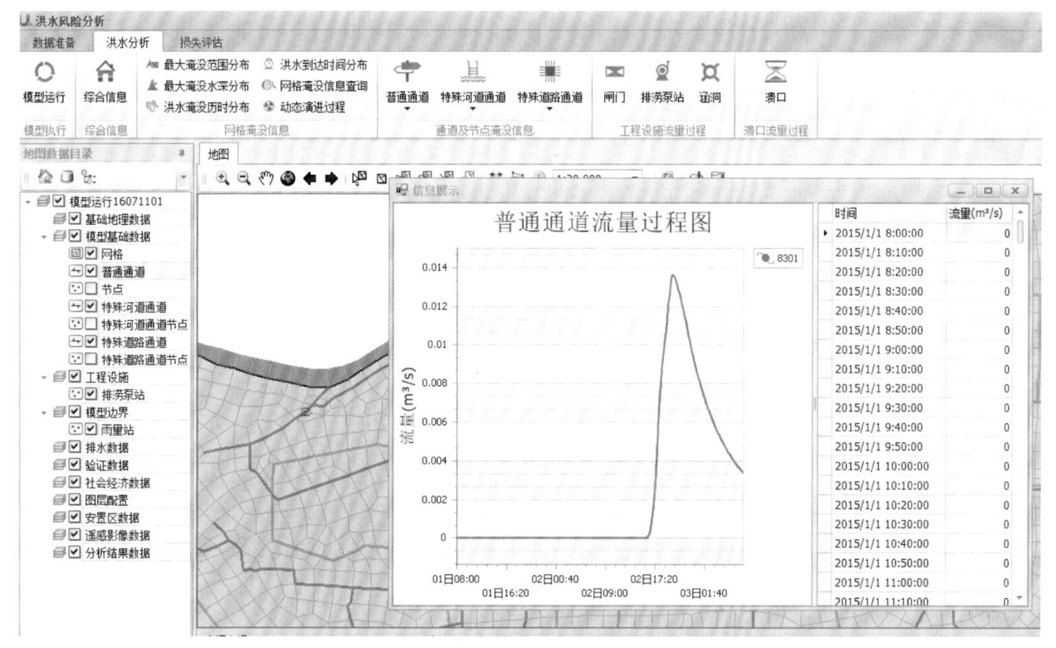

图 4-44　普通通道淹没信息查询

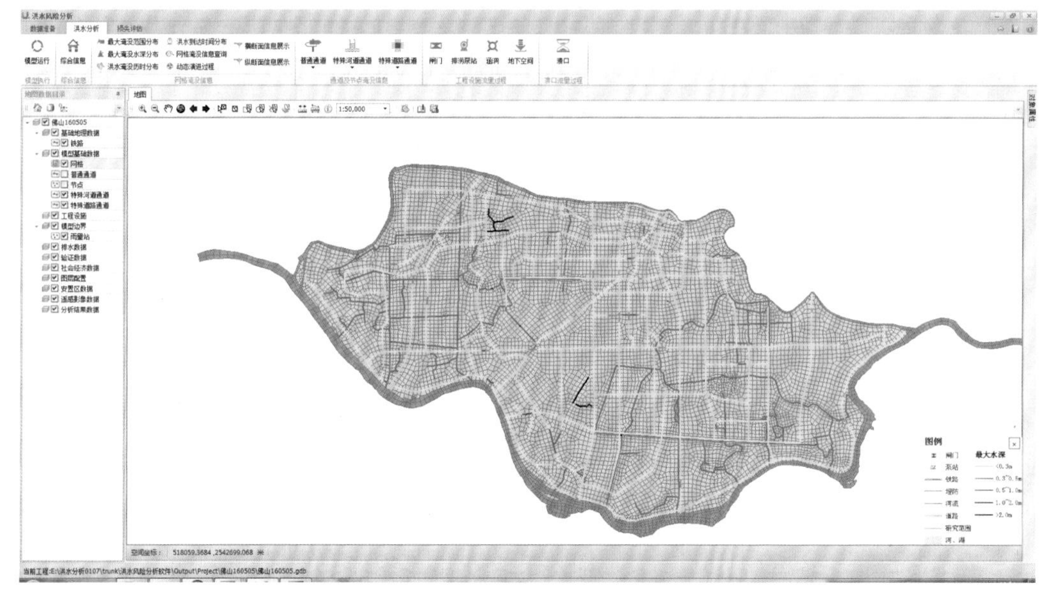

图 4-45　特殊河道最大水深分布

B. 最高水位分布（见图 4–46）

C. 最大流量分布（见图 4–47）。

D. 淹没信息查询（见图 4–48）。

E. 横断面信息展示（见图 4–49）。蓝色线为最高水位线，灰色线为横断面线。

F. 纵断面信息展示（见图 4–50）。红色线为左堤高程线，浅红色线为右堤高程线，蓝色为最高水位线，灰色为河底高程线。

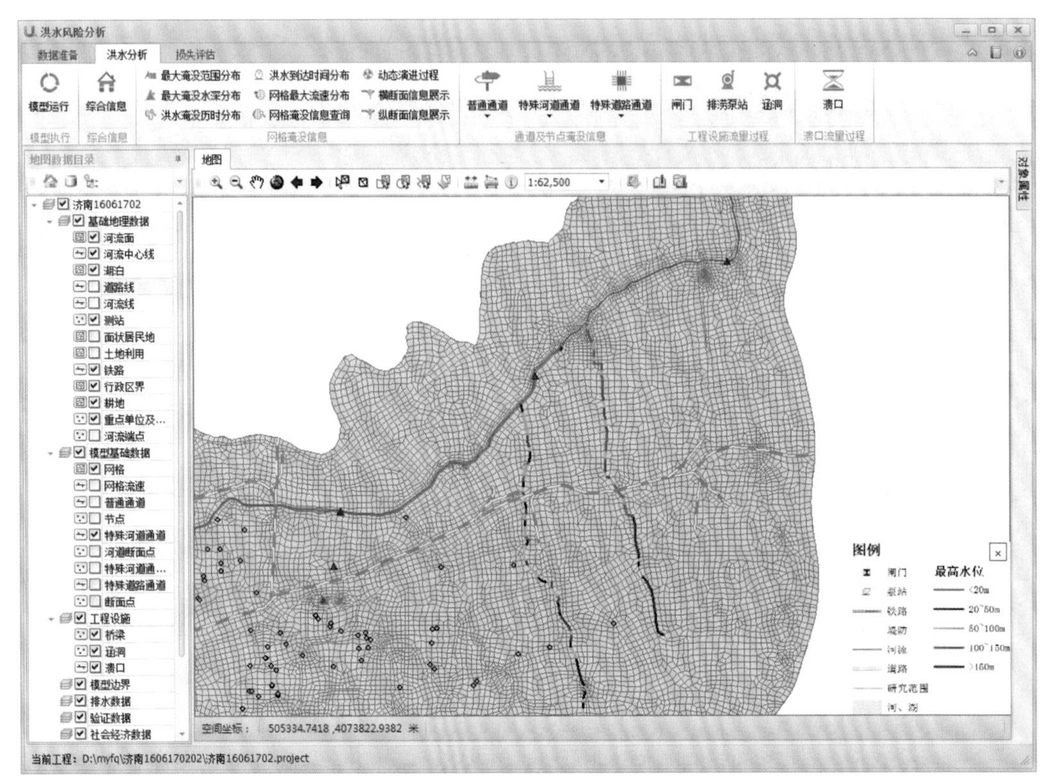

图 4-46　特殊河道最高水位分布

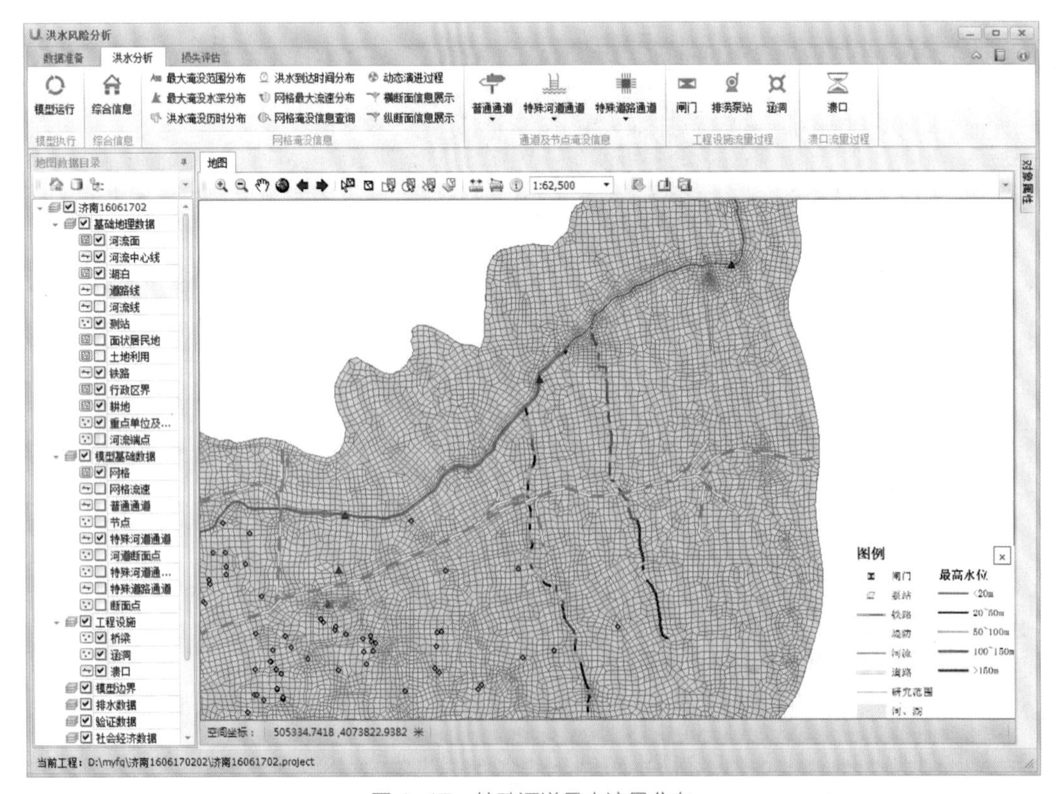

图 4-47　特殊河道最大流量分布

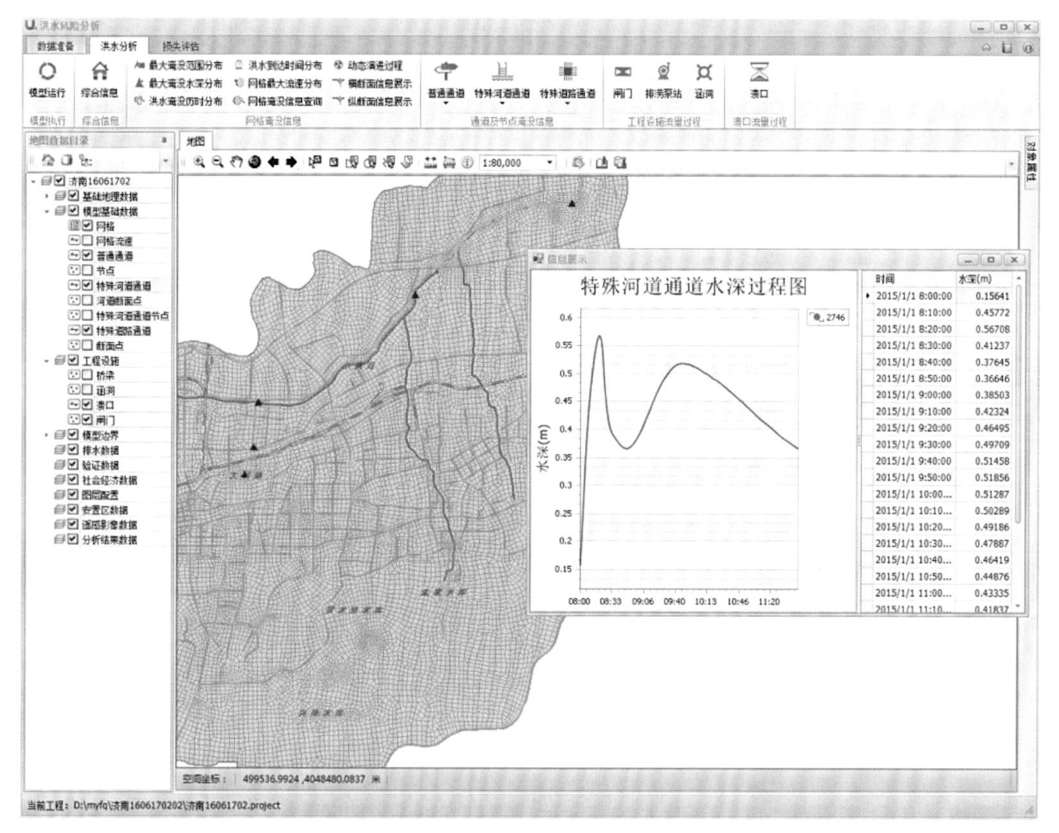

图 4-48　特殊河道淹没信息查询

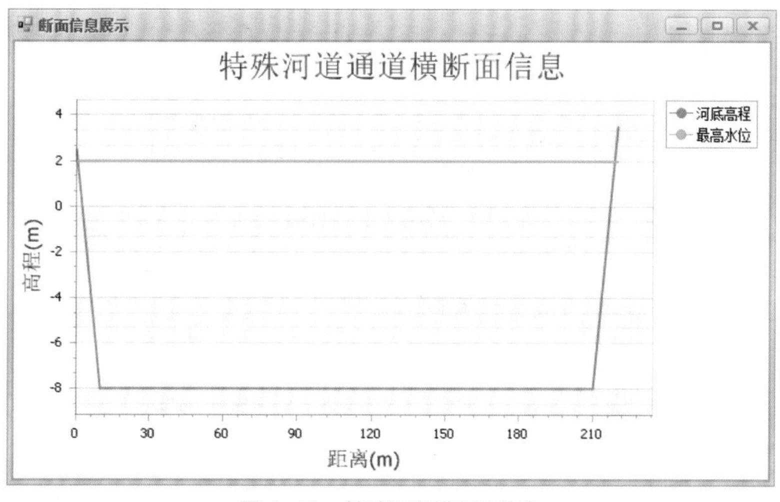

图 4-49　特殊河道横断面信息

5）特殊道路淹没信息。提供最大水深分布、最大流速分布、淹没历时分布、洪水到达时间分布等展示功能，以及特殊道路淹没信息和特殊道路节点淹没信息查询等功能（见图 4-51）。

6）工程设施及溃口流量过程。提供闸门、泵站、涵洞等工程设施，以及溃口的流量过程查询功能（见图 4-52）。

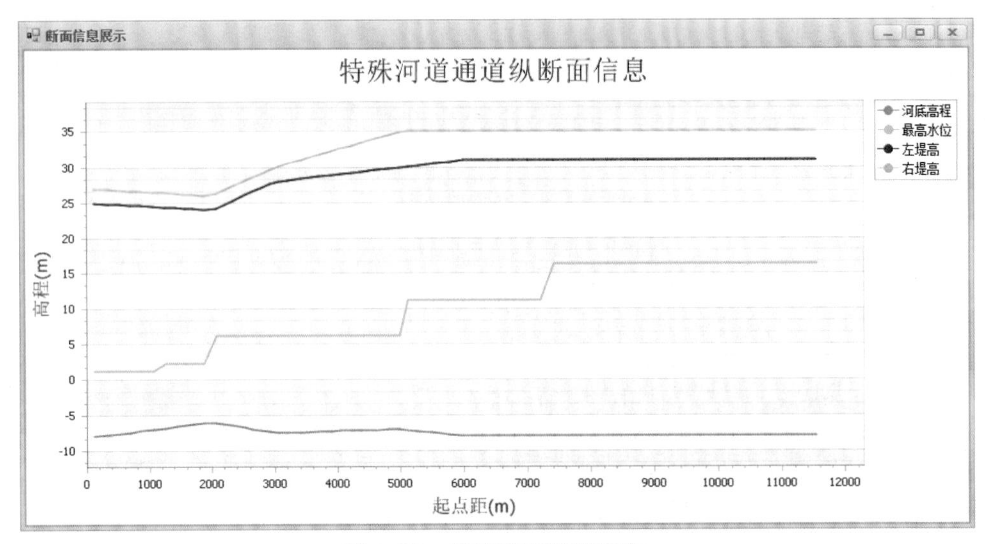

图 4-50　特殊河道纵断面信息

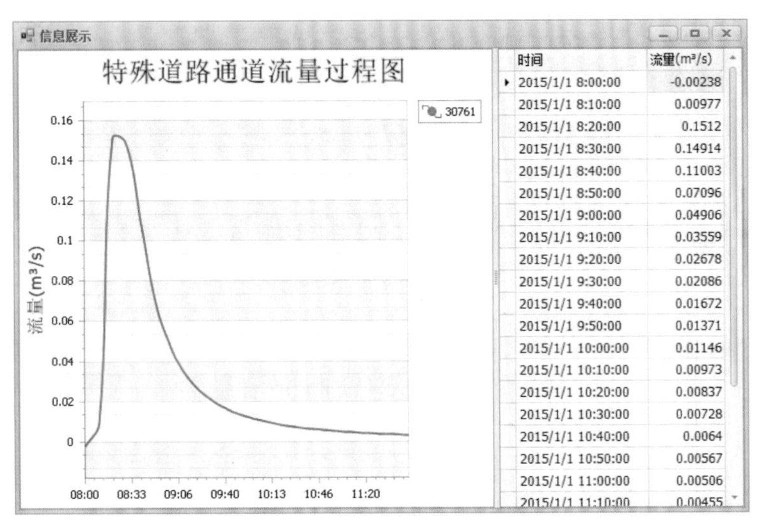

时间	流量(m³/s)
2015/1/1 8:00:00	-0.00238
2015/1/1 8:10:00	0.00977
2015/1/1 8:20:00	0.1512
2015/1/1 8:30:00	0.14914
2015/1/1 8:40:00	0.11003
2015/1/1 8:50:00	0.07096
2015/1/1 9:00:00	0.04906
2015/1/1 9:10:00	0.03559
2015/1/1 9:20:00	0.02678
2015/1/1 9:30:00	0.02086
2015/1/1 9:40:00	0.01672
2015/1/1 9:50:00	0.01371
2015/1/1 10:00:00	0.01146
2015/1/1 10:10:00	0.00973
2015/1/1 10:20:00	0.00837
2015/1/1 10:30:00	0.00728
2015/1/1 10:40:00	0.0064
2015/1/1 10:50:00	0.00567
2015/1/1 11:00:00	0.00506
2015/1/1 11:10:00	0.00455

图 4-51　特殊道路淹没信息查询

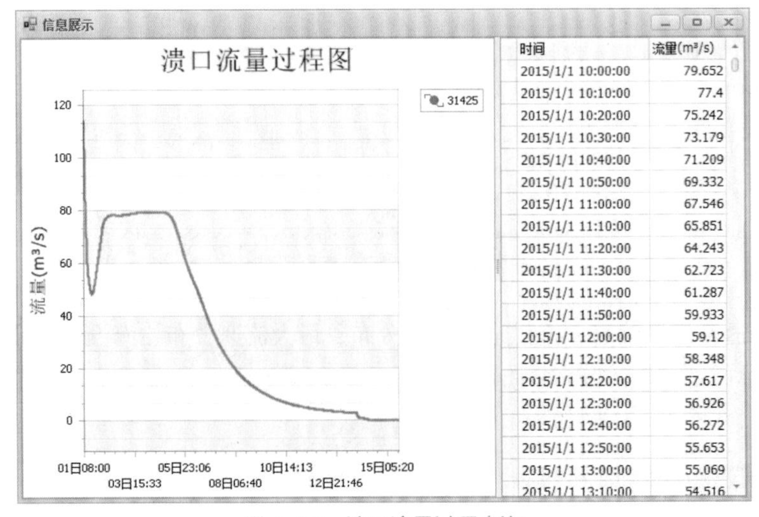

时间	流量(m³/s)
2015/1/1 10:00:00	79.652
2015/1/1 10:10:00	77.4
2015/1/1 10:20:00	75.242
2015/1/1 10:30:00	73.179
2015/1/1 10:40:00	71.209
2015/1/1 10:50:00	69.332
2015/1/1 11:00:00	67.546
2015/1/1 11:10:00	65.851
2015/1/1 11:20:00	64.243
2015/1/1 11:30:00	62.723
2015/1/1 11:40:00	61.287
2015/1/1 11:50:00	59.933
2015/1/1 12:00:00	59.12
2015/1/1 12:10:00	58.348
2015/1/1 12:20:00	57.617
2015/1/1 12:30:00	56.926
2015/1/1 12:40:00	56.272
2015/1/1 12:50:00	55.653
2015/1/1 13:00:00	55.069
2015/1/1 13:10:00	54.516

图 4-52　溃口流量过程查询

（2）损失评估模型。

1）受淹地物统计结果。软件基于 GIS 的图形叠加运算功能，实现各承灾体受淹面积、长度、个数的分析和统计（见图 4–53）。

2）受影响 GDP/ 人口分析结果分别见图 4–54、图 4–55。

3）损失评估结果。提供损失评估的计算结果统计与展示见图 4–56。

地图　默认方案 - 洪水淹没统计结果

受淹地物统计　行政区淹没面积　居民地淹没面积　耕地淹没面积　受影响公路长度　受影响铁路长度　受影响重点单位及设施个数

统计信息
损失评估方案：
默认方案
洪水损失率：
溃坝(堤)洪水 -> 溃坝(堤)洪水

地图专题图
按水深等级
柱状专题图　饼状专题图
数据列名称：
分布专题图

统计图表
按数据行
行政区名称：
柱 状 图　饼 状 图
按数据列
数据列名称：

统计结果

行政区名称	淹没面积(平方公里)	淹没居民地面积(万…	淹没耕地面积(公顷)	受影响公路长度(公…	受影响铁路长度(公…	受影响重点单位及设…
泉城路街道	0.24	0.02				
大明湖街道	0.21	0.1				
姚家街道	0.05	0.02				
龙洞街道	0.21			0.02		
大观园街道	0.61	22.5		4.62		1
魏家庄街道	0.29	7.92		0.91		
兴隆街道	0.03					
西市场街道	0.23	4.36		0.05		
五里沟街道	0.34	10.42		2.13		
匡山街道	0.02					
美里湖街道	0.08			0.05		
吴家堡街道	0.15			0.21		
段店镇	0.04			0.04	0.03	
无影山街道	1	31.65		4.01		1
天桥东街街道	0.54	24.51		0.97		1
北村街道	0.1	0		0.05		
南村街道	0.01			0.18		
堤口街道	1.16	38.61		1.55		5
宝华街街道	0.72	15.73		1.26		
官扎营街道	1.23	29.11		3.49		
纬北路街道	1.48	40.75		2.27	5.87	

图 4–53　受淹地物统计结果图

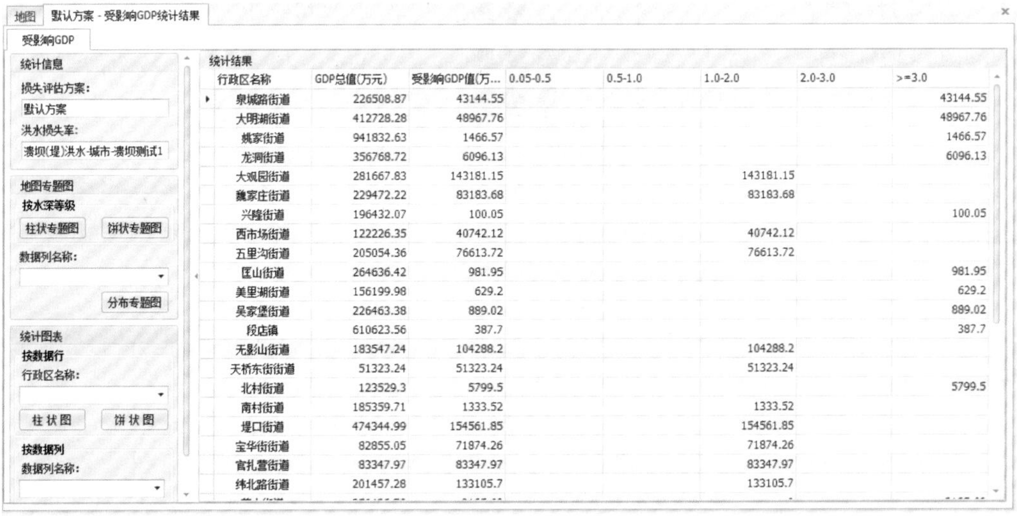

地图　默认方案 - 受影响GDP统计结果

受影响GDP

统计信息
损失评估方案：
默认方案
洪水损失率：
溃坝(堤)洪水-城市-溃坝测试1

地图专题图
按水深等级
柱状专题图　饼状专题图
数据列名称：
分布专题图

统计图表
按数据行
行政区名称：
柱 状 图　饼 状 图
按数据列
数据列名称：

统计结果

行政区名称	GDP总值(万元)	受影响GDP值(万…	0.05-0.5	0.5-1.0	1.0-2.0	2.0-3.0	>=3.0
泉城路街道	226508.87	43144.55					43144.55
大明湖街道	412728.28	48967.76					48967.76
姚家街道	941832.63	1466.57					1466.57
龙洞街道	356768.72	6096.13					6096.13
大观园街道	281667.83	143181.15			143181.15		
魏家庄街道	229472.22	83183.68			83183.68		
兴隆街道	196432.07	100.05					100.05
西市场街道	122226.35	40742.12			40742.12		
五里沟街道	205054.36	76613.72			76613.72		
匡山街道	264636.42	981.95					981.95
美里湖街道	156199.98	629.2					629.2
吴家堡街道	226463.38	889.02					889.02
段店镇	610623.56	387.7					387.7
无影山街道	183547.24	104288.2			104288.2		
天桥东街街道	51323.24	51323.24			51323.24		
北村街道	123529.3	5799.5					5799.5
南村街道	185359.71	1333.52			1333.52		
堤口街道	474344.99	154561.85			154561.85		
宝华街街道	82855.05	71874.26			71874.26		
官扎营街道	83347.97	83347.97			83347.97		
纬北路街道	201457.28	133105.7			133105.7		

图 4–54　受影响 GDP 分析结果图

地图 | 默认方案 - 受影响人口统计结果

受影响人口数

统计信息

损失评估方案：默认方案

洪水损失率：溃坝(堤)洪水-城市-溃坝测试1

地图专题图

按水深等级

柱状专题图 饼状专题图

数据列名称：

分布专题图

统计图表

按数据行

行政区名称：

柱 状 图 饼 状 图

按数据列

数据列名称：

统计结果

行政区名称	人口总数(万人)	受影响人口(万人)	0.05-0.5	0.5-1.0	1.0-2.0	2.0-3.0	>=3.0
泉城路街道	1.28	0.24					0.24
大明湖街道	2.33	0.28					0.28
姚家街道	5.33	0.01					0.01
龙洞街道	2.02	0.03					0.03
大观园街道	2.69	1.37			1.37		
魏家庄街道	2.19	0.79			0.79		
兴隆街道	2.02	0					0
西市场街道	1.5	0.5			0.5		
五里沟街道	2.52	0.94			0.94		
匡山街道	3.24	0.01					0.01
美里湖街道	1.86	0.01					0.01
吴家堡街道	2.67	0.01					0.01
段店镇	7.32	0					0
无影山街道	2.85	1.62			1.62		
天桥东街街道	0.91	0.91			0.91		
北村街道	2.21	0.1					0.1
南村街道	3.27	0.02			0.02		
堤口街道	6.27	2.04			2.04		
宝华街街道	1.33	1.15			1.15		
官扎营街道	1.4	1.4			1.4		
纬北路街道	3.06	2.02			2.02		

图 4-55　受影响人口分析结果

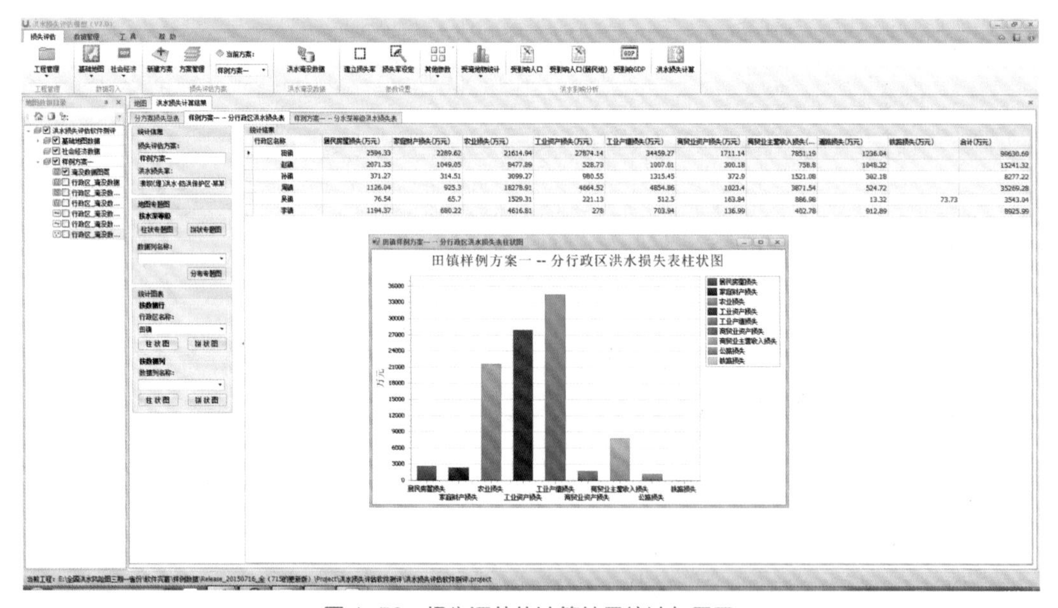

行政区名称	居民房屋损失(万元)	家庭财产损失(万元)	农业损失(万元)	工业资产损失(万元)	工业产值损失(万元)	商贸业资产损失(万元)	商贸业主营收入损失(...	道路损失(万元)	铁路损失(万元)	合计(万元)
田镇	2594.33	2289.62	21614.94	27874.14	34459.27	1711.14	7851.19	1236.04		99630.69
赵镇	2071.35	1049.05	8477.89	528.73	1007.01	300.18	758.8	1048.32		15241.32
孙镇	371.27	314.51	3099.27	980.55	1315.45	372.9	1521.08	302.18		8277.22
周镇	1126.04	925.3	18278.91	4664.52	4854.86	1023.4	3871.54	524.72		35269.28
吴镇	76.54	65.7	1529.31	221.13	512.5	163.84	886.98	13.32	73.73	3543.04
李镇	1194.37	680.22	4616.81	278	703.94	136.99	402.78	912.89		8925.99

图 4-56　损失评估的计算结果统计与展示

5 软件功能与计算精度对比

5.1 江西抚河唱凯堤溃决模拟分析中的对比

5.1.1 典型区基本情况

唱凯堤位于江西省第二大河抚河的中下游右岸、抚州市临川区东北部，为一条封闭圩堤，圩堤全长 81.8 km，保护耕地 14.0 万亩，保护人口 19.9 万人。

2010 年 6 月抚河发生大洪水，全线超警戒水位。6 月 21 日 1 时 30 分，唱凯堤在灵山何家段（桩号 32+923 ~ 33+270）发生溃口（以下简称何家段溃口），起初溃口宽度 5m，后迅速发展到 60m，到 6 月 22 日 7 时 30 分溃口宽度扩至 347m（见图 5–1）。决堤造成受灾乡（镇）4 个、受灾村 41 个，被淹区平均水深 2.5~4m，其中罗针镇、唱凯镇受灾最严重，整个受淹区域人口约 10 万人。

图 5–1 唱凯堤灵山何家段溃口处（2010 年 6 月 22 日上午拍摄）

6 月 23 日 6 时 30 分左右，唱凯堤内的洪水在罗针镇长湖村附近再次冲开一个新缺口（以下简称长湖村溃口），缺口宽度约 150m。洪水一部分泄入抚河，一部分倒灌东乡河。6 月 23 日武警水电部队奉命开始封堵灵山何家段溃口，于 6 月 27 日 18 时灵山何家段溃口胜利合龙。因此，6 月 27 日 18 时后，唱凯圩堤内何家段溃口不再有水量流入。

5.1.2 基于 FRAS 模型的建立及方案模拟 [96]

5.1.2.1 模型建立

唱凯堤洪水分析模型的模拟计算面积为 86.51km^2，被概化为 8883 个不规则网格（见

图 5-2）。其中，通道数 18056 条、节点数 9174 个。在网格剖分过程中，以唱凯堤圩区的计算范围作为外部控制边界，将京福高速公路、316 国道等阻水建筑物作为内部控制边界，并以每个网格面积不超过 $0.1km^2$ 为标准进行网格剖分，对于特殊地形地物，如高速公路等作局部加密处理。

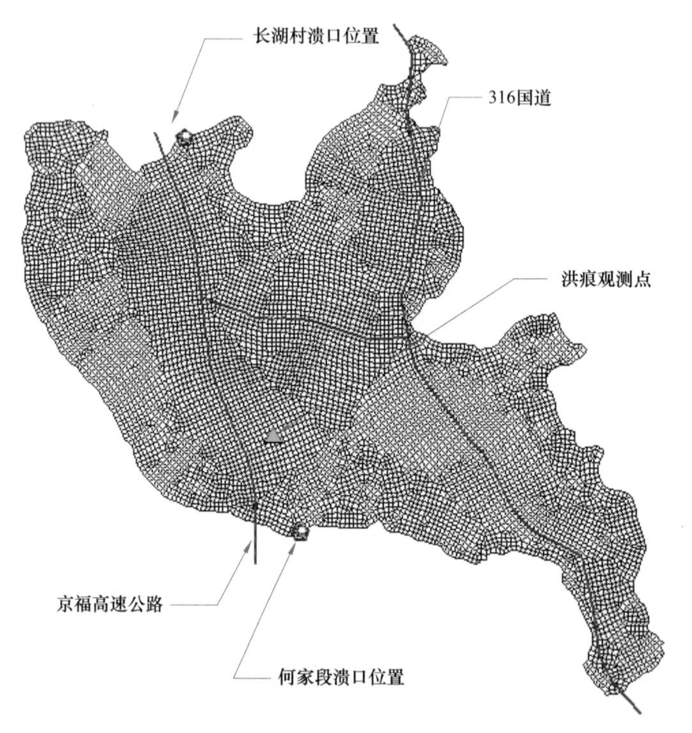

图 5-2　唱凯堤溃决洪水计算模型图

（1）网格属性赋值。网格的属性赋值主要包括：对网格逐一进行编号、类型、高程、糙率、面积修正率等的赋值。首先，需要对每个网格进行编号，赋予每个网格一个 ID。其次，根据基础底图将网格划分为陆地、河道、湖泊等不同类型，并赋予相应代码。之后根据 1 : 1 万 DEM 数据，计算出每个网格的平均高程。再按照湖泊、河道和普通陆面等网格分为不同类型，并按土地利用赋予网格相应的糙率。最后，以每个网格内的居民地面积与其所在网格面积的比值，作为网格的面积修正率属性。

（2）模型参数确定。参考其他相关区域率定的糙率，结合唱凯堤圩区下垫面的实际情况进行糙率取值，在本次二维水动力学模拟计算中土地利用的糙率按表 5-1 取值。

表 5-1　　糙率取值表

序号	土地利用类型	土地利用代码	糙率
1	旱地	12	0.055
2	建筑居民地	5	0.090
3	林地	2	0.070

续表

序号	土地利用类型	土地利用代码	糙率
4	水田	11	0.035
5	水域	4	0.025
6	草地	3	0.050
7	裸地	65	0.060
8	沼泽地	64	0.040

每个网格可能包含多种土地利用类型，则用面积加权平均求取网格的糙率，计算方法为：设某网格 i 中有旱地、林地、水田等土地利用（见图 5–3），则网格 i 的糙率 n_i 按下式计算：

$$n_i=(n_{旱地}A_{旱地}+n_{林地}A_{林地}+n_{水田}A_{水田})/A_i$$

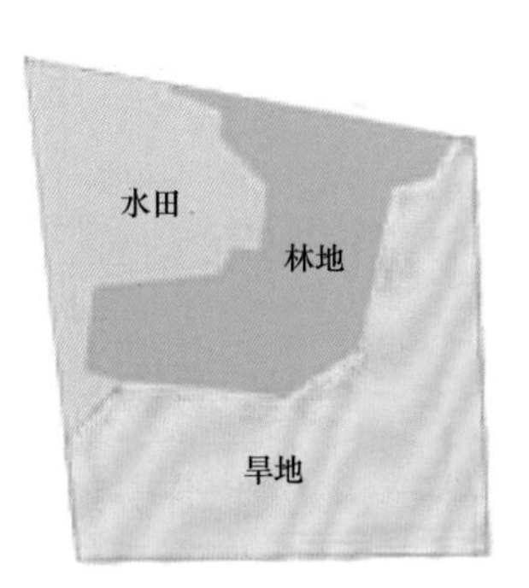

图 5–3　土地利用示意图

5.1.2.2　方案模拟

唱凯堤溃堤洪水计算主要考虑堤防溃决的发展过程，溃口处采用水位边界，模拟时间步长为 5s，模拟时间从 2010 年 6 月 21 日 16 时至 2010 年 6 月 27 日 18 时。

（1）溃口发展过程。根据唱凯堤灵山何家段溃口 2010 年洪水实际溃决情况，得到该溃口的初始溃口宽度为 5m，最终溃口宽度为 347m，溃口发展历时 13 小时。建立溃口的线性发展方程如下：

$$Y=a+0.4384X$$

式中　Y——溃口宽度，m；

a——溃口初始宽度，m；

X——溃口历时，分钟。

唱凯堤罗针镇长湖村溃口宽度约 150m，溃口历时约 5 小时，建立溃口的线性发展方程如下：

$$Y=0.5X$$

式中：符号意义同前。

（2）溃口处水位。唱凯堤溃口位置位于抚河的廖家湾水文站和李家渡水文站之间（见图 5–4）。2010 年 6 月唱凯堤发生溃口时，这两个水文站均有较详细的水位记录，该水位资料全面反映了唱凯堤溃口上、

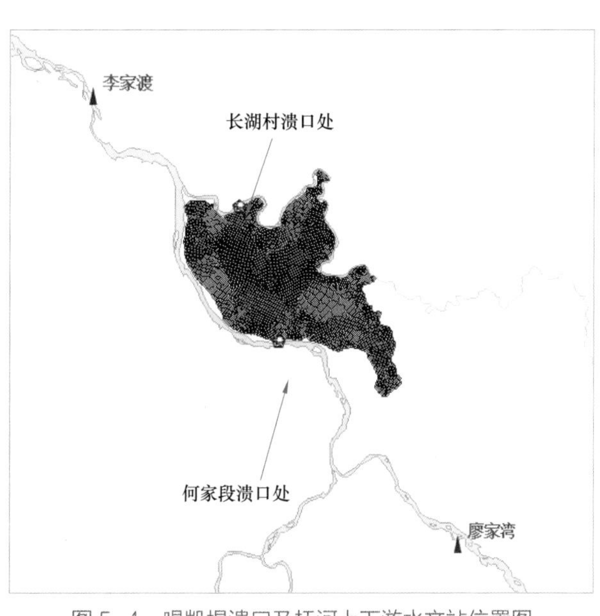

图 5–4　唱凯堤溃口及抚河上下游水文站位置图

下游水位的变化过程，因此可以用这两个站点的实测水位资料插值唱凯堤溃口处的水位。廖家湾、李家湾实测水位过程及何家段溃口处、长湖村溃口处水位过程见图 5–5。

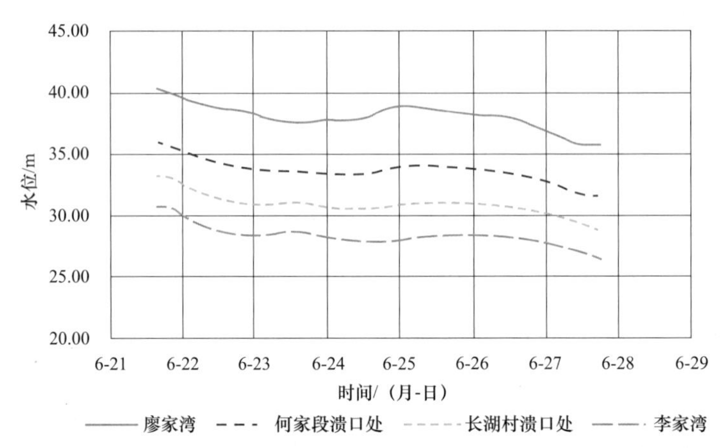

图 5–5　廖家湾、李家渡实测水位过程及何家段溃口处、长湖村溃口处插值水位过程曲线图

5.1.2.3　结果分析

（1）溃口处入流过程。模型计算的唱凯堤何家段溃口处入流流量过程见图 5–6，由图可见溃口处入流流量在溃口发生后约 10 小时内迅速增加，最大达到 1544 m^3/s。最初溃口流量迅速增加的过程与实际溃口的发展过程基本一致。何家段溃口处堤内外水位变化过程见图 5–7，溃口发生后，堤外水位均高于堤内水位，直至 6 月 27 日以后堤外水位才降低到比堤内水位低，与该溃口处的完成封堵时间基本一致。

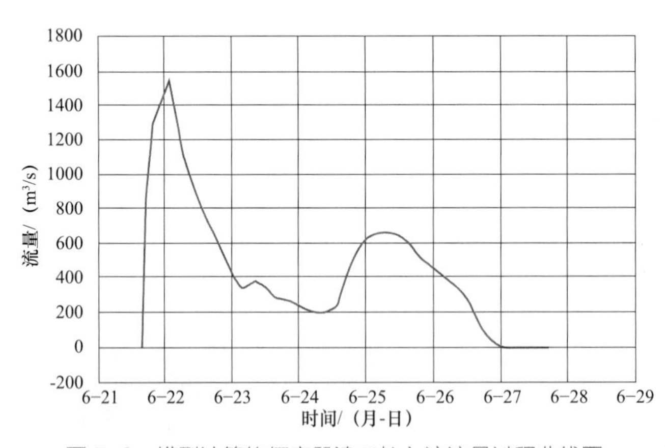

图 5–6　模型计算的何家段溃口处入流流量过程曲线图

（2）出口流量过程。模型计算的长湖村溃口处出流流量变化过程见图 5–8，由图 5–8 可见长湖村溃口处出流流量在 6 月 23 日 6 时发生溃决后，出流流量逐渐增加，变化趋势与长湖村溃口处堤内外水位变化过程基本一致（见图 5–9）。从图 5–8 可以看出，长湖村溃口处堤内（模型网格编号 565）在何家段溃堤后最初 8 小时还没有水，8 小时后何家段溃堤洪水到达，水位逐渐增加，但仍低于长湖村溃口处堤外水位（东乡河水位）；到 6 月 22 日 15 时，长湖村溃口处堤内外水位持平，达 31.31m；6 月 23 日 6 时 30 分长湖村溃口，此时

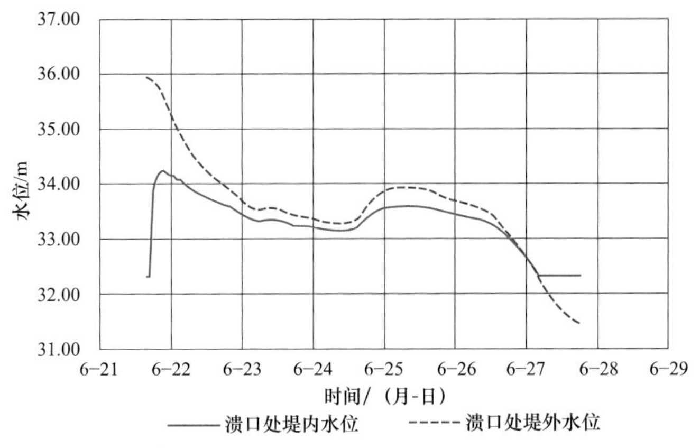

图 5-7　何家段溃口处堤内外水位变化过程曲线图

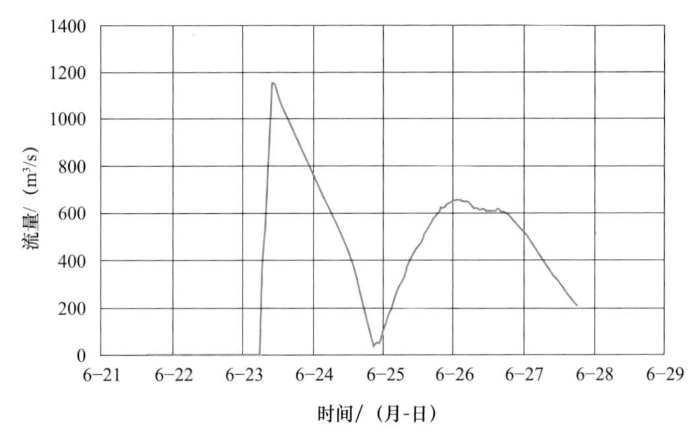

图 5-8　模型计算的长湖村溃口处出流流量变化过程曲线图

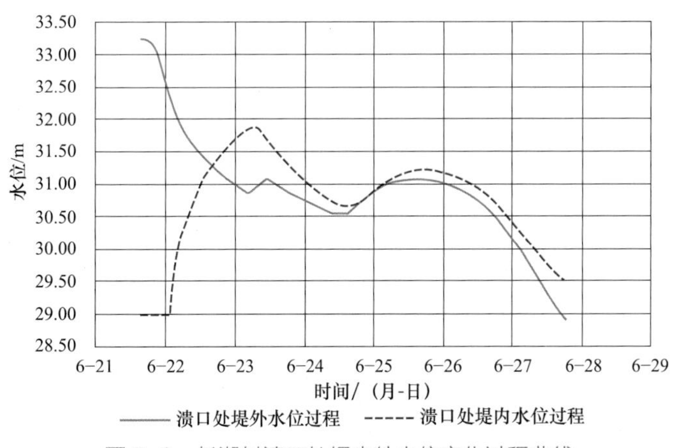

图 5-9　长湖村溃口处堤内外水位变化过程曲线

长湖村堤内外水位差 0.96m，唱凯堤圩区洪水通过该溃口直接泄入东乡河直至排入抚河。

随着长湖村溃口的发生，圩区内水位逐渐降低，到 6 月 24 日 23 时长湖村溃口处水位基本要接近堤外（东乡河）水位，但由于后续洪峰的到来，何家段溃口入流量的增加，长湖村溃口处堤内外水位差又有所增加，可见模型基本反映了溃口的入流、出流以及圩区内的水位变化情况。

（3）唱凯堤圩区内进出水量变化过程分析。唱凯堤圩区自何家段溃堤开始至6月27日18时完成何家段溃堤的封堵，由模型计算得圩区内的进出水量及区内蓄水量的变化过程（见图5–10）。由图5–10可见唱凯堤圩区内自6月21日16时何家段溃决开始，总进水量持续增加，到6月27日达到2.34亿m^3。圩区内自6月23日6时长湖村溃决开始由圩区排出的水量也持续增加，到6月27日18时外排水量达到2.02亿m^3。唱凯堤圩区内蓄水量自6月21日16时何家段溃决开始水量持续增加，在6月23日6时以前蓄水量增加较快，6月23日6时以后受长湖村溃决自然排水的影响，唱凯堤圩区内蓄水增加量逐渐放缓，到6月23日7时，唱凯堤圩区内蓄水量达到最大，为1.14亿m^3，之后圩区内蓄水量开始减小，到6月27日18时圩区内蓄水量减小到0.32亿m^3。由于长湖村溃口处地面高程约28.35m，圩区内大部分区域均高于该高程，因此圩区内的水均可通过该溃口自然排干。

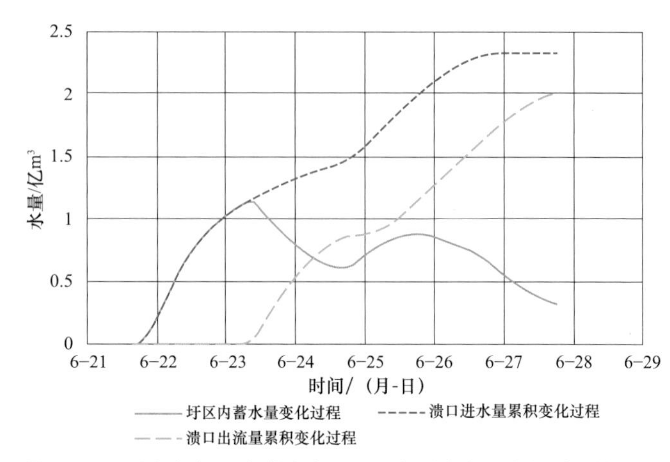

图5–10　唱凯堤圩区内进出水量及区内剩余水量变化过程曲线图

（4）洪痕点水深变化过程。2015年1月19日对唱凯堤现场进行了考察，查勘了2010年洪水的何家段溃口位置、长湖村溃口位置以及仍保留有2010年堤防溃时洪痕的位置，现场考察行进GPS记录路线及查勘点位见图5–11。洪痕位置的水深淹没状况见图5–12，从现场实测对比可见，最高洪痕处距地面约1.95m。

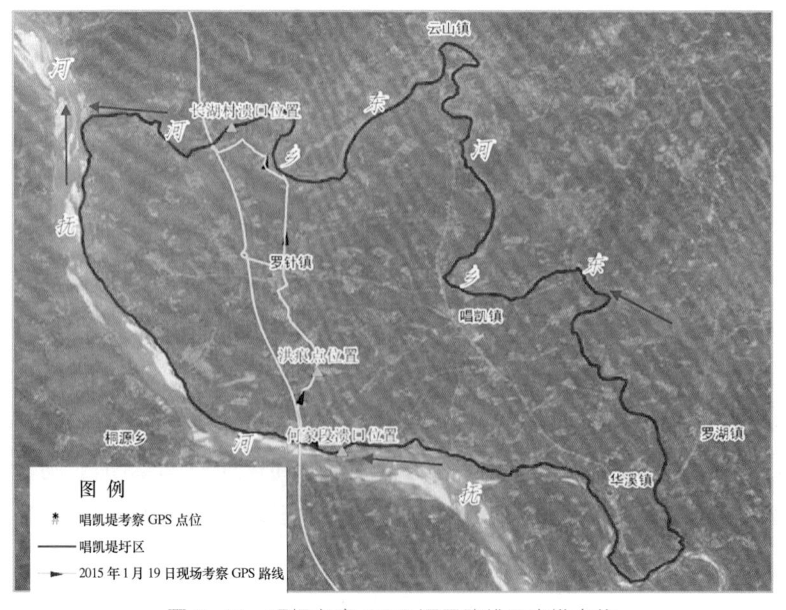

图5–11　现场考察GPS记录路线及查勘点位

图 5-12　洪痕位置的水深淹没状况

洪痕观测点的模型计算水深变化过程见图 5-13。从图 5-13 可见，何家段溃口发生后约 1 个小时，洪水到达洪痕观测点，并且水深迅速增加到最大水深 1.85m 左右。与现场考察洪痕（对应模型网格编号 6644）得到的该位置最大水深 1.95m 非常接近，模型模拟计算与洪痕实测误差为 0.1m。

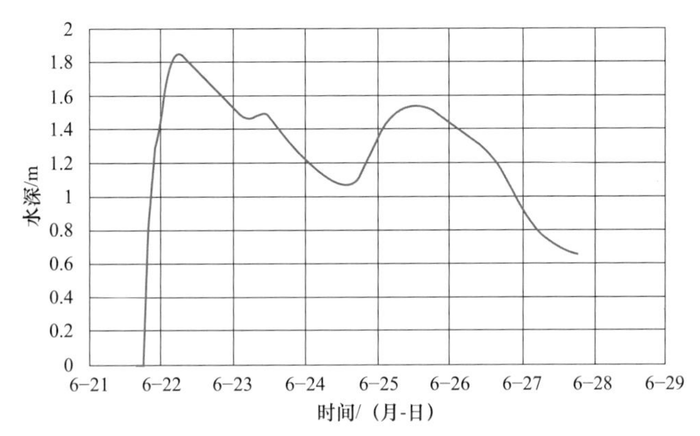

图 5-13　洪痕观测点的模型计算水深（网格 6644 水深）变化过程曲线图

（5）淹没范围变化过程。根据唱凯堤溃口洪水模拟演进计算结果，绘制不同时刻的洪水淹没范围及水深分布（见图 5-14）。从图 5-14 可以看出，溃口洪水演进第 6 小时（2010 年 6 月 21 日 22 时），洪水将要越过国道与高速公路的连接线，淹没到了罗针镇；溃口洪水演进第 12 小时（2010 年 6 月 22 日 4 时），唱凯堤圩区内大部分区域已被淹；溃口洪水演进第48小时后(2010年6月22日16时)，唱凯堤圩区内淹没范围进一步扩大；溃口洪水演进第 72 小时（2010 年 6 月 23 日 16 时），受长湖村所在圩堤段溃决（2010 年 6 月 23 日 6 时）影响，唱凯堤圩区内淹没范围已经有所减少；溃口洪水演进第 144 小时（2010 年 6 月 27 日 18 时），受何家段溃溃口门的封堵成功以及长湖村所在圩堤溃口的自然排水，圩区内淹没范围已大大减少。

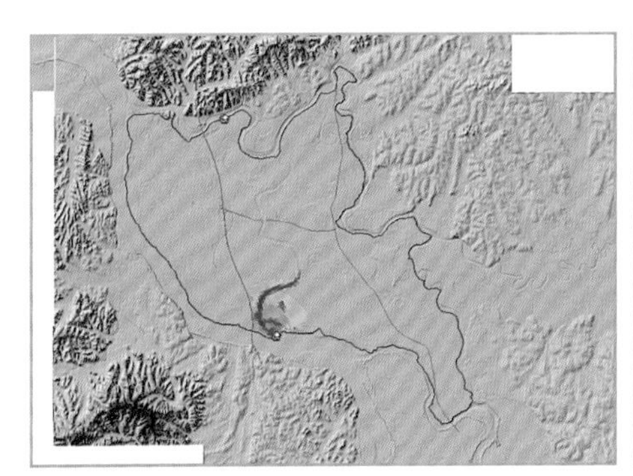
溃口洪水演进第 2 小时

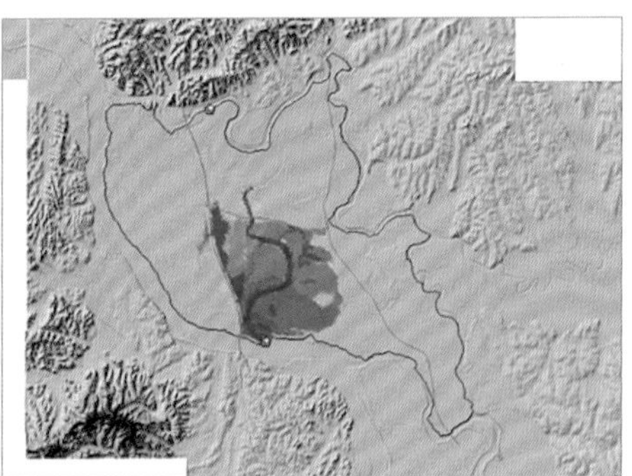
溃口洪水演进第 6 小时

图 5-14（一）　FRAS 模型模拟唱凯堤溃堤洪水演进典型时刻水深淹没图

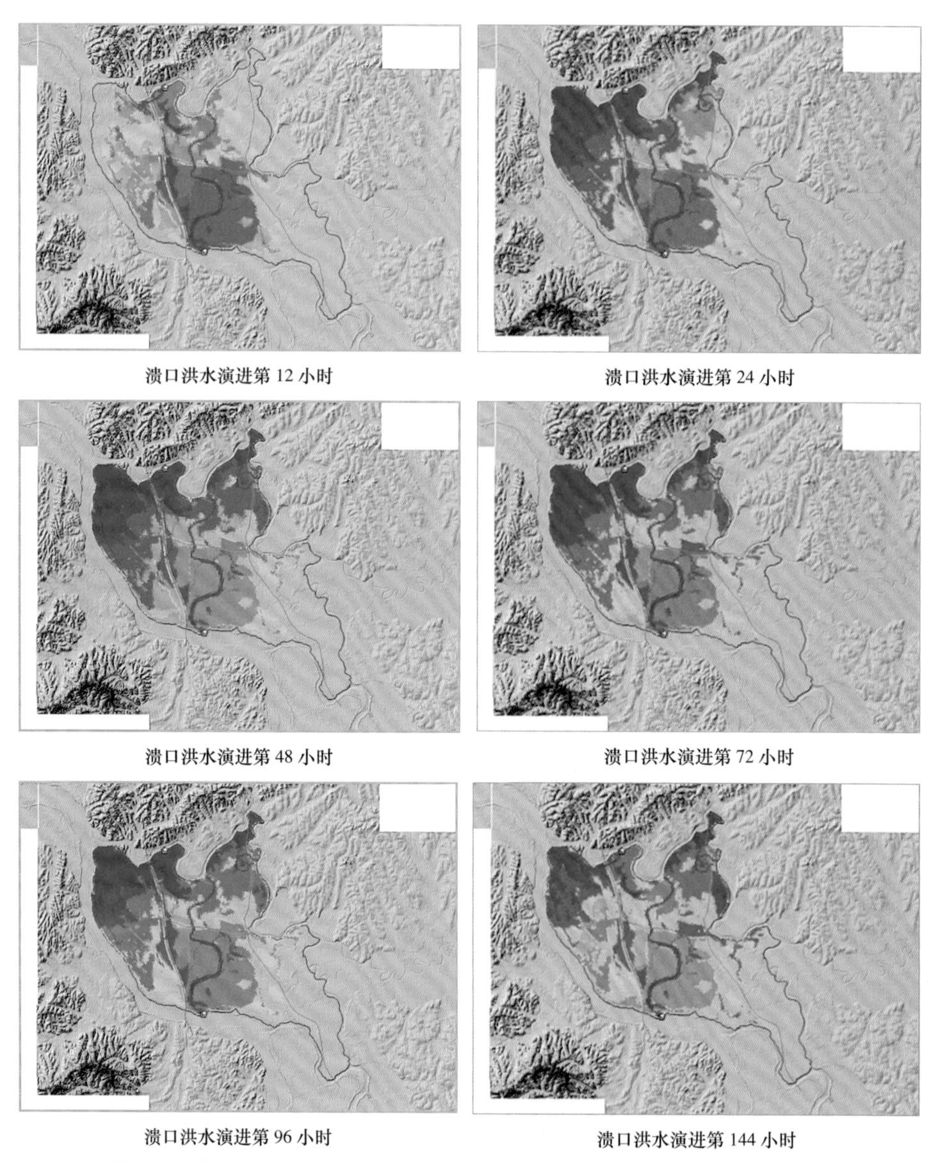

图 5-14（二）　FRAS 模型模拟唱凯堤溃堤洪水演进典型时刻水深淹没图

5.1.3　基于 HecRAS 软件典型区模型的建立及方案模拟

5.1.3.1　HecRAS 软件简介

HecRAS 软件是美国陆军工程师兵团水文工程研究中心开发的一套洪水模拟软件，在 5.0 版本以前，其只能针对河道一维洪水进行模拟演算，5.0 版本以后（2016 年 3 月正式发布），增加了二维洪水模拟的功能，这里主要介绍 HecRAS5.0 版本的二维洪水模拟功能。

（1）模型功能及特点。

1）模型求解方程可以使用完全的二维圣维南方程，也可选择求解二维扩散波方程，选择前者时可以考虑增加湍流与科里奥利效应的动量。具体求解方程的选择可以在计算时灵活设定。在一般情况下，二维扩散波方程计算速度快，稳定性更好，但完全的二维圣维南方程适用范围更广。

2）二维非恒定流方程的求解采用隐式有限体积算法。隐式的求解算法与显式求解算法相比可以设定更大的计算时间步长。相比于传统的有限差分法和有限元法，有限体积法具有更好的稳定性和鲁棒性，对于干湿单元计算具有较好的反映，另外，该算法可以进行缓流、急流和混合流（通过临界深度的水流，如水跃）的计算。

3）模型可以采用非结构化或结构化网格两种形式。计算单元可以是三角形，正方形，矩形，甚至五边形和六边形（网格单元的最大边数限定为八边形），也可以是不同形状和大小的混合单元。

（2）建立二维模型的基本步骤。

1）在 HecRAS Mapper 中建立模型的平面投影坐标，通常通过选择 ESRI Shpefile 的投影文件实现。

2）在 HecRAS Mapper 中建立地形数据，这是二维模型的必备数据，用于建立二维单元和边元的几何形状和水力属性，也用于淹没地图分析显示。

3）在 HecRAS Mapper 中建立土地利用分类数据，用于设定二维模型区域的曼宁系数 n 值，当然也可以在 HecRAS 中通过定义曼宁系数 n 值的多边形区域来实现。

4）添加用于显示的其他图层数据，如航空照片，堤防、路网等数据。

5）在几何编辑器（geometry editor）中，绘制每个二维模型区域的边界范围（HecRAS 中可以同时计算多个二维模型区域），也可以从其他数据源导入二维模型区域的 X、Y 坐标。

6）在二维模型区域绘制具有阻水作用的断线（break lines），如堤防、道路、自然堤、线状高地、水利工程等。

7）利用二维网格生成器（2D flow area editor）为每个二维计算模型区创建计算网格。

8）编辑二维计算网格，以便提高网格质量，例如，进一步添加断线；根据需要增加或减少网格密度，通过增加、删除、移动单元中心点实现。

9）在 RAS Mapper 中运行二维几何预处理器，以建立单元和边元的水力属性表。

10）在二维模型中添加必要的水利工程。

11）在几何编辑器中，沿二维模型外边框绘制外边界条件线。

12）在非恒定流数据编辑器（unsteady flow data editor）中，为二维模型添加必要的边界和初始条件数据。

13）在非恒定流模拟计算窗口中，设定二维计算模型的相关计算选项和设置。

14）运行非恒定流模拟计算。

15）在 RAS Mapper 中查看计算结果。

（3）HecRAS 目前版本功能的局限。

1）二维模型尚不能进行水沙运移计算。

2）二维模型尚不能进行水质模拟计算。

3）二维模型中不能添加泵站。

4）二维模型种不能添加桥梁，可以用涵洞工程代替。

5.1.3.2 模型建立

在 HecRAS 软件中建立 2010 年江西抚河唱凯堤溃决模拟分析模型，建模范围、内部边界约束条件及糙率等与 FRAS 建模中一致，网格剖分结果见图 5-15。采用非结构化网格，在内部构造物处进行局部加密。

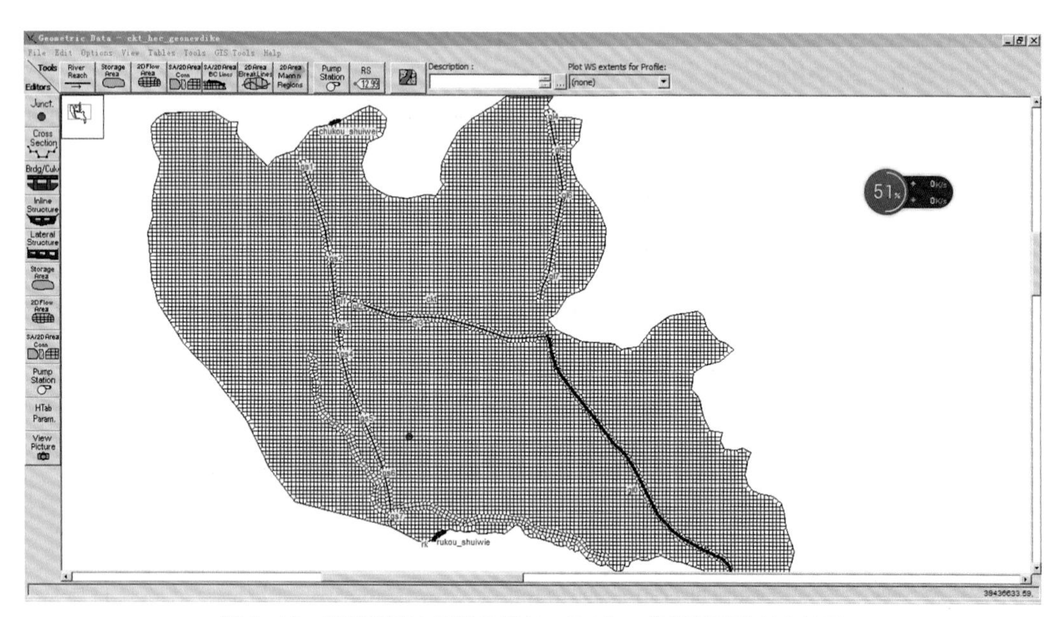

图 5-15 唱凯堤溃决模拟分析 HecRAS 二维模型网格剖分结果

5.1.3.3 方案模拟

为便于与 FRAS 对比分析，考虑与 FRAS 模拟方案相同的堤防溃决的发展过程，溃口处也采用水位边界，模拟计算步长亦为 5 秒。模拟时间从 2010 年 6 月 21 日 16 时至 2010 年 6 月 27 日 18 时。

5.1.3.4 结果分析

（1）溃口处入流过程。由 HecRAS 模型计算的何家段溃口处入流流量变化过程见图 5-16，由图 5-16 可见溃口处入流流量在约第 22 小时迅速增加，最大达到 1442m^3/s。最初溃口流量迅速增加的过程与实际溃口的发展过程基本一致。从何家段溃口处堤内外水位变化过程看（见图 5-17），溃口发生后，堤外水位一直均高于堤内水位。

（2）出口流量过程。由 HecRAS 模型计算的唱凯堤长湖村溃口处出流流量变化过程见图 5-18，由图 5-18 可见长湖村溃口处出流流量在 6 月 23 日 6 时发生溃口后，出流流量逐渐增加，变化趋势与长湖村溃口处堤内外水位的变化基本一致（见图 5-19）。

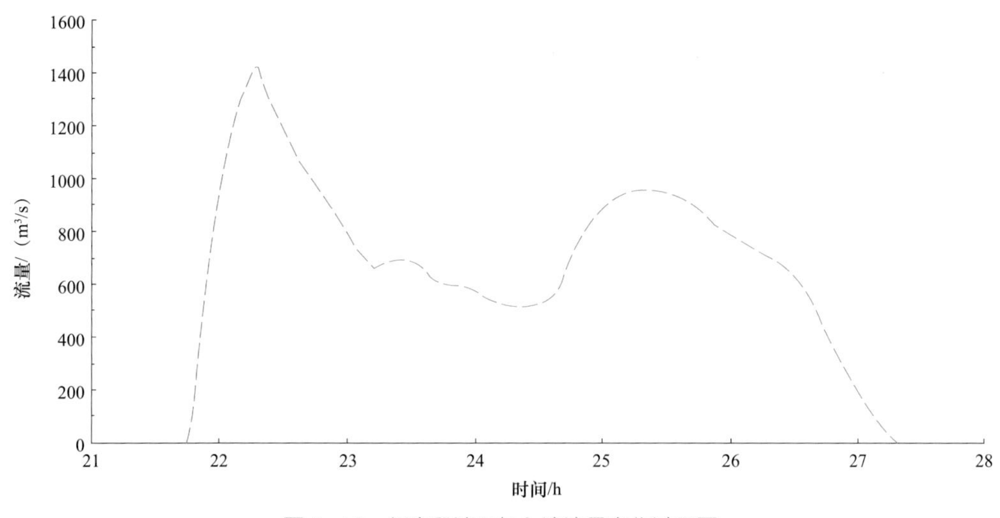

图 5-16　何家段溃口处入流流量变化过程图

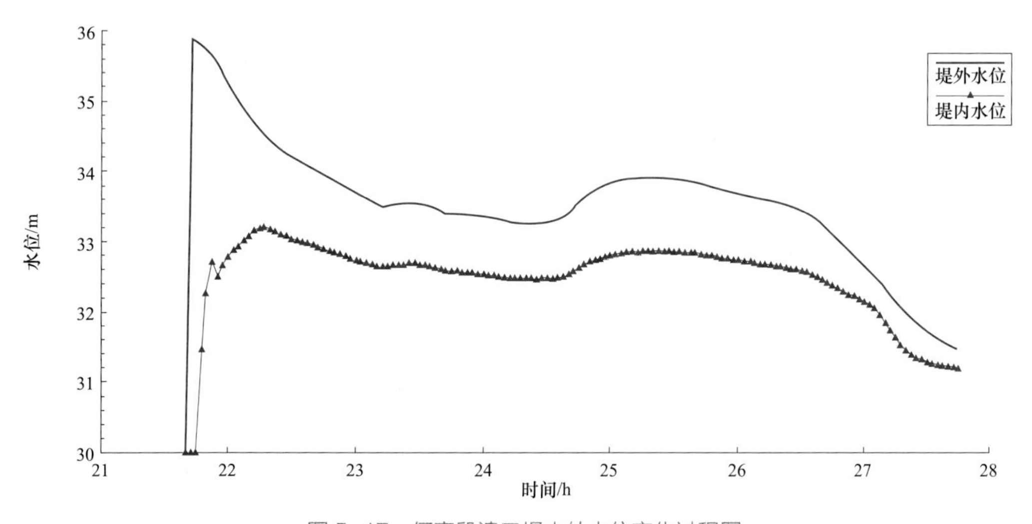

图 5-17　何家段溃口堤内外水位变化过程图

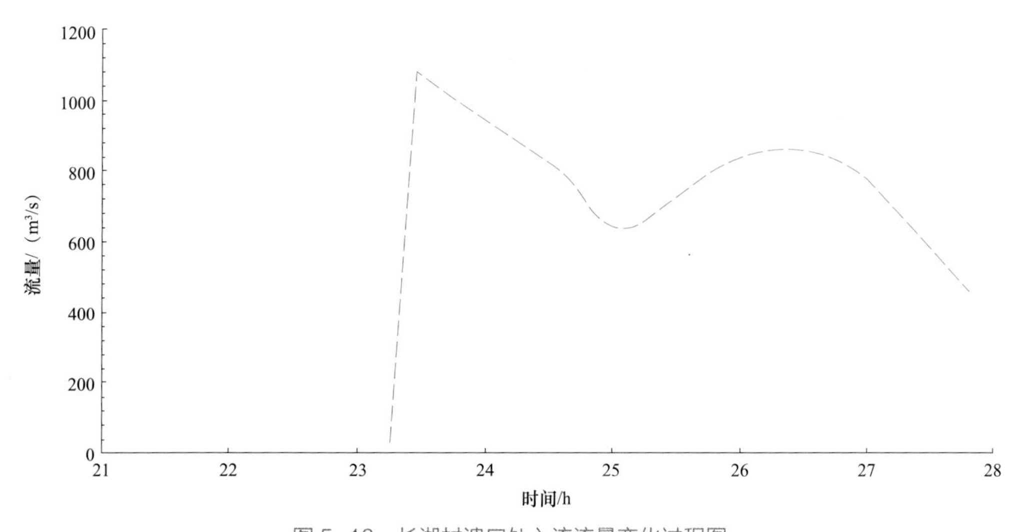

图 5-18　长湖村溃口处入流流量变化过程图

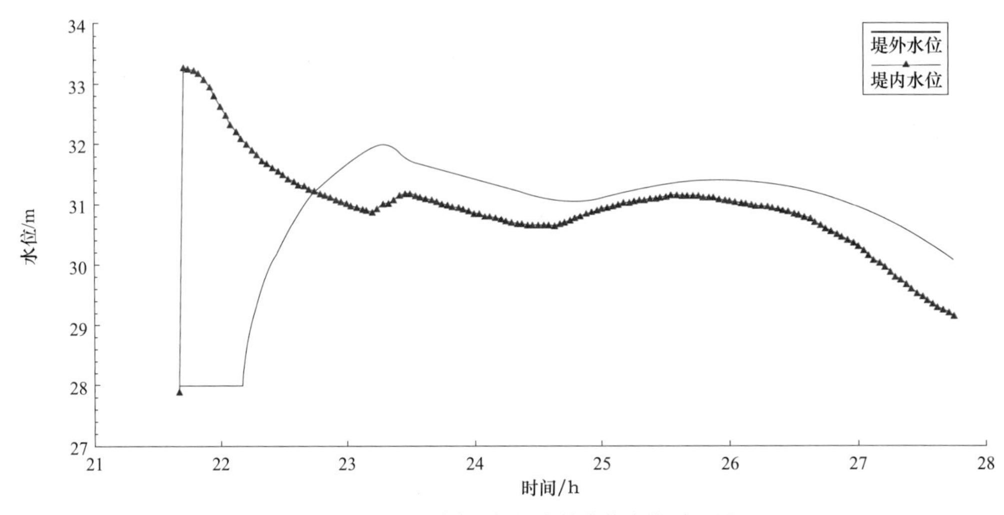

图 5-19　长湖村溃口处堤内外水位变化过程图

由图 5-20，长湖村溃口处堤内在何家段溃堤后最初 8 小时还没有水，8 小时后何家段溃堤洪水到达，水位逐渐增加，但仍低于长湖村溃口处堤外水位（东乡河水位）。到 6 月 22 日 17 时，长湖村溃口处堤内外水位持平，达 31.21m。到 6 月 23 日 6 时 30 分长湖村溃口，此时长湖村堤内外水位差 1.07m，唱凯堤圩区洪水通过该溃口直接泄入东乡河直至排入抚河。

（3）唱凯堤圩区内水量变化分析。HecRAS 模型没有提供按模拟步长计算的入流流量和出流流量，因此，根据模拟最后计算的各网格的水深，计算得最后圩区内的水量约为 0.43 亿 m^3。

（4）洪痕点水深变化过程。根据 HecRAS 唱凯堤溃决洪水模拟演进的计算结果，绘制了洪痕观测点的模型计算水深变化过程（见图 5-20），从图上可以看出，何家段溃口发生后约 1 个小时，洪水到达洪痕观测点，并且水深迅速增加到最大水深 1.71m 左右。与现场考察洪痕得到的该位置最大水深 1.95m 接近，模型模拟计算与洪痕实测误差约为 0.24m。

（5）淹没范围变化过程。根据 HecRAS 软件唱凯堤溃口洪水模拟演进计算结果，绘制不同时刻的洪水淹没范围及水深分布（见图 5-21），与 FRAS 模型模拟计算的结果基本一致，

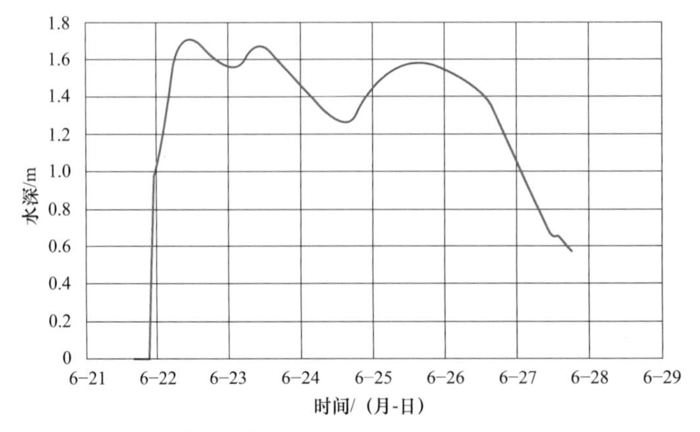

图 5-20　洪痕观测点 HecRAS 模型计算水深变化过程图

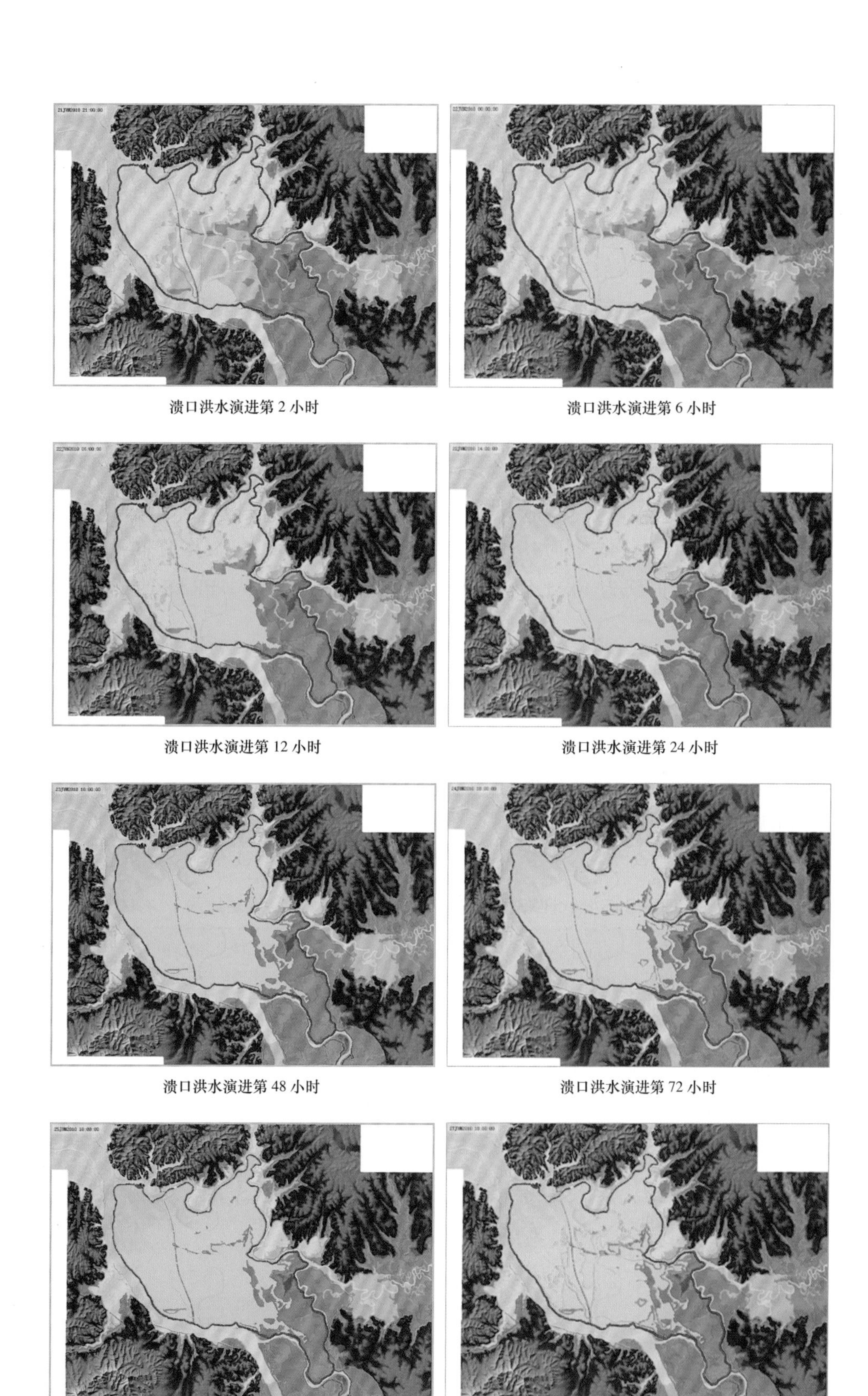

溃口洪水演进第 2 小时

溃口洪水演进第 6 小时

溃口洪水演进第 12 小时

溃口洪水演进第 24 小时

溃口洪水演进第 48 小时

溃口洪水演进第 72 小时

溃口洪水演进第 96 小时

溃口洪水演进第 144 小时

图 5-21　HecRAS 模型模拟唱凯堤溃堤洪水演进典型时刻水深淹没图

即溃口洪水演进第6小时(2010年6月21日22时),洪水将要越过国道与高速公路的连接线,淹没到了罗针镇;溃口洪水演进第12小时(2010年6月22日4时),唱凯堤圩区内大部分区域已被淹;溃口洪水演进第48小时(2010年6月22日16时),唱凯堤圩区内淹没范围进一步扩大;溃口洪水演进第72小时(2010年6月23日16时)受长湖村所在圩堤段溃决(2010年6月23日6时)影响,唱凯堤圩区内淹没范围已经有所减少;洪水演进到第144小时(2010年6月27日18时),受何家段溃口口门的封堵成功以及长湖村所在圩堤溃口的自然排水,圩区内淹没范围已大大减小。

5.1.4 计算效果对比

5.1.4.1 计算速度

采用同样的边界条件,计算洪水过程时间为2010年6月21日16时至2010年6月27日18时,共计146小时,时间步长为5秒。FRAS的计算时间为37.32分钟;HecRAS的计算时间为40.11分钟。可见,在同样的条件下,FRAS的计算速度比HecRAS的要快一些。

5.1.4.2 计算精度对比

FRAS与HecRAS两软件中模型计算指标的精度对比见表5-2。FRAS与HecRAS计算的结果基本一致,两者最大相对差大部分在10%以内,洪痕处水深的计算结果与实测值对比可见,FRAS与HecRAS计算结果均较接近实测值,但FRAS计算的值要比HecRAS计算的值稍微更接近于实测值。

表5-2 FRAS与HecRAS两软件中模型计算指标的精度对比表

对比指标	FRAS计算结果	HecRAS计算结果	两模型差	两模型相对差/%	FRAS与实测差	HecRAS与实测差
何家段溃口峰值流量/(m^3/s)	1544.47	1442.98	101.49	6.57		
长湖村溃口峰值流量/(m^3/s)	1158.11	1078.95	79.16	6.84		
洪痕处水深/m(实测1.95m)	1.85	1.71	0.14	7.57	−0.1	−0.24
溃口洪水第2小时淹没面积/km^2	4.35	4.47	−0.12	−2.76		
溃口洪水第6小时淹没面积/km^2	18.49	19.16	−0.67	−3.62		
溃口洪水第12小时淹没面积/km^2	52.12	52.38	−0.26	−0.50		
溃口洪水第24小时淹没面积/km^2	66.54	71.12	−4.58	−6.88		
溃口洪水第48小时淹没面积/km^2	66.48	73.21	−6.73	−10.12		

续表

对比指标	FRAS 计算结果	HecRAS 计算结果	两模型差	两模型相对差 /%	FRAS 与实测差	HecRAS 与实测差
溃口洪水第 72 小时淹没面积 /km²	65.11	72.89	–7.78	–11.95		
溃口洪水第 96 小时淹没面积 /km²	66.38	73.18	–6.80	–10.24		
溃口洪水第 144 小时淹没面积 /km²	65.30	72.69	–7.39	–11.32		

5.1.5 模拟功能对比

通过对 FRAS 与 HecRAS 两个模型的对比应用，FRAS 与 HecRAS 都可以进行二维的水动力学模拟计算，包括可以考虑降雨的计算、堤防溃决的模拟计算，但两者的模拟功能仍有区别（见表 5–3）。FRAS 模拟功能较为全面，但对局部微地形的概化方式方面稍逊于 HecRAS。目前，HecRAS 对于城市暴雨内涝方面的模拟功能基本没有，特别是二维计算区域不能进行泵站的设置，排水分区及排水管网在模型中不能考虑，桥梁概化计算也不太方便。因此，当前二维洪水模拟在计算中 FRAS 的模拟功能要优于 HecRAS。

表 5–3　　FRAS 与 HecRAS 两软件中模型模拟功能对比表

序号	模拟功能		FRAS	HecRAS
1	溃口发展过程		可以模拟	可以模拟
2	堤防		可以模拟	可以模拟
3	道路		可以模拟	可以模拟
4	桥梁		可以模拟	不能直接模拟，可以用特定的涵洞工程代替
5	涵管		可以模拟	可以模拟
6	闸门		可以模拟	可以模拟
7	泵站		可以模拟	在二维模型区不能设定
8	降雨		可以模拟	可以模拟
9	城市暴雨内涝模拟	排水分区	可以模拟	不能模拟
10		地下管网	可以模拟	不能模拟
11	地形概化形式		非结构不规则网格，单一网格单元高程和边元的高程	非结构不规则网格，网格单元高程及边元高程可以考虑较详细的 DEM 地形高程

5.2 荆江大堤保护区洪水分析中的对比

5.2.1 区域基本情况

荆江大堤保护区的范围为荆江以北、汉江以南、新滩镇以西、沮漳河以东的广大荆北平原地区，荆江河段是长江中游防洪的重中之重，为保证防洪安全，修建了众多的防洪工程，主要包括堤防、水库、涵闸及泵站等工程。荆江大堤直接保护面积 18000km^2，其中耕地 1100 万亩，人口 1000 余万人，有荆州古城等重要城镇和江汉油田、汉宜高速、随岳高速等重要基础设施，本次计算面积为 9035.24km^2。一旦荆江大堤溃口，不仅荆北平原顿成泽国，而且武汉市和附近交通干线的安全也受到威胁。

荆江大堤保护区河湖众多，水网密布，是全国内陆水域最广、水网密度最高的地区之一。流域面积在 100km^2 以上的河流超过 80 条。长江横贯全区，流程 483.48km，沮漳河流经荆州区 45.55km，荆南四河流经荆州、松滋、公安、石首 4 个县（市）441.91km，东荆河流经监利、洪湖两县（市）126.37km。保护区共有湖泊近 200 个，总面积超过 705.93km^2，其中 10km^2 以上的湖泊 10 余个。其中，长湖总面积 178km^2，地处荆州市城区北部，长湖承雨面积 2265km^2。

荆江大堤保护区属北亚热带季风湿润气候区，年降水量 1100 ~ 1300mm。降雨主要受季风影响，受大气环流控制，夏季暴雨开始时间以及空间分布与西太平洋副热带高压位移有明显的一致性。副热带高压的位置直接关系到长江流域雨带的位置，降雨自东南方向西北方推移，6 月洞庭湖进入主汛期，6 月下旬至 7 月长江进入主汛期，到 8 月底主汛期结束，个别年份秋汛明显。汉江东荆河的汛期多发生在 8 月底至 10 月初。

本次对比的研究范围覆盖荆州市的 6 个县（市、区）（荆州区、沙市区、监利县、江陵县、石首市、洪湖市）、荆门市的沙洋县以及潜江市等。据 2012 年统计数据，荆州市在研究范围内的 6 个县（区）共有户籍人口 405.38 万人，其中城镇人口 199.28 万人；2013 年 6 个县（区）实现国内生产总值（GDP）885.09 亿元。研究范围内的荆门市沙洋县 2012 年共有户籍人口 62.23 万人，实现国内生产总值（GDP）178.74 亿元。潜江市 2012 年末常住人口 95.04 万人，完成国内生产总值（GDP）441.76 亿元。

荆江大堤防洪保护区洪水风险图编制区域见图 5-22。

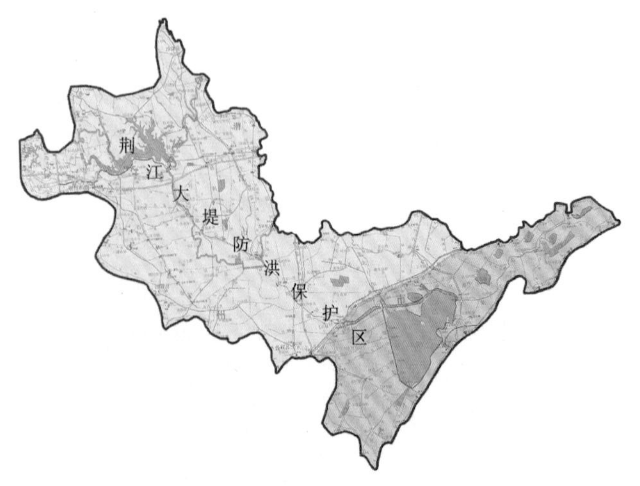

图 5-22 荆江大堤防洪保护区洪水风险图编制区域示意图

5.2.2 基于 MIKE 软件模型的建立及方案模拟

利用 DHI 的 MIKE 11 和 MIKE 21 软件分别构建长江荆江河段与荆江大堤防洪保护区的一维和二维洪水分析模型，并在 MIKE FLOOD 平台中耦合。

5.2.2.1 模型构建

（1）建模范围。一维模型模拟范围见图 5–23 蓝色部分，覆盖了长江中游枝城 – 城陵矶河段、松滋河分流口 – 新江口站和沙道观站、虎渡河分流口 – 弥陀寺站、藕池河分流口 – 康家岗站和管家铺站。二维模型模拟范围见图 5–23 绿色部分所示，即荆江大堤保护区，计算面积为 9035.24km^2，南面沿长江左岸，监利县城往上游以荆江大堤为界，往下游以监利洪湖长江干堤为界；东北面以东荆河右堤与汉江右堤为界；西北面以自然高地为界。

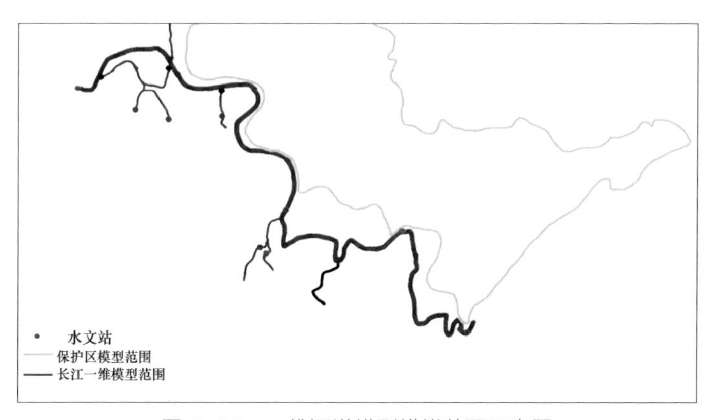

图 5–23　一维河道模型模拟范围示意图

（2）模型结构。

1）河网文件构建。河网中各个河道的位置通过河道骨架线控制（见图 5–24），再通过地形文件描述各个断面的形状。河网文件描述了一维河道的位置、连接、走向，在研究中利用卫星遥感影像中河道影像，利用 ArcGIS 提取各个河段的中泓线作为模型中的河

图 5–24　一维河网图

网骨架线。

2）地形文件构建。地形文件描述了河道断面的形状（见图 5-25），本次选用的地形资料取自于实测断面数据，自枝城至城陵矶站共有 183 个断面，断面间隔平均 1.0~2.0km，长江南岸松滋河 39 个断面，虎渡河 10 个断面，藕池河 15 个断面。

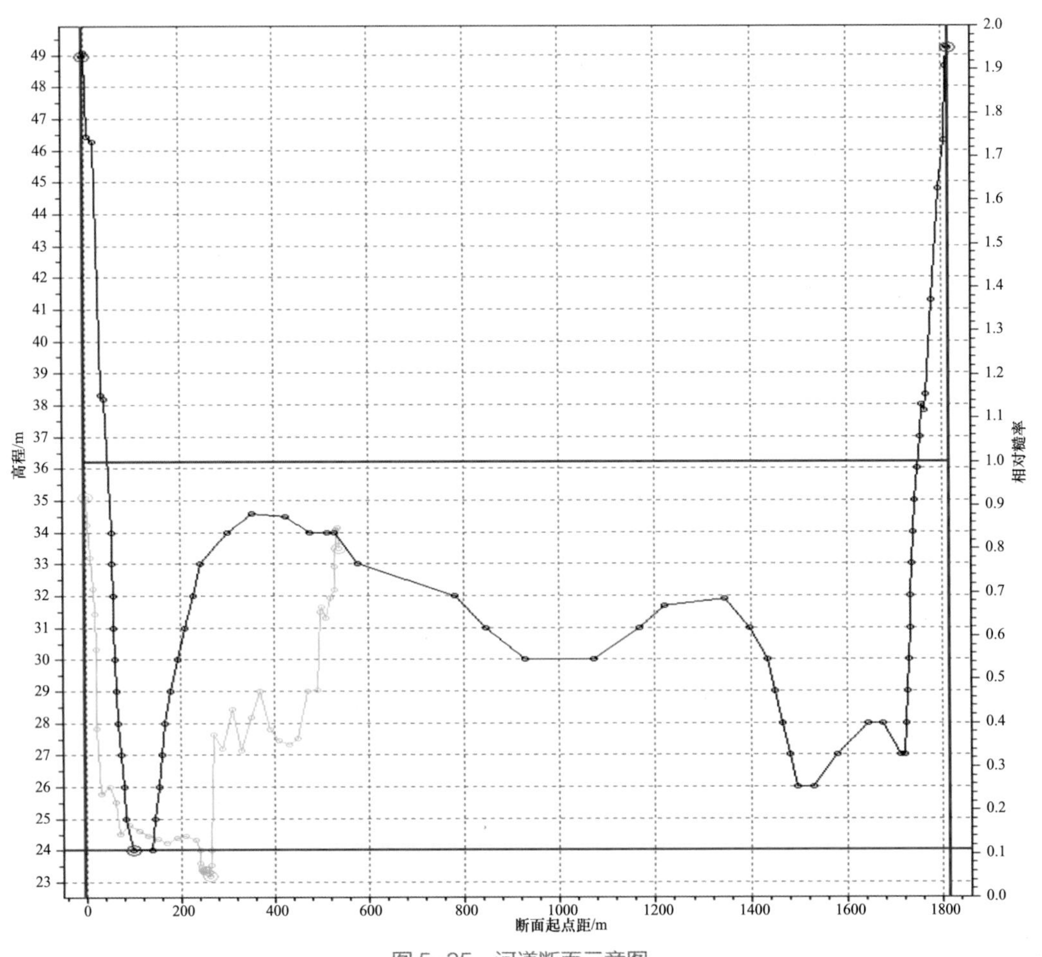

图 5-25　河道断面示意图

3）边界文件构建。在水流数值模拟时，所有的开口必须设置边界条件，包括上边界和下边界。其中，上边界一般设置为流量过程或水位过程，下边界一般设置为水位过程或水位 – 流量关系曲线。本次上边界采用枝城站的流量过程；下边界为螺山站的水位 – 流量关系曲线。长江南岸松滋河、虎渡河和藕池河从长江分流，分别以新江口、沙道观、弥陀寺、康家岗和管家铺的水位 – 流量关系曲线为边界，长江北岸沮漳河给定流量过程作为入流边界汇入长江。

4）参数文件构建。模型的主要参数是糙率，分河段进行率定，各个河段再根据断面组成将其划分为不同水位级别（见图 5-26）逐级试糙，最后再整体率定，微调局部糙率，直到水位和流量的模拟值满足精度要求为止。

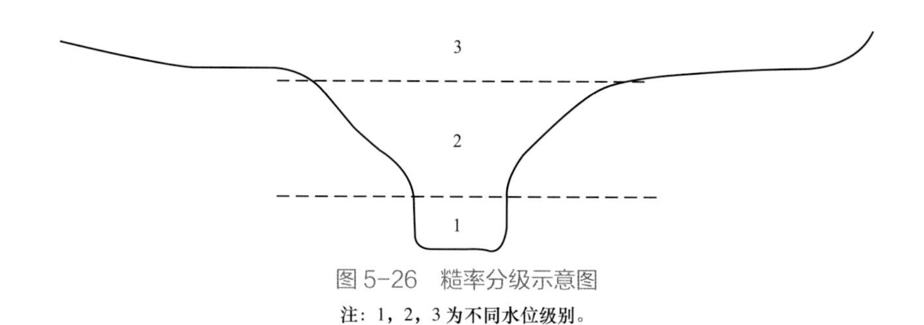

图 5-26　糙率分级示意图

注：1，2，3 为不同水位级别。

（3）二维网格。保护区利用二维水动力学模型模拟，网格构建时采用三角形非结构化网格，并根据 DEM、道路、堤防等高程数据为模型网格赋值，荆江大堤保护区模型的二维计算区域见图 5-27。

图 5-27　荆江大堤保护区模型的二维计算区域

（4）一维、二维耦合。将河网与保护区耦合，在溃口的位置相连接，形成一维、二维耦合整体模型，其计算区域见图 5-28。

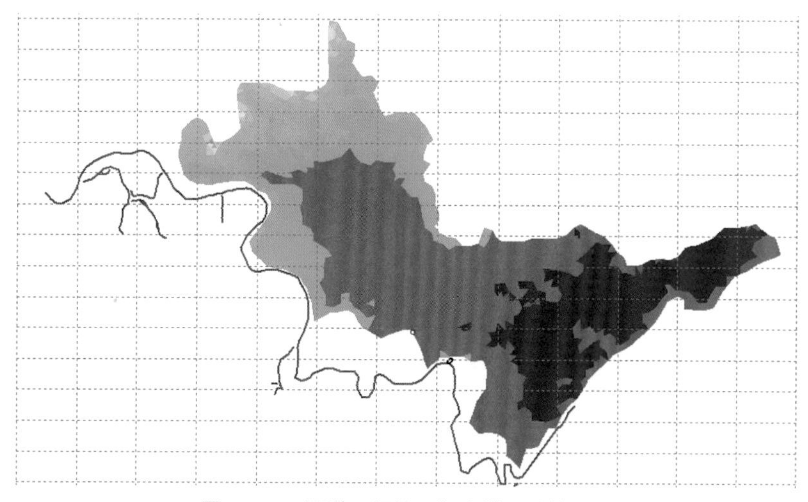
图 5-28　河道及保护区耦合模型计算区域

5.2.2.2 方案模拟

以长江发生1998年100年一遇洪水，经三峡水库调蓄后的枝城流量过程为洪水来源，洪水过程自6月1日8时起，至9月30日0时止，枝城设计洪水过程见图5-29。沮漳河按1998年实测洪水过程汇入，洞庭湖来水以城陵矶固定水位34.4m作来流条件。

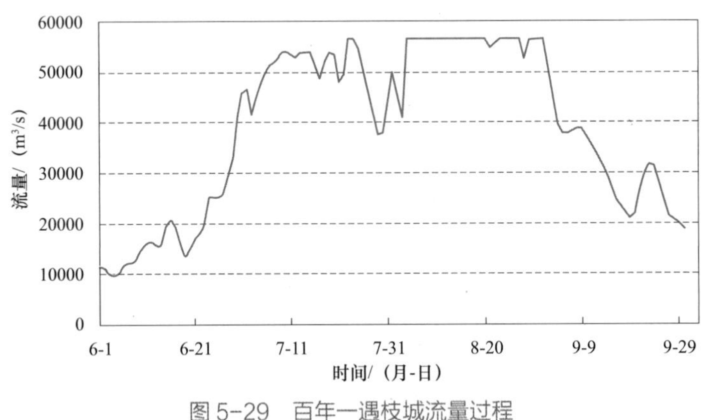

图5-29　百年一遇枝城流量过程

将溃口位置取在荆江大堤薄弱段之一木沉渊堤段（见图5-30）。溃口底高程33.92m，堤顶高程45.34m，设置溃口宽度为1500m，溃口历时3小时。当长江干流发生100年一遇洪水，沙市水位达到44.5m时发生溃口。

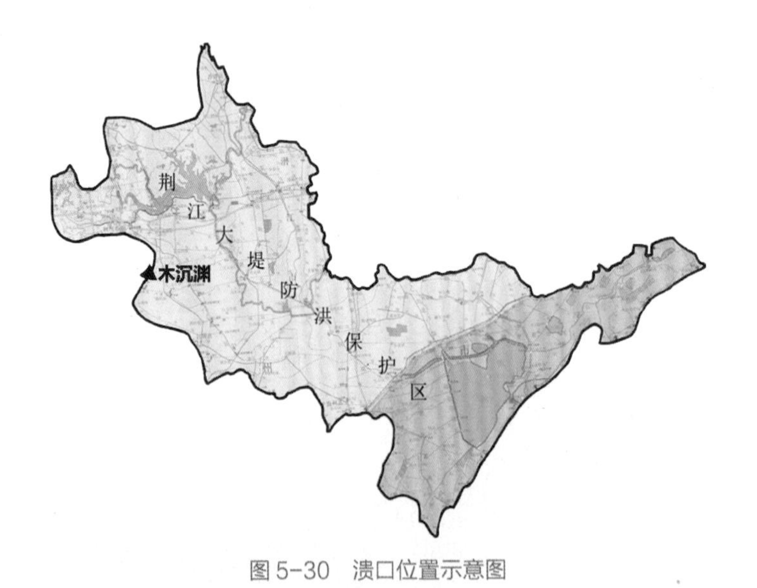

图5-30　溃口位置示意图

根据模拟结果，7月9日2时30分，沙市水位达到44.5m，荆江大堤木沉渊堤段开始发生溃决，2小时后达到最大溃决流量34446 m³/s，至洪水过程结束，共进入保护区洪水总量达1400.26亿m³。溃口发生后5小时内的溃口流量见表5-4，整个模拟过程溃口流量过程曲线见图5-31。

表 5-4 溃口发生后 5 小时内的溃口流量表

溃口之后时刻 /h	0.5	1	1.2	2	2.5	3	3.5	4	4.5	5
溃口流量 / (m^3/s)	2520	9216	19984	34446	32846	30796	29489	27667	26986	26382

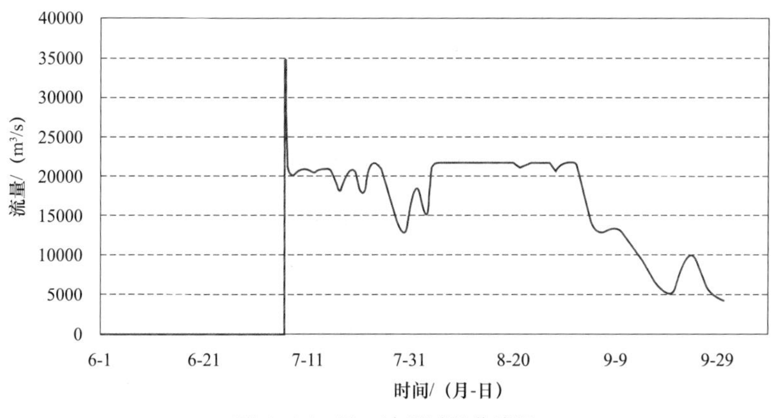

图 5-31 溃口流量过程曲线图

模拟结果显示，MIKE 模拟的荆江大堤防洪保护区洪水最大淹没范围为 7530.80km²（见图 5-32），约占总面积的 83.35%；最大淹没水深达 12.56m。

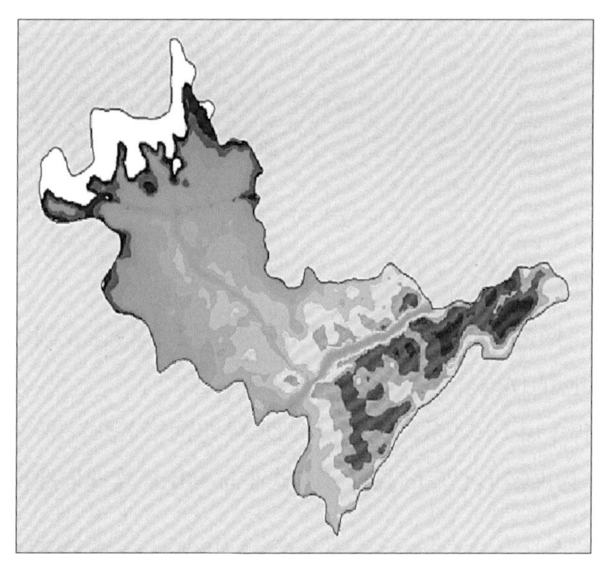
图 5-32 MIKE 模拟的荆江大堤保护区洪水淹没范围图

5.2.3 基于 FRAS 的模型建立及方案模拟

5.2.3.1 模型构建

利用 FRAS 构建的荆江大堤防洪保护区洪水分析模型，建模范围、内部边界约束条件与 MIKE 软件中的模型（简称 MIKE 模型）的二维区域一致，计算面积为 9035.24km²。选用不规则网格，网格剖分时以保护区计算范围作为外部控制边界，以道路、堤防等作为内部控制边界，共剖分了 104153 个不规则网格（见图 5-33）。

图 5-33　荆江大堤保护区模型网格图

属性赋值分为网格属性赋值和通道属性赋值，网格和通道属性赋值内容见表 5-5。

表 5-5　网格和通道属性赋值内容表

类型	赋值内容
网格	网格类型、高程、糙率、面积修正率
阻水型通道	通道类型、高程
特殊河道通道	通道类型、河底高、左堤高程、右堤高程、上宽、下宽

（1）网格属性赋值。

1）网格类型：将网格划分为陆地、河道等不同类型，根据收集的矢量数据中的水系图层提取，并赋予相应的代码。

2）普通网格高程：由 DEM 数据提取，将 DEM 与网格关联，取每个网格内所有 DEM 栅格高程的平均值作为网格形心点的高程。本软件与 MIKE 软件构建模型时都是采用 1∶1 万 DEM 数据。

3）河道型网格高程：将已有的河道断面测量数据转换为带有坐标的 GIS 点层，利用这些断面高程点生成 TIN 再转为 DEM，并给河道型网格赋值。

4）糙率：按照水域、林地、陆地、农田等不同类型，赋予网格相应的糙率。本模型采用与 MIKE 模型相同的糙率，考虑到荆江大堤保护区现状区域内的土地利用变化太大，难以采用已有的历史资料进行参数率定，因此，参考杜家台分蓄洪区和洪湖分洪区近期分洪情况率定的糙率，并结合荆江大堤保护区下垫面的实际情况进行糙率取值，其中，水域型网格的糙率选取为 0.025，农田网格糙率取为 0.05，林地网格糙率取为 0.065，其他非农田、林地的陆地网格糙率取为 0.07。每个网格包含多种土地利用类型时，则用面积加权平均进行求取网格的糙率。

5）面积修正率：提取每个网格内的居民地面积，与网格面积的比值作为该网格的面积修正率。

（2）通道属性赋值。

1）将道路、堤防、河道、排干沿程的通道挑选出来。

2）道路通道赋值：将道路通道与 DEM 空间关联，提取通道高程，并与高程点图层做比较，修改不合理属性。

3）堤防通道赋值：由于数据比通道稀疏，利用收集到的堤防高程数据，根据距离做插值，赋值给每条堤防通道。

4）特殊河道通道：较小的河道概化为特殊通道，利用已有的河道断面数据，计算各个断面的等效断面，并将河底高程、左堤高程、右堤高程、上宽、下宽分别进行插值，赋值给每条特殊河道通道。

5）阻水通道与其他特殊通道的交口处，根据实际情况设置涵洞，有缺口的特殊通道则采用宽顶堰的方式进行计算。

5.2.3.2 方案模拟

为了使 MIKE 模型和 FRAS 中的模型（简称 FRAS 模型）计算的荆江大堤防洪保护区内淹没范围、淹没水深时具有可比性，将 MIKE 模型计算获得的溃口流量过程作为 FRAS 模型溃口的输入条件，模拟防洪保护区内部的洪水演进过程，保证两模型中荆江大堤防洪保护区内进入的水量一致。

模拟结果显示，FRAS 模拟的荆江大堤防洪保护区洪水最大淹没范围达 7516.10km^2（见图 5–34），约占总面积的 83.19%，最大淹没水深达 12.35m。

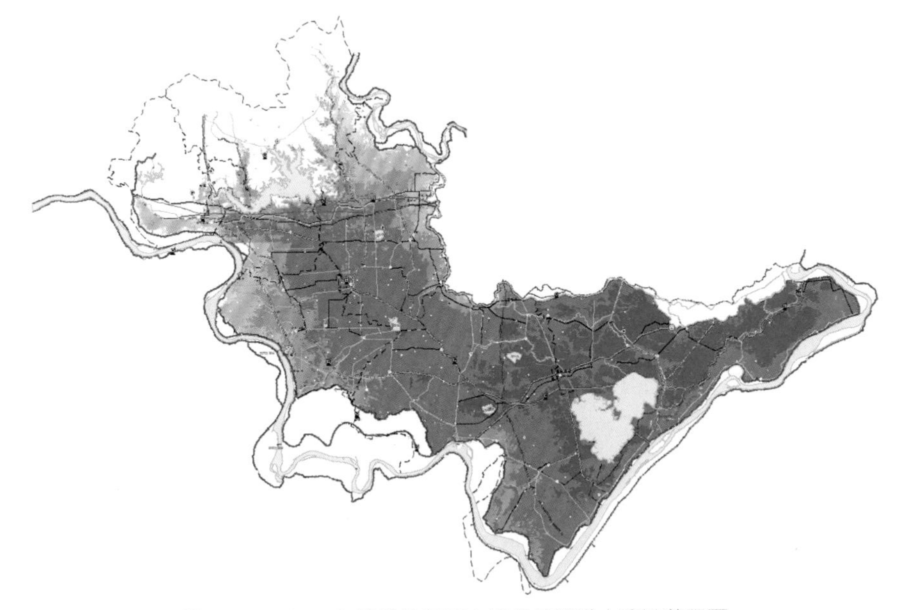

图 5–34 FRAS 模拟的荆江大堤保护区洪水淹没范围图

5.2.4 计算结果对比

统计FRAS模型与MIKE模型模拟的木沉渊溃决结果（见表5–6和图5–35）。从表5–6中可以看出，FRAS模型与MIKE模型的模拟结果基本一致，不同时段淹没面积相对差值在10%以内，其中，MIKE模型洪水演进稍快，并随着淹没面积的扩大，两者的相对差值在减小，最大淹没面积两者基本一致。

表5–6　FRAS模型与MIKE模型模拟的不同时间淹没面积及比例对比表

溃决天数	FRAS模型模拟		MIKE模型模拟		FRAS模型与MIKE模型模拟对比	
	淹没面积/km²	占总面积百分比/%	淹没面积/km²	占总面积百分比/%	差值	相对差值
1	1047.44	11.59	1150.20	12.73	−102.76	−8.93
3	2283.20	25.27	2351.10	26.02	−67.90	−2.89
5	3396.88	37.60	3412.18	37.77	−15.30	−0.45
15	4928.66	54.55	5003.26	55.37	−74.60	−1.49
30	7511.59	83.14	7535.82	83.40	−24.23	−0.32
最大	7516.10	83.19	7530.80	83.35	−14.70	0.34

(*a*) 溃堤发生1天后淹没范围

图5–35（一）　荆江大堤保护区不同时刻的淹没水深分布图

(*b*) 溃堤发生 3 天后淹没范围

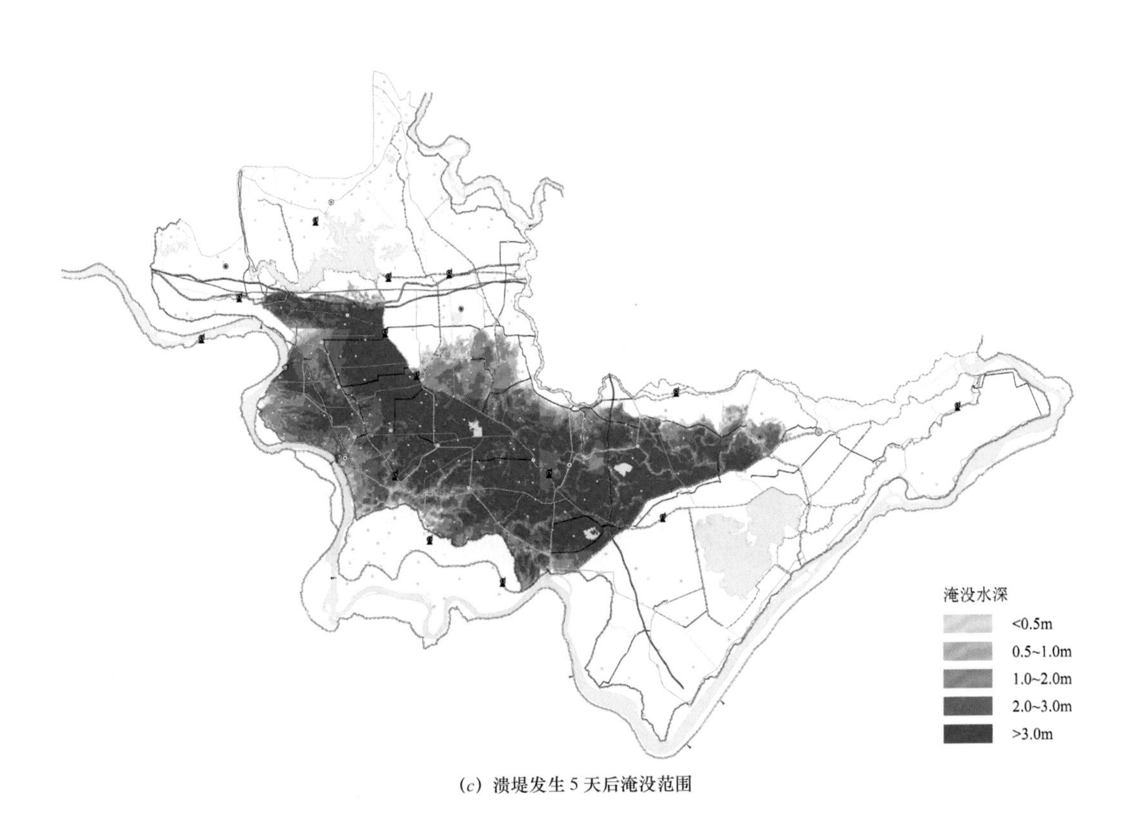

(*c*) 溃堤发生 5 天后淹没范围

图 5-35（二） 荆江大堤保护区不同时刻的淹没水深分布图

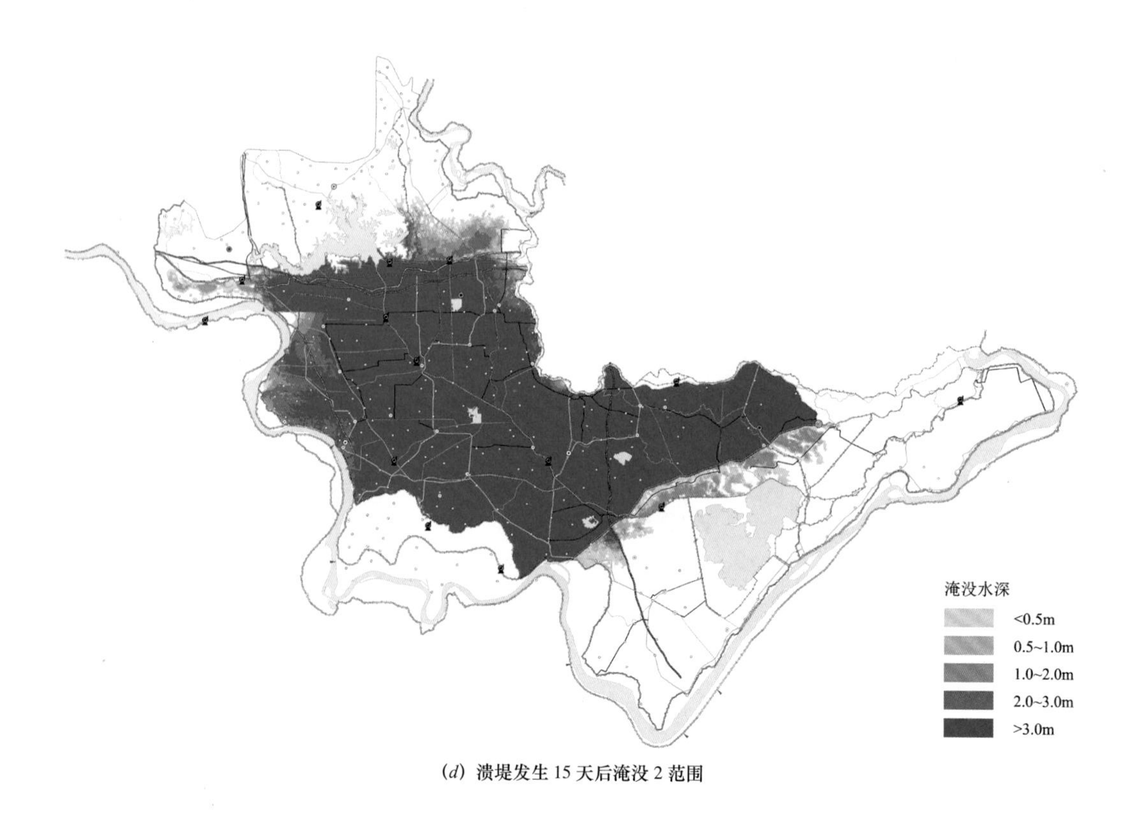

(*d*) 溃堤发生 15 天后淹没 2 范围

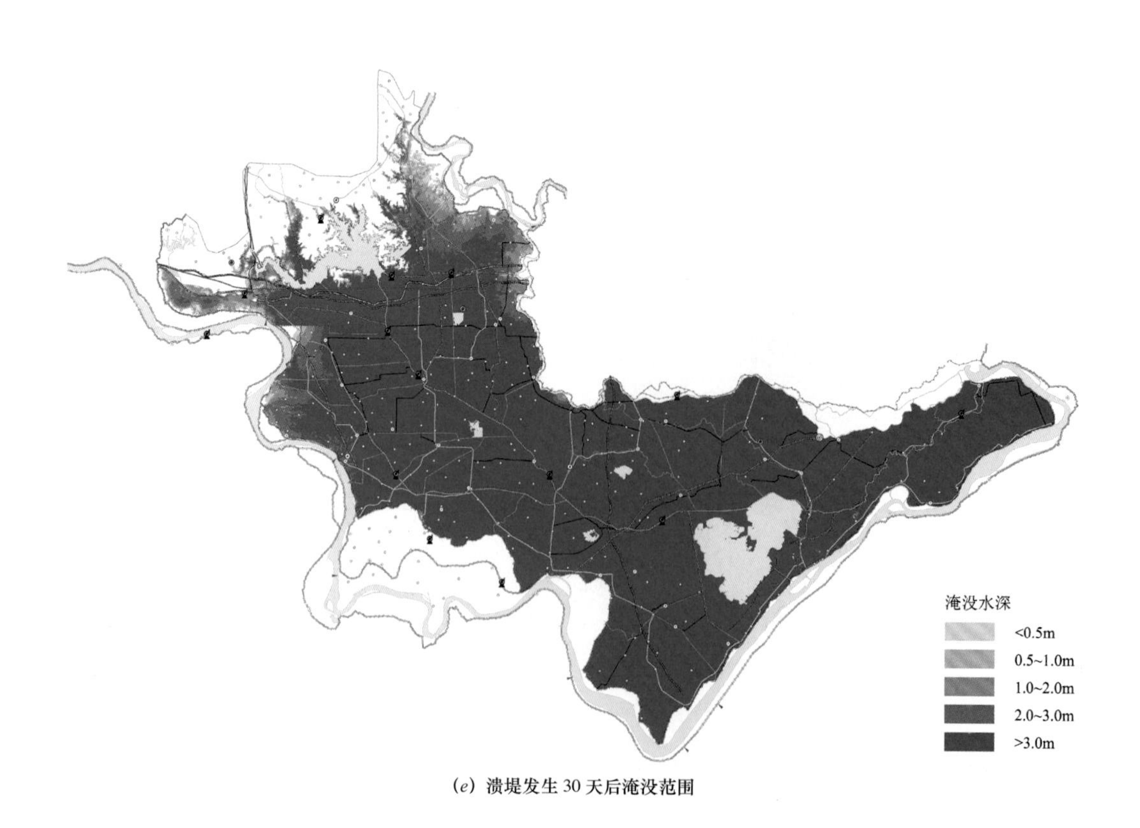

(*e*) 溃堤发生 30 天后淹没范围

图 5-35（三） 荆江大堤保护区不同时刻的淹没水深分布图

5.2.5 模拟功能对比

FRAS 与 MIKE 软件两者均可对洪水进行水动力学模拟，从功能对比，两者各有所长。以下为 FRAS 与 MIKE 软件在功能上的对比分析。

（1）数据前处理。两者具备的功能基本一致，MIKE 软件主要基于 DHI 软件平台进行操作，在对数据处理、修改等方面友好度稍显欠缺，导入外部处理好的数据稍显困难；FRAS 既可基于软件平台进行数据前处理，也可利用外部软件处理之后导入模型，同时，FRAS 平台是基于 ArcGIS 开发的平台，具备 ArcGIS 强大的数据处理功能，同时，也针对模型本身对数据的需求，具备 ArcGIS 功能之外的数据处理能力。

（2）对构筑物的模拟。两者均能模拟堤防、桥梁、涵洞、闸门、泵站等水工建筑物，模拟方法类似，但在道路模拟方面，MIKE 软件主要模拟道路的阻水功能，要模拟道路的行洪，必须处理成很细的二维网格，影响计算效率，FRAS 既可模拟道路的阻水，也可在不影响计算效率的同时，通过特殊通道的处理方式，模拟道路的行洪。

（3）结果后处理及显示。MIKE 软件和 FRAS 均可展示洪水淹没范围、水深分布、流速分布等，但在洪涝灾害频发的现实情况下，水利行业对洪水风险图、洪涝预警效果等方面需求较广，MIKE 软件的计算结果有其自身的特殊格式，兼容性较差，无法直接绘制洪水风险图等，只能通过后续数据解析为其他格式，再利用其他软件加工处理；FRAS 计算结果的存储格式，可直接用于洪水风险图绘制、洪涝预警平台的洪涝展示等。

5.3 上海市城市典型区域洪水分析中的对比

5.3.1 典型区基本情况

（1）区域位置。研究区域位于上海市杨浦区，为走马塘－虬江、杨树浦港、黄浦江所包围的封闭区域，总面积约为 16km^2，其区域位置见图 5–36。区域内地势平坦，地面高程 2.80~4.50m，最低处 2.0m 左右，最高处不到 8.0m。

（2）河流水系。研究区域涉及的主要河流为走马塘－虬江、杨树浦港、黄浦江等边界河道，以及区域内的复兴岛运河，均为市管河流。其中，黄浦江贯穿上海市大陆片，是构成上海陆域水系的最大河流，为集航运、供水、灌溉、排水、旅游于一体的多功能综合性河道，也是太湖流域的主要泄洪排水通道。研究区边界的走马塘－虬江和杨树浦港两条河流均为黄浦江的支流，在入黄浦江出口处建有闸门控制引、排水。研究区内的另一条河流为复兴岛运河，也为黄浦江的支流。

（3）水文气象。研究区域气象状况与上海市大部分区域类似，具体情况参见第 6.3 节。

（4）社会经济。研究区域位于上海市中心城区，涉及长白新村、延吉新村、控江路、大桥、定海路五个街道，属人口密集、高度城市化区域，研究区城的遥感影像见图 5-36。

图 5-36　研究区城的遥感影像

（5）防洪排涝工程。研究区内涉及的主要防洪排涝工程包括防汛墙（堤防）、闸门，以及市政排水等设施。

1）防汛墙（堤防）。主要为黄浦江防汛墙、走马塘－虬江堤防、杨树浦港堤防和复兴岛运河堤防。其中，黄浦江防汛墙在该段达到 1000 年（84 标准）一遇防洪标准；走马塘－虬江和杨树浦港的规划防洪标准为 30 年一遇，堤防高程在 4 ~ 6m 之间；复兴岛运河的堤防高程在 7.00m 左右。

2）闸门。研究区域河流涉及的主要水闸有杨树浦港泵闸、油气站节制闸、新虬江泵闸和虬江水闸四个，其中杨树浦港和新虬江泵闸控制黄浦江与杨树浦港和虬江的水流交换，按《上海市水利控制片水资源调度实施细则》（沪水务〔2017〕627 号）进行调度。

3）市政排水。杨浦区共涉及 25 个雨水排水系统，其中，五角场和新江湾城两个系统的排水标准较高，为 3 年一遇，其余 23 个系统的排水标准均为 1 年一遇。排水系统服务面积 55.67km^2，占杨浦区总面积的 92%，规划雨水管网长达 289.3km，管网普及率达到 89.58%。

本研究区涉及周塘浜、松潘、大定海、复兴岛、周家嘴、控江、长白、凤城、民星南块等 9 个排水系统，均为 1 年一遇排水标准。9 个排水系统中，除控江、长白和民星南块为雨、污分流外，其他为雨、污合流，排水模式均为强排系统。民星南块和凤城排水系统分别以虬江和杨树浦江为界，有独立部分不在研究区范围内（见图 5-37）。

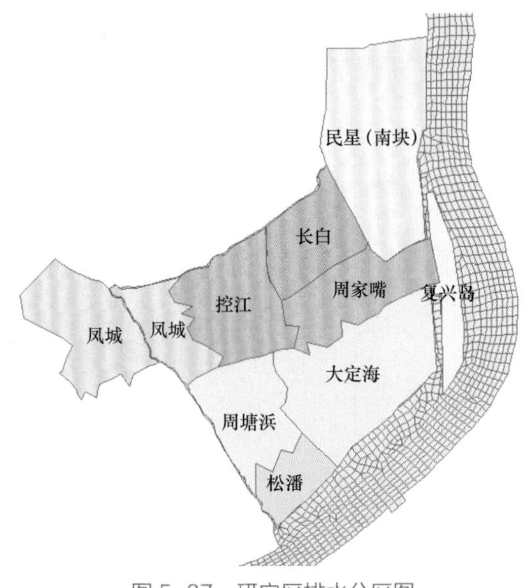

图 5-37　研究区排水分区图

（6）洪水来源。上海市的洪水来源主要有台风、暴雨、高潮位和上游洪水四种，并且这四种洪水源可能单一发生,但更多的是相伴而生、重叠影响。上海地区所谓的“二碰头”“三碰头”“四碰头”是指台风、暴雨、天文高潮、上游洪水中有两种、三种或四种灾害同时影响上海，导致上海地区出现严重的风、暴、潮、洪灾害。本研究区域位于上海市中心城区，紧临黄浦江下游，洪水来源为上述四种类型。

5.3.2　基于 MIKE FLOOD 软件典型区模型的建立及方案模拟

DHI 的 MIKE FLOOD 软件提供了一维河网模型、二维洪水演进模型和城市管网模型的耦合平台。本次对比将建立黄浦江及支流走马塘 – 虬江、杨树浦港的一维河网模型和研究区域内部的二维洪水演进模型，并利用 MIKE FLOOD 软件进行耦合。

5.3.2.1　一维河网模型

（1）模拟模块。采用 MIKE 11 软件搭建一维河网模型，选用 HD 模块计算河道洪水演进，设置水闸等水利工程，并根据上海市防汛调度设定工程运行规则，模拟水利工程的调度影响。

（2）河网文件。研究范围有走马塘 – 虬江，杨树浦港和黄浦江三条河流，为考虑黄浦江潮（水）位的影响，以及率定需求，需要针对这三条河流全部建模，并延长黄浦江模拟长度，起止点分别设在黄浦江入海口和米市渡潮（水）位站。利用 MIKE Zero 软件的 River Network 建立河网文件（*.nwk11）。其中走马塘 – 虬江和杨树浦港的起始点为两条河流的交汇点，终止点为汇入黄浦江处，黄浦江的模拟范围为吴淞口至米市渡段。MIKE11 模型中研究区河网文件截图见图 5-38。

（3）断面文件。利用 MIKE Zero 软件的 Cross Section 建立断面文件（*.xns11），采用的断面为实测断面数据（见图 5-39）。

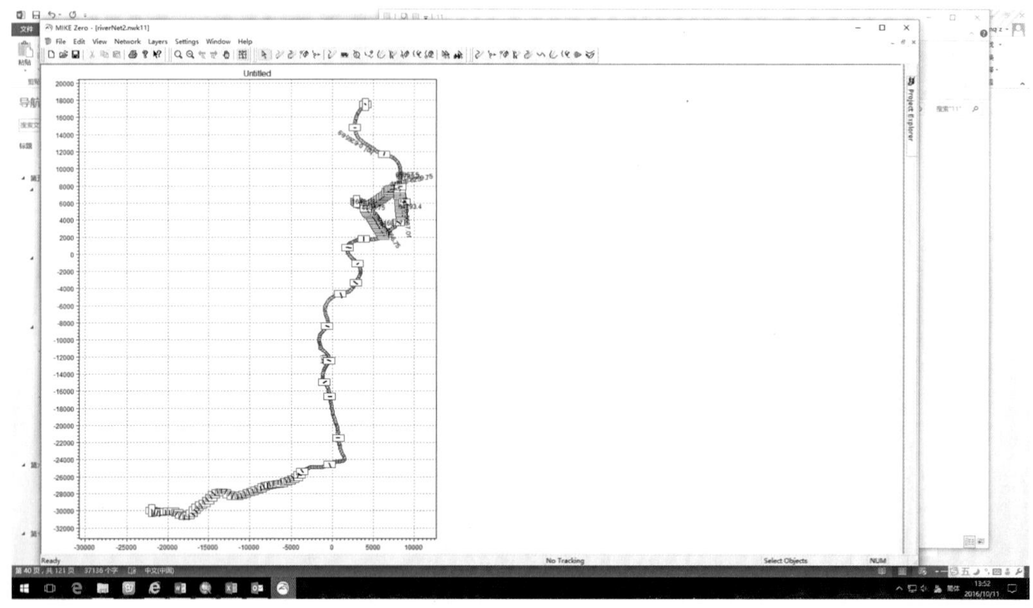

图 5-38　MIKEII 模型中研究区河网文件截图

（4）水利工程。考虑虬江和杨树浦港两条河道上的新虬江泵闸和杨树浦泵闸，以反映利用闸门调度防止黄浦江潮水位对内河的影响，并根据《上海市水利控制片水资源调度实施细则》（沪水务〔2012〕627 号）中的规定，在河网模型中设置水闸的调度规则。

（5）糙率。糙率为一维河道模型中的主要参数，在本次研究中，通过分河道、各河道分段设置糙率，糙率的变化范围为 0.020 ~ 0.026。

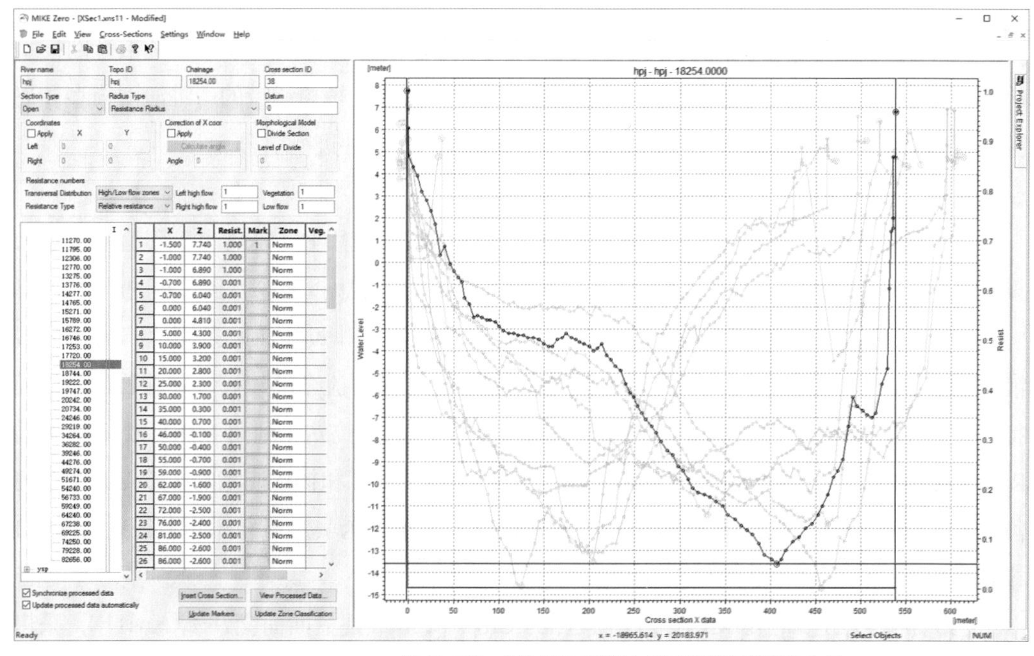

图 5-39　MIKEII 模型中研究区河道断面文件

（6）边界条件。一维河网的边界主要为黄浦江的米市渡上边界、吴淞口下边界，以及走马塘－虬江、杨树浦港的入流边界，其中，黄浦江边界选用实测潮（水）位过程。对于走马塘－虬江、杨树浦港，由于研究区域的河道落差小，在无外界洪水和调度工程的控制下，河道洪水流动性小，为模拟暴雨情况下的积水状态，针对这两条河流不考虑外洪的影响，设定为恒定水位，即取各河流非汛期平均水位（常水位）。

5.3.2.2　二维洪水演进模型

（1）地形与网格。DHI 针对二维洪水演进的模拟提供了规则网格和不规则网格两种剖分方式，但对于城市，由于需要考虑建筑物的影响和对道路的模拟，一般采用矩形网格。二维模型的建模范围为走马塘－虬江，杨树浦港和黄浦江包围的区域。根据收集到的 1：2000 地形图中的高程数据，生成栅格高程数据，经试算模拟，采用 4m × 4m 的网格较为合适。模拟的区域面积约为 16km²，模型生成的 DEM 图及栅格见图 5-40~ 图 5-42，采用矩形网格，网格总数约为 160000。

模型中还需要考虑建筑物的阻水影响和一级、二级、三级道路的行洪情况，因此，需要在生成的 DEM 地形中，嵌入建筑物和道路，并设置高程。将地形图中的建筑物利用 GIS 工具转为栅格图，嵌入 DEM 中，并设置其高程为 10.00m，不考虑建筑物的过水，只考虑其阻水作用。将一级、二级、三级道路利用 GIS 工具转为栅格图，并按照 1 ：2000 地形图中的高程数据统一设置。嵌入建筑物和道路的地形图见图 5-43。

（2）糙率。糙率根据研究区域的下垫面类型进行初步赋值，网格糙率取值见表 5-7，糙率设置分布见图 5-44。

表 5-7　　网格糙率取值表

下垫面类型	糙率 n	备注
村庄	0.07	居民地
树丛	0.065	幼林、竹林、疏林、成林、灌木林、果园、桑园、茶园、橡胶园、用材林地、防护林、阔叶林、针叶林、特殊针叶林、果树、棕榈椰子槟榔、林用地
旱田	0.060	旱地、城市绿地、园地、草地、苗圃、荒草地、高草地、半荒草地、迹地、菜地、其他园地、天然草地、改良草地、人工牧草、人工绿地、高草地、花圃花坛、台田、农用地、田埂、沙地、沙砾地戈壁滩、盐碱地、小草丘地、龟裂地、石块地
水田	0.050	稻田、水生作物、能通行沼泽地、不能通行的沼泽地、盐田盐场
道路	0.035	
空地	0.035	防火带
河道	0.025~0.035	河道（0.025）、湖泊（0.030）

注　数据来源于《洪水风险图编制导则》（试行）2006 年。

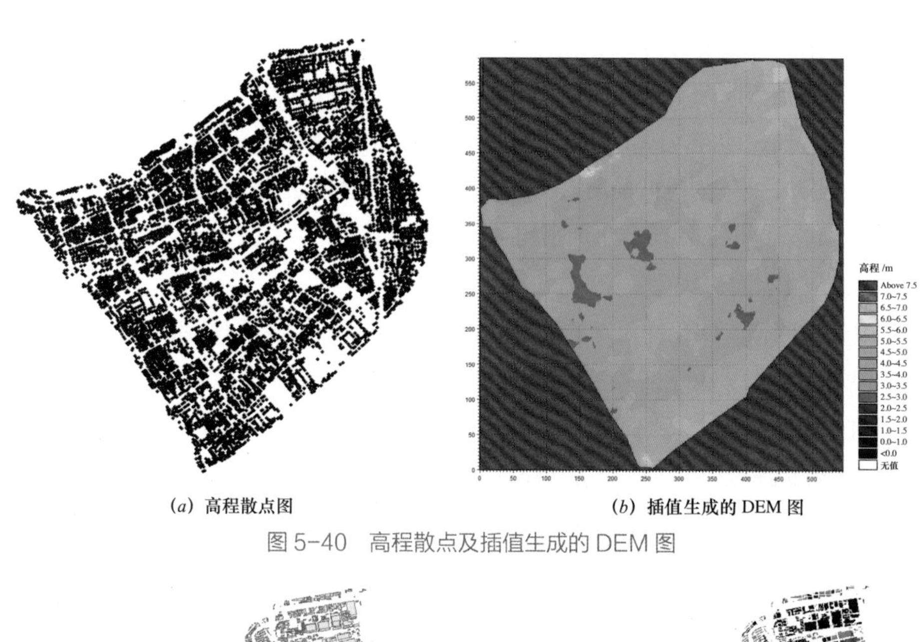

(*a*) 高程散点图　　(*b*) 插值生成的 DEM 图

图 5-40　高程散点及插值生成的 DEM 图

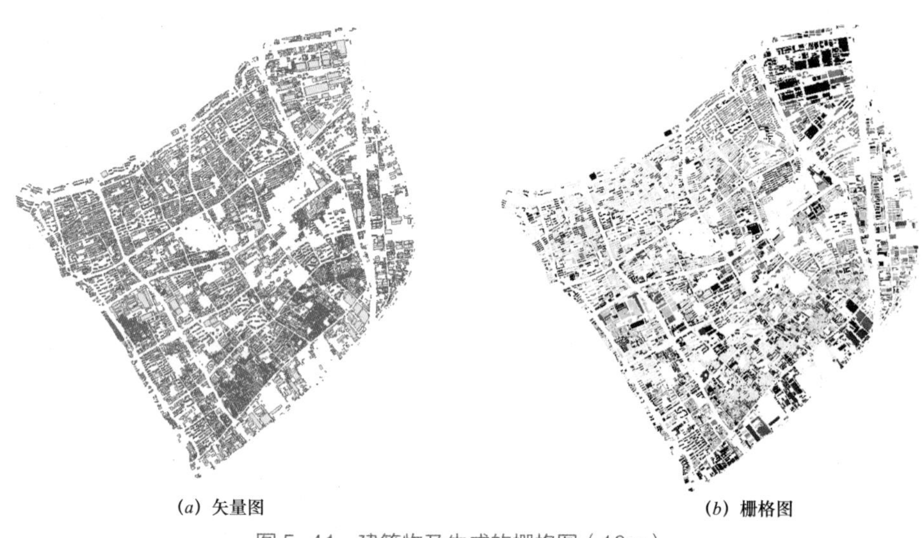

(*a*) 矢量图　　(*b*) 栅格图

图 5-41　建筑物及生成的栅格图（10m）

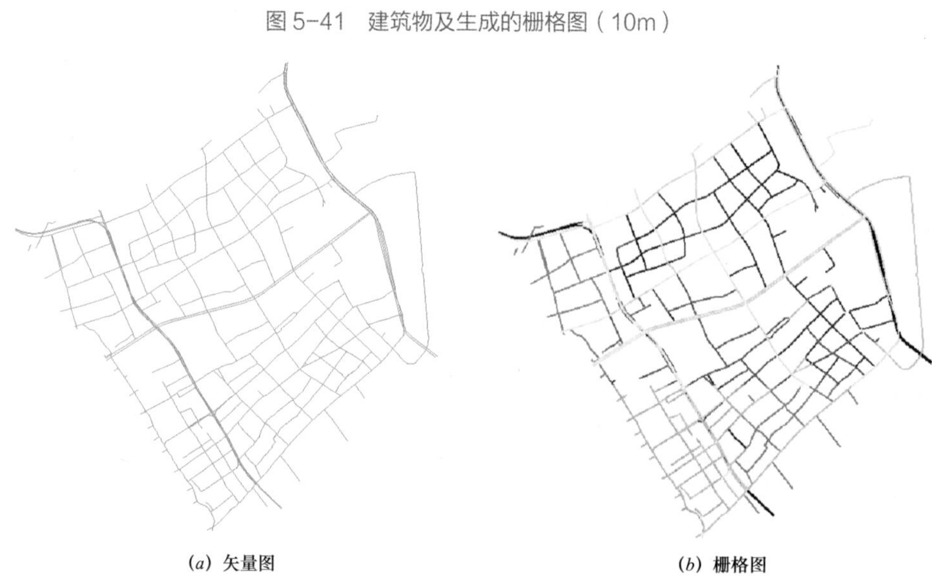

(*a*) 矢量图　　(*b*) 栅格图

图 5-42　道路及生成的栅格图（10m）

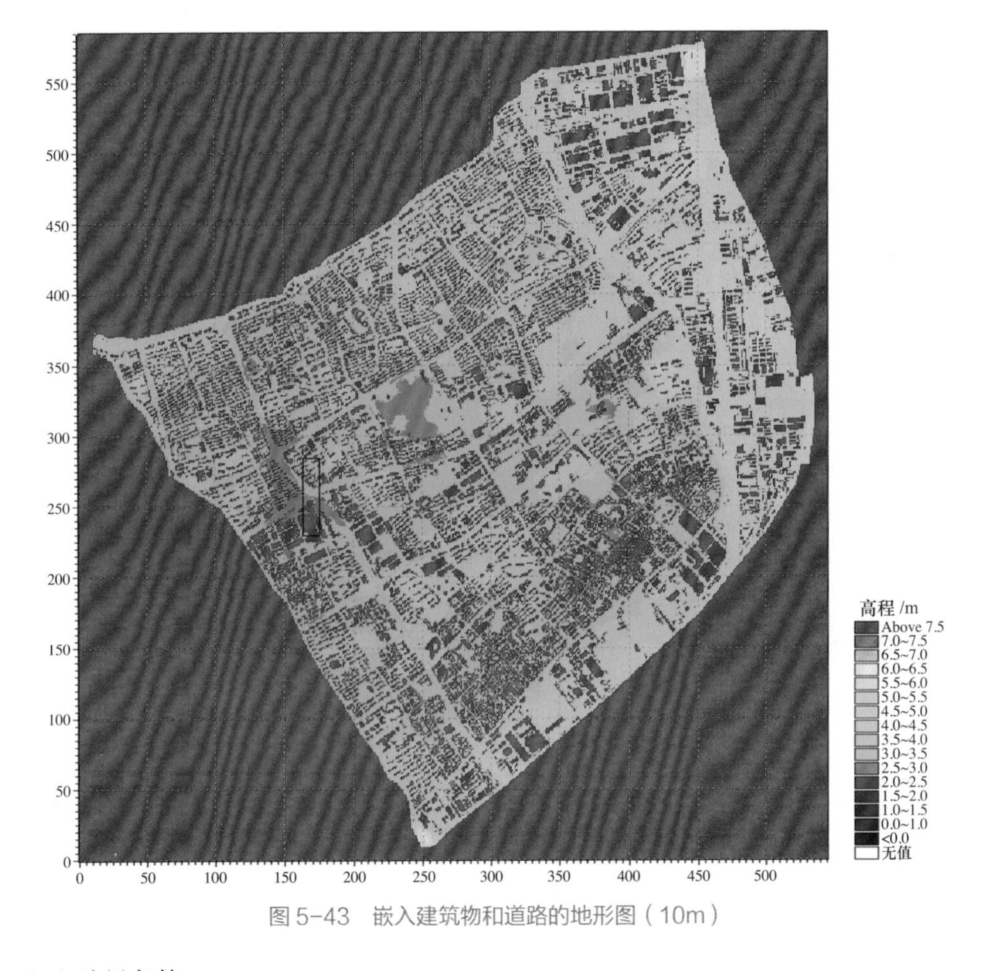

图 5-43 嵌入建筑物和道路的地形图（10m）

（3）边界条件。

1）河流边界。研究区域总共有三个边界，分别为走马塘－虬江、杨树浦港和黄浦江边界，由 MIKE 11 提供。

2）源与汇。选择研究区范围的雨量站，输入降雨边界条件。

5.3.2.3 模型的耦合

利用 MIKE FLOOD 软件把一维模型（MIKE URBAN 和 MIKE 11）和二维模型（MIKE 21）进行动态耦合。本次需要建立一维、二维模型的耦合关系，在二维模拟区域内，选择侧向连接的方式，分别建立走马塘－虬江－斜塘、杨树浦港、复兴岛运河、黄浦江与研究区域的连接（表 5-8 和见图 5-45）。

表 5-8　　一维、二维模型耦合关系表

序号	河流名称	连接岸别	连接数量
1	走马塘－虬江	右岸	650
2	复兴岛运河	两岸	410
3	杨树浦港	左岸	599
4	黄浦江	左岸	1024

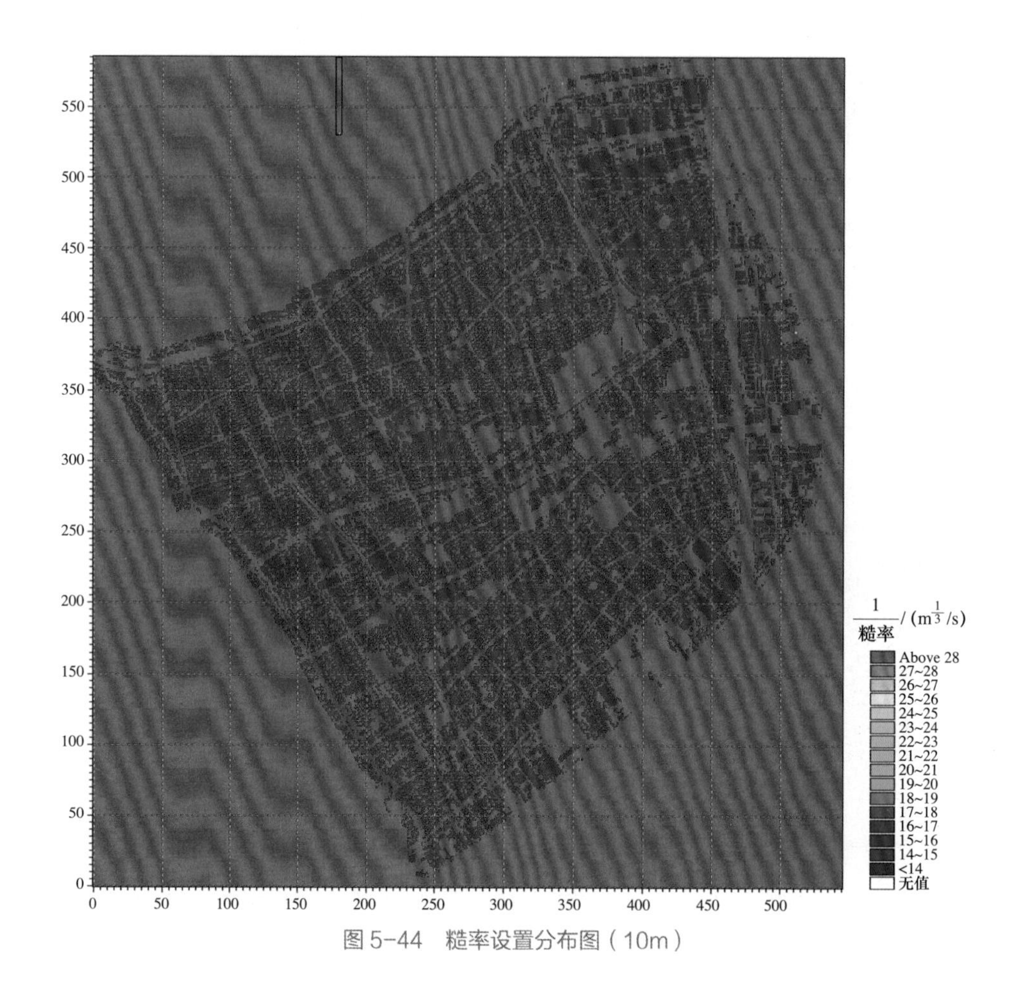

图 5-44　糙率设置分布图（10m）

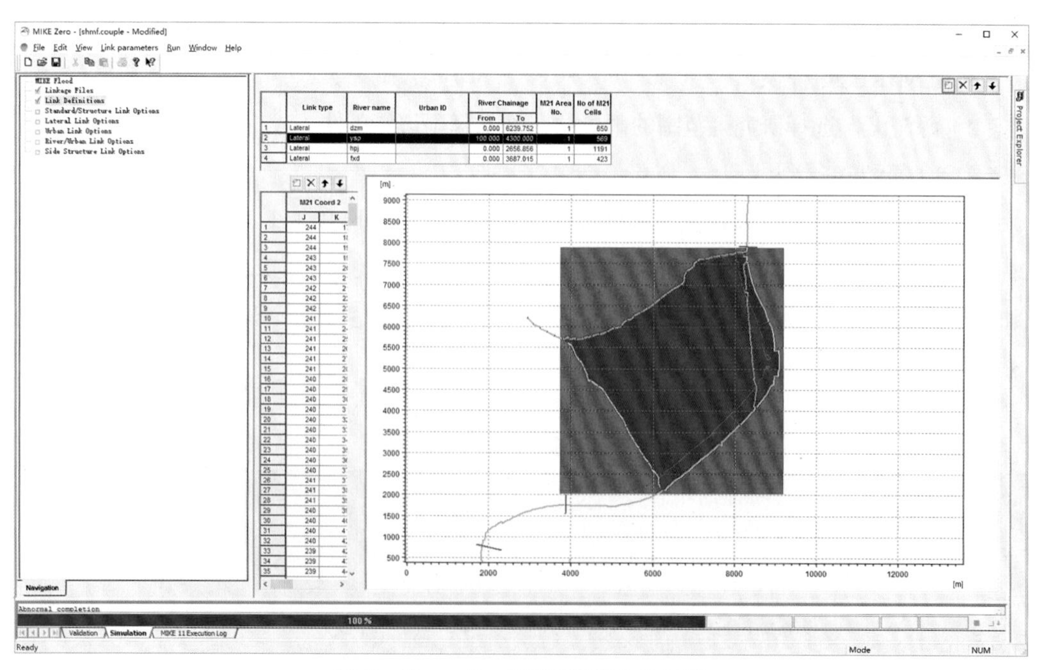

图 5-45　一维、二维模型耦合关系图

5.3.3 基于 FRAS 的典型区模型建立与方案模拟

5.3.3.1 模型构建

（1）网格剖分。研究区的范围为走马塘–虬江，杨树浦港和黄浦江包围的区域，但考虑到黄浦江潮（水）位对走马塘–虬江和杨树浦港两条河流上工程调度有重要影响，进而影响区域暴雨积水的排泄，因此，将吴淞口至米市渡段黄浦江纳入研究区域内。网格剖分时主要考虑研究区域的河道、堤防、重要道路等图层，其考虑的因素分布见图 5–46。将黄浦江干流剖分为网格，边界河道作为特殊河道通道，堤防等作为阻水通道，一级、二级、三级道路作为特殊道路通道。采用无结构不规则多边形进行网格剖分，网格平均面积为 0.05 ~ 0.1km^2，共被划分为 8431 个网格，17759 条通道，其中阻水通道 1737 条，特殊河道通道 146 条，特殊道路通道 687 条，网格和通道分布分别见图 5–47 和图 5–48。

图 5–46 网格剖分时考虑因素分布图

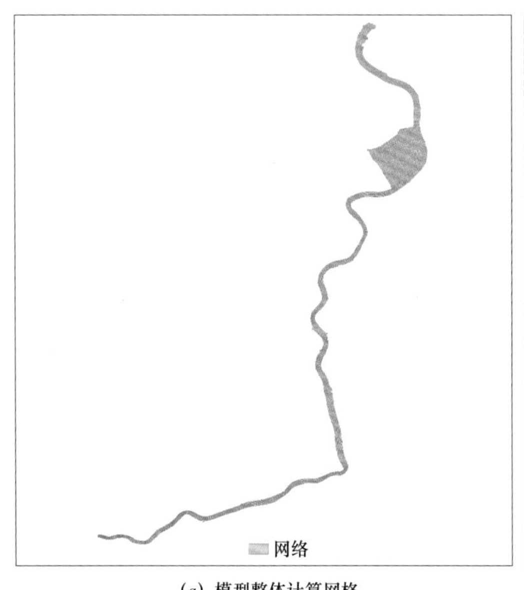

（a）模型整体计算网格

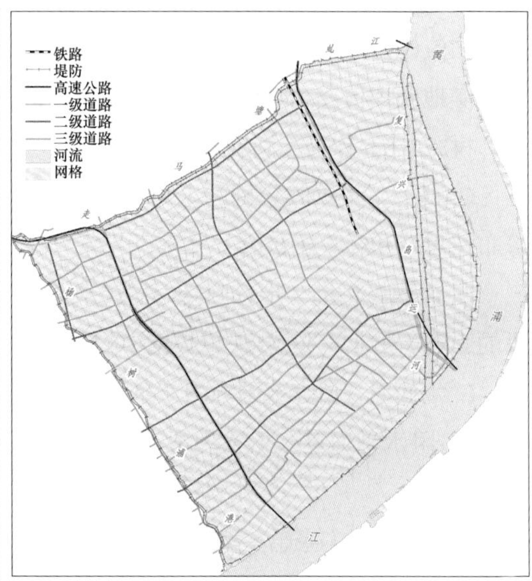

（b）典型区计算网格

图 5–47 网格分布图

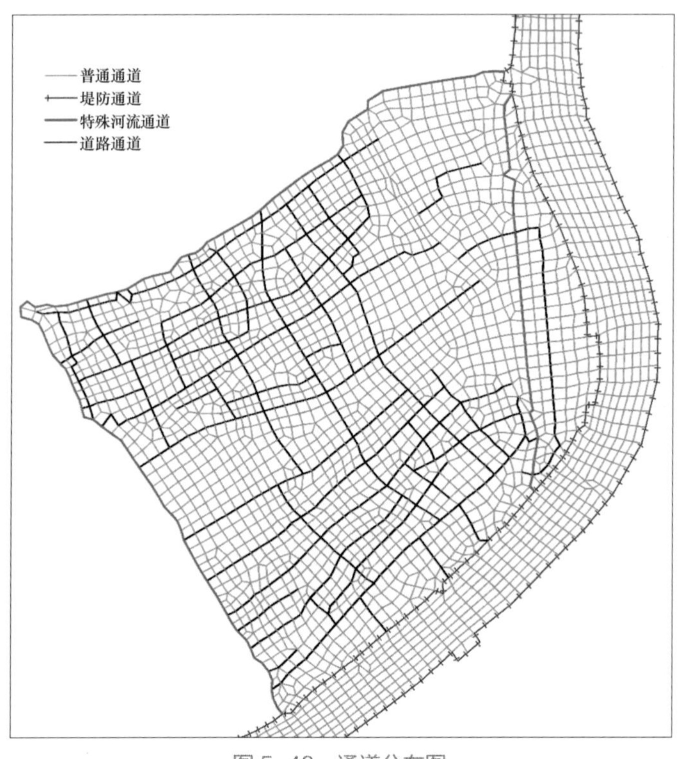

图 5-48　通道分布图

（2）属性赋值。利用 FRAS，对网格、阻水型通道、特殊河道通道和特殊道路通道等的属性赋值，并对水闸、泵站和管网等参数赋值。

1）网格。主要设置网格类型、高程、糙率、面积修正率、水面率。

A. 网格类型：分为河道型、湖泊型和陆地型，本次将黄浦江设置为河道型。

B. 网格高程：陆地型网格高程由 DEM 数据提取，取每个网格内所有 DEM 栅格高程的平均值作为网格形心点的高程；河道型网格高程由河道断面数据提取；针对湖泊型网格，根据实地调查情况和收集的水利普查资料，将各湖泊堤防的设计水位与湖泊最大水深相减后，再减 0.5m 作为其湖底高程。

C. 糙率：根据收集到的上海市中心城区 1 ∶ 2000 矢量数据，综合考虑植被、居民地分布按规范和经验赋初值。

D. 面积修正率：指各网格内居民地面积与网格面积之比，用于反映建筑物对积水和行洪的影响。由 1 ∶ 2000 矢量数据中的居民地图层提取。

E. 水面率：研究范围内的三条河流均被概化模拟，水面率参数设为 0。

2）阻水型通道。主要为黄浦江等河流堤防及铁路等阻水建筑物，按实际高程设置通道顶高程。

3）特殊河道通道。考虑走马塘 – 虬江、杨树浦港的影响，将其作为特殊河道通道进行模拟，利用已有的河道断面数据，计算各断面的等效梯形断面，并将河底高程、左堤高程、右堤高程、上宽、下宽按距离分别进行插值，赋值给每条特殊河道通道。

4）特殊道路通道。为考虑城市中的道路行洪，模型中将道路按特殊道路通道，以类似河流的方式进行模拟，按矩形设置断面数据，设置路面高程、路宽、马路牙高度等属性。路面高程根据收集的道路高程点按距离插值计算；路面宽度根据各条道路的等级按规范统一赋值；马路牙高度取 10 ~ 15cm。

5）水闸。为模拟黄浦江潮（洪）水对走马塘 – 虬江、杨树浦港的影响，主要考虑研究范围内的杨树浦港和新虬江两个泵闸，按照模型的要求，设置水闸的类型、开闸水位、关闸水位、开闸限制水位、所在通道号、闸下游节点号、闸孔宽、闸底高、最大排水流量、排入或引水的网格号、参考站所在节点号、参考站所在网格号等属性。其中，水闸的闸孔宽、最大排水流量等特征参数根据 2012 年水利普查的水闸资料赋值；水闸的类型、开闸水位、关闸水位等根据《上海市水利控制片水资源调度实施细则》（沪水务〔2012〕627 号）中规定的水闸调度规则确定。开闸限制水位为水闸所排入河流的最高控制水位。在模型率定和验证时，各参数根据各场次暴雨洪水的实际运行情况做适当调整。

6）泵站。模型中考虑了计算范围内的 11 个市政排水泵站。根据收集到的资料可以确定开泵限制水位、设计起排水位、设计止排水位、泵站排水能力、所在节点号、泵站状态、排入网格号、排入节点号等属性。其中，泵站的排水能力等特征参数根据 2012 年水利普查泵站资料赋值；泵站的类型、开泵水位、关泵水位等根据《上海市水利控制片水资源调度实施细则》（沪水务〔2012〕627 号）中规定的调度规则确定。开泵限制水位为泵站所排入河流的最高控制水位。另外，历史典型暴雨洪水期间，由于未收集到实际的泵站调度规则，各泵站的实际运行情况与模型可能有所不同。

7）市政管网设置。研究区域共涉及 9 个雨水排水系统，收集到的排水管网资料较为详细，可以选用 FRAS 模型中的任何一种方法进行模拟。若选用“等效管网”或“精细管网”的方式计算，则需要设置排水分区属性和排水管网属性。

本次共设置 9 个排水分区，其中，凤城和民星（南块）排水系统只考虑研究区域以内的部分。利用收集到的实际资料，设置每个排水分区的排水能力、径流系数等特征信息，按照每个排水分区与网格、道路、河道的空间关系，设置排水分区与网格、特殊道路通道、特殊河道通道的对应关系，以及排水管网的各项属性。

5.3.3.2 边界条件设定

模型中的边界条件为各河流边界处的水位过程。研究区域由于地势低平，河道落差小，在无外界洪水和调度工程的控制下，河道洪水流动性小，为模拟暴雨情况下的积水状态，除黄浦江以潮位为边界外，其他各河流不考虑外洪的影响。因此，黄浦江上边界和下边界分别选择吴淞口和米市渡两个站点，均设置潮（水）位过程。走马塘 – 虬江、杨树浦港边界可设为恒定水位，即取各河流非汛期平均水位（常水位）。

5.3.3.3 初始条件设定

黄浦江的初始水位按吴淞口、黄浦公园和米市渡水位站在计算初始时刻的水位线性插值获得，特殊河道通道河流的初始水位取其常水位。

5.3.4 计算结果对比

选用上海市 2012 年“海葵”台风暴雨期间的历史洪水作为研究案例，对两种模型的计算结果进行对比、分析。

5.3.4.1 方案基本情况

（1）降雨。模拟采用的降雨数据为研究区及附近的雨量站实测数据，分别为长白泵站、抚顺路桥、杨树浦泵闸、和平公园和洋泾闸（内）等 5 个测站。计算时段设定为 2012 年 8 月 8 日 0 时至 2012 年 8 月 9 日 5 时，模拟总时长约为 30 小时，各站点的总雨量统计如图 5-49，典型站点水位雨量过程线见图 5-50。

（2）边界条件和初始条件。

1）边界入流过程。黄浦江：上游米市渡采用实测水位过程（见图 5-51）。走马塘特殊河道入流点：设为恒定水位 2.5m。

2）边界出流过程。模型的出口边界主要为黄浦江，下边界采用吴淞口站实测水位过程作为出流条件（见图 5-51）。

5.3.4.2 FRAS 模型的计算结果

（1）结果内容。FRAS 模型计算结果以文本格式（.txt）输出，输出频率可由用户确定，输出内容包括：

1）网格。各网格的水深或水位过程，整个计算过程中各网格的最大水深、最大水位、淹没时间、洪水到达时间、最大水深出现的时刻等。

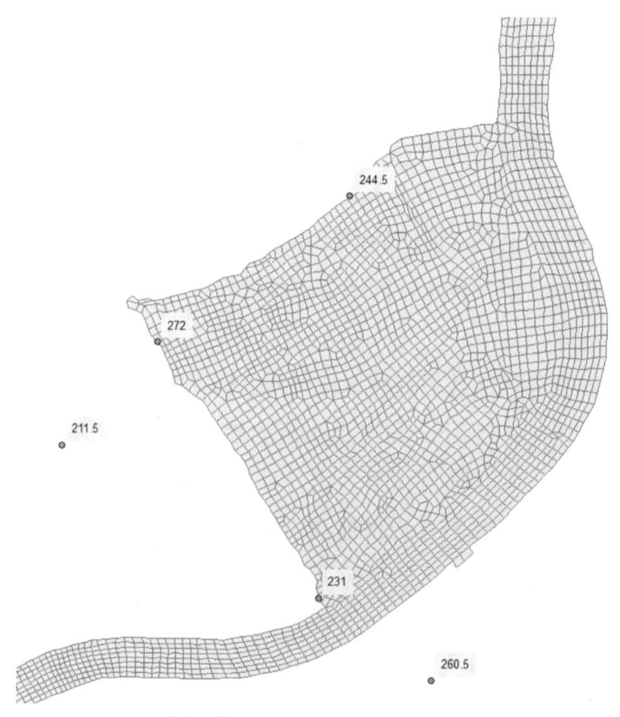

图 5-49 “海葵”台风暴雨主要雨量站点降雨量统计图

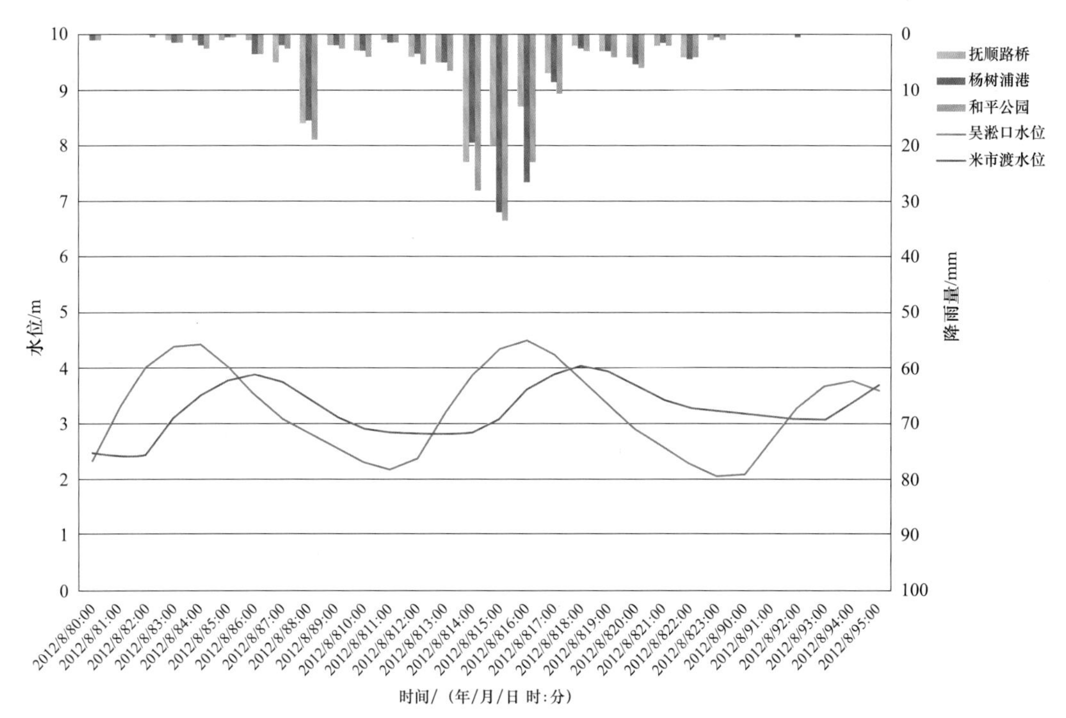

图 5-50　2012 年“海葵”台风暴雨典型站点水位雨量过程

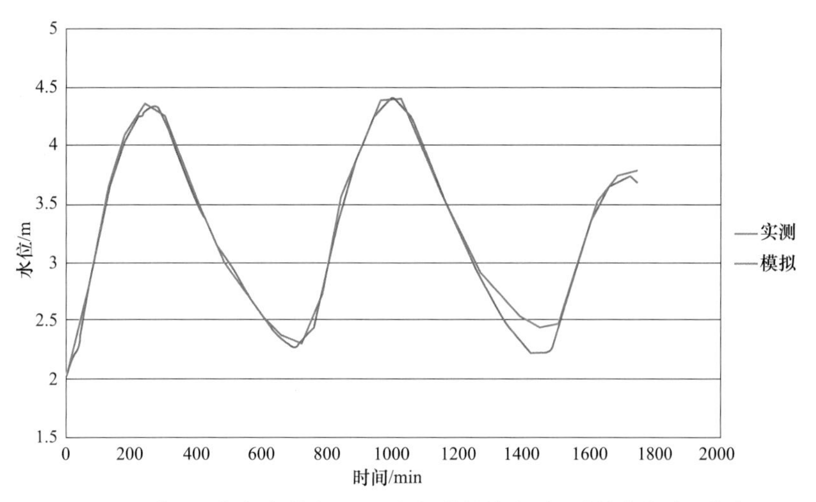

图 5-51　“2012”年海葵台风暴雨期间练塘站实测和计算水位过程曲线图

2）通道。通道的流量过程。

3）特殊河流和道路通道。特殊河流和道路通道的水位、水深、流量过程。

4）特殊河流和道路结点。特殊河流和道路结点的水位过程。

5）水利工程（包括溃口）。水利工程的流量过程。

6）地下空间。地下空间的水深过程、进水量，淹没最大水深、最大水位、淹没时间、洪水到达时间、最大水深出现的时刻等。

7）其他。针对水文站、水位站等特殊点位定制输出水位、流量过程等。

（2）结果精度。针对河道，考虑到黄浦江上有潮（水）位站，计算精度利用黄浦江的潮（水）位过程进行对比；针对城市地面，收集到了道路积水的实测资料，地面洪水计算精度按最大积水深度进行对比。

1）河道洪水。利用黄浦公园站的实测水位过程与模拟结果进行对比，如图 5–51 和表 5–9 所示。从图表中可以看出，河道水位模拟与实测过程基本一致，最高水位误差为 1cm，最高水位出现时间的误差为 25 分钟。

表 5–9　　　　黄蒲公园站最高水位实测与 FRAS 模拟值对比表

选用模型	最高水位 /m			最高水位出现时间 /min		
	实测	模拟	误差	实测 /（年 / 月 / 日 时：分）	模拟 /（年 / 月 / 日 时：分）	差值
FRAS 模型	4.4	4.41	–0.01	2012/8/8 17：00	2012/8/8 16：35	25

2）道路积水。“海葵”台风期间上海市收集整理了中心城区部分道路的积水情况，在本研究范围内统计有三处道路积水点，根据实测与模拟结果的对比可以得出（见表 5–10、图 5–52），三处水深计算的绝对误差值都在 0.10m 以下，总体精度良好。

表 5–10　“海葵”台风期间道路积水实测与 FRAS 模拟结果对比表（精细管网法）

单位：cm

序号	路名	路段		积水深度		模拟最大水深	绝对误差
		起始	终止	路中	路边		
1	杨树浦路	临清路	隆昌路	10.00	15.00	16.8	1.8
2	临青路	平凉路	河间路	10.00	15.00	14.2	–0.8
3	黄兴路	周家嘴	黄兴路	20.00	35.00	28.0	–7.0

5.3.4.3　MIKE 模型的计算结果

（1）结果内容。MIKE 模型分别按 MIKE11、MIKE21 等的模拟内容输出计算结果，针对洪水模块模拟的输出内容包括：

1）一维模型。横断面、纵断面的水深或水位过程。

2）二维模型。各网格的水深或水位过程。

（2）结果精度。

1）河道洪水。吴淞口和米市渡为输入边界条件，利用黄浦公园站的实测水位过程与模型模拟结果进行对比（见图 5–53 和表 5–11）。从图表中可以看出模型模拟的河道水位过程与实测过程基本一致，最高水位误差为 13cm，最高水位出现时间的误差为 28 分钟。

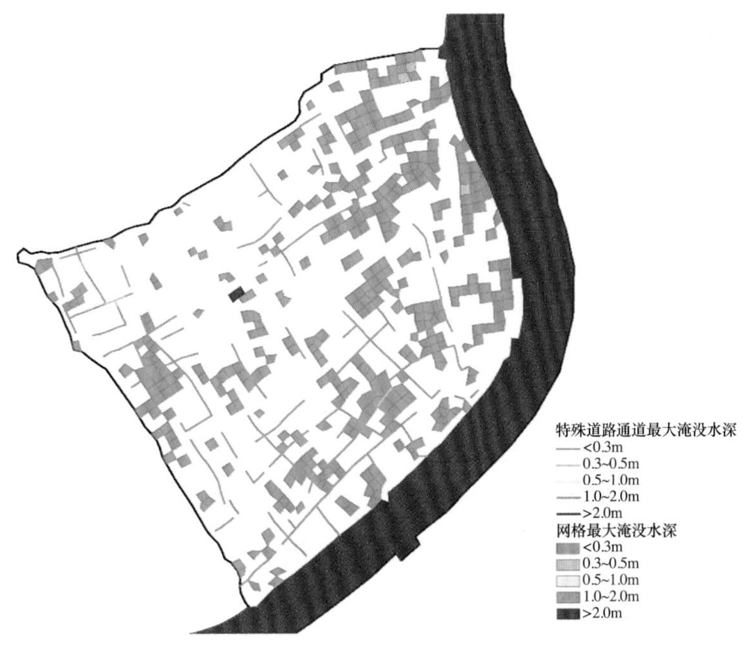

图 5-52 “海葵”台风期间地面淹没水深分布图（精细管网法）

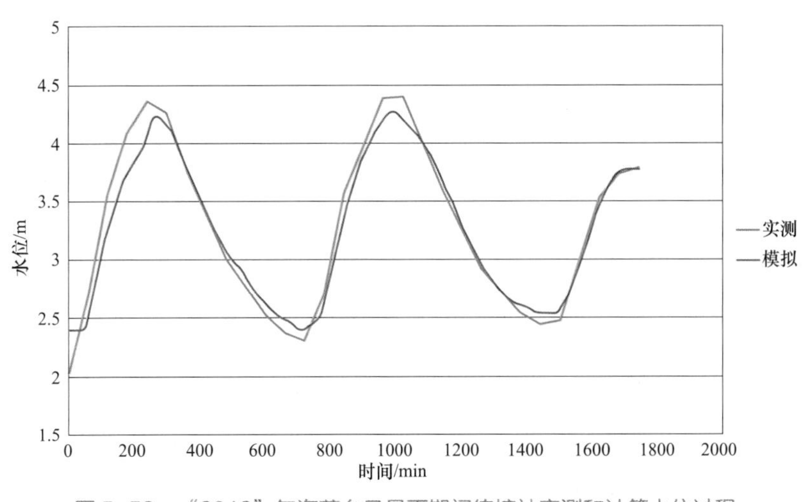

图 5-53 “2012”年海葵台风暴雨期间练塘站实测和计算水位过程

表 5-11 黄蒲公园站最高水位实测与 MIKE 模拟值对比表

选用模型	最高水位 /m			最高水位出现时间 /min		
	实测	模拟	误差	实测 /（年 / 月 / 日 时：分）	模拟 /（年 / 月 / 日 时：分）	差值
MIKE 模型	4.4	4.30	0.10	2012/8/8 17：00	2012/8/8 16：32	28

2）地面及道路积水。利用 MIKE 软件建立的二维模型未考虑排水情况，因此，不开展积水精度的详细分析，只从淹没范围分布和地物的影响角度开展合理性分析，并

与 FRAS 的模拟情况进行对比。开展了两种方案计算，一是不考虑建筑物和道路的影响，淹没水深分布见图 5-54，积水分布与实际地形基本一致，地势低洼区域积水明显；二是考虑建筑物和道路的影响，在淹没过程中，道路和低洼区域先行积水，积水分布能反映出建筑物轮廓，同时，因为建筑物不过水，且在模型中设置的高程较高，在建筑物分布的区域不形成积水，导致其他区域积水深度增加，淹没分布和积水深受建筑物的影响明显，淹没水深分布见图 5-55。

5.3.4.4 小结

利用 MIKE 系列模型和 FRAS 模型针对研究区建立了一维、二维洪水演进模型，建模时概化考虑了地形、房屋分布、河流水系、堤防、道路、铁路等下垫面条件对洪涝分布的影响，以及水闸和泵站等防洪排涝和市政排水工程的调度。

（1）对比分析两个模型的建模过程和计算结果，认为两个模型总体上都能较为合理地对研究区域进行概化，并分析由于暴雨或河道洪水引起的淹没情况，具体包括：

1）两种模型对研究区域的概化合理。无论采用规则网格还是不规则网格，以及对道路和建筑物的不同概化方式，建立的模型均能反映区域下垫面的分布特征，并且通过调整网格和河道糙率等参数能使计算结果整体上反映洪水淹没的空间分布特征和趋势。

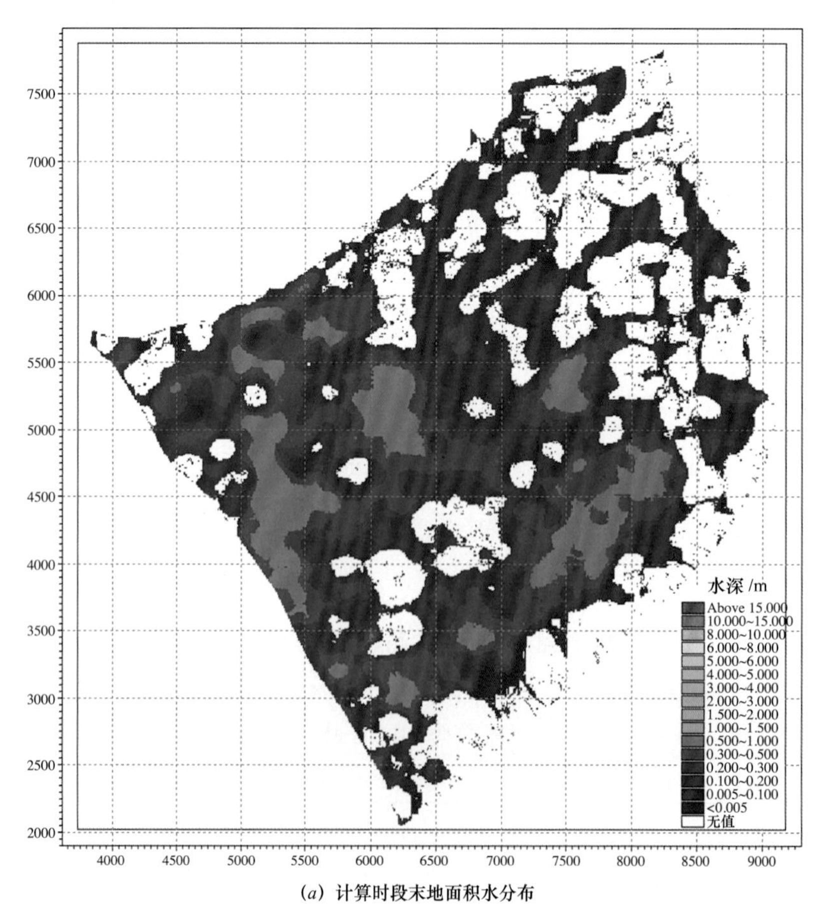

(*a*) 计算时段末地面积水分布

图 5-54（一） “海葵”台风期间地面淹没水深分布图（不考虑建筑物和道路）

(*b*) FRAS 计算成果（无排水）

图 5-54（二） “海葵”台风期间地面淹没水深分布图（不考虑建筑物和道路）

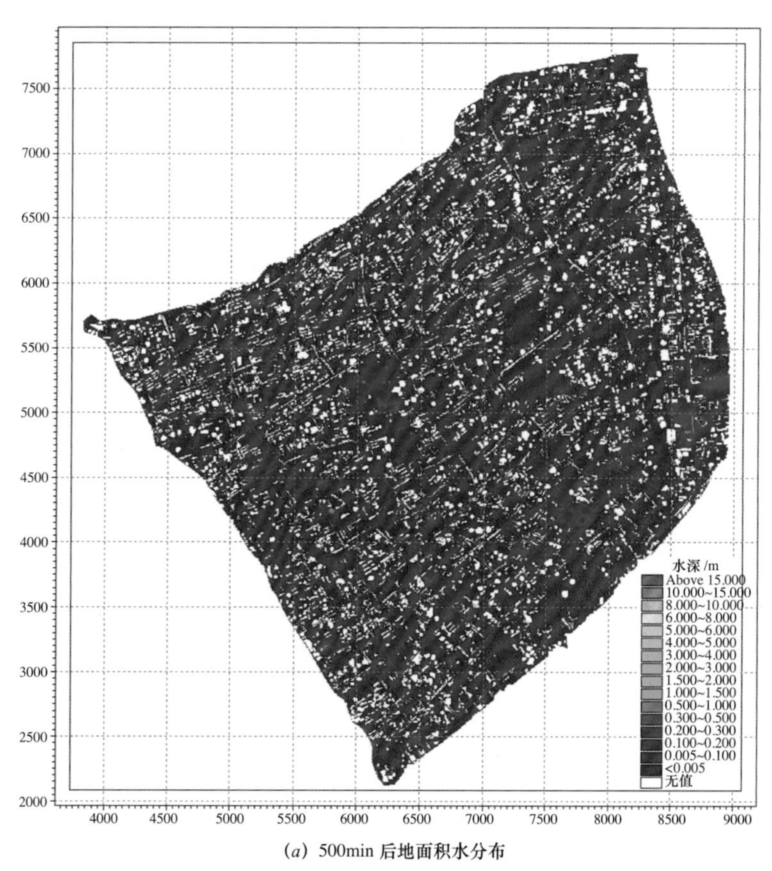

(*a*) 500min 后地面积水分布

图 5-55（一） “海葵”台风期间地面淹没水深分布图（考虑建筑物和道路）

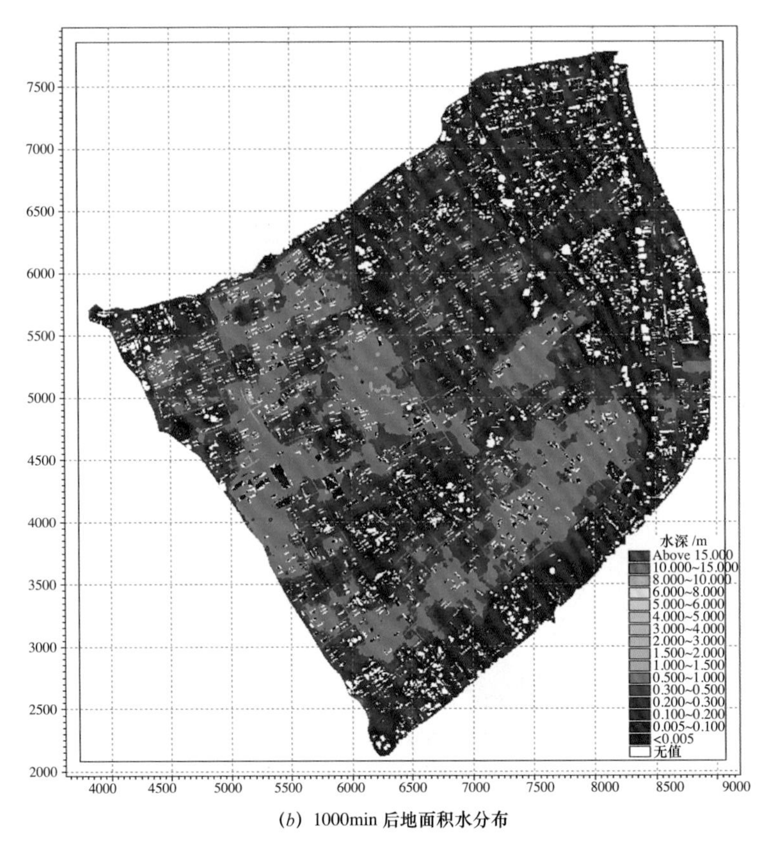

(*b*) 1000min 后地面积水分布

图 5-55（二） “海葵”台风期间地面淹没水深分布图（考虑建筑物和道路）

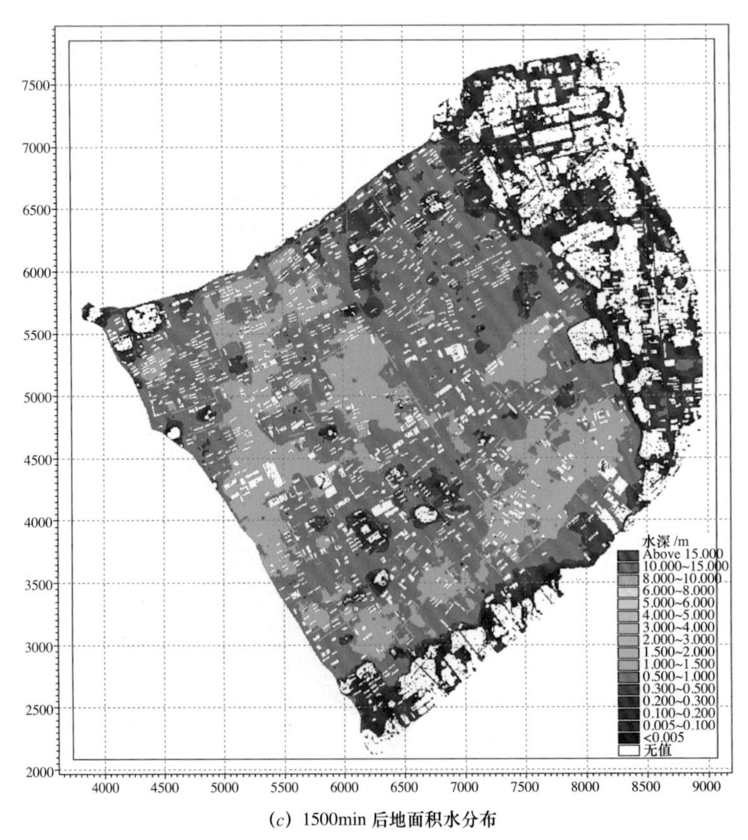

(*c*) 1500min 后地面积水分布

图 5-55（三） “海葵”台风期间地面淹没水深分布图（考虑建筑物和道路）

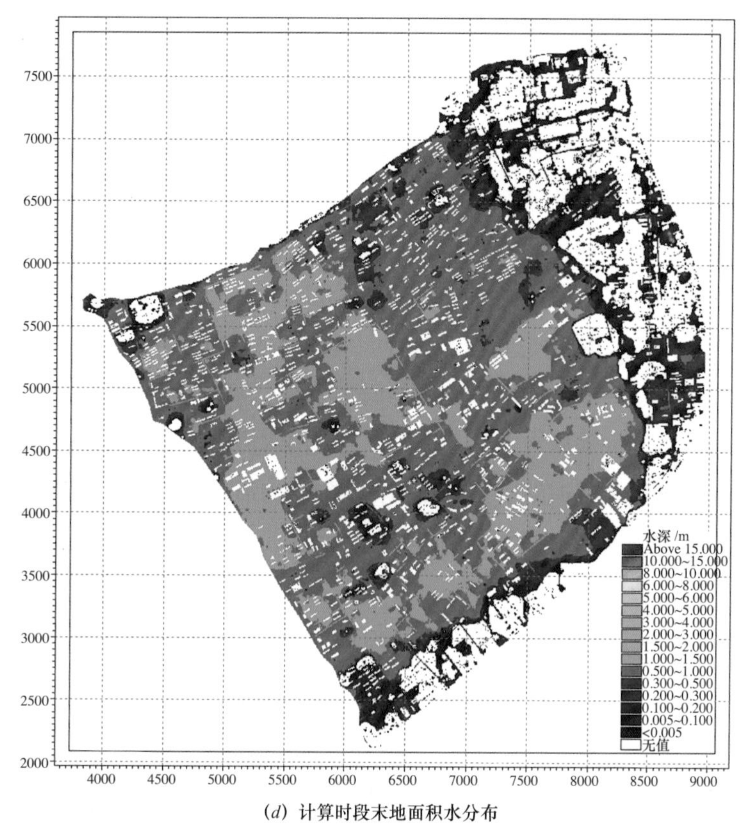

(*d*) 计算时段末地面积水分布

图 5-55（四）　“海葵”台风期间地面淹没水深分布图（考虑建筑物和道路）

2）模型模拟的河道水位过程和淹没结果与实测或调查数据较为吻合，用于黄浦江验证的黄浦公园站的最高水位误差在 10cm 以内，最高水位出现时间误差在 30min 以内。

3）模型模拟的道路水深与实测或调查数据较为吻合，道路的最大水深模拟误差在 20cm 以内。

（2）但模型计算也存在一定的误差，经分析主要有以下原因：

1）概化存在误差，如对高程的概化，模型的网格不能完全等同于实际情况，网格内的高程具有均化现象，又如对降雨的概化，降雨过程本身具有空间分布不均匀的特点，并且同一降雨过程中不同雨量站的降雨量相差较大，模型中利用现有测站数据采取空间插值展布的方式模拟降雨，与实际情况不完全相同，这些原因可能导致局部区域的误差。

2）下垫面及工况条件与典型历史洪水发生时的工况不同，建模区域选择了上海市杨浦区的局部区域，建模时虽然考虑了河流等的边界影响，但与实际情况仍存在差异，如四条河流中，走马塘 – 虬江、杨树浦港、黄浦江均只考虑了一侧进水，未考虑部分支流和另一侧的洪水情况。

3）对水闸和泵站的考虑，本次在河道上只考虑了部分泵、闸，并且工程调度运行情况也与实际不完全相同，可能引起模拟河道水位和淹没分布与实际情况相比出现误差。

5.3.5 软件功能对比

5.3.5.1 模块功能

FRAS 洪水分析软件和 MIKE 洪水分析系列软件均具备对研究区域开展一维、二维等洪水演进和降雨产流、地下排水等的模拟功能，并能与建立的子模块或子模型紧密耦合，在模型中都能考虑泵站、闸门、圩堤等工程调度对城市洪水的影响。本次在上海市杨浦区的典型区域建模中建立了一维、二维、降雨产流和地下排水相结合的模型，并开展了历史典型洪水的模拟计算，根据建模过程，对比两个软件的模拟功能如下：

（1）FRAS 模型。一维模型用于模拟城市内较小河道和道路行洪，并按特殊河道通道和特殊道路通道的方式，采用水力学方程模拟通道内水流沿通道方向流动和与通道两侧网格的交换。二维模型用于模拟洪水在地面和宽度较大的河道中的洪水演进，采用二维浅水波方程，非结构不规则网格，在网格形心处计算水深，在网格周边通道上计算流量，实现了与一维模型的耦合。

降雨产流模块采用四种方式计算，分别为径流系数法、SCS 模型、Horton 模型、Green–Ampt 模型等。

地下排水模块采用地下水库法、等效管网法和精细管网法等方行计算，地下水库法将研究区域按照排水分区的设计排水能力对地下排水概化计算；等效管网法将各网格内的管网按照管网容积、管道节点的埋深等概化为连接相邻网格的等效管道，利用一维非恒定流进行计算；精细管网法按照管道的真实特征，建立一维非恒定流方程进行计算，能够模拟各条管道的洪水流动情况，以及地表水与地下水流的交换等。

模型中将闸门、泵站按照工程的位置、作用等进行分类，针对各类工程采用不同的公式计算，并按照实际情况，设置了按时间、按规则、按时间和规则结合等多种调度方式。

除上述通道、网格、水利工程模拟外，FRAS 还具有对城市地下空间的模拟功能，通过比较地下空间所在网格或道路的地面水深与地下空间入口处挡水建筑物的高度判断该地下空间是否会进水，并利用堰流公式对地下空间的淹没情况进行模拟。

（2）MIKE 洪水分析系列软件。MIKE 洪水分析系列软件包括 Mike Zero、MIKE 11、MIKE 21、MIKE 3、MIKE URBAN、MIKE SHE、MIKE BASIN 和 MIKE FLOOD 子 软件或模型，其中涉及 FRAS 洪水分析功能的子软件有 Mike Zero、MIKE 11、MIKE 21、MIKE URBAN 和 MIKE FLOOD。

MIKE Zero 为集成的软件功能包，用于对建模前、后的数据处理，分析和展示。模型前后处理工具提供了与多种数据格式的接口和丰富的可视化展示画面。

MIKE 11 主要用于河口、河流、灌溉系统和其他内陆水域的水文学、水力学、水质和泥沙传输模拟，包括水动力学模块、降雨径流模块、对流扩散模块、水质模块和泥沙模块等。其中，水动力学模块采用有限差分格式对圣维南方程组进行数值求解，模拟河道、河网的洪水演进过程；降雨径流模块采用 NAM，UHM 等方式模拟降雨产流和汇流。

MIKE 21 主要用于开展二维洪水演进分析，适用于湖泊、河口、海湾和海岸地区的水力及其相关现象的平面二维仿真模拟，包括二维水动力模型、波浪模型、水质运移模型、富营养化模型、泥沙运移模型等，用于开展水流分析、洪水淹没、泥沙沉积与传输、水质模拟预报和环境分析等多方面的工作。目前有适用于规则网格和不规则网格的两套模型。

MIKE URBAN 为 MIKE 系列软件中较为独立的城市管网分析软件，该软件整合了 ESRI 的 ArcGIS、排水管网系统 CS 和给水管网 WD 形成了一套城市水模拟系统。用于开展城市排水与防洪、分流制管网的入流 / 渗流、合流制管网的溢流、受水影响、在线模型、管流监控等方面的分析工作。该软件采取 Geodatabase 数据库作为存储格式，与 GIS 结合紧密，同时也应用了 GIS 的强大空间分析功能。Mike Urban 软件中的水动力模块可用于分析管网中的洪水流动，模型基于一维圣维南方程组建立，采用 Abbott–Ionescu 六点隐式格式有限差分数值求解，能够分析管道的无压流和有压流，临界和超临界流，以及水流的倒灌和溢流等现象。

MIKE FLOOD 为耦合建模平台，用于实现 MIKE 11、MIKE 21 和 MIKE URBAN 等模型的耦合，该平台提供了 MIKE 11 与 MIKE 21 之间的侧向、标准和结构等三种连接方式，提供了 MIKE 11 河道与 MIKE URBAN 河网的连接方式，提供了 MIKE 21 路面与 MIKE URBAN 人孔的连接方式等。

（3）软件对比。两个软件的洪水分析功能基本相当，但两个软件针对各模拟模块提供的子模型或子模块不相同。如 FRAS 具备洪水的一维、二维模拟功能，针对降雨产流提供了四种模型可供选择，分别为径流系数法、SCS 模型、Horton 模型和 Green–Ampt 模型，在地下排水方面，提供了地下水库法、等效管网法和精细管网法三种方式可供选择；MIKE 软件的 MIKE 11、MIKE 21 和 MIKE URBAN 三个子软件对一维、二维和地下排水进行模拟，其中，水文方面提供了 NAM、UHM 等模型，以及单独的 MIKE SHE 等模型，排水则利用了真实管网的分析计算等。除基本的洪水分析功能外，MIKE 软件还提供了污染物、泥沙传输等模块的计算。

除基本的模拟功能外，两个软件均能够建立一维、二维、水文和地下排水的耦合模型，但两个软件的耦合方式不同。FRAS 采取建立一维、二维、水文和地下排水模型一体的耦合方式，一维模型采用特殊通道的方式模拟，嵌套于二维网格中，水文和地下排水模型均基于一维、二维模型，不采取单独建模的方式，该种耦合方式使各模块能够同步计算。MIKE 软件采取一维、二维和地下排水单独建模的方式，在此基础上利用 MIKE FLOOD 软件采取河道与网格、河道与人孔、网格与人孔等的连接方式，该种方式建模灵活、耦合紧密，但一维、二维与地下排水之间未实现实时同步计算，而采取地下排水先行计算，在此基础上再开展一维、二维洪水的计算。

两个软件均具有较强的适用性，一维、二维洪水模拟和水文模拟的资料需求基本相同，建模方式和过程基本相同。但在地下排水方面，FRAS 适用性更强，FRAS 提供了三种计算方式，可适用于管网资料不全、管网资料齐全等不同工况的计算方式，MIKE URBAN 软件因需要开展详细的管网计算，对资料需求更高，对于管网料不全的区域适用性稍差。

从提供的模型多样性角度，两类软件各有特点，针对二维洪水计算时 MIKE 软件提供了结构网格和非结构网格的不同计算模型，FRAS 只能采取非结构网格的计算方式；在降雨产流分析方面，两个模型均提供了多种计算模型。

整体上两个软件的功能均能满足城市洪水分析的需求，但在建模局部细节上，模型的适用性上等具有一定的差别，因此，用户可根据建模的需求、收集的资料情况等确定需要采取的模型。

5.3.5.2 对下垫面的概化

城市下垫面较为复杂，需要模拟城市道路的行洪，建筑物对洪水的阻挡、水利工程调度等，对城市下垫面的概化直接影响模型的模拟效果。根据计算结果 FRAS 和 MIKE 软件均能较好地开展城市洪水模拟，但两个软件的概化方式不同，特点如下。

（1）网格剖分。FRAS 目前只提供了非结构不规则多边形的剖分方式和计算模型。网格剖分程序能够严格按照外边界、内边界（道路、堤防等）作为控制规则开展网格剖分，并且在剖分过程中提供较好的人机交互界面，提示用户对不合理区域进行更改，最终形成的网格能够贴合地物的原定走向，对地物分布概化较好，并且可以根据地物分布调整网格的尺寸和密度。研究区域网格局部见图 5–56，网格方向与道路和水系分布相同。

MIKE 软件提供了规则结构网格和不规则非结构网格两种网格剖分方式和计算模型，针对非结构网格可选用三角形和多边形，以及两者的混搭等，MIKE 软件的网格剖分程序能够采取网格数量等多种方式进行控制，并且能够分区域嵌套、局部加密等，网格剖分较为方便。但对于城市的洪水模拟，尤其是由暴雨内涝引起的洪水，为考虑建筑物的影响，

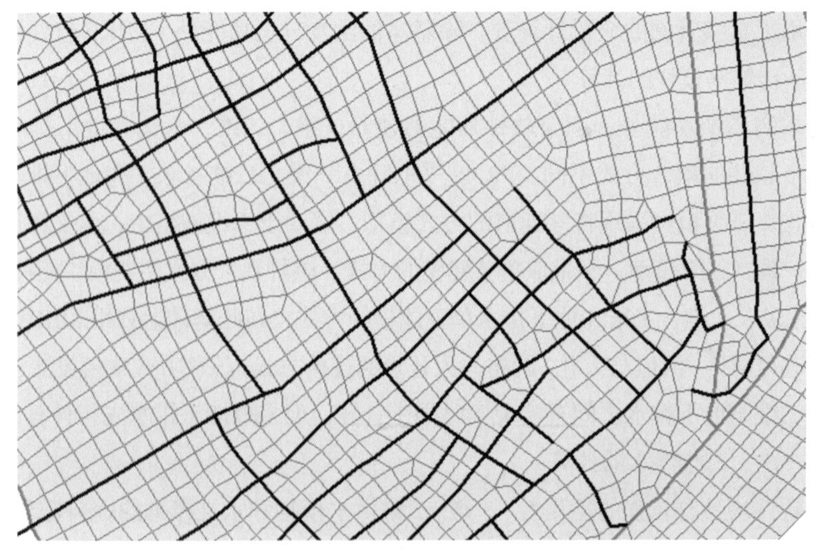

图 5–56　研究区域网格局部图

一般需要选用矩形网格，对地物的分布概化受网格分辨率的影响较大，当选用较大网格时，常呈现锯齿状特点，或者不能完全概化地物的分布，见图 5–58 对建筑物的概化图。

（2）建筑物模拟。FRAS 采用面积修正率的方式，通过考虑建筑物在网格中所占的面积，计算网格的过水面积，并据此计算建筑物对洪水的影响。面积修正率通过网格与建筑物的分布确定。

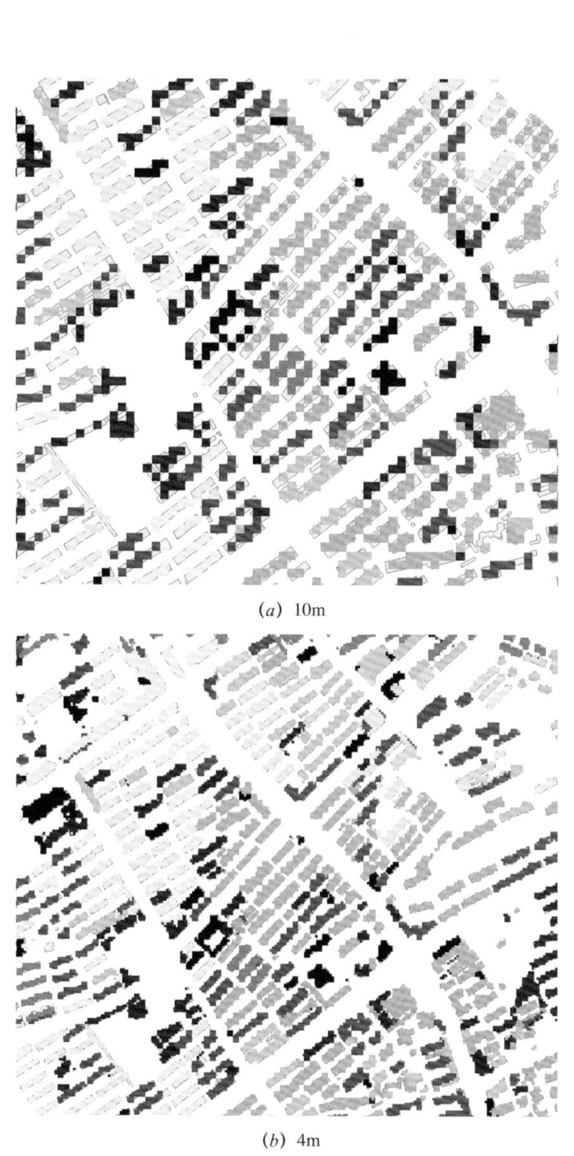

(*a*) 10m

(*b*) 4m

(*c*) 2m

图 5–57　建筑物概化栅格分布图

MIKE 采用在利用高程点插值的高程基础上，按照建筑物的分布对其高程进行局部拔高，不考虑建筑物网格的过水情况，并据此计算建筑物对洪水的影响。但由于计算网格为矩形网格，网格尺寸对建筑物的概化具有较大影响，在图 5–57 中分别采用了 10m、4m 和 2m 的网格尺寸对建筑物进行概化，从图上看出当建筑物的方向与网格方向较一致时，网格尺寸较小时，概化效果较好。如选用 10m 网格时，概化后的建筑物的轮廓与实际尺寸有较大偏差，并且容易在距离较近的建筑物之间形成不过水“洼地”，根据实际计算，这种“洼地”对模型的稳定性影响较大，容易造成计算发散，如有“洼地”存在，必须选用较小的时间步长，因此，开展洪水模拟时，当城市建筑物密集时，为取得较好的概化效果，需要采用较小的网格尺寸。

（3）道路模拟。FRAS 采用特殊道路通道的方式模拟道路，采用一维洪水演进的方式计算积水的沿街行洪，同时计算与两边网格的洪水交换，形成与二维网格一体的耦合模型，当计算地下排水时，无论采用地下水库法、等效管网法还是精细管网法，均对道路上的积水进行了单独计算，该种方式能够考虑沿街道路的高程，并指定道路的宽度，积水的顺街行洪、积水与网格的交换，积水与地下排水管网的交换与实际情况较为一致。

MIKE 采用在利用高程点插值的高程基础上，按照道路的分布对道路高程进行局部降低的方式模拟道路，道路分布图一般利用道路中心线按道路的一般宽度缓冲获取，并利用栅格图表示，在二维程序中计算，该种方式对于沿街道路的高程、道路的宽度等概化稍差，与实际情况有一定区别。

5.3.5.3 洪水模拟时间

洪水模拟的时间受所选择的模块和概化方式影响较大，由于本次利用两个软件的建模工况和概化方式不完全相同，采用的时间步长不同，因此，时间对比不作为软件的优劣分析依据。

（1）FRAS。FRAS 建立了一维、二维整体耦合的模型，黄浦江河道采用二维网格模拟。二维网格尺寸约为 80m × 80m，网格数为 8431 个，特殊河道通道数为 146 条，特殊道路通道数为 687 条，按照本次方案计算，模拟时间为 30 小时，经试算选用最大时间步长 2 秒时，计算稳定，FRAS 计算时间见表 5–12。选用无排水、地下水库法和等效管网模拟时，耗费的时间较短。采用地下水库法时，将研究区域划分为按排水分区进行概化计算，计算时间短；采用实际管网时，需要模拟 3767 个结点和 3837 个管道，选用的计算模型复杂，计算时间较长。

表 5–12　　FRAS 计算时间耗费表

序号	计算模块	耗费时间 /min
1	洪水演进、无排水	5.76
2	洪水演进、地下水库排水	5.96
3	洪水演进、等效管网方式排水	9.91
4	洪水演进、精细管网方式排水	22.45

（2）MIKE 软件。利用 MIKE 软件建立了一维和二维洪水演进模型，并利用 MIKE FLOOD 软件平台进行耦合，黄浦江河道采用一维方式模拟，其中二维模型的网格尺寸为 10m。按照本次方案计算，模拟时间为 30 小时，经试算一维模型可选用较大的时间步长，当为 30 秒时，耗费时间仅为 0.15 分钟。但二维洪水演进由于考虑建筑物的影响，经试算，选用 0.5 秒时可以计算完毕，耗费时间较长，为 197.3 分钟。当不考虑建筑物的影响时，二维计算可采用较大的时间步长，经试算，选用 10 秒时，计算稳定，耗时为 9.24 分钟，耦合后，耗时与单独计算二维基本一致。

5.4 小结

本次将 FRAS 与 HECRAS 和 MIKE 两个软件做了对比。其中，利用 FRAS 和 HECRAS 软件分别模拟了江西抚河堤防溃决后的洪水淹没情况，利用 FRAS 和 MIKE 软件分别开展了荆江大堤保护区的洪水风险分析，以及上海市杨浦区一典型区域的暴雨积水分析。通过将 FRAS 与其他软件在不同区域和工况下的对比得出以下几方面的结论。

（1）下垫面概化方式。FRAS 采用了非结构不规则多边形的计算网格，可选用三角形、四边形、五边形等，以及不同形状和大小网格的混搭，具备较强的下垫面概化能力。HECRAS 和 MIKE 两个软件除可采用非结构不规则多边形外，还提供了利用结构规则多边形网格，用户可有更多的选择。但在实际应用中非结构不规则网格更具有适用性和灵活性，网格剖分时能够精准概化道路、铁路、堤防等地物，并能通过调整网格的尺寸和密度概化城市复杂道路等。矩形、正方形等规则结构网格常受网格尺寸大小限制，常呈现锯齿状特点，概化能力稍差。另外，在网格剖分时，FRAS 可以使剖分后的网格严格拟合地物的分布情况，MIKE 软件在网格剖分时也按地物分布概化，但在网格优化过程中，网格形状和走向常出现偏移情况。三个软件均能较好概化下垫面的地物分布，FRAS 虽然提供的网格类型稍少，但非结构不规则计算网格能够满足对复杂下垫面的概化，并且在网格剖分时与地物的贴合上具有一定优势。

网格剖分完成后，三个软件均通过设置网格属性来实现对下垫面水力特征的差异性描述，如网格的面积等几何属性，网格的高程、糙率，以及计算后的水深、水位等洪水特性等。但 FRAS 还提供了面积修正率和水面率两个属性。其中，面积修正率用于反映建筑物的影响，水面率用于反映网格内的水系分布和存蓄情况，这两个参数使 FRAS 在对城市和河网模拟上更具有优势。MIKE 软件也可用于城市模拟，但采用针对性提高网格高程的方式模拟，限制了网格的尺寸和类型，计算时常会出现局部“洼地”，适用性比 FRAS 稍差。HECRAS 因对排水设施不能单独模拟，不适用于城市。

除模拟线状地物如堤防、铁路的阻水等外，城市道路行洪的模拟对于开展城市洪水分析具有重要意义。FRAS 和 MIKE 采取了两种不同的计算方式，前者利用特殊通道的方式，能够考虑沿街道路的高程变化，道路宽度等；后者一般选用统一宽度，并在网格基础上局部降低高程，对于沿街道路的高程、道路的宽度等概化稍差，与实际情况有较大区别。

（2）模拟能力。

1）子模型与耦合方式。FRAS 和 MIKE 软件 [97-98] 比 HECRAS 软件 [99-100] 包含的洪水分析功能更强，具备一维、二维、降雨和排水的模拟功能。HECRAS 当前只能模拟一维、二维和降雨，不能单独模拟排水（本次对比中只用到了二维洪水模拟）。但 FRAS 在降雨和排水方面提供的模型比 MIKE 软件更为丰富。如 FRAS 针对降雨产流提供了四种模型可供选择，分别为径流系数法、SCS 模型、Horton 模型和 Green–Ampt 模型，在地下排水方面，提供了地下水库法、等效管网法和精细管网法三种方式可供选择；而 MIKE 软件在水文方面只提供了 NAM、UHM 等模型，以及单独的 MIKE SHE 等模型，排水则利用了真实管网的分析计算等。FRAS 地下排水的模拟概化方式对于管网资料不全的区域适用性更强。除基本的洪水分析功能外，MIKE 和 HECRAS 软件还提供了污染物、泥沙传输等模块的计算。FRAS 目前只能用于开展洪水分析。

在模型的耦合方面，FRAS 采用一维、二维、水文和地下排水一体建模的耦合方式，除二维模型外，各模型不单独建模，各模块能够同步计算。MIKE 软件采取一维、二维和地下排水单独建模的方式，并利用 MIKE FLOOD 平台耦合，建模方式灵活，但一维、二维与地下排水之间未实现实时同步计算。HECRAS 模型可针对一维、二维单独建模，并在同一平台上进行耦合，建模方式灵活。

2）防洪排涝工程。针对防洪排涝工程模拟方面，FRAS 和 MIKE 软件功能相当，模拟的工程类型比 HECRAS 更多。FRAS 和 MIKE 软件可以模拟堤防、道路、桥梁等阻水建筑物的阻水作用，还可以模拟闸门、泵站工程的过水功能，以及涵洞、管网的过水和输水功能。尤其是针对闸门和泵站，FRAS 和 MIKE 提供了根据水位、流量等多级综合调度功能。HECRAS 在二维模型区尚不能模拟泵站功能。

但针对排水设施 FRAS 比 MIKE 更具有优势。FRAS 提供了地下水库法、等效管网法和精细管网法三种计算方式，可适用于管网资料不全、管网资料齐全等不同工况的计算方式，MIKE URBAN 软件因需要开展详细的管网计算，对资料需求更高，对于管网料不全的区域适用性稍差。

（3）计算精度。整体上三个模型均能通过调整计算参数实现模拟结果与实际洪水或不同软件模拟结果之间一致，但在实际计算过程中存在一些细微差别。

在开展的唱凯堤河道溃决案例中，FRAS 与 HecRAS 计算的结果基本一致，但存在一定的差别，不同时刻结果相对差基本在 10% 以内，但在有洪痕对比处，FRAS 精度稍高。

在开展的荆江大堤保护区洪水分析案中，FRAS 与 MIKE 模型的模拟结果基本一致，不同时段淹没面积相对差值在 10% 以内。在洪水演进过程中 MIKE 模型洪水演进稍快，但随着淹没面积的扩大，两者的相对差值在减小，最终计算的最大淹没面积两者基本一致。

在开展的上海市城市典型区域分析中，由于模拟工况不同，只开展了 FRAS 与 MIKE 模型在河道中的洪水对比，FRAS 的模拟精度稍高。

（4）计算速度。唱凯堤河道溃决案例中，选用同样的计算条件，FRAS 的计算速度比 HecRAS 的计算速度要快一些。在另外两个案例中，由于 FRAS 和 MIKE 软件因模拟方式等不同，未能采用完全相同的工况，时间不具可比性。

6 FRAS 应用实例

6.1 济南市城区洪水风险分析及风险图绘制

6.1.1 区域概况

济南市位于山东省中部，地理位置介于北纬 36°01′~37°32′、东经 116°11′~117°44′ 之间，面积 8177km²。济南市南依泰山，北跨黄河，处于鲁中山区与华北平原的过渡地带，地形南高北低，自西南向东北倾斜，由南至北依次为山区丘陵、平原、洼地，中心城区低洼。海拔高程在 975.00 ~ 15.00m（黄海基面）。南部山区山高坡陡，岩石裸露，山脉多呈东西向分布。中部偏北的山前平原和平原区，稍向西北倾斜，区内有零星孤山和冲沟，沟岸直立而沟底平坦，且有砂砾等冲积物。

济南市城区范围北至黄河堤防，东、西至绕城高速、南至兴隆山分水岭（东西向延长线），总面积约 635km²。济南城区境内河流较多，主要有黄河、小清河两大水系。湖泊有大明湖、白云湖等。其中，小清河干流位于城区北部，是城区唯一的排洪干道，黄台桥以上流域面积为 351km²，其支流大多位于河流右岸，包括腊山河、兴济河、东西工商河、西洛河、东洛河、柳行河、全福河、大辛河、小汶峪沟、龙脊河和韩仓河等（见图 6-1），这些河流均

图 6-1 济南市城区水系图

发源于南部低山丘陵区，为季节性山洪河流，其上游坡降较大，汛期泄洪迅速，进入市区，坡降变缓，成为城区工业、生活污水的排泄河道。在城区西部小清河上游左岸有支流南太平河、北太平河、虹吸干河、华山沟等平原性人工河流。这些河道多受引黄灌溉影响，汛期排洪，枯季排引黄尾水及部分地下水。本书主要针对济南市城区开展在南部山区和中心城区降水以及小清河上游来水情况下的洪水风险分析及风险图绘制。

6.1.2 资料收集整理

收集了开展济南市城区洪水风险分析及风险图绘制所需的基础地理资料、水文资料、社会经济资料、构筑物及工程调度资料、历史洪水与洪涝灾害资料等。

（1）基础地理资料。济南城区2014年的1：2000矢量图，包括高程点、等高线、行政区划、居民点、道路交通、土地利用和河流水系等图层，以及2005年的基础地形资料。

（2）水文资料。济南城区不同频率的设计暴雨过程；历史典型暴雨洪水期间的实测雨量资料与典型水文站的实测水位和流量过程资料。

（3）社会经济资料。济南市及各区县的最新统计年鉴。

（4）构筑物及工程调度资料。包括堤防、河道断面道路、铁路、水闸、泵站、排水分区、排水管网等工程的参数和调度规则资料，以及区域相关的防洪调度预案。河道断面数据分布见图6–2，济南市城区排水系统和排水管网分布见图6–3。

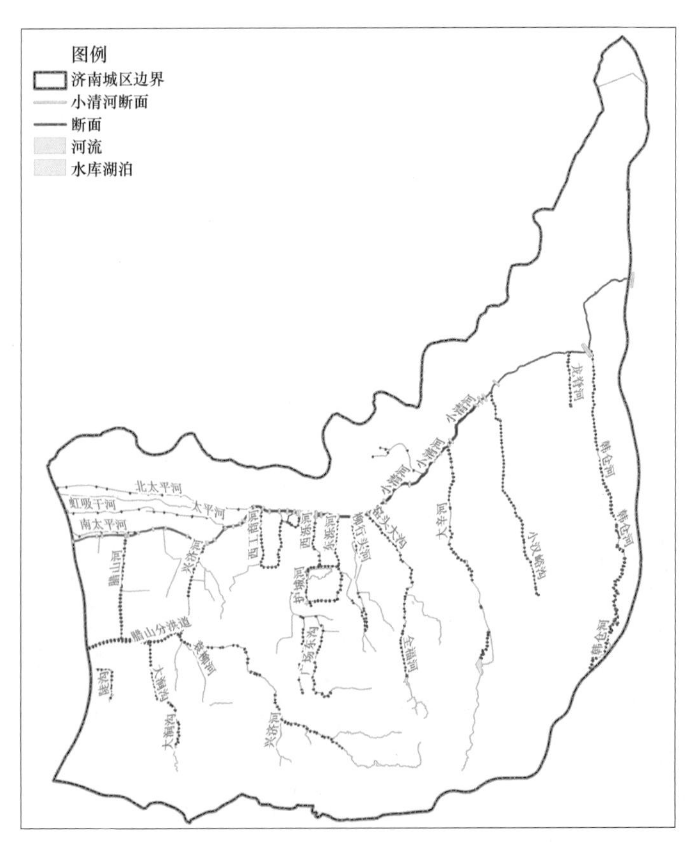

图 6–2 河道断面数据分布图

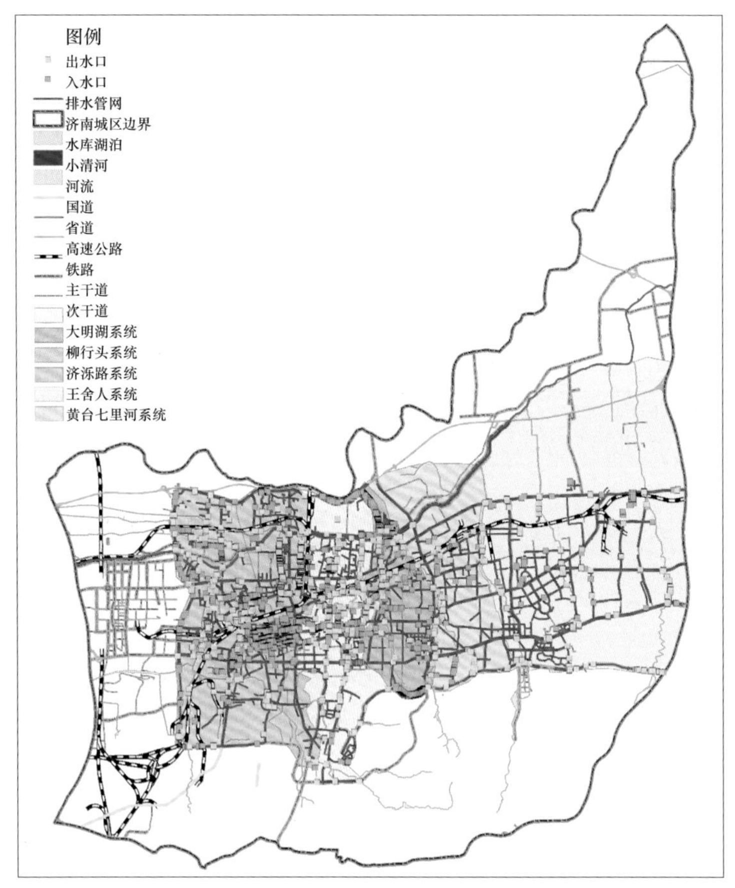

图 6-3　济南市城区排水系统和排水管网分布图

（5）历史洪水与洪涝灾害资料。包括历史上典型暴雨、洪水造成的淹没情况，以及淹没耕地面积、农作物损失、人员伤亡、工业交通基础设施和水利工程受损情况等灾害损失调查统计资料。

对基础资料的整理主要包括基础地理数据的拓扑检查、属性与空间位置的关联、DEM数据的生成、数据的筛选及属性处理、社会经济数据的空间展布以及风险图基础底图的配图等。

6.1.3　洪水危险性分析

6.1.3.1　洪水分析方案

本次研究主要是分析南部山区、济南市中心城区降水和小清河上游来水对城区泄洪河道、马路、重点保护对象等造成的洪水淹没。根据《防洪标准》（GB 50201—2014）的要求，济南市防洪标准应达到 100 ~ 200 年一遇。综合以上因素，确定暴雨量级选择 10 年、20 年、50 年、100 年、200 年一遇，降雨历时参照《洪水风险图编制技术细则》的规定选择 24 小时。由于本次洪水风险分析范围内的小清河洪水的主要来源是南部山区和中心城区暴雨，另外还包括研究范围边界以西的小清河上游流域范围，面积仅 34.6km^2，所以，无须对小清河洪水与城区暴雨洪水进行组合，小清河上游洪水采用与城区暴雨同频率量级按边界入流汇入分析区内。针对小清河区分现状和规划工况，共计算 10 个设计暴雨方案，及 2007 年 7 月 18 日降雨实况方案。另外，在模型率定和验证计算时，根据收集的历史典型暴雨洪水资料情况，还增加了 2009 年 5 月 9 日暴雨、2012 年 7 月 8 日暴雨和 2015 年 8 月 3 日暴雨共 3 场实况方案的计算，计算方案总计 14 个（见表 6–1），具体如下。

表 6–1　　　　济南城区洪水分析方案表

<table>
<tr><th>方案编码</th><th>方案类型</th><th>上下游水文边界</th><th>小清河工况</th><th>方案说明</th></tr>
<tr><td>JN–XZ–10</td><td rowspan="10">设计暴雨方案</td><td rowspan="10">上边界：小清河、北太平河、南太平河和虹吸干河按同频率暴雨采用瞬时单位线法计算入流过程；

下边界：曼宁公式</td><td rowspan="5">现状</td><td>济南城区发生 10 年一遇 24 小时暴雨，小清河现状工况，水闸、泵站按调度规则运行，模拟总时长 30 小时</td></tr>
<tr><td>JN–XZ–20</td><td>济南城区发生 20 年一遇 24 小时暴雨，小清河现状工况，水闸、泵站按调度规则运行，模拟总时长 30 小时</td></tr>
<tr><td>JN–XZ–50</td><td>济南城区发生 50 年一遇 24 小时暴雨，小清河现状工况，水闸、泵站按调度规则运行，模拟总时长 30 小时</td></tr>
<tr><td>JN–XZ–100</td><td>济南城区发生 100 年一遇 24 小时暴雨，小清河现状工况，水闸、泵站按调度规则运行，模拟总时长 30 小时</td></tr>
<tr><td>JN–XZ–200</td><td>济南城区发生 200 年一遇 24 小时暴雨，小清河现状工况，水闸、泵站按调度规则运行，模拟总时长 30 小时</td></tr>
<tr><td>JN–GH–10</td><td rowspan="5">规划</td><td>济南城区发生 10 年一遇 24 小时暴雨，小清河规划工况，水闸、泵站按调度规则运行，模拟总时长 30 小时</td></tr>
<tr><td>JN–GH–20</td><td>济南城区发生 20 年一遇 24 小时暴雨，小清河规划工况，水闸、泵站按调度规则运行，模拟总时长 30 小时</td></tr>
<tr><td>JN–GH–50</td><td>济南城区发生 50 年一遇 24 小时暴雨，小清河规划工况，水闸、泵站按调度规则运行，模拟总时长 30 小时</td></tr>
<tr><td>JN–GH–100</td><td>济南城区发生 100 年一遇 24 小时暴雨，小清河规划工况，水闸、泵站按调度规则运行，模拟总时长 30 小时</td></tr>
<tr><td>JN–GH–200</td><td>济南城区发生 200 年一遇 24 小时暴雨，小清河规划工况，水闸、泵站按调度规则运行，模拟总时长 30 小时</td></tr>
<tr><td>20070718</td><td rowspan="4">历史典型暴雨方案</td><td rowspan="4">上边界：小清河、北太平河、南太平河和虹吸干河按实况降雨采用瞬时单位线法计算入流过程；
下边界：曼宁公式</td><td rowspan="2">小清河治理前的工况</td><td>济南城区遭受 2007 年 7 月 18 日暴雨，采用小清河治理前的下垫面和工况，水闸和泵站按调度规则运行，模拟总时长为 24 小时</td></tr>
<tr><td>20090509</td><td>济南城区遭受 2009 年 5 月 9 日暴雨，采用小清河治理前的下垫面和工况，水闸和泵站按调度规则运行，模拟总时长为 19 小时</td></tr>
<tr><td>20120708</td><td rowspan="2">现状</td><td>济南城区遭受 2012 年 7 月 8 日暴雨，采用最新下垫面和现状工况，水闸和泵站按调度规则运行，模拟总时长为 21 小时</td></tr>
<tr><td>20150803</td><td>济南城区遭受 2015 年 8 月 3 日暴雨，采用最新下垫面和现状工况，水闸和泵站按调度规则运行，模拟总时长为 12 小时</td></tr>
</table>

6.1.3.2 洪水分析过程

采用 FRAS 进行济南城区的洪水模拟。利用该软件开展洪水危险性分析共包括两大步骤，即数据准备和洪水分析计算，其中数据准备包括基础地理数据导入、网格生成、属性提取、属性编辑、特殊通道提取和编辑、工程设施添加、边界条件设定、降雨产流设定、排水设定和初始条件设定等内容；洪水分析模块主要完成调用模型开展计算，并对各种计算结果进行界面中展示和查询。洪水分析过程如下。

（1）数据准备。

1）基础地理数据导入。导入开展洪水分析所需的基础地理数据，一般包括研究范围、DEM、水系、防洪工程分布、道路、居民地和铁路等，并将图层中已有的属性字段与软件默认的字段名称进行匹配。基础地理数据导入见图 6–4。

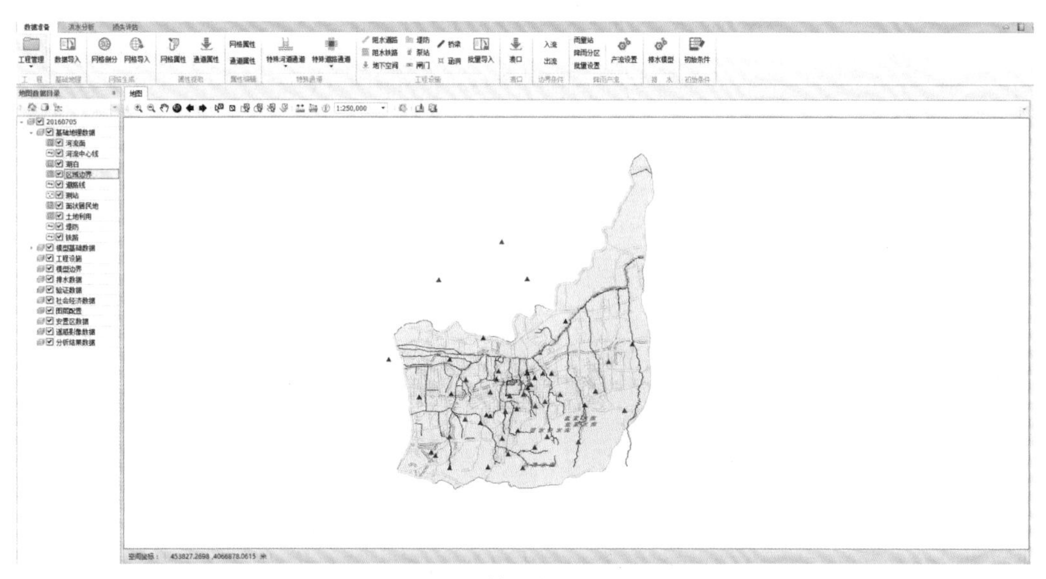

图 6–4　基础地理数据导入

2）网格生成。在“网格生成”模块中采用“网格剖分”工具，通过设置网格的边长、剖分时考虑的图层及剖分范围对研究范围进行网格自动剖分，软件剖分完成的网络见图 6–5。

在济南城区的网格剖分时，主要考虑的因素包括河流、堤防、铁路、高速公路、国道、省道、城市主干道、次干道和部分支路，小清河剖分为河道型网格。网格最大面积控制在 0.05km^2 以内，将整个研究区域划分成不规则网格 21311 个，网格平均面积 0.03km^2（约为 174m × 174m）。

3）属性提取。属性提取模块主要包括对网格的类型、糙率、高程和面积修正率，以及阻水通道的属性进行自动提取，济南城区的阻水通道包括堤防、铁路和阻水道路三类。网格高程属性提取和堤防属性提取界面分别见图 6–6、图 6–7。

4）属性编辑。通过“属性编辑”工具对网格和通道的属性进行手工编辑，网格属性编辑见图 6–8，通道属性编辑见图 6–9。

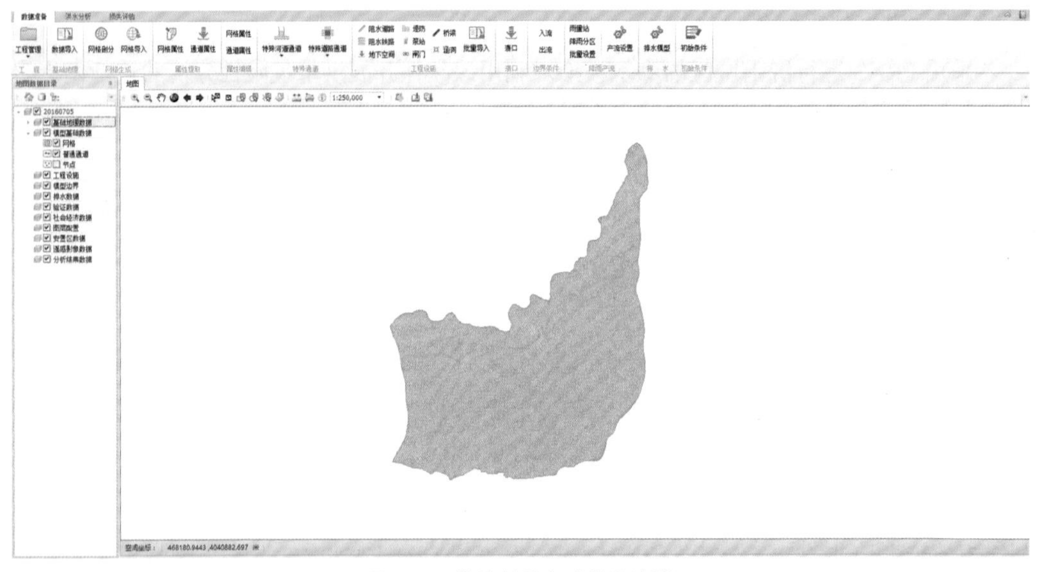

图 6-5　软件剖分完成的网格图

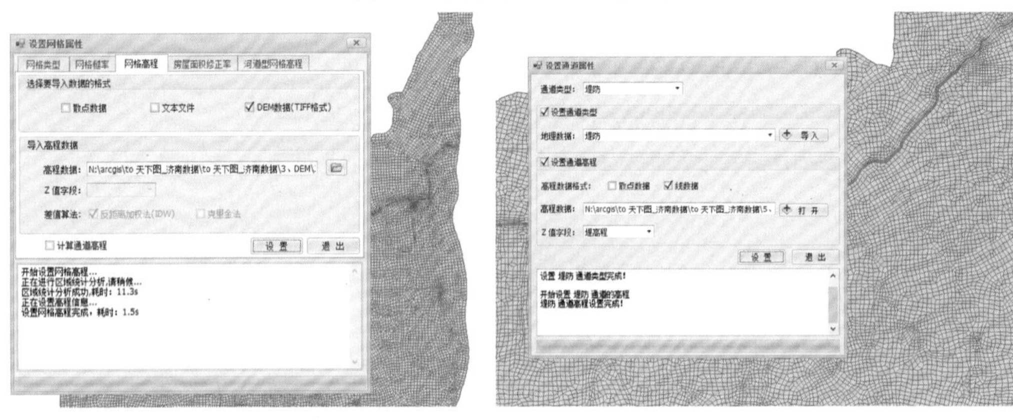

图 6-6　网格高程属性提取界面　　　　　图 6-7　堤防属性提取界面

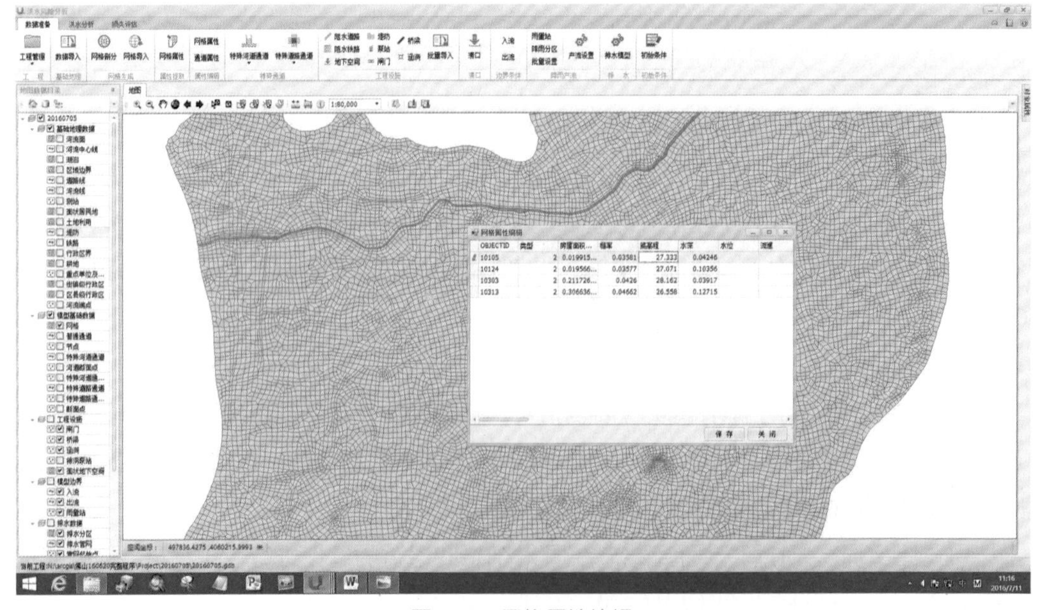

图 6-8　网格属性编辑

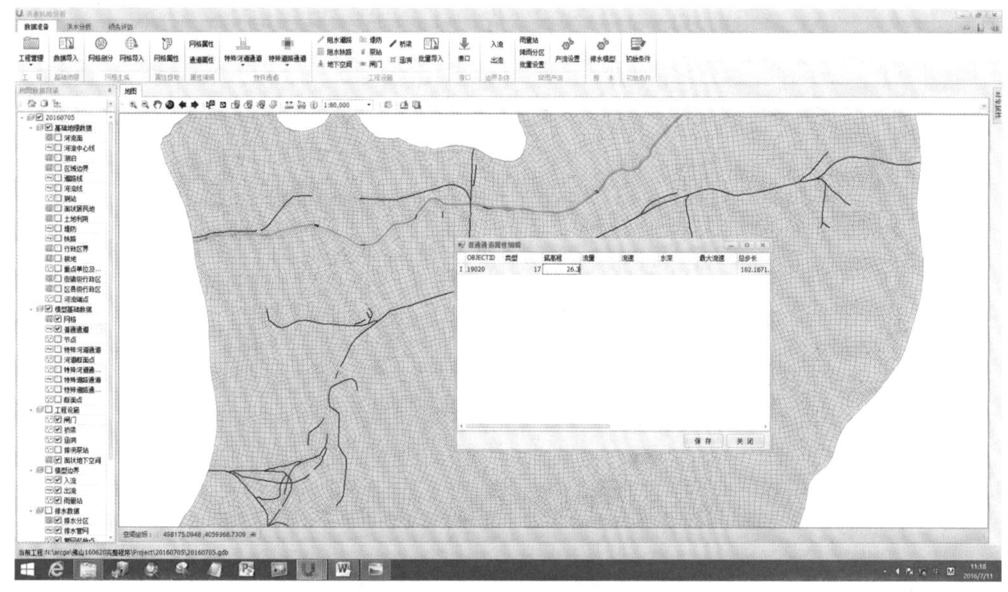

图 6-9　通道属性编辑

5）特殊通道提取和编辑。特殊通道包括特殊河道通道和特殊道路通道，该步骤的目的是对所有特殊通道的位置进行提取，并自动提取或编辑各特殊通道的属性，最后生成模型运行所需的特殊通道节点文件。在开展济南城区洪水风险分析时，除小清河剖分为河道型网格外，其他河流由于平均宽度未达到网格平均尺寸，所以作为特殊河道通道进行模拟，除高速公路和省道外，其他城市主干道和部分次干道作为特殊道路通道处理。

特殊河道通道的提取包括对其位置和断面属性的自动提取，在提取完成后，可利用属性编辑功能手动修改各特殊河道通道的属性。济南城区特殊河道通道位置自动提取结果见图 6-10，特殊道路通道位置提取结果见图 6-11。

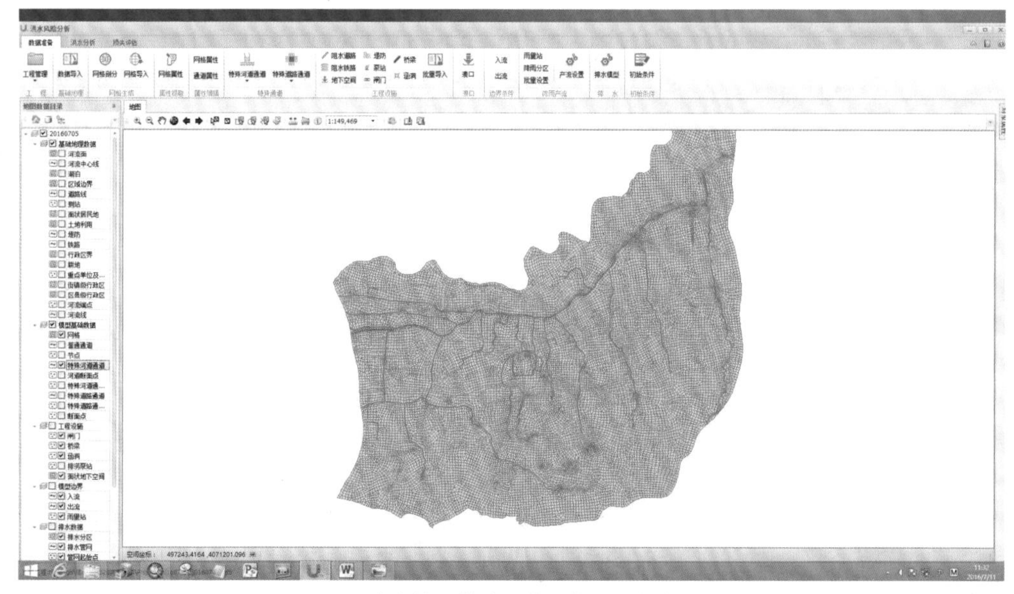

图 6-10　济南城区特殊河道通道位置自动提取结果

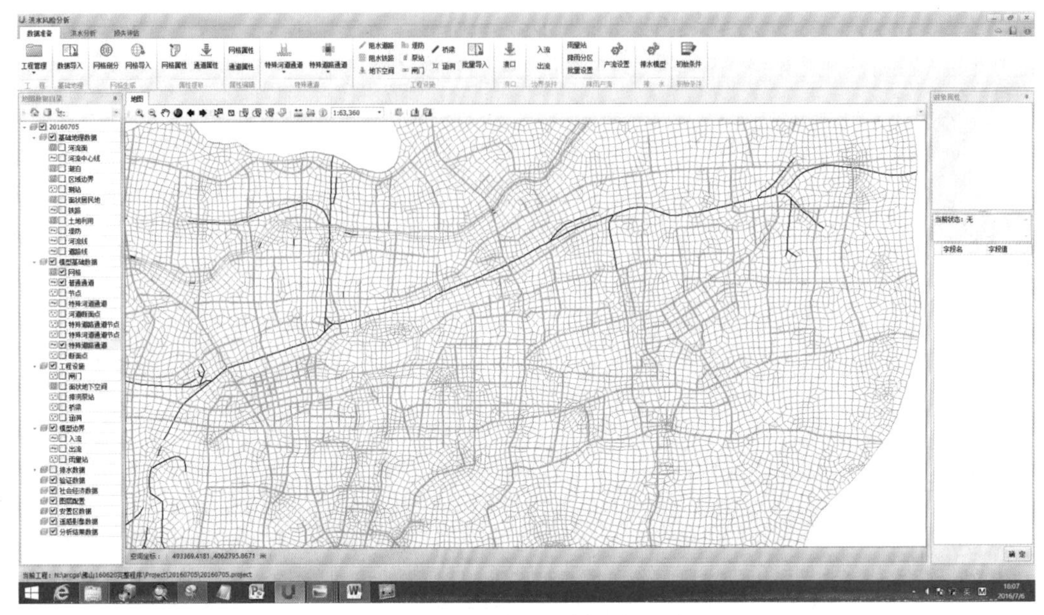

图 6-11　特殊道路通道位置提取结果

6）工程设施添加。济南城区洪水风险分析需要考虑的工程设施包括堤防、阻水铁路、阻水道路、水闸和泵站。利用“工程设施”模块中的工具可单个或批量添加相应的设施，并设定各设施对象的参数。其中，堤防、阻水铁路和阻水道路等阻水通道的提取和参数设定已在“属性提取”模块中完成，此处仅进行水闸和泵站设施的添加，泵站参数编辑见图 6-12。

7）边界条件设定。由于本次洪水风险分析范围南部以兴隆山分水岭为界，所以在南部山区无入流，上边界入流主要为研究范围以西的小清河干流、北太平河、南太平河和虹

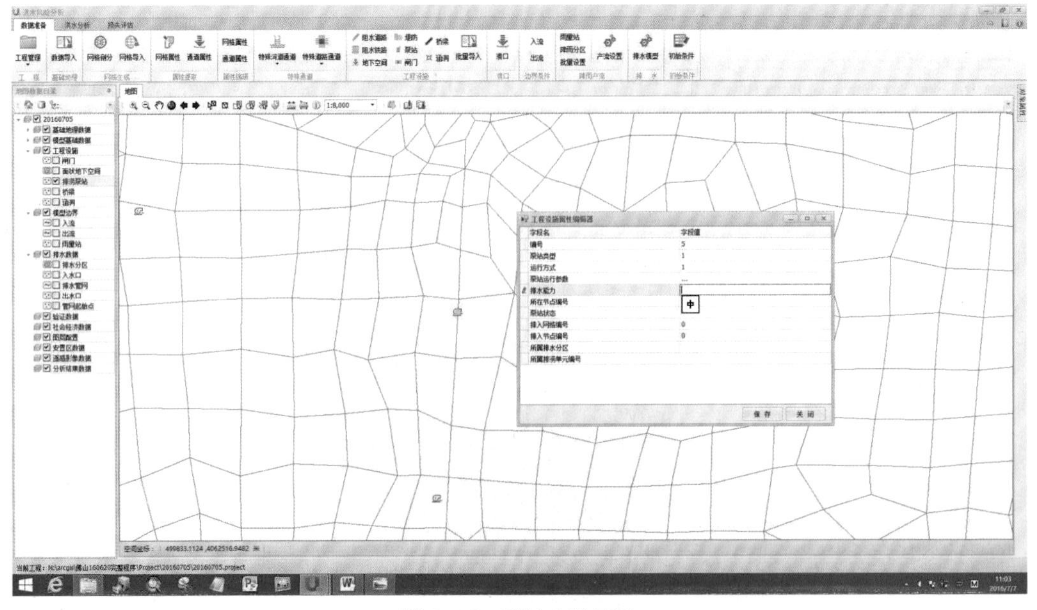

图 6-12　泵站参数编辑

吸干河（见图 6–13）。针对设计暴雨方案，上边界入流过程为与不同频率的设计暴雨过程对应的小清河、南太平河、北太平河和虹吸干河入口断面的设计洪水过程，由于在这些入口处或其领近区域均未设立水文测站，无法得到模型运行所需的边界处实测水位、流量过程，所以采用瞬时单位线法对入口边界的洪水过程进行计算。瞬时单位线法所需的相关参数由《山东省水文图集》查得。针对历史典型暴雨方案，则根据实测降雨过程进行计算。入流设定见图 6–14。

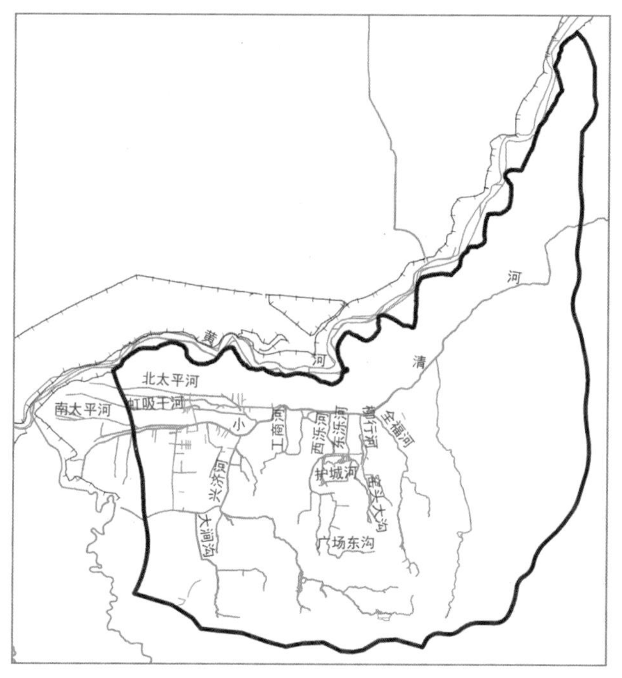

图 6–13　边界入流和出流位置示意图

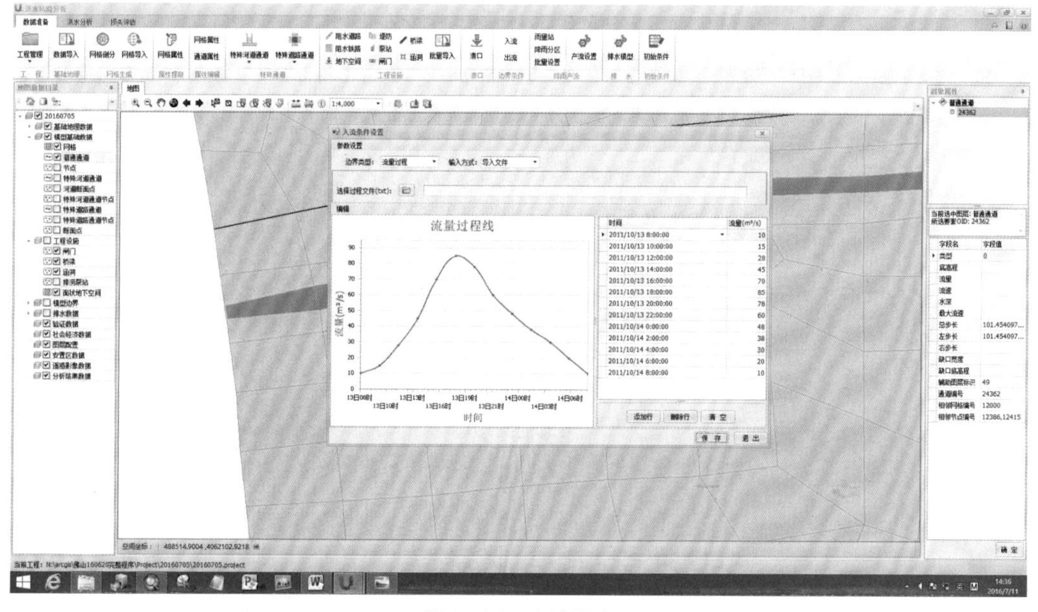

图 6–14　入流设定

由于在边界出口处及附近无实测水文站点，无法获得水位－流量关系，故采用曼宁公式推算出口流量。出流设定见图 6–15。

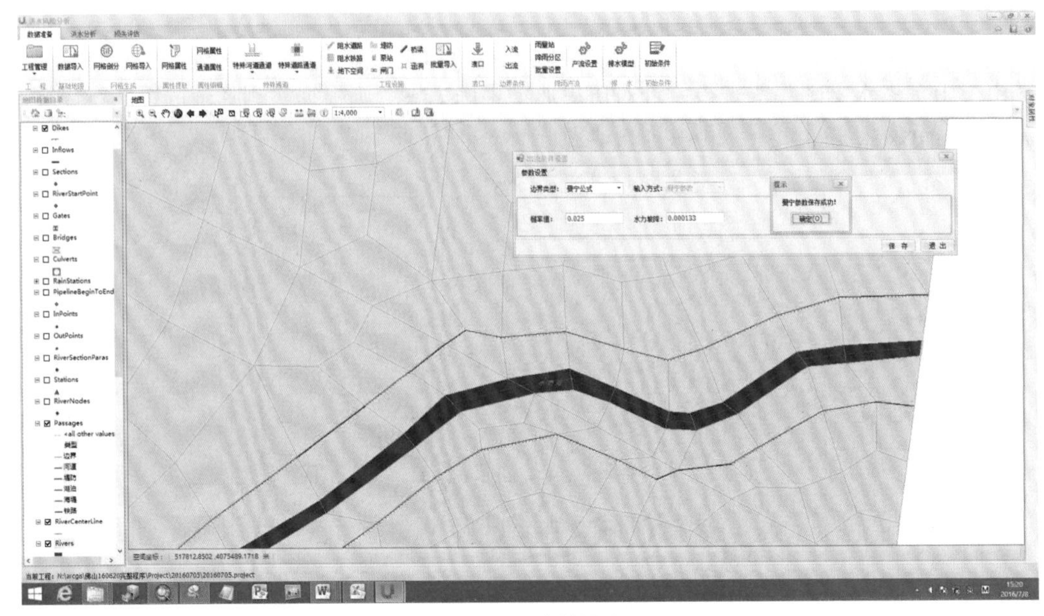

图 6–15　出流设定

8）降雨产流设定。针对设计暴雨方案，采用不同频率的设计暴雨过程作为降雨条件，针对历史典型暴雨方案，采用各雨量站实测降雨过程作为降雨条件。

产流计算采用径流系数法（见图 6–16），根据导入的土地利用分布图层及不同土地利用类型对应的径流系数，软件可自动计算出各网格的综合径流系数。

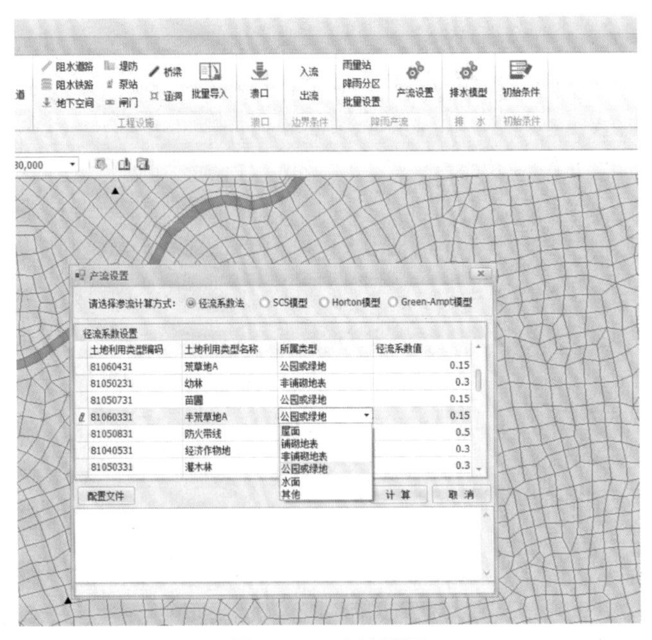

图 6–16　产流设置

9）排水设定。针对济南城区，根据资料条件确定采用“地下水库”模型和“等效管网”模型开展排水计算。研究区域内共有 6 个排水分区，根据收集到的设计排水能力资料，可确定每个排水分区的径流系数和排水能力。排水分区分布见图 6–17，排水模型设定见图 6–18。

10）初始条件设定。模型计算的初始条件包括河道、湖泊初始水位以及排水分区或排水管网中的初始水深。处理方法分别如下。

A. 河道水位。首先将河道初始水深设定为 0.5m，按瞬时单位线法计算出各入口边界

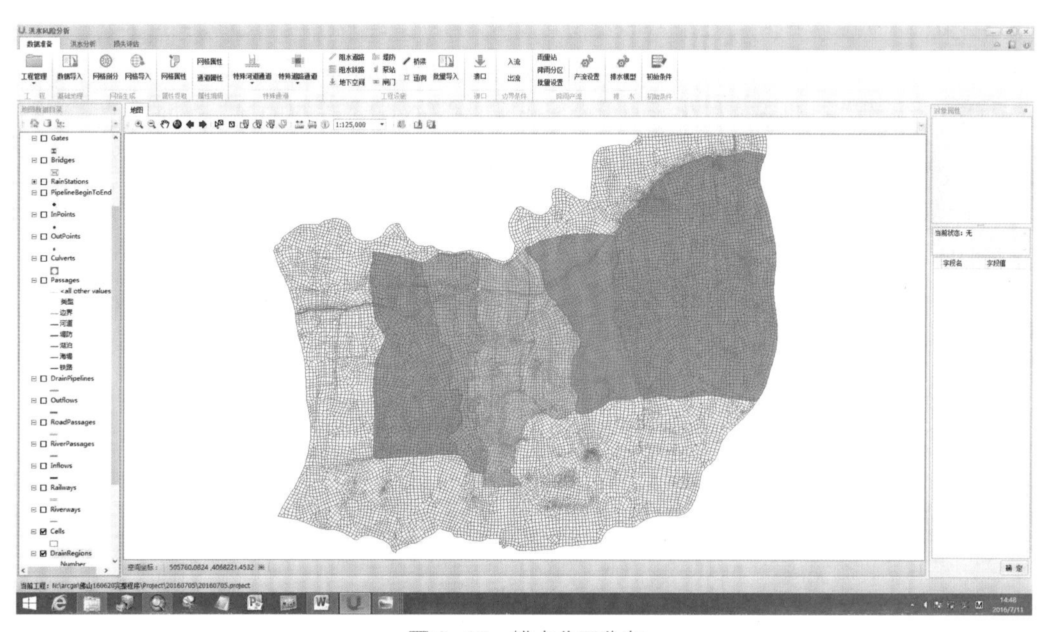

图 6–17　排水分区分布

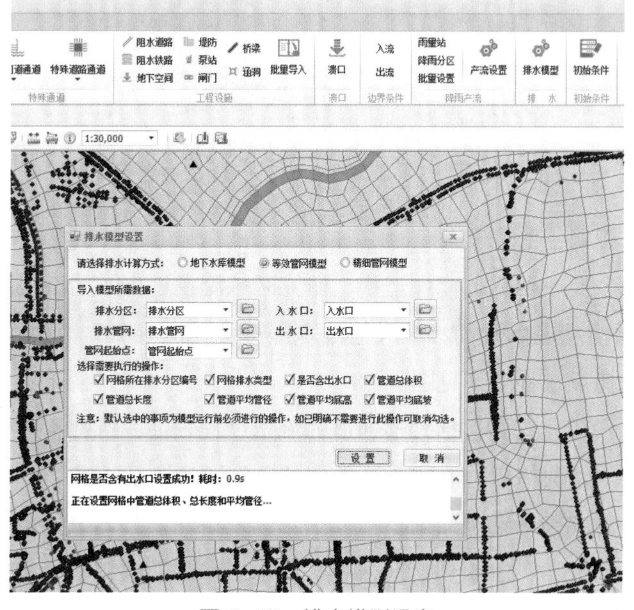

图 6–18　排水模型设定

的入流过程后，以每个入流过程的初始时刻流量作为恒定的流量过程输入模型，并将黄台桥水文站的初始水位作为恒定约束条件，进行初始计算 10 小时，使河道内水流趋于稳定状态，以初始计算时段末的河道水位作为正式计算时的初始水位。

B. 湖泊水位。在初始计算时首先设定为 2m，与河道水位类似，以初始计算时段末的湖泊水位作为正式计算时的初始水位。

C. 排水分区或排水管网初始水深。在汛期，雨水排水管网中一般会积存一定的水量，该水量对应的水深即为初始水深。根据经验，模型中各网格下的排水管道初始水深取其 1/4 管道体积对应的水深。当按排水分区计算时，各分区的初始水量为分区能容纳的总水量的 1/4，并在模型率定和验证过程中根据实际积水分布进行适当的调整。

（2）洪水分析。洪水分析包括调用模型开展计算和对计算结果的展示查询。

1）调用模型开展计算。在对模型运行的控制参数进行设置后（见图 6–19），软件会调用洪水分析模型并在后台进行计算。模型运行结束后，可在“洪水分析”模块中查看模型运行的所有结果。

2）计算结果的展示和查询。在“综合信息查询”工具中可查看建模信息、模拟情况总结和淹没信息（见图 6–20）。

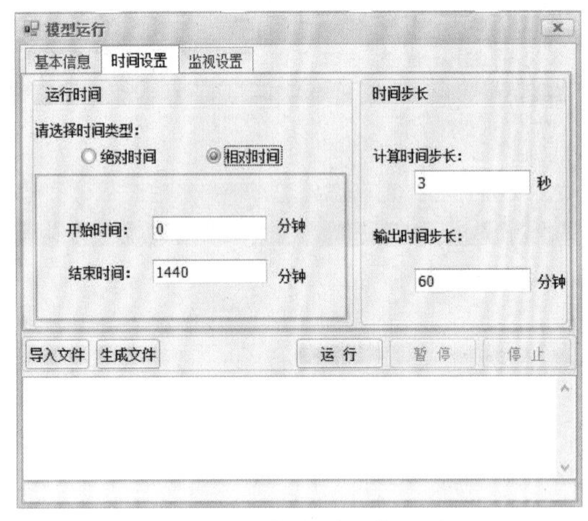

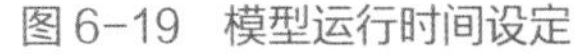
图 6–19　模型运行时间设定

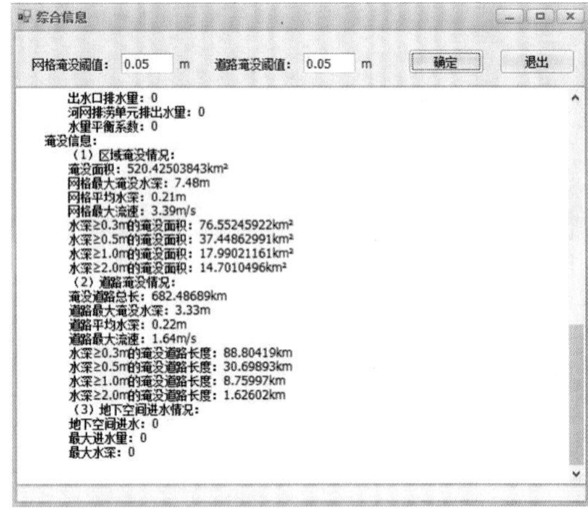

图 6–20　综合信息查询——建模信息和模拟总结

网格淹没信息查询包括对最大淹没范围分布、最大淹没水深分布、洪水淹没历时分布、洪水到达时间分布、单个网格的淹没过程、研究区域淹没过程的动态展示以及河道型网格的横断面和纵断面信息进行查询。最大淹没水深查询见图 6–21，洪水淹没历时查询见图 6–22，单个网络的淹没过程查询见图 6–23。

通道及节点淹没信息查询包括普通通道的流量过程查询，特殊河道通道的最大水深分布、最高水位分布、最大流量分布查询，单个特殊河道通道的流速、流量、水深和水位过程查询，特殊河道的横断面和纵断面信息查询，以及特殊道路通道的最大水深分布、最大流速分布、淹没历时分布、洪水到达时间分布，单个特殊道路通道的流速、流量和水深过程及特殊道路节点水深过程的查询（见图 6–24~ 图 6–30）。

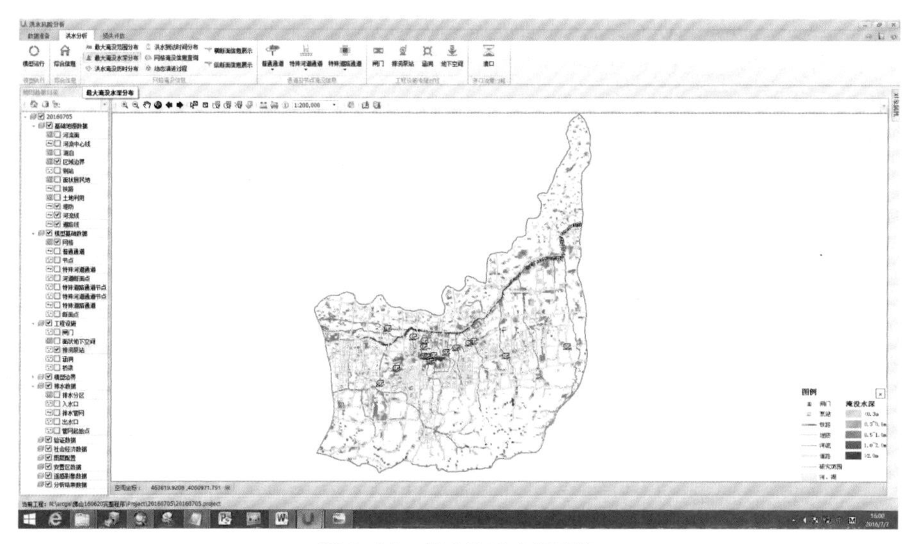

图 6-21　最大淹没水深查询

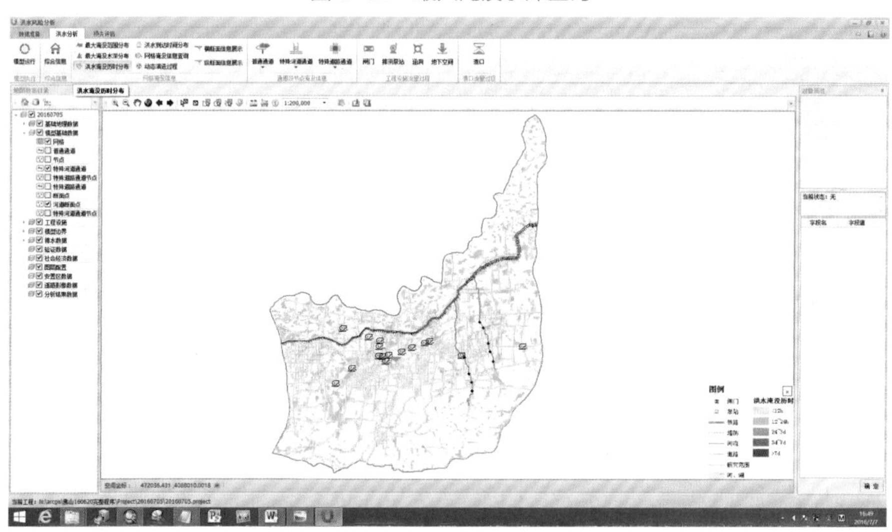

图 6-22　洪水淹没历时查询

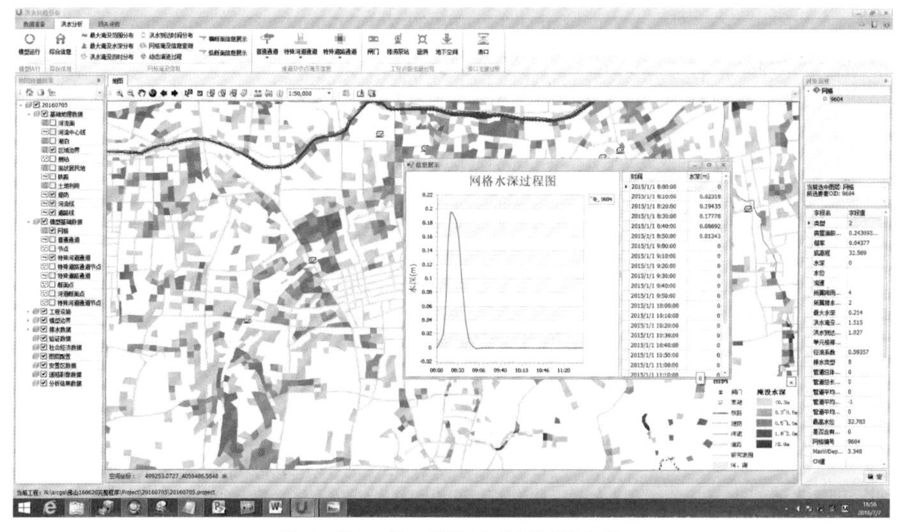

图 6-23　单个网格的淹没过程查询

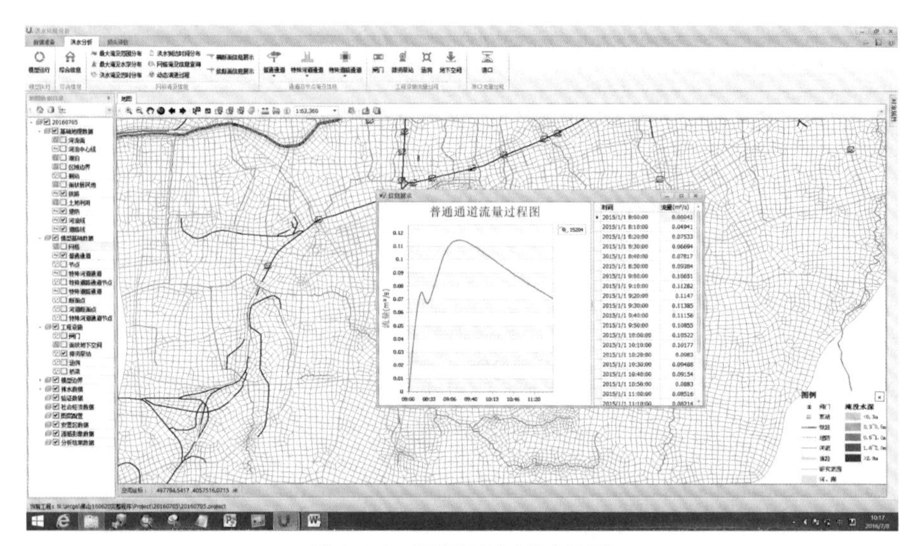

图 6-24　通道流量过程查询图

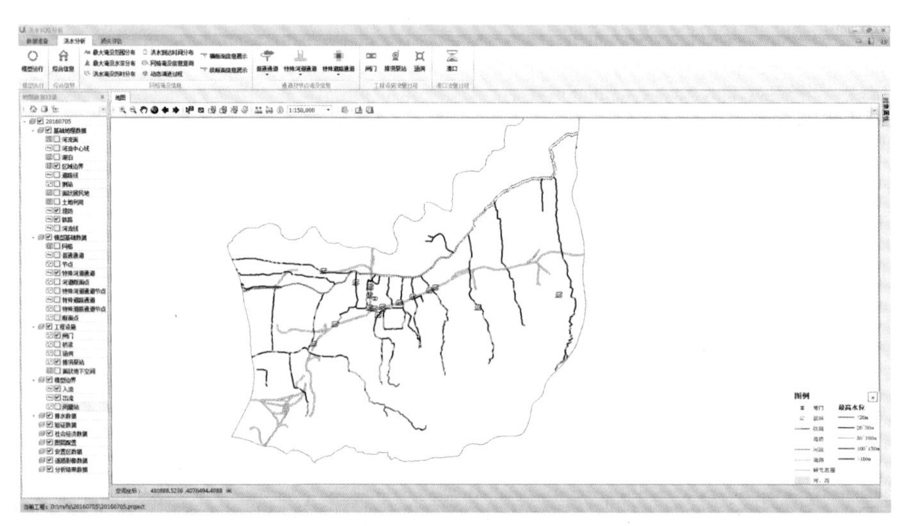

图 6-25　特殊河道通道的最高水位分布图

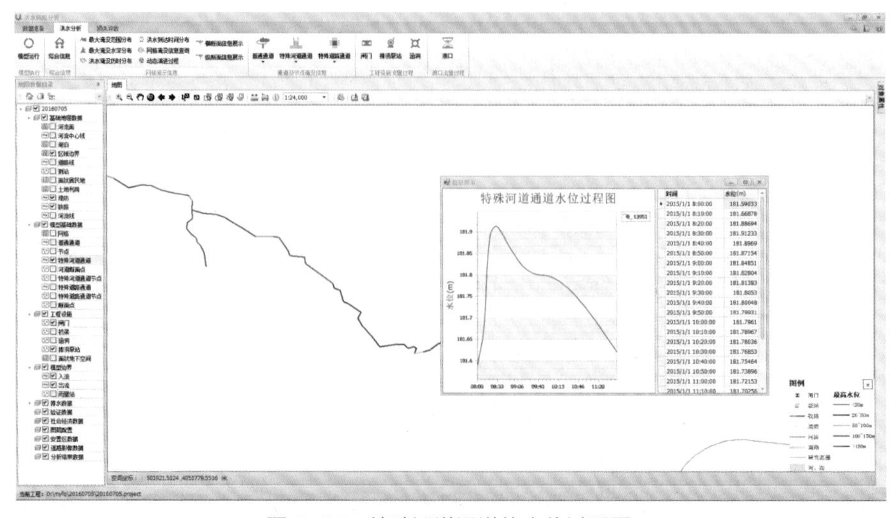

图 6-26　特殊河道通道的水位过程图

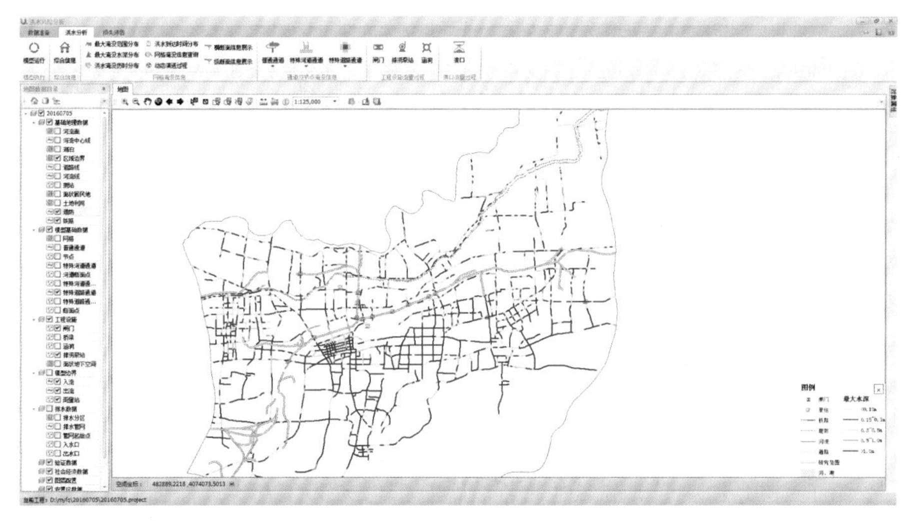

图 6-27　特殊道路通道的最大水深分布图

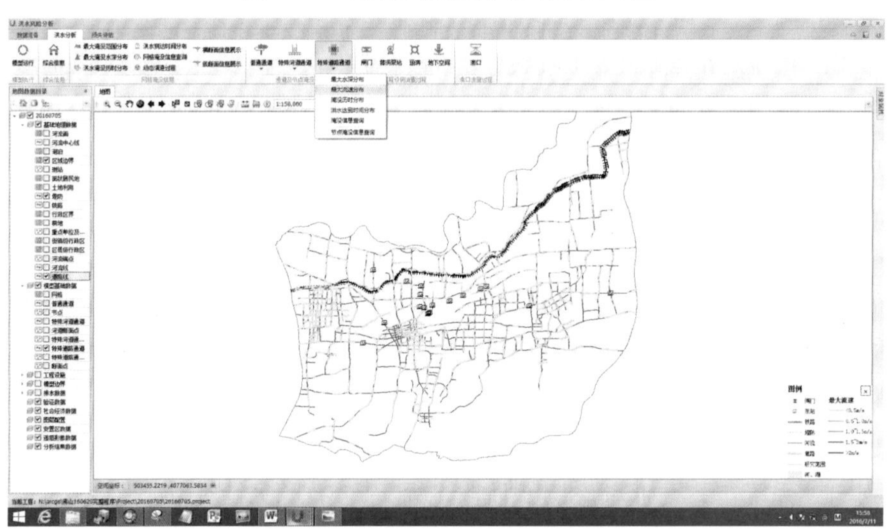

图 6-28　特殊道路通道的最大流速分布图

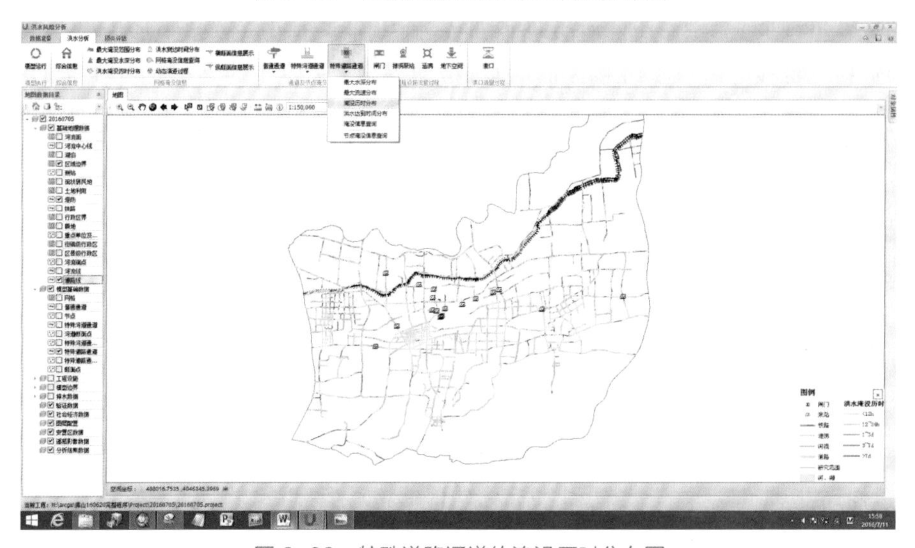

图 6-29　特殊道路通道的淹没历时分布图

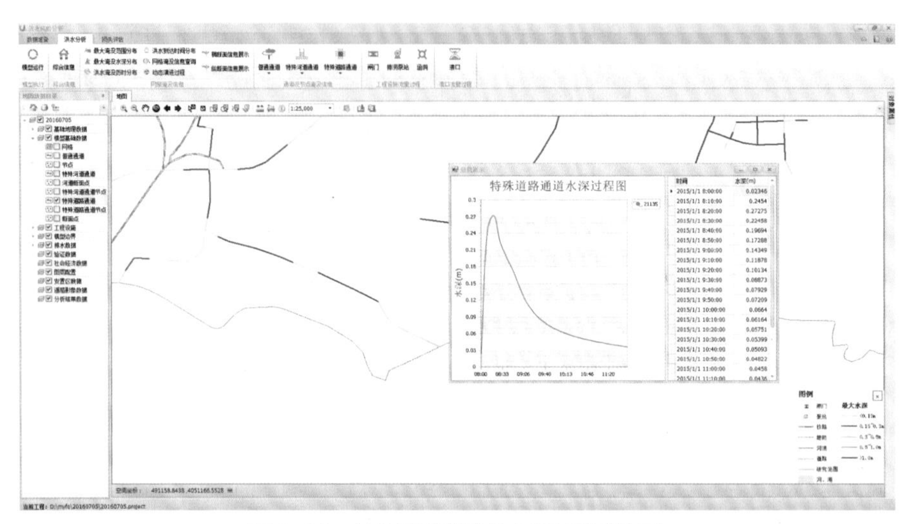

图 6-30　特殊道路通道的水深过程查询图

（3）模型的率定和验证。为了对洪水分析模型中涉及的参数进行率定或检验参数取值的合理性，需要对建立的模型进行率定和验证计算，并根据模拟的河道水位过程及淹没分布与实测或调查数据的对比情况对局部区域的参数进行调整，以提高模型的可靠性和模拟精度，保证模型能够用于其他方案的洪水分析计算。本次研究选择雨量较大且积水资料较多的 2007 年 7 月 18 日暴雨、2009 年 5 月 9 日暴雨、2012 年 7 月 8 日暴雨和 2015 年 8 月 3 日暴雨共 4 场历史典型暴雨开展模型率定和验证计算。在计算中，需要率定或检验的参数包括网格糙率、网格面积修正率、网格产流系数、网格平均高程、河道糙率、排水分区或管网初始水深等。

由于收集的排水管网资料为 2012 年普查数据，而济南市城区在 2007 年至 2011 年期间，城市雨水排水系统处于大力改造和建设阶段，所以，本次研究针对雨水排水系统，建立了基于“地下水库”概念的排水分区模拟模块和基于详细管网设计资料的排水管网子模型，在模型率定和验证时，前者主要采用 2007 年 7 月 18 日暴雨进行率定，采用 2009 年 5 月 9 日暴雨资料进行验证，后者则采用排水管网能力提高之后发生的 2015 年 8 月 3 日暴雨资料进行率定，采用 2012 年 7 月 8 日暴雨进行验证。另外，在计算 2007 年 7 月 18 日暴雨和 2009 年 5 月 9 日暴雨时，基础地形采用与之接近的 2005 年数据，小清河采用治理前的河道断面数据。

利用 2007 年 7 月 18 日暴雨、2009 年 5 月 9 日暴雨、2012 年 7 月 8 日暴雨和 2015 年 8 月 3 日暴雨共 4 场历史典型暴雨洪水资料对模型参数进行了率定，对模型模拟结果进行了验证。

1）模型对区域的概化合理。根据基础地形数据提取的网格高程、面积修正率等参数能反映区域下垫面的分布特征。根据规范、文献或经验值设定的网格和河道糙率、产流系数等参数取值合理。

2）在两套下垫面条件下（2005 年和 2014 年），模型模拟的河道水位流量过程和淹没结果与实测或调查数据较为吻合。从总体上看，模型能够较为合理地模拟研究区域由于暴雨或河道洪水引起的淹没分布，率定和验证后的模型可以用于其他方案的洪水分析计算，为洪水影响分析和洪水风险图的绘制提供淹没数据。

6.1.3.3 洪水分析结果

（1）在相同的小清河工况下，随着暴雨量级增大，最大淹没面积逐渐增大，在 200 年一遇设计暴雨条件下（小清河现状工况），淹没面积达 226.70km^2，最大淹没水深超过了 3m，平均水深为 0.41m，水深不小于 0.5m 的淹没面积和水深不小于 1m 的淹没面积分别为 55.61km^2 和 13.06km^2。小清河规划工况下，同一设计暴雨方案，淹没总面积变化幅度不大，但水深较大的淹没面积有所减少。如发生 100 年一遇设计暴雨时，在规划工况下，水深不小于 0.5m 的淹没面积为 43.23km^2；在现状工况下，淹没面积为 44.10km^2，减少了 0.88km^2（见图 6–31）。

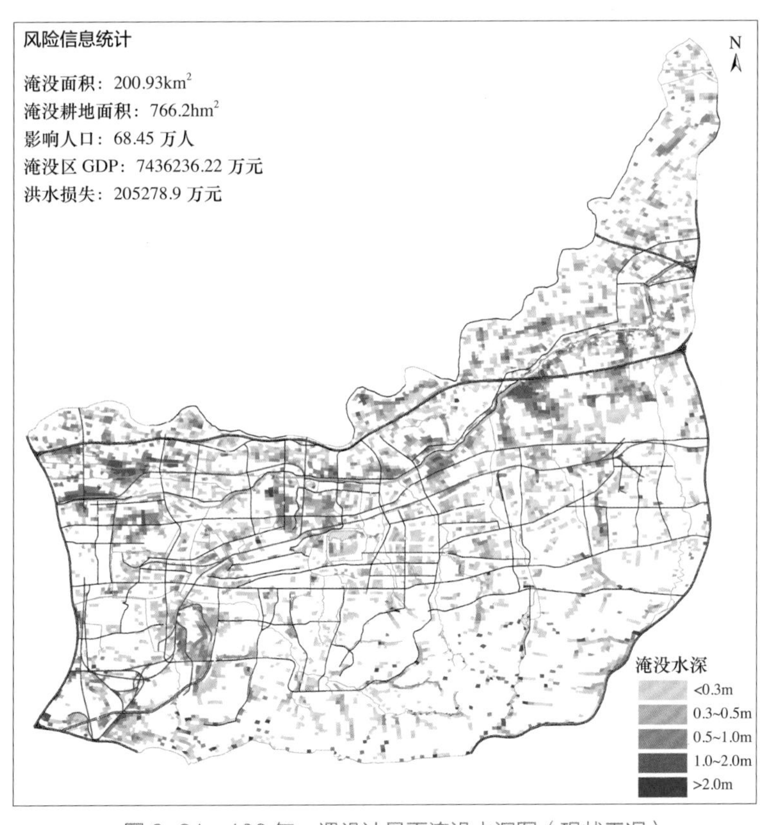

图 6–31 100 年一遇设计暴雨淹没水深图（现状工况）

（2）不同设计暴雨方案的淹没道路总长变化不大，介于 455.24~576.74km 之间，最大水深均超过了 2m，最大为 3.75m，平均水深介于 0.22~0.29m 之间。不同洪水量级下，水深不小于 0.3m 的道路长度、水深不小于 0.5m 的道路长度和水深不小于 1m 的道路长度变化较大，如在 10 年一遇设计暴雨条件下（小清河现状工况），水深不小于 0.3m 的道路长度为 56.49km，在 200 年一遇设计暴雨条件下，增加到 130.05km，增幅超过 1 倍。

（3）不同设计暴雨方案的淹没空间分布均呈现出共同的特点，即在城区北部小清河南岸低洼区域、铁路沿线、二环南路西侧以北的低洼地等易形成积水，在铁路与道路相交的立交桥处，道路上积水深度较深，而且在南部南北向道路上水深和流速较大，是出现顺街道行洪风险较大的区域（见图 6–32）。

图 6–32　100 年一遇设计暴雨道路淹没水深图（现状工况）

（4）不同设计暴雨方案下淹没较严重（水深不小于 0.5m）的路段主要包括奥体中路、标山南路、德州路、电建路、东营路、东宇大街、二环东路、二环西路、凤凰山路、凤鸣路、工业北路、工业南路、环城路、黄台南路、济泺路、经二路、经十路、经一路、蓝翔路、刘长山路、龙鼎大道、泺安路、旅游路、青岛路、日照路、三孔桥街、生产路、世纪大道、水屯北路、威海路、纬十二路、文庄路、无影山北路、小清河北路、烟台路和淄博路等的部分路段。且随着暴雨重现期增大，同一路段的淹没长度会明显增加。

6.1.4　洪水影响及损失评估

6.1.4.1　洪水影响分析及损失评估模型

洪水影响分析主要包括淹没范围和各级淹没水深区域内社会经济指标的统计分析。洪水损失评估是对各量级洪水对淹没区造成的灾害损失进行评估分析等，洪水影响分析与损失评估以不同级别的行政区域 [市（县、区）、乡镇（街道）、行政村等] 为统计单元进行。

6.1.4.2　洪水影响分析与损失评估方案

（1）评估方案。济南城区洪水影响分析与损失评估的方案与洪水分析的方案保持一致，即对每个洪水分析方案都进行影响分析与损失评估，对典型方案不同水深的评估结果、不同类型和不同行政区的结果进行分析，并且对具有可比性的方案间的洪水影响及损失评估结果进行对比分析。

（2）水深等级的选取。按照《洪水风险图编制技术细则》对城市洪水风险图水深分级的规定,此次济南城区的洪水水深等级确定为小于 0.3m,0.3 ~ 0.5m,0.5 ~ 1.0m,1.0 ~ 2.0m 和大于 2.0m，共 5 级。

（3）评估单元的确定。依据《洪水风险图编制技术细则》的规定，洪水影响分析以不同级别的行政区域 [市（县、区）、乡镇（街道）、行政村等] 为统计单元进行。考虑收集到的资料情况,济南城区的洪水影响与损失评估以乡镇 / 街道为最小统计单元,涉及槐荫区、历城区、历下区、市中区、天桥区、章丘市共计 6 个区。

（4）财产价值的确定。在洪涝灾害损失评估中，不仅要估算受灾财产的数量，还要估算财产的价值。对财产价值的计算，通常有四种方法：①现行市价法；②收益现值法；③重置成本法；④清算价格法。四种方法中收益现值法适用于能够独立取得收益的财产，清算价格法主要适用于企业停产和破产时的财产价值评估。各类资产的价值主要采用现行市价法，房屋类财产采用重置成本法，即按当地新建房屋的成本价，扣除折旧后计取。居民家庭财产按照所涉及槐荫区、历城区、历下区、市中区、天桥区、章丘区六区每百户耐用消费品拥有量按照现行市价法进行折算（参见其 2014 年统计年鉴）。其他工商业资产的价值直接摘录自所涉行政区的统计年鉴。交通道路的造价参考了国家有关公路、铁路工程预算定额，按照修复费用考虑。受淹财产价值采用受淹居民地面积占各行政区居民地面积比例的方法估计。主要价值参数取值见表 6–2。

表 6–2　　主要价值参数取值

指标	单位	价值
居民建筑物成本价	元 /m^2	2000~3000
居民人均家庭财产值	万元 / 人	2.0~3.0
国道修复费用	万元 /km	800
省道造价	万元 /km	500
县道造价	万元 /km	200
乡道造价	万元 /km	100

（5）洪灾损失率的确定。洪灾损失率的选取是洪灾直接经济损失评估的关键。与洪灾发生区域的淹没等级、财产类别、成灾季节、范围、洪水预见期、抢救时间、抢救措施等有关，通常在洪灾区选择一定数量、一定规模的典型区作调查。并在实地调查的基础上，建立洪灾损失率与淹没深度、时间、流速等因素的相关关系。

针对济南城区参照类似区域的损失率关系，并根据受淹区特点确定洪灾损失率与淹没水深关系见表 6–3。

表 6–3　　济南城区洪水损失率与淹没水深关系表　　%

水深等级	0.05~0.3m	0.3~0.5m	0.5~1.0m	1.0~2.0m	>2.0 m
家庭财产	1	3	10	28	38
家庭住房	0	1	5	18	24
农业损失	5	15	24	55	73
工业资产	1	2	8	24	32
商业资产	3	7	14	23	29
铁路	1	2	6	22	32
一级公路	1	2	8	25	36
二级公路	2	3	10	28	39

淹没历时也是洪灾损失评估中需要考虑的淹没特征指标，在济南市洪涝灾害损失评估中以淹没历时作为重要指标，计算工商企业及相关第三产业停工停产引起的产值损失。其具体算法是根据统计资料及计算不同行政单元在单位面积上单位时间内实现的工业和商业产值，再根据淹没面积和淹没历时推求企业停工停产损失。

6.1.4.3　洪水影响分析与损失评估过程

（1）基础地理数据导入。采用“数据准备”模块中的“数据导入”工具导入洪水影响分析及损失评估所需的基础地理数据（见图 6–33），包括行政区界、居民地、耕地、公路、铁路、重点单位及设施、水域面等，并对相应的地物编码进行标准化处理。

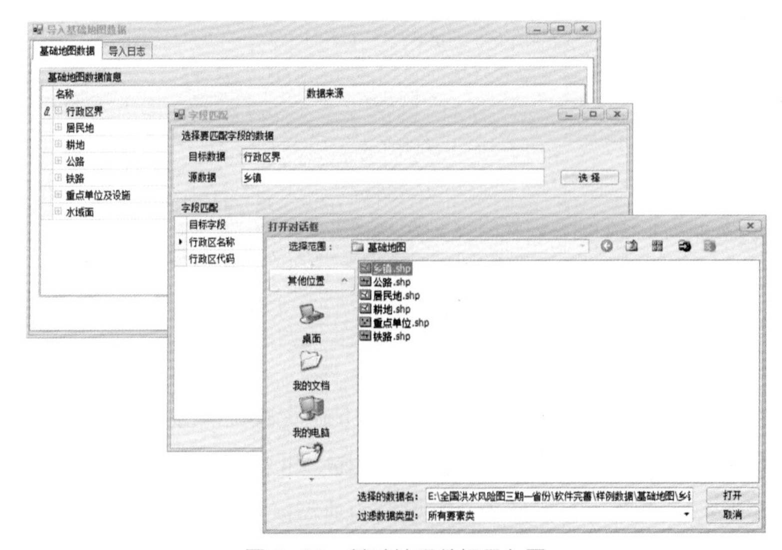

图 6–33　基础地理数据导入图

（2）社会经济数据导入及参数设定。包括社会经济数据的导入和社会经济参数的设定。社会经济数据导入主要导入社会经济统计数据，包括综合、人民生活、农业、第二产业及第三产业等数据表。社会经济数据主要来源于各行政区域的统计年鉴，对于导入数据的具体格式和内容都需要遵循洪水风险分析软件标准化的规定（见图 6-34）。

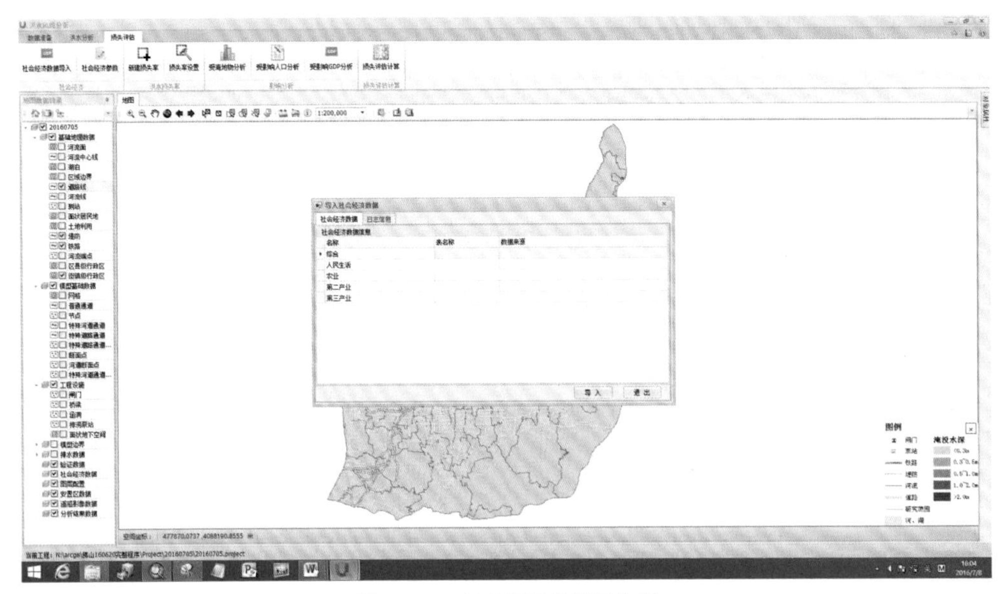

图 6-34　社会经济数据导入图

利用“社会经济参数”设定工具可以对损失评估需要的部分社会经济参数根据研究区域的具体情况进行针对性地输入设定。需要设定的社会经济参数包括房屋建筑参数、资产净值率和道路修复费用等，每一类参数里设有更为详细的分类或具体的参数：在房屋建筑参数里分为房屋建筑单价、建筑楼层比例、建筑占地比例等二级分类，房屋建筑单价里需要输入城镇房屋和农村房屋的建筑单价，建筑楼层比例需要输入不同楼层建筑的比例，而在建筑占地比例中需要分别输入城镇和农村居住房屋和非居住房屋的比例。道路修复费用中填写不同级别公路和铁路的修复费用等。社会经济参数设定见图 6-35。

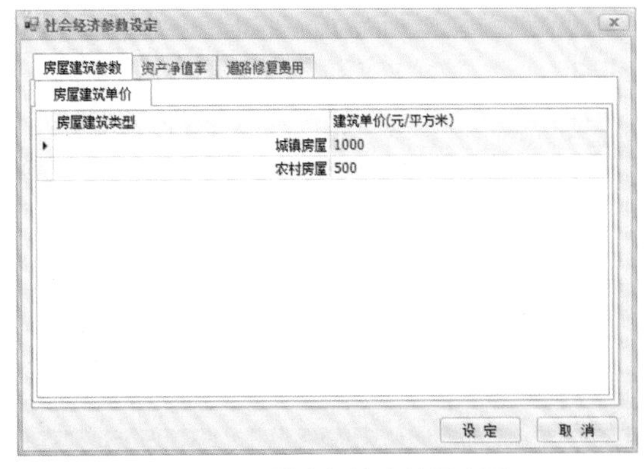

图 6-35　社会经济参数设定图

（3）洪灾损失率设定。具体包括新建损失率和损失率设定。首先选择暴雨内涝类型的损失率关系（见图 6–36），并根据表 6–3 中确定的损失率关系对部分资产的损失率值进行了调整。

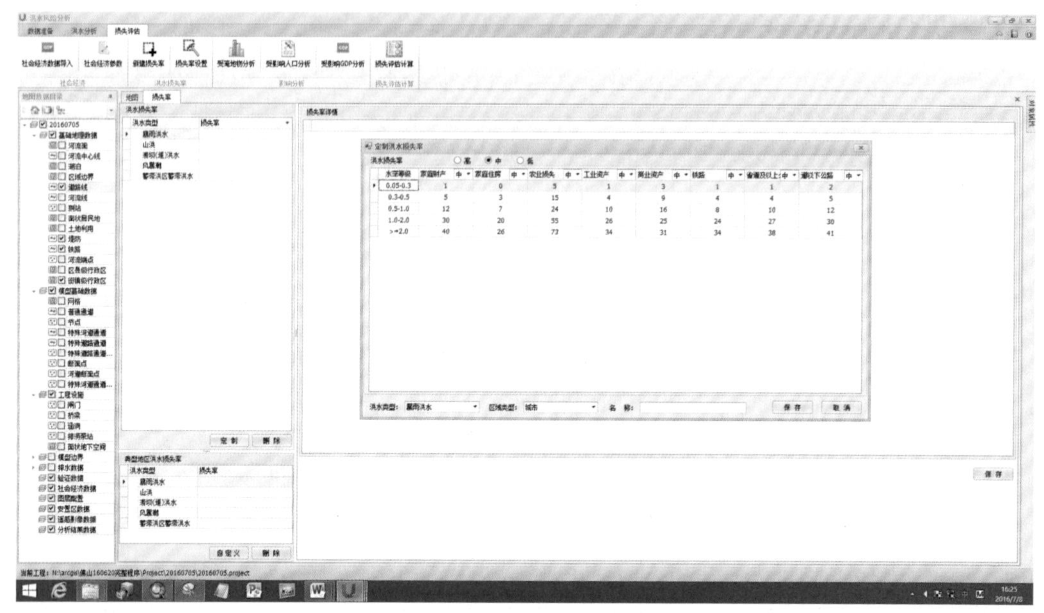

图 6–36　损失率设定图

（4）影响分析。洪水影响分析是进行受淹地物（见图 6–37）、受影响人口（见图 6–38）以及受影响 GDP 的统计。受淹地物统计是对受灾对象的受淹面积、长度、个数等进行统计，统计的结果以统计表的形式呈现，包括受淹行政区面积、受淹居民地面积、受淹耕地面积、受淹道路长度、受淹重点单位的统计总值以及分水深等级统计值。同时，也展示更细类的

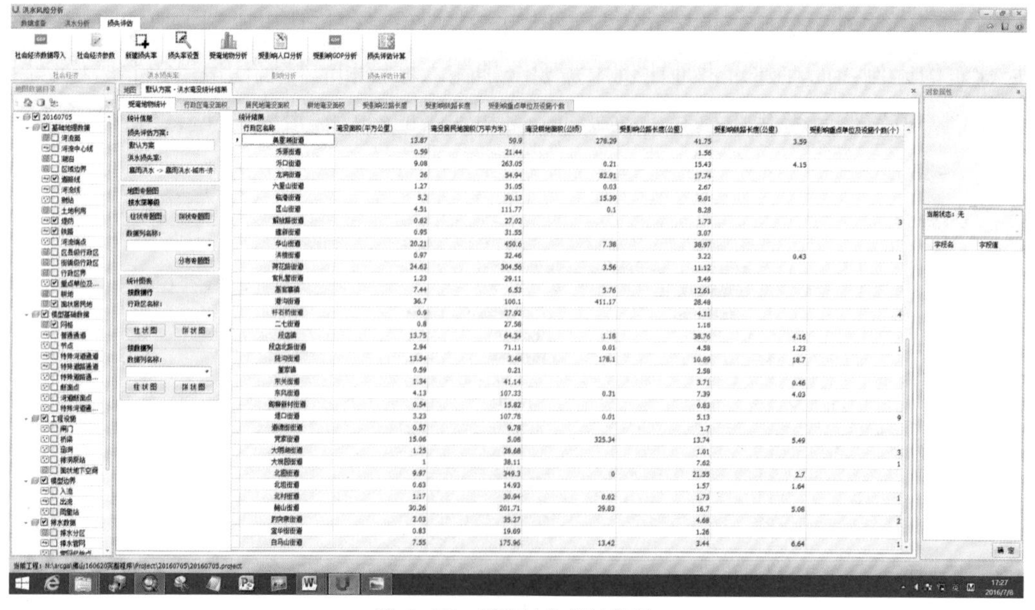

图 6–37　受淹地物统计结果

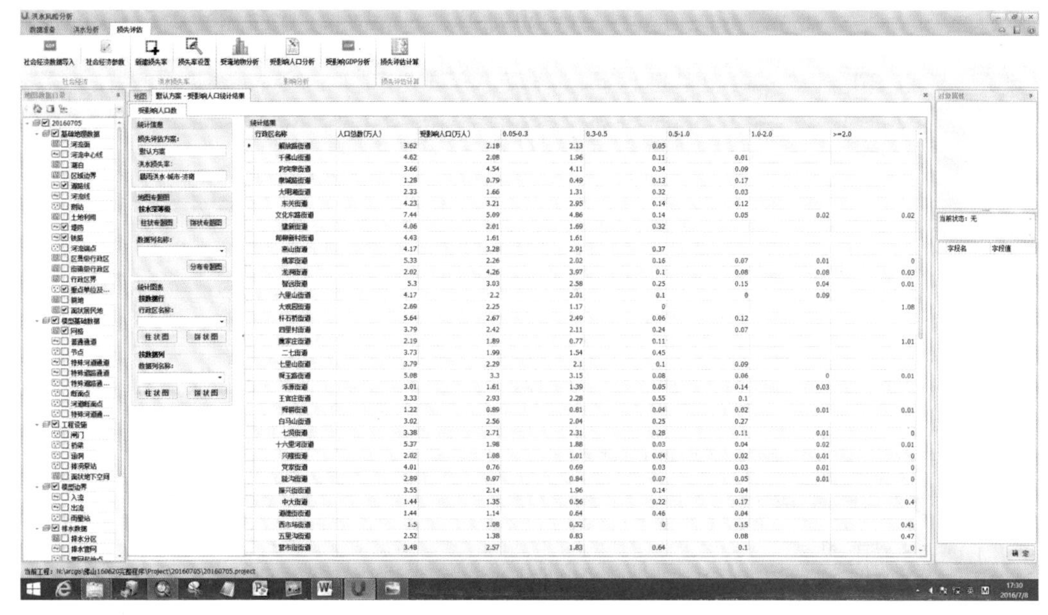

图 6–38　受影响人口分析结果

受淹指标，例如各类不同等级道路（国道、省道、县道、乡道）的受淹长度以及分水深等级统计值。同样通过相应的按钮也能够分别得到受影响人口和受影响 GDP 的总值以及不同淹没水深等级内的受影响值。

（5）损失评估计算。损失评估是通过调用损失评估模型，获取各类财产洪灾经济损失的过程。损失评估模型是在受淹地物统计的基础上，结合淹没区社会经济统计数据以及各类财产的水深—损失率关系，计算洪灾直接经济损失（见图 6–39，图 6–40）。

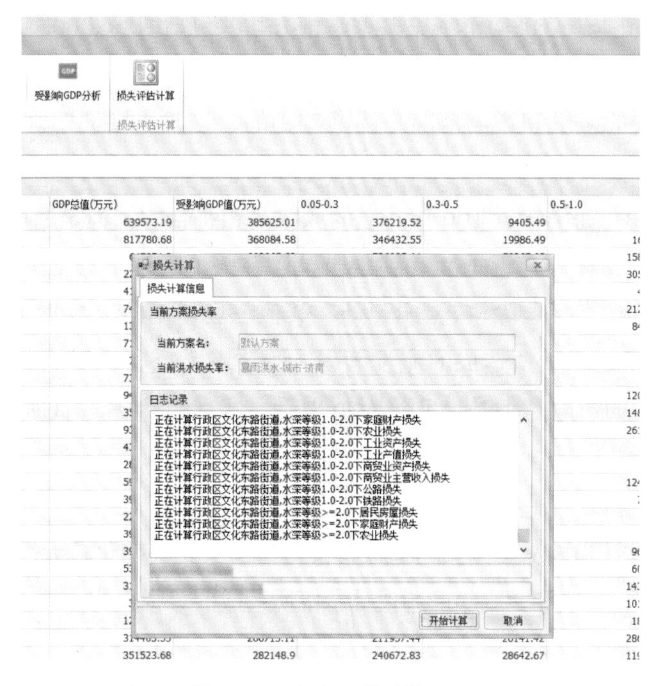

图 6–39　损失评估计算界面

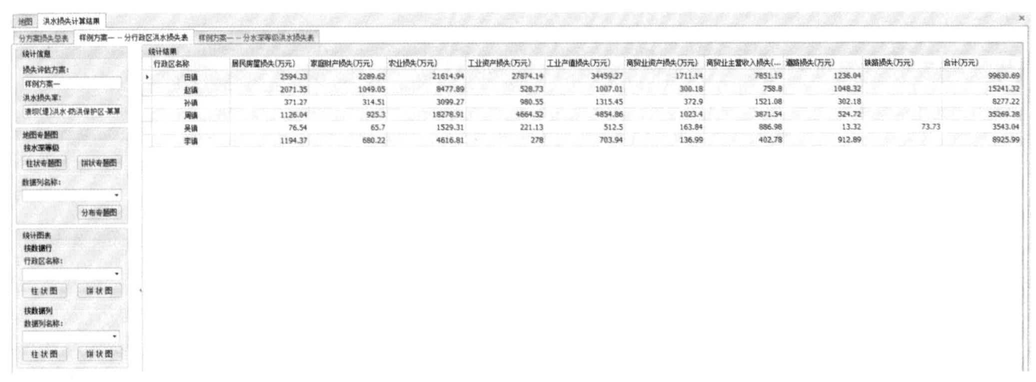

行政区名称	居民房屋损失(万元)	家庭财产损失(万元)	农业损失(万元)	工业资产损失(万元)	工业产值损失(万元)	商贸业资产损失(万元)	商贸业主营收入损失(...	道路损失(万元)	铁路损失(万元)	合计(万元)
田镇	2594.33	2289.62	21614.94	27874.14	34459.27	1711.14	7851.19	1236.04		99630.69
赵镇	2071.35	1049.05	8477.89	528.73	1007.01	300.18	758.8	1048.32		15241.32
孙镇	371.27	314.51	3099.27	980.55	1315.45	372.9	1521.08	302.18		8277.22
周镇	1126.04	925.3	18278.91	4664.52	4854.86	1023.4	3871.54	524.72		35269.28
吴镇	76.54	65.7	1529.31	221.13	512.5	163.84	886.98	13.32	73.73	3543.04
李镇	1194.37	680.22	4616.81	278	703.94	136.99	402.78	912.89		8925.99

图 6-40　损失评估计算界面——分行政区汇总

6.1.4.4　洪水影响分析与损失评估结果

（1）洪水影响分析结果。

1）设计暴雨方案。

A. 小清河现状条件下计算方案。在小清河现状条件下，所选不同频率的暴雨造成的淹没面积在 96~226km^2 之间，影响的人口约在 31~78 万人之间，影响 GDP 超过 328 亿元，最大为 200 年一遇暴雨，接近 837 亿元。造成的影响是非常巨大的。从不同暴雨造成的影响变化来看，从 10 年一遇到 200 年一遇，在不考虑 15cm 以下淹没情况下，随着暴雨等级增大，各项淹没和影响指标增长很明显。

B. 小清河规划条件下计算方案。在小清河规划条件下，不同频率暴雨造成的淹没和影响的统计指标规律与现状条件下接近：10 年一遇暴雨造成的损失较大；随着暴雨等级增大，所造成的淹没和影响的增加值亦比较大。

2）历史典型暴雨方案。济南市历史典型暴雨方案共包括四场：2007 年 7 月 18 日暴雨、2009 年 5 月 9 日暴雨、2012 年 7 月 8 日暴雨、2015 年 8 月 3 日暴雨。从统计指标看，这四场暴雨所造成的淹没和影响情况是逐渐减小的，这与水文部门统计的暴雨情况相符合。其中最大最为典型的 2007 年“7・18”暴雨洪水，造成的淹没面积接近 100 年一遇，这与“7・18”暴雨接近 100 年一遇的频率是相符合的，但是造成的影响非常大，影响人口、GDP 等指标则接近于 200 年一遇设计暴雨。同时，对比历史典型暴雨统计指标和设计暴雨统计指标，除“7・18”外，其他三场暴雨最大接近 10 年一遇，最小的 2015 年 8 月 3 日的暴雨所造成的淹没面积、受影响人口和受影响 GDP 等远小于 10 年一遇暴雨所造成的影响。但是，从绝对值来看，2015 年 8 月 3 日所造成的影响仍然很大。

（2）损失评估结果。

1）不同频率设计暴雨从小到大，造成各类资产洪灾损失变化较大，增长较快。小清河现状条件下，10 年一遇和 200 年一遇设计暴雨所造成的总损失相差约 20 亿，远超 10 年一遇暴雨洪灾总损失。

2）小清河现状条件下和规划条件下，造成的淹没和影响变化不大，同样经济损失变化也不是很大。

3）对于历史典型方案，“7·18”暴雨所造成的洪灾损失明显大于另外三场暴雨，规律也与淹没和影响指标类似。

4）济南市暴雨所造成的总洪灾损失很大。2015 年 8 月 3 日暴雨从淹没和影响的角度讲远小于 10 年一遇，但是总损失却也达到了 1 亿元。近几年最大最为典型的 2007 年“7·18”暴雨在 2013 年社会经济条件下超过了 17 亿元，对比当年的约 13.2 亿元洪灾总损失统计，也较为接近。

5）对比“7·18”暴雨和 100 年一遇设计暴雨以及 50 年一遇设计暴雨。虽然从淹没和影响的角度分析，“7·18”暴雨与 100 年一遇较为接近，但是损失却介于 50 年一遇和 100 年一遇之间，可见虽然影响很大，但是洪灾损失却达不到 100 年一遇设计暴雨的级别。

6）在洪灾损失的构成方面，农业、道路和铁路较小，工业资产、商贸业主营收入和家庭财产损失较大，这也与济南市作为区域中心城市，工商业发达的情况相称。

6.1.5 洪水风险图绘制

选用国家防办公布的《重点地区洪水风险图编制项目软件名录》中的中国水科院洪水风险图绘制系统绘制济南城区的洪水风险图。共绘制了 14 个方案的最大淹没水深图、淹没历时图，道路最大水深图、淹没历时图和最大流速图，总计 70 幅。图 6-41 ~ 图 6-43 分别为小清河现状工况下某重现期暴雨方案的最大淹没水深图、淹没历时图和道路最大淹没水深图示例。

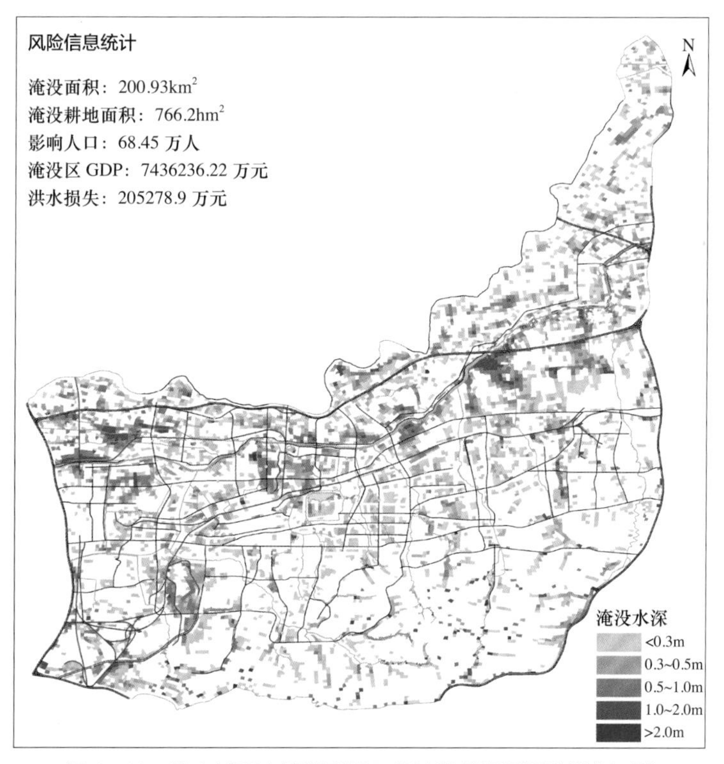

图 6-41　济南城区小清河现状工况某重现期暴雨淹没水深图

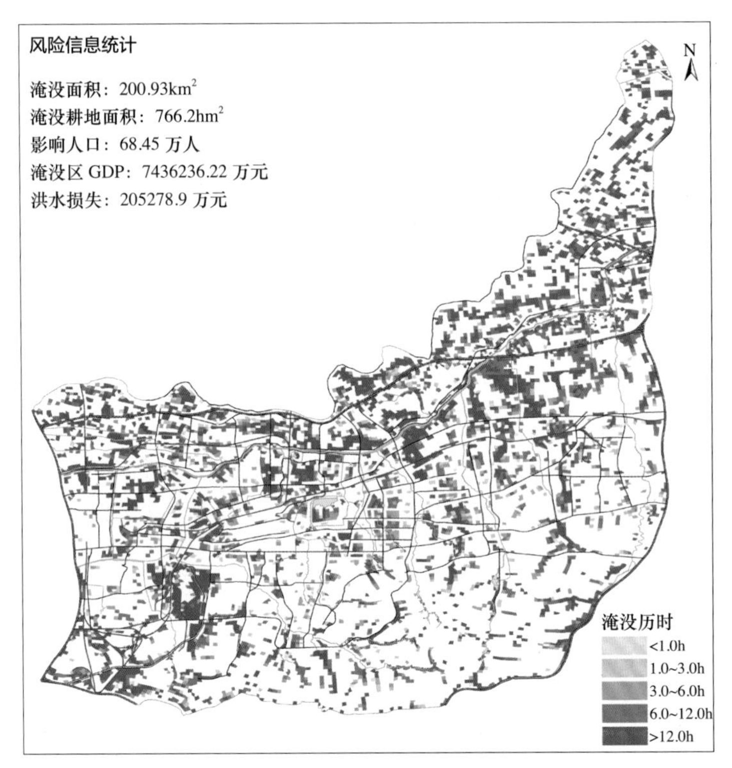

图 6-42　济南城区小清河现状工况某重现期暴雨历时图

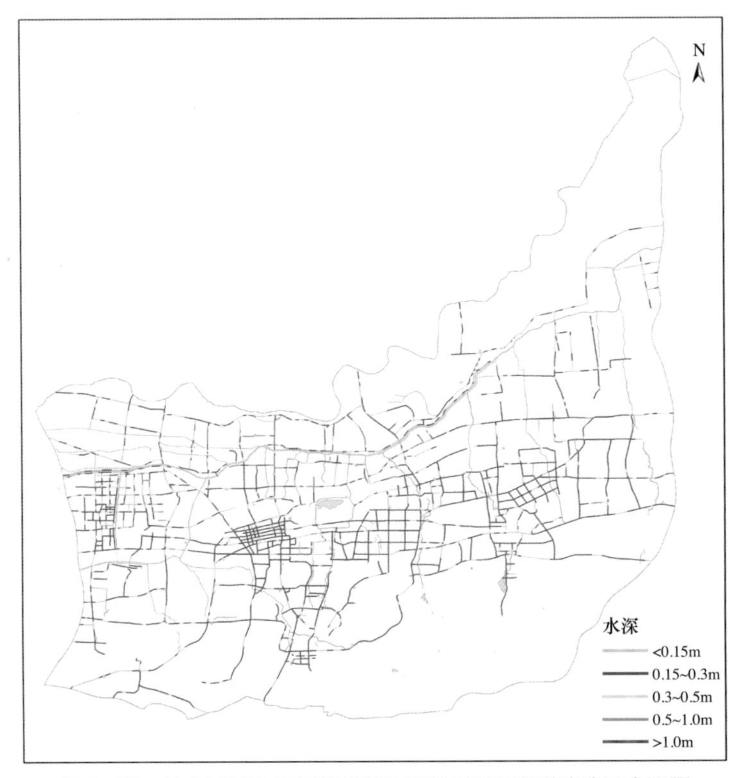

图 6-43　济南城区小清河现状工况某重现期暴雨道路淹没水深图

6.2 杜家台分蓄洪区洪水风险分析及风险图绘制

6.2.1 区域概况

6.2.1.1 自然概况

（1）地理位置及地形地貌。杜家台分蓄洪区原称汉南泛区，位于江汉平原东部，是武汉市附近汉江下游右岸、长江左岸的一片低洼地带。北从仙桃市朱家台经周邦、江集闸、军山闸、摆角堤至德丰闸，穿金堆垸，至官莲湖止；西临仙桃市草八、红旗各垸，从公明山起、经五子窑、华湾闸、纯良岭闸、沙湖泵站至石山港止；南从石山港闸沿东荆河堤，经保丰泵站、大垸子闸、三合垸，再从汉南新沟沿长江干堤，经新沟闸、水洪闸、邓家口至大嘴止；东从大嘴沿长江干堤经陡埠闸至大军山泵站，再由长山头起，过设法山至新合垸堤经竹林湖、黄陵矶至狮子山止。

分蓄洪区有少量低矮山丘，山顶高程（国家 1985 黄海高程）在 33.40~195.30m 之间，经统计，山丘高程在 30.90m 以上的面积有 644.14 万 m^2。区内除东北桐湖一隅外，地面高程基本全在 21.00m 以下，其中以沉湖、张家大湖为中心的洼地，高程全在 18.00m 以下。

（2）河流水系。杜家台分蓄洪区属汉江流域。为了分蓄汉江下游超额洪水，1956 年在汉右中心桩号 126+200 处建成杜家台分洪闸。1964 年以前，杜家台分蓄洪区还是东荆河下游的尾闾，每逢汛期，上承东荆河来水和汉南地区 3712km^2 的渍水，下受长江洪水倒灌，泛区范围内一片泽国。当时泛区内仅有 3 处围垸（王垴垸、下东城垸、四合垸），自然调蓄余地较大。1965 年东荆河下游改道与汉南泛区隔离，杜家台分蓄洪区成为一个独立的蓄洪区。1970 年在泛区下游兴建了黄陵矶闸，一方面可控制长江洪水与泛区相通；另一方面使杜家台分蓄洪区由自然调蓄变为工程控制的限制调蓄。

6.2.1.2 蓄滞工程

根据水利部《关于杜家台分蓄洪区续建配套工程可行性研究报告的批复》（水规〔1991〕63 号）的意见，武汉市汉南区纱帽街属区政府所在地，地位重要，同意不作为分蓄洪区的范围。仙桃市分蓄洪围垸保丰垸按照《关于杜家台分蓄洪区续建配套工程可行性研究报告审查意见》（水电部〔87〕104 号）划为分蓄洪区，但杜家台分蓄洪区续建配套工程尚未实施，在目前情况下若保丰垸分洪，将威胁仙桃市，《杜家台分蓄洪区运用预案（2007 年度）》暂将保丰垸列入备蓄洪区。

分蓄洪区总面积 613.98km^2。围堤全长 183.25km（杜家台分蓄洪区续建配套工程完建后，围堤缩短为 177.4km），蓄洪水位 28.00m 以下容积为 38.61 亿 m^3，其中行洪河道蓄洪容积为 4.882 亿 m^3，泛区未围部分蓄洪容积为 5.957 亿 m^3（含张沉湖蓄洪容积）；蓄洪围垸容积为 27.771 亿 m^3（不包括三羊头以下行洪道两岸洲滩围垸）。蓄洪水位 26.00m 以下容积为 26.71 亿 m^3。杜家台分蓄洪区规划设计标准为外包线围堤按防御周帮分洪最高水位

28.00m 设计，因为杜家台分蓄洪区续建配套工程尚未实施，目前，杜家台分蓄洪区的运用只能按防御周帮分洪最高水位 26.51m 作为控制运用的条件。进洪流量：杜家台分洪闸设计流量为 4000m^3/s，校核流量为 5300m^3/s。退洪流量：黄陵矶闸设计流量为 1535m^3/s，校核流量 2008m^3/s。

6.2.1.3 社会经济概况

杜家台分蓄洪区分属武汉市和仙桃市两个行政区划。据 2007 年资料统计，分蓄洪区内共有乡镇（场）17 个，自然村 179 个，总人口 25.62 万人。其中：武汉市蔡甸区设有 7 个乡级行政机构（即洪北乡、消泗乡、桐湖农场、奓山街、侏儒街、永安街、军山街），自然村 94 个，定居农户 16974 户，人口 6.35 万人，临时居住人口 6 万人，共计 12.35 万人;武汉市汉南区设有 5 个乡级行政机构（即纱帽街、邓南镇、东荆街、湘口、一治农场），自然村 46 个，人口 10.86 万人；仙桃市设有 5 个乡级行政机构（即长埫口镇、西流河镇、沙湖镇、刘家垸林场、五湖渔场），自然村 39 个，人口 2.41 万人。

据 2004 年资料统计，区内耕地总面积 46.49 万亩，国内生产总值 20.83 亿元，农业生产总值 12.76 亿元，工业生产总值 19.35 亿元，人均年收入 4200 元。

杜家台分蓄洪区内有国家级洪北农业开发区，首达电源有限公司等 20 多家大、中型企业，有京珠、沪蓉高速公路及 318 国道等国家交通干线。

6.2.1.4 历史水灾

杜家台分洪工程自 1956 年建设以来至 2005 年，共运用 20 次，其具体运用时间、蓄滞洪量、淹没面积、经济损失、人员伤亡等情况见表 6-4 与表 6-5。

表 6-4　　杜家台蓄滞洪区历年运用情况统计表

年份	蓄滞洪次数	最大进洪流量 /（m^3/s）	最高蓄滞洪总量 / 亿 m^3	分洪历时 /h
1956	1	2510	5.14	100.00
1956	2	3120	8.37	131.28
1957	3	1380	3.13	63.31
1958	4	3230	7.30	87.10
1958	5	4800	25.70	190.34
1958	6	2305	5.43	79.47
1958	7	2270	7.38	93.15
1960	8	4755	19.77	234.24
1964	9	1700	2.32	48.45
1964	10	2400	4.38	70.80
1964	11	2060	10.28	169.70
1964	12	4350	15.20	148.34

续表

年份	蓄滞洪次数	最大进洪流量 /（m^3/s）	最高蓄滞洪总量 / 亿 m^3	分洪历时 /h
1964	13	5600	25.09	172.40
1974	14	1790	2.83	53.60
1975	15	3300	3.24	49.48
1975	16	3980	6.82	72.18
1983	17	5100	23.06	182.00
1983	18	2860	5.96	81.00
1984	19	2100	9.28	148.18
2005	20	1648	3.68	85.00
合计			194.36	2260.02

表 6-5　　　　杜家台蓄洪区历来分洪的水灾损失统计表

行政区名称	分洪年份	溃堤处数	淹没耕地 / 亩	淹没房屋 / 栋	受灾人口 / 人	死亡人数 / 人	损失价值 / 万元
武汉市蔡甸区	1958	1	36000			13	60
仙桃市	1960		10800		1050		180.5
蔡甸区、仙桃市	1964	6	32452	641	10545		468.5
仙桃市	1974	2	10800		1100		263.2
蔡甸区、仙桃市	1975	7	59507		1150		585.5
蔡甸区、仙桃市	1983	13	45800	6360	45564	1	9175
蔡甸区、仙桃市	1984	10	56700	1429	8005		5123
蔡甸区、仙桃市	2005	2	1624		7381		4848
合计		41	253683	8430	74795	14	20703.7

注　损失价值为当年货币值。

6.2.2　资料收集整理

6.2.2.1　基础资料收集

本次研究收集整理的资料如下：

（1）水文资料：1964—2005 年杜家台分洪水位观测资料；2005 年杜家台分洪水文资料；杜家台分洪 1974 年、1975 年、1983 年、1984 年黄陵矶闸泄流过程。

（2）地图数据：杜家台蓄滞洪区全要素基础地理信息资料；湖北省防洪形势图。

（3）防洪工程资料：包括堤防、穿堤建筑物、控制站、险点险段等资料。

（4）工程运用资料：杜家台分蓄洪区运用预案（2007 年度）。

（5）社会经济资料：杜家台分蓄洪区社会经济统计资料，所涉行政区国民经济发展统计公报。

（6）其他：湖北省江河堤防及分蓄洪区“十一五”规划报告。

6.2.2.2 资料整理

（1）基础图层的整理。风险图制作需要的资料种类较多。这些资料有的是纸质的文本，有的是电子文档；有的是电子地图，有的是纸质地图；有的具有空间坐标属性，有的没有空间坐标。因此，在使用这些资料之前，需要对其进行处理，以保证数据的一致性、完备性，提高其实用性。这些资料的处理大致包括 3 类：

1）属性与空间位置的关联。在制作洪水风险图时，收集了防洪排涝工程（如堤防、泵站、闸门等）、水文站的位置分布电子图层，同时还收集了这些工程的一些属性信息，这些属性信息是以 Excel 文件的形式提供的，由于收集到属性中未标明各工程的位置坐标，为方便软件使用这些信息，通过关键字段（一般是“工程名称”）的匹配，将工程的空间位置与属性信息进行了关联。

2）空间坐标系统的转换。对于坐标系统不一致的图层，本案例需要统一转换到国家 1980 西安坐标系、1985 黄海高程基面和高斯 – 克吕格投影。

3）图形配准和拼接。一些图形如防洪工程分布图等是以栅格形式存储的，在形成矢量图层时需要图形的配准和拼接。

（2）社会经济信息的整理。洪灾损失评估涉及大量的空间数据，无论是洪水强度分布，还是受淹区域的社会经济信息，都应是空间信息。通常建立的社会经济数据库，以非空间数据方式存储，即通过县区（乡、镇）行政单元来收集汇总和发布，数据并未指向与其相应的地物对象，比如人口未定位在居民地上，种植业产值未定位在耕地上等，空间定位特征比较弱。所以需要恢复或重建其空间差异特征。

6.2.3 洪水危险性分析

6.2.3.1 洪水分析方案

根据蓄滞洪区实际调度运用规则，建立包括杜家台闸、分洪道、分蓄洪区和黄陵矶闸在内的二维水动力学模型。在本次模拟中，以杜家台分洪闸为上边界条件，以黄陵矶泄洪闸为下边界条件，行洪河道上的闸和分洪区围堤作为模型内部边界条件，实际方案计算中考虑工程的调度运用。

（1）上边界条件。分析 2005 年以前分洪时杜家台分洪闸的闸上闸下的水位资料，筛选出 1983 年杜家台分洪闸第一次的 182 个小时分洪过程作为典型的分洪流量过程。同时，以杜家台分洪闸典型分洪过程进行峰值同比缩放至杜家台分洪闸峰值为设计流量、校核流量构建本次模拟演算的两个分洪过程；再将前面两个分洪过程，在时间轴上缩放，以分洪总水量 38.61 亿 m^3 构建本次模拟演算的另外两个分洪过程。

（2）下边界条件。

1）受长江洪水顶托。当受长江洪水顶托时，黄陵矶闸不开启。

2）不受长江水位顶托。比较分析黄陵矶闸下的水位过程，选取 1983 年黄陵矶闸下水位过程（于 1983 年 10 月 8 日 11 点开始泄洪）作为典型闸下水位过程。

杜家台分蓄洪区计算方案见表 6–6。

表 6–6　　杜家台分蓄洪区计算方案表

编号	方案名称	方案说明
1	djt_4000	分洪时峰值为杜家台分洪闸设计分洪流量（4000m^3/s）的典型洪水过程，黄陵矶闸下典型水位过程，蓄滞洪区内的分洪淹没情况
2	djt_5300	分洪时峰值为杜家台分洪闸校核分洪流量（5300m^3/s）的典型洪水过程，黄陵矶闸下典型水位过程，蓄滞洪区内的分洪淹没情况
3	djt_4000_38	分洪时峰值为杜家台分洪闸设计分洪流量（4000m^3/s）、总分洪水量 38.61 亿 m^3 的典型洪水过程，黄陵矶闸下典型水位过程，蓄滞洪区内的分洪淹没情况
4	djt_5300_38	分洪时峰值为杜家台分洪闸校核分洪流量（5300m^3/s）、总分洪水量 38.61 亿 m^3 的典型洪水过程，黄陵矶闸下典型水位过程，蓄滞洪区内的分洪淹没情况
5	djt_4000–d	分洪时峰值为杜家台分洪闸设计分洪流量（4000m^3/s）的典型分洪过程，受长江水位顶托而不开启黄陵矶闸，蓄滞洪区内的分洪淹没情况
6	djt_5300–d	分洪时峰值为杜家台分洪闸校核分洪流量（5300m^3/s）的典型分洪过程，受长江水位顶托而不开启黄陵矶闸，蓄滞洪区内的分洪淹没情况
7	djt_4000_38–d	分洪时峰值为杜家台分洪闸设计分洪流量（4000m^3/s）、总分洪水量 38.61 亿 m^3 的典型分洪过程，受长江水位顶托而不开启黄陵矶闸，蓄滞洪区内的分洪淹没情况
8	djt_5300_38–d	分洪时峰值为杜家台分洪闸校核分洪流量（5300m^3/s）、总分洪水量 38.61 亿 m^3 的典型分洪过程，受长江水位顶托而不开启黄陵矶闸，蓄滞洪区内的分洪淹没情况

6.2.3.2　洪水分析过程

采用 FRAS 对杜家台分蓄洪区进行洪水模拟，分析工作主要包括数据准备和洪水分析计算两大步骤。数据准备主要为基础地理数据导入、网格生成、属性提取、属性编辑、边界条件设定等内容。洪水分析模块主要为调用模型开展计算，并对各种计算结果进行展示和查询。洪水分析过程如下。

（1）数据准备。

1）基础地理数据导入。导入开展洪水分析所需的基础地理数据，一般包括研究范围、DEM、水系、防洪工程分布、道路、居民地和铁路等，并将图层中已有的属性字段与软件默认的字段名称进行匹配。基础地理数据导入见图 6–44。

2）网格生成。在“网格生成”模块中采用“网格剖分”工具，通过设置网格的边长、剖分时考虑的图层及剖分范围对研究范围进行网格自动剖分，软件剖分完成的网格见图 6–45。

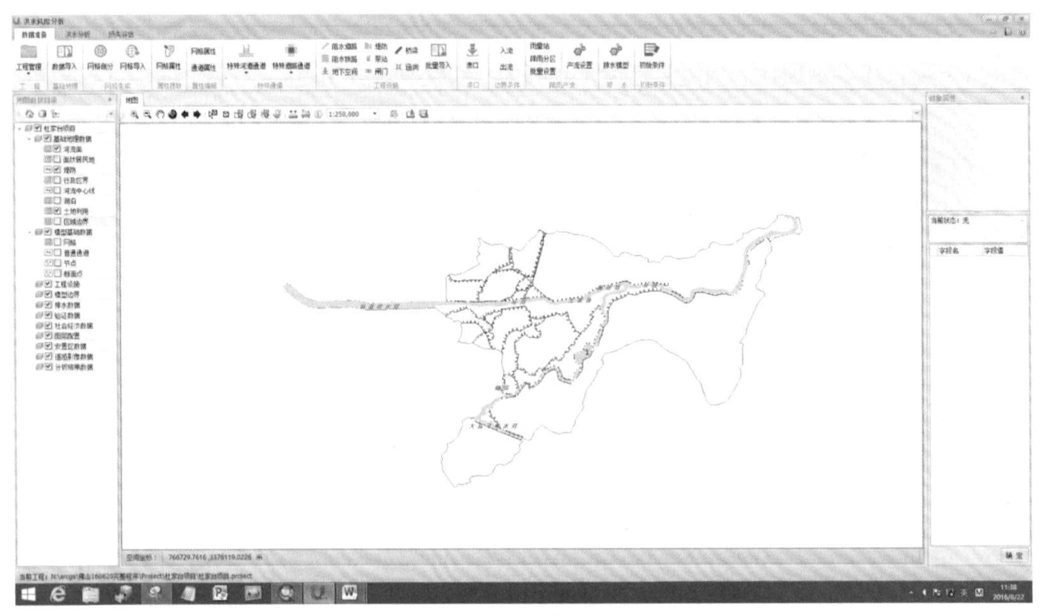

图 6-44　基础地理数据导入图

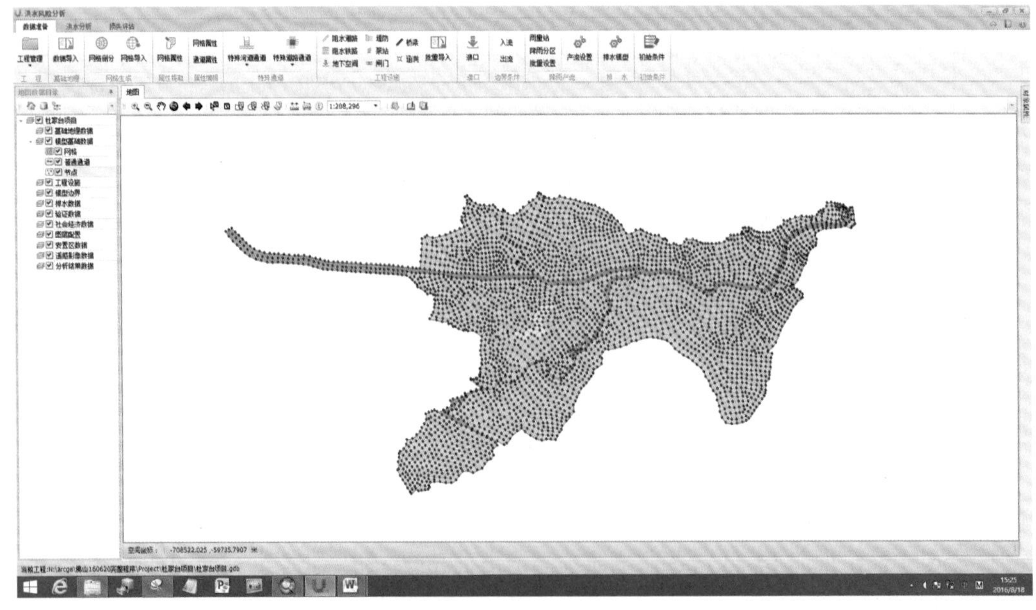

图 6-45　软件剖分完成的网格图

杜家台分蓄洪区的洪水仿真模型的计算范围主要由分洪道堤、北围堤、西围堤、东南围堤和周围山丘所包围区域。计算域内包括了行洪道、通顺河，在杜家台分蓄洪区的网格剖分时，共概化为 3108 个不规则网格。

3）属性提取。属性提取模块主要包括对网格的类型、糙率、高程和面积修正率，以及阻水通道的属性进行自动提取，杜家台分蓄洪区的阻水通道包括堤防和阻水道路两类。网格高程提取见图 6-46，堤防属性提取见图 6-47。

图 6-46　网格高程提取

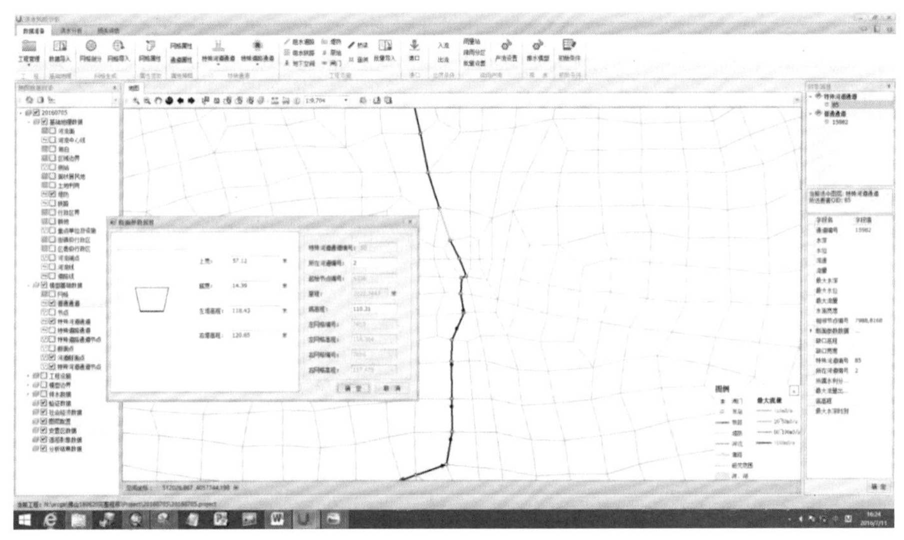

图 6-47　堤防属性提取图

4）属性编辑。通过属性编辑工具对网格和通道的属性进行手工编辑。网格属性编辑见图 6-48。

图 6-48　网格属性编辑图

5）边界条件设定。在本次模拟中，以杜家台分洪闸为上边界条件，以黄陵矶泄洪闸为下边界条件，行洪河道上的闸和分洪区围堤作为模型内部边界条件，实际方案计算中考虑工程的调度运用。边界入流和出流位置见图6–49。

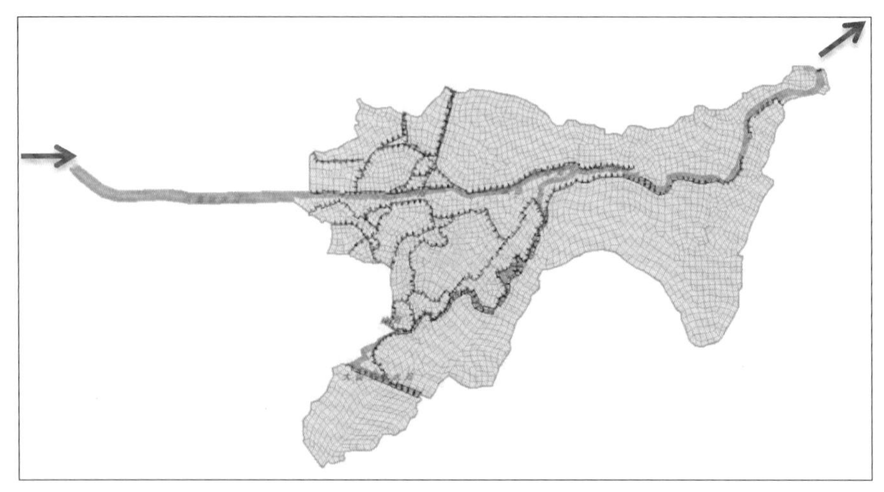

图6–49　边界入流和出流位置示意图

采用“入流”工具，可以在软件中指定各方案的入流位置及入流过程，入流设定见图6–50。

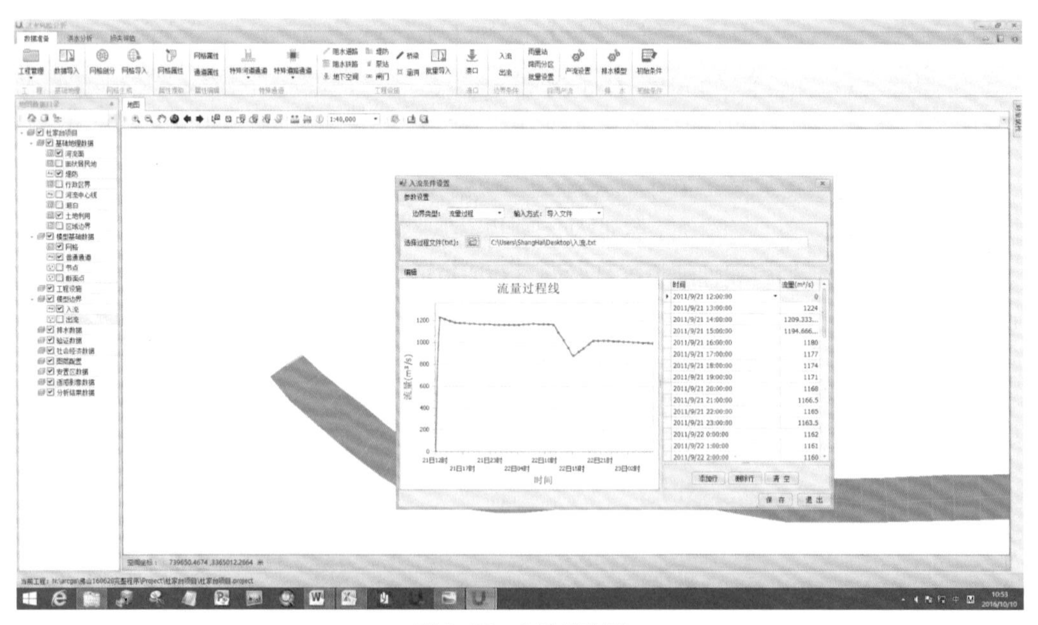

图6–50　入流设定图

采用“出流”工具，可以在软件中指定各方案的出流位置和出流条件，出流设定见图6–51。

（2）洪水分析。洪水分析包括调用模型开展计算和对计算结果的展示和查询。

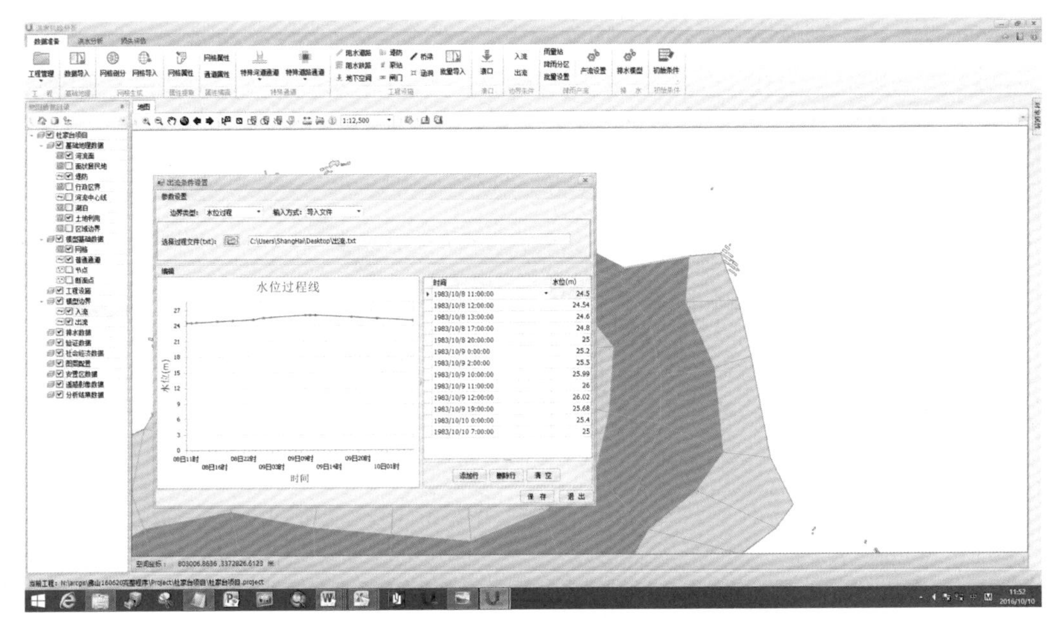

图 6-51 出流设定图

1）调用模型开展计算。在对模型运行的控制参数进行设置后，软件会调用洪水分析模型并在后台进行计算。模型运行结束后，可在“洪水分析”模块中查看模型运行的所有结果，模型运行时间设定见图 6-52。

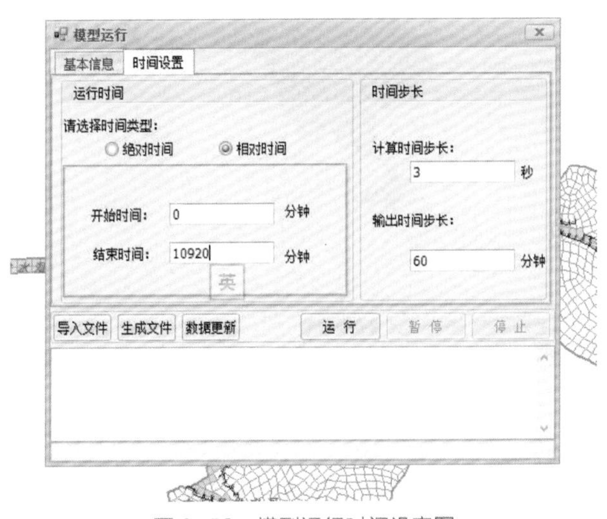

图 6-52 模型运行时间设定图

2）计算结果展示。在“综合信息查询”工具中可查看建模信息、模拟情况总结和淹没信息。网格淹没信息查询包括对最大淹没范围分布、最大淹没水深分布、洪水淹没历时分布、洪水到达时间分布、单个网格的淹没过程、研究区域淹没过程的动态展示以及河道型网格的横断面和纵断面信息进行查询（见图 6-53、图 6-54）。

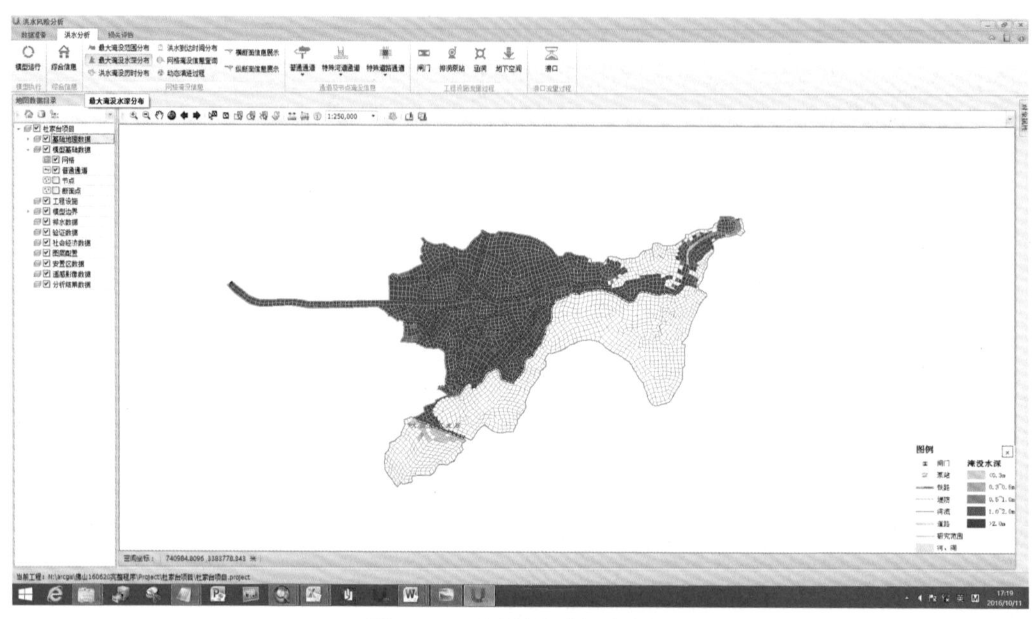

图 6-53　最大淹没水深查询图

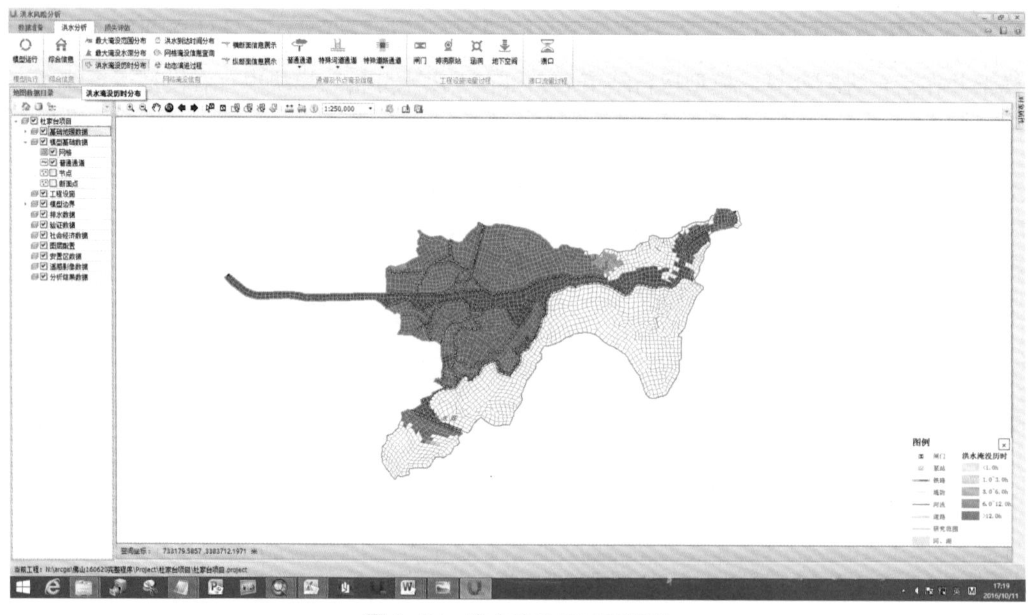

图 6-54　洪水淹没历时查询图

6.2.3.3　洪水分析结果

本节以 djt_4000 方案为例，介绍洪水风险分析方案的计算分析结果。本方案中杜家台分洪闸的最大分洪流量为 4000m^3/s，黄陵矶泄洪闸下长江水位不顶托，开启闸门泄洪，该分洪流量过程是以 1983 年第一次的 182 小时的分洪流量过程作为典型过程，按峰值同倍比缩放构造，其分洪流量过程见图 6-55。下边界黄陵矶闸的泄洪时机的选取与 1983 年相同，即在杜家台分洪闸约开启 15 小时后开启黄陵矶闸；并且以其 1983 年的闸下水位过程作为模型的下边界条件，其闸下水位过程见图 6-56。

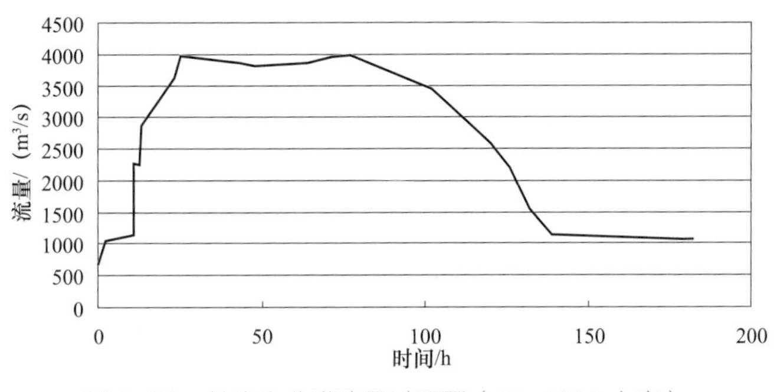

图 6-55　杜家台分洪流量过程图（djt_4000 方案）

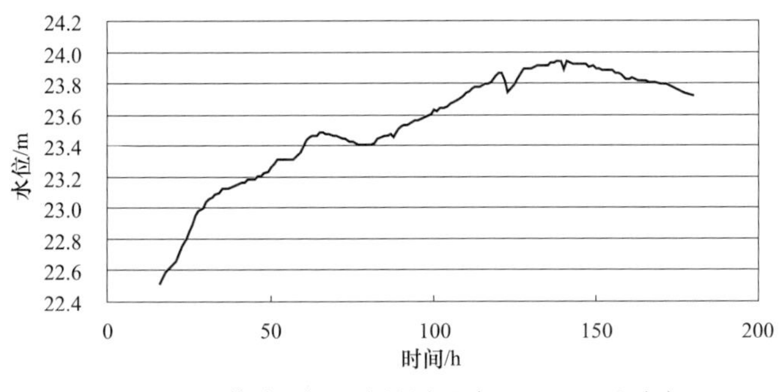

图 6-56　黄陵矶闸下水位过程（djt_4000 方案）

杜家台分洪闸 182 个小时的分洪总水量为约 17.63 亿 m^3。黄陵矶闸泄洪流量过程与闸上水位过程分别见图 6–57 与图 6–58。在该方案下，杜家台蓄滞洪区进行了两级的分洪应用，银莲湖、上东城垸、保丰垸、下东城垸未蓄洪运用。围垸分级运用控制点周帮水位过程见图 6–59。分洪后约 72 个小时，周帮水位就达到了首次分级的条件。但是由于新农垸、红星垸、兴无垸、消泗外垸、张沉湖垸等围垸的围堤比较低，未达到开启运用时就已经发生漫堤进水了。第一级破围垸分洪的效果不明显，此后周帮水位持续在分洪控制水位之上，约 35 分钟后启用第二级分洪方案。之后，周帮水位开始下降。保丰垸围堤有低处，洪水由通顺河上溯，由于漫顶，该围垸进入部分洪水。

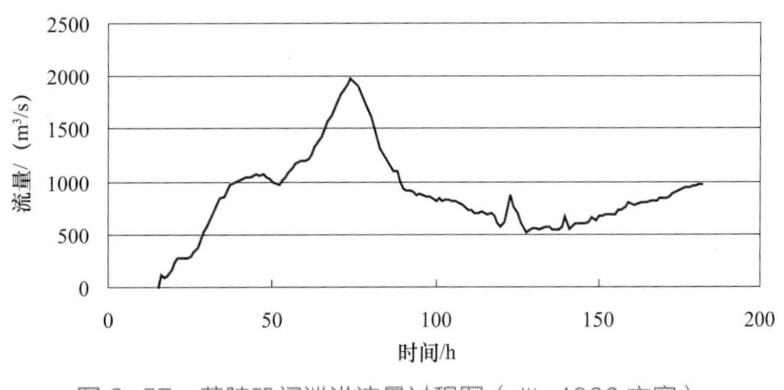

图 6-57　黄陵矶闸泄洪流量过程图（djt_4000 方案）

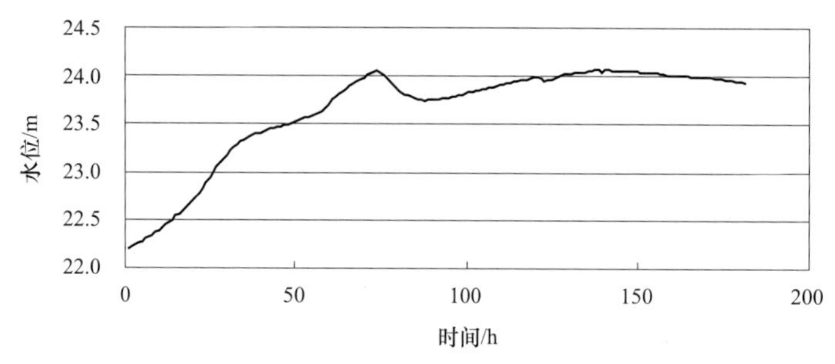

图 6-58　黄陵矶闸上水位过程图（djt_4000 方案）

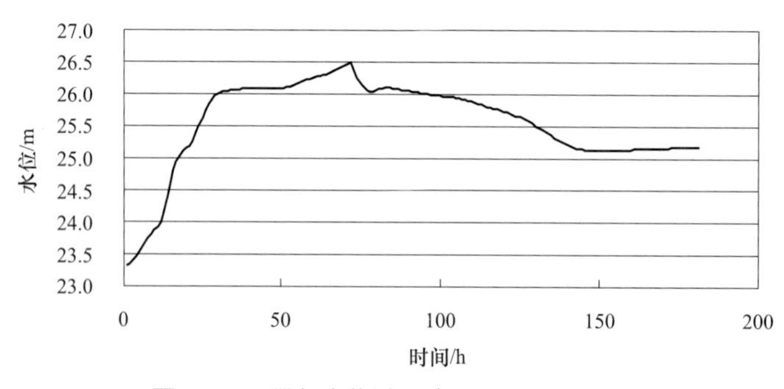

图 6-59　周帮水位过程（djt_4000 方案）

6.2.4　洪水影响及损失评估

6.2.4.1　洪水影响分析与损失评估方案

（1）评估方案。杜家台分蓄洪区洪水影响分析与损失评估的方案与洪水分析的方案保持一致，即对每个洪水分析方案都进行影响分析与损失评估，对典型方案不同水深的评估结果、不同类型和不同行政区的结果进行分析，并且对具有可比性的方案间的洪水影响及损失评估结果进行对比分析。

（2）评估指标。考虑社会经济资料和地图资料的可获取性，以及《洪水风险图编制技术细则》对分析和评估内容的要求，结合杜家台分蓄洪区的社会经济状况，本次洪水影响的指标为:受淹行政区面积、受淹居民地面积（受淹农村居民地面积、受淹城镇居民地面积、受淹耕地面积、受淹重点单位数、受淹交通道路长度、受影响人口和 GDP，主要损失类型包括：家庭财产损失、家庭住房损失、农业损失、工业资产损失、工业产值损失、商业资产损失、商业主营收入损失、公路损失、铁路损失等。

（3）财产价值。在洪涝灾害损失评估中，不仅要估算受灾财产的数量，还要估算财产的价值。对财产价值的计算，通常有以下几种方法：①现行市价法；②收益现值法；③重置成本法；④清算价格法。四种方法中收益现值法适用于能够独立取得收益的财产，清算价格法主要适用于企业停产和破产时的财产价值评估。各类资产的价值主要采用现行市价法，房屋类财产采用重置成本法，即按当地新建房屋的成本价，扣除折旧后计取。居民家庭财产按照所涉及行政区每百户耐用消费品拥有量按照现行市价法进行折算。其他工商业资产的价值直接摘录自所涉行政区的统计年鉴。交通道路的造价参考了国家有关公路、铁路工程预算定额，按照修复费用考虑。受淹财产价值采用受淹居民地面积占各行政区居民地面积比例的方法估计。主要参数取值如表 6–7 所示。

表 6–7　　主要价值参数取值

指标	单位	价值
居民建筑物成本价	元 /m^2	1600~2400
居民人均家庭财产值	万元 / 人	1.6~2.4
国道修复费用	万元 /km	640
省道造价	万元 /km	400
县道造价	万元 /km	160
乡道造价	万元 /km	80

（4）洪灾损失率的确定。洪灾损失率的选取是洪灾直接经济损失评估的关键。与洪灾发生区域的淹没等级、财产类别、成灾季节、范围、洪水预见期、抢救时间、抢救措施等有关，通常在洪灾区选择一定数量、一定规模的典型区作调查。并在实地调查的基础上，建立洪灾损失率与淹没深度、时间、流速等因素的相关关系。

参照类似区域的损失率关系，并根据受淹区特点确定洪水损失率与淹没水深关系见表 6–8。

表 6–8　　杜家台分蓄洪区洪水损失率与淹没水深关系表　　%

资产种类	淹没水深				
	0.05~0.5m	0.5~1.0 m	1.0~2.0 m	2.0~3.0m	>3.0m
家庭财产	9	18	35	45	55
家庭住房	3	16	27	40	60
农业损失	24	45	64	80	95
工业资产	7	17	31	39	50
商业资产	10	21	37	47	58
铁路	5	12	29	37	45
公路	6	17	35	44	52

淹没历时也是洪灾损失评估中需要考虑的淹没特征指标，在杜家台分蓄洪区洪涝灾害损失评估中以淹没历时作为重要指标，计算工商企业及相关第三产业停工停产引起的产值损失。其具体算法是根据统计资料及计算不同行政单元在单位面积上单位时间内实现的工业和商业产值，再根据淹没面积和淹没历时推求企业停工停产损失。

6.2.4.2　洪水影响分析与损失评估过程

（1）基础地理数据导入。采用“数据准备”模块中的“数据导入”工具导入洪水影响分析及损失评估所需的基础地理数据（见图 6-60），包括行政区界、居民地、耕地、公路、铁路、重点单位及设施、水域面等，并对相应的地物编码进行标准化处理。

图 6-60　基础地理数据导入

（2）社会经济数据导入和参数的设定。社会经济数据导入主要导入社会经济统计数据，包括综合、人民生活、农业、第二产业及第三产业等数据表。社会经济数据主要来源于各行政区域的统计年鉴，对于导入数据的具体格式和内容都需要遵循洪水风险分析软件标准化的规定（见图 6-61）。

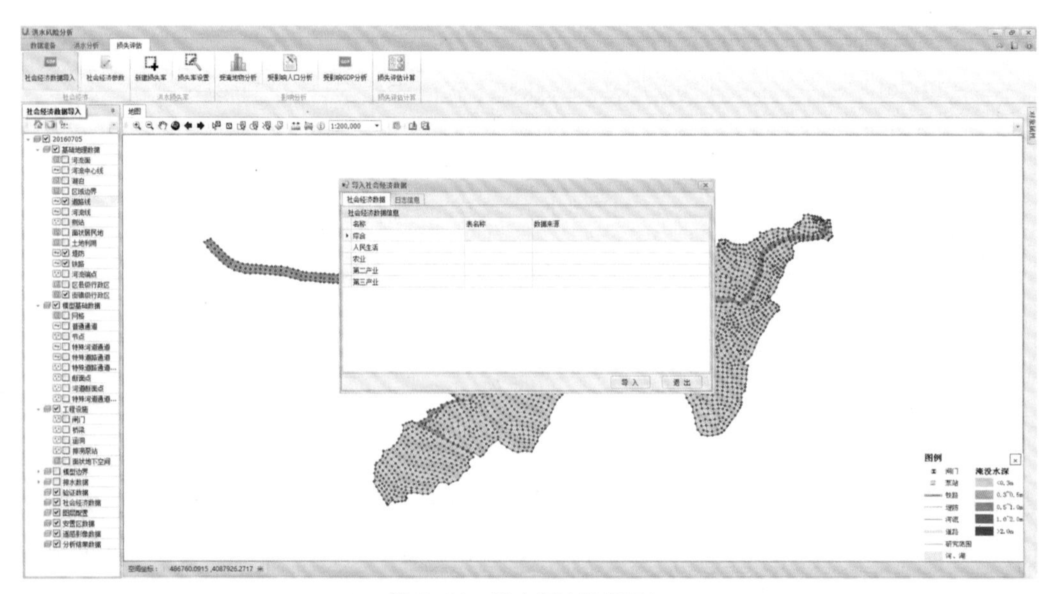

图 6-61　社会经济数据导入

利用“社会经济参数”设定工具可以对损失评估需要的部分社会经济参数根据研究区域的具体情况进行针对性地输入设定。需要设定的社会经济参数包括房屋建筑参数、资产净值率和道路修复费用等，每一类参数里设有更为详细的分类或具体的参数：在房屋建筑参数里分为房屋建筑单价、建筑楼层比例、建筑占地比例等二级分类，房屋建筑单价里需要输入城镇房屋和农村房屋的建筑单价，建筑楼层比例需要输入不同楼层建筑的比例，而在建筑占地比例中需要分别输入城镇和农村居住房屋和非居住房屋的比例。道路修复费用中填写不同级别公路和铁路的修复费用等。社会经济参数设定见图 6–62。

社会经济参数设定

房屋建筑参数 | 资产净值率 | 道路修复费用

房屋建筑单价

房屋建筑类型	建筑单价(元/平方米)
城镇房屋	1000
农村房屋	500

设 定　取 消

图 6–62　社会经济参数设定

（3）洪灾损失率设定。具体包括新建损失率和损失率设定。首先选择蓄滞洪区类型的损失率关系，（见图 6–63），并根据表 6–8 中确定的损失率关系对部分资产的损失率值进行了调整。

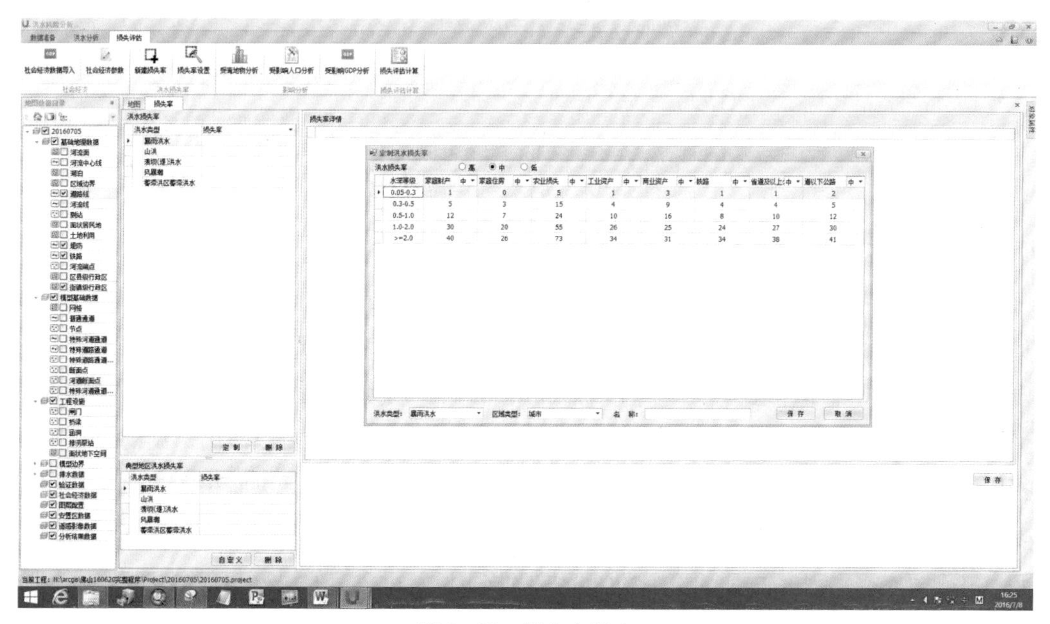

图 6–63　损失率设定

（4）影响分析。洪水影响分析是进行受淹地物、受影响人口以及受影响 GDP 的统计。受淹地物统计是对受灾对象的受淹面积、长度、个数等进行统计，统计的结果以统计表的形式呈现，包括受淹行政区面积、受淹居民地面积、受淹耕地面积、受淹道路长度、受淹重点单位的统计总值以及分水深等级统计值。同时也展示更细类的受淹指标，例如各类不同等级道路（国道、省道、县道、乡道）的受淹长度以及分水深等级统计值。同样通过相应的按钮也能够分别得到受影响人口和受影响 GDP 的总值以及不同淹没水深等级内的受影响值。

（5）损失评估计算。损失评估是通过调用损失评估模型，获取各类财产洪灾经济损失的过程。损失评估模型是在受淹地物统计的基础上，结合淹没区社会经济统计数据以及各类财产的水深—损失率关系，计算洪灾直接经济损失，损失评估计算见图 6–64。

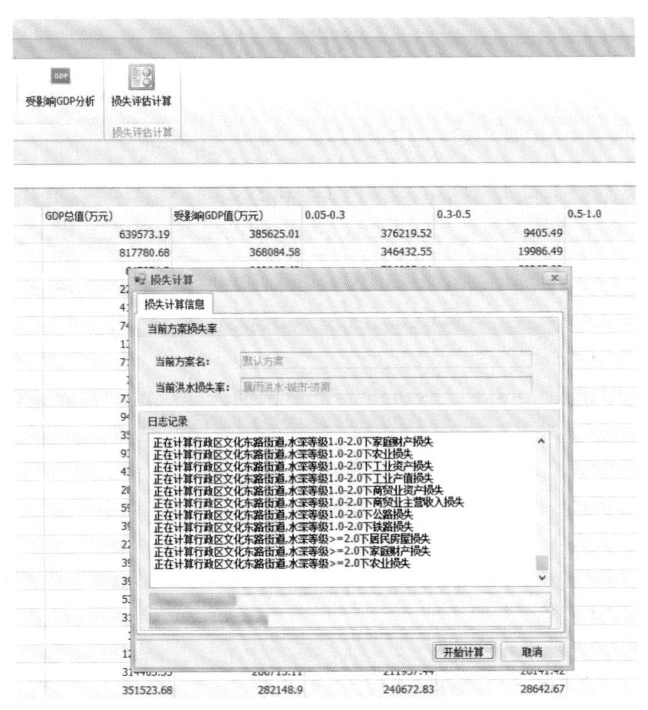

图 6–64　损失评估计算图

6.2.4.3　洪水影响分析与损失评估结果

（1）灾情统计。运行洪涝灾害灾情统计模块，能够按水深、按行政区域（围垸）分别统计在不同方案下杜家台蓄滞洪区的灾情，杜家台蓄滞洪区灾情统计结果见表 6–9。表 6–9 中各指标均指对应水深大于等于 5cm 的情况；受影响的主要交通线路指县乡级以上道路；受影响的主要行政区域指行政辖区范围受淹的区域。从表 6–9 中可以看出，灾情统计各项指标基本受洪水淹没面积决定，方案 djt_4000 与方案 djt_4000_d 受灾面积在 300km^2 左右，受灾人口约 3 万人，受影响县乡级交通线路长度 70km，受影响 GDP 在 10 亿 ~11 亿元之间。其余方案受灾程度较重，但方案之间的差别不大，每个方案的淹没面积在 500km^2 以上，受灾人口 10 万人，受影响 GDP 在 15 亿元左右。

表 6-9 杜家台蓄滞洪区灾情统计结果表

方案名称	淹没面积 /km²	淹没耕地面积 / 万亩	受灾人口总数 / 人	受影响主要交通线路 /km
djt_4000	265.76	24.6	26008	61.78
djt_4000_38	520.17	50.74	103966	164.83
djt_4000_38_d	525.35	51.23	105843	174
djt_4000_d	316.72	30.77	35658	73.35
djt_5300	505.74	48.99	98079	161.13
djt_5300_38	523.46	51.05	105013	172.29
djt_5300_38_d	525.35	51.23	105844	173.99
djt_5300_d	521.39	50.76	104175	170.48

（2）灾情评估。运行洪涝灾害损失评估模型，能够得出在不同方案下不同行政区、不同围垸各类资产所遭受的直接经济损失，不同方案下各类资产的洪灾损失（见表 6-10）。杜家台蓄滞洪区内农业产值占很大比重，工业欠发达，本次基础数据收集未能得到区内各围垸的工业资产和产值数据，因此本区的损失评估主要考虑了家庭财产损失、居民房屋损失、农业损失以及县乡级以上道路的损失。从表 6-10 中数据可以看出，在各类洪灾损失中，农业损失最为严重，其次为居民房屋受损。考虑到杜家台蓄滞洪分洪时，居民能够转移部分家庭财产，因此家庭财产损失相对于居民住宅损失要小。在 8 个计算方案中，对应于方案 djt_5300_38_d 的损失最大，各项直接经济损失共计 60237 万元。在所有方案中，蔡甸区的兴无垸、洪北垸，仙桃市的三角垸损失均达到 3000 万元以上。武汉市汉南区的下东城垸对应于方案 djt_4000 与方案 djt_4000_d 的损失较小，分别为 51 万元与 53 万元；在其余方案中，损失均超过 1.4 亿元，尤其是对应于方案 djt_4000_38_d 与方案 djt_4000_38_d，下东城垸的损失达到了 2 亿元以上。仙桃市的银莲湖垸情况类似，对应于方案 djt_4000 与方案 djt_4000_d 的损失较小，而对应于其他方案的损失高达 7000 万元左右。

表 6-10 杜家台蓄滞洪区分类资产洪灾损失评估结果表

方案名称	居民房屋损失 / 万元	家庭财产损失 / 万元	农业损失 / 万元	道路损失 / 万元	合计 / 万元
djt_4000	5372	1077	17306	579	24334
djt_4000_38	21185	4327	25859	1064	52435
djt_4000_38_d	25345	5455	28059	1385	60244
djt_4000_d	6407	1281	19283	663	27634
djt_5300	18560	3648	23818	917	46943
djt_5300_38	22048	4534	26415	1129	54126
djt_5300_38_d	25345	5455	28057	1380	60237
djt_5300_d	21064	4262	25784	1100	52210

6.2.5 洪水风险图绘制

选用《重点地区洪水风险图编制项目软件名录》中确定的洪水风险图绘制系统绘制杜家台分蓄洪区的洪水风险图。绘制了 8 个方案的最大淹没水深图，共 8 幅。杜家台蓄滞洪区洪峰 4000m^3/s 黄陵矶不开闸方案淹没水深见图 6–65。

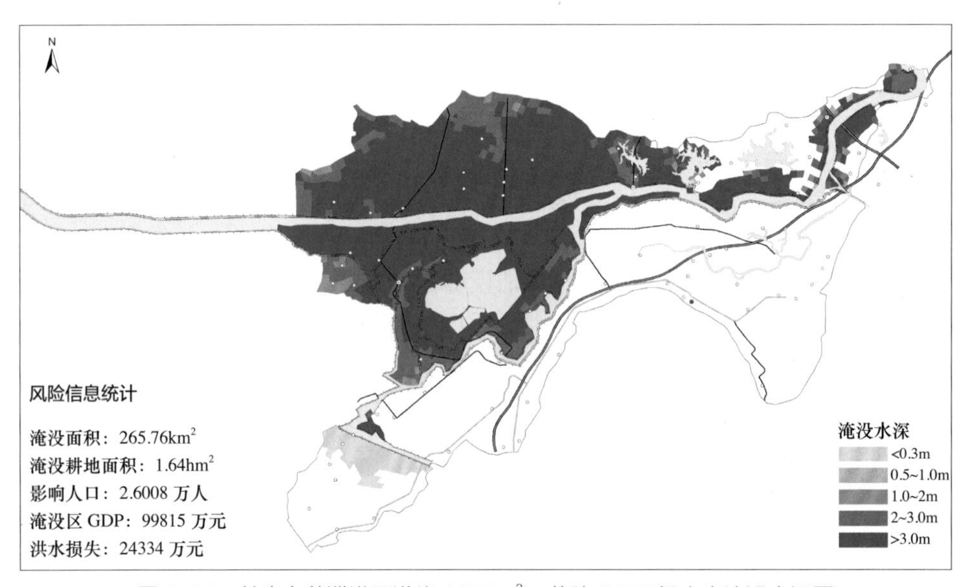

图 6–65 杜家台蓄滞洪区洪峰 4000m^3/s 黄陵矶不开闸方案淹没水深图

6.3 浦西防洪保护区洪水风险分析及风险图绘制

6.3.1 区域概况

6.3.1.1 地理位置

上海市浦西防洪保护区（以下简称“浦西区”）位于黄浦江左岸，东以黄浦江为界，南与阳澄淀泖区和杭嘉湖区为邻，西、北以苏、沪省市分界线及长江江堤为界，涉及上海市的宝山区、嘉定区、杨浦区、闸北区、虹口区、普陀区、青浦区、长宁区、静安区、松江区、黄浦区、徐汇区和闵行区共 13 个行政区，总面积 2136km^2。浦西区东北部地势比西南部高，境内以平原为主，青浦和松江为地势最低地区，地面高程一般为 2.20~3.50m，最低处不到 2.0m。

6.3.1.2 河流水系

浦西区包括上海水利分片中的嘉宝北片、蕴南片、青松片、淀北片和淀南片。目前，区域内共有河道 5711 条，长 6544.17km，水面总面积 135.1km^2，各水利分片内的平均水面率介于 2.33% ~ 8.85% 之间，浦西区主要河流分布见图 6–66。

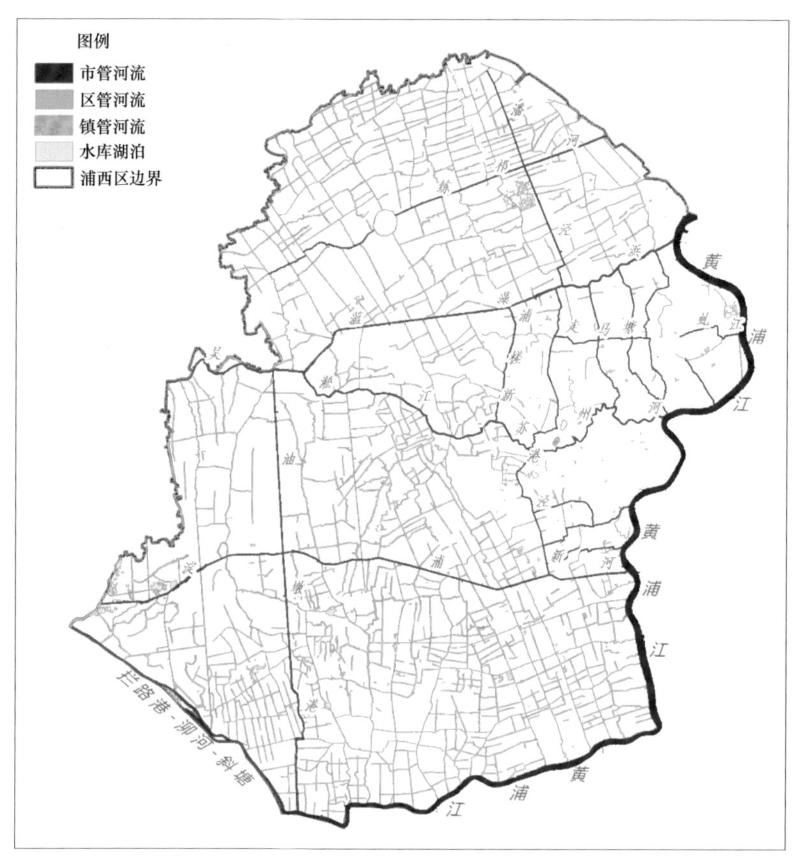

图 6-66　浦西区主要河流分布图

6.3.1.3　气象概况

浦西区属北亚热带季风性气候，四季分明，日照充分，雨量充沛。气候温和湿润，春秋较短，冬夏较长，多年平均气温为 15.5℃。

浦西区雨量丰沛，常年平均降水量 1191mm，汛期雨量占全年的 60% 以上；从气候上讲，浦西区一年有春雨、梅雨和秋雨 3 个多雨期，分别发生在 4 月中旬至 5 月中旬，6 月中旬至 7 月上旬，8 月下旬至 9 月上旬。从形成暴雨的天气系统看，上海市暴雨多为梅雨、台风暴雨和强对流天气。上海常年平均入梅日为 6 月 15 日，出梅日为 7 月 4—5 日，计约 20 天，常年平均梅雨量 244.4mm；上海台风暴雨以 7—9 月出现机会最多，占全年的 78.6%。强对流天气造成的上海的雷暴雨一年中多发于 5—10 月，尤以 8—10 月更为突出，其中 9 月最多。

浦西区黄浦江及主要支流均受潮汐影响。上海地区沿海、长江口及黄浦江各站均为非正规半日潮，平均在一个太阳日内有两个高潮，两个低潮，而且两次高潮，两次低潮潮高不等，涨潮时间和落潮时间也不等。受短期气象要素突变，会产生水位暴涨暴落的风暴潮，上海以热带气旋引起的台风风暴潮危害为主。影响上海的热带气旋平均每年 2.6 次，其中产生风暴潮影响的每年平均 1 ~ 2 次，每次风暴高潮都会对本市造成不同程度的危害。从 1949 年以来，造成黄浦江苏州河口增水超过 1.0m 以上的台风暴潮已达 13 次，风暴潮造成的超过 5.0m 以上高潮位已达 10 次。

6.3.1.4 洪水来源简介

浦西区为滨海区域，台风、暴雨导致的洪涝灾害历来为浦西区的主要灾害源，区域大小河道不同程度受海潮影响，常因高潮位顶托导致黄浦江及内河高水位，出现河道溃决、漫溢、渗漏等，以及区域排水不畅等灾害。浦西区位于太湖流域的东部，处于太湖流域的下游区域，黄浦江为承接上游太湖流域洪水的主要通道，但如果上游太湖流域洪水与本区域暴雨洪水及高潮位相遇，常影响沿江区域的排涝，引起洪涝灾害，另外上游长江洪水对浦西区也有一定影响，但影响较小，浦西区主要洪水来源为台风、暴雨、高潮位和上游洪水。在浦西区及整个上海市，这四种洪水源既可能单一发生，但更多的是相伴而生、重叠影响。上海地区所谓的“二碰头”“三碰头”“四碰头”是指台风、暴雨、天文高潮、上游洪水中有两种、三种或四种灾害同时影响上海，导致上海地区出现严重的风、暴、潮、洪灾害。

6.3.2 资料收集整理

收集了浦西区的自然地理、水文及洪水、社会经济、工程及调度、洪涝灾害等资料，并按照本软件开展洪水风险分析和风险图绘制的需求进行处理。

（1）自然地理。收集了浦西区洪水计算范围 1 ∶ 500 比例尺的 DLG 数据，包括行政区划、道路、铁路、水系、居民地、土地利用、高程点、等高线等相关图层。

（2）水文及洪水。收集了浦西区线状和面状河道图层，大部分河道的横断面资料，常水位、最高控制水位、常水位和控制水位下的水面面积和槽蓄容量等特征参数。其中，市管河道 20 条，区管河道 80 条。

收集了浦西区所有线状河道、面状河道空间分布，大部分河道的横断面资料，大部分河道的常水位、最高控制水位、常水位和控制水位的水面面积和槽蓄容量等特征参数。

收集了上海市 2012 年水利普查获得的详细的河道断面资料，河道断面资料收集情况见表 6–11。

表 6–11　　河道断面资料收集情况表

序号	名称		格式	主要内容
1	市管河道：黄浦江、吴淞江－苏州河、蕰藻浜、新槎浦、潘泾、练祁河、桃浦河－木渎港、东茭泾－彭越浦、西泗塘－俞泾塘－虹口港、南泗塘－沙泾塘、走马塘－虬江、杨树浦港、漕河泾－龙华港、张家塘港、蒲汇塘、新泾港、油墩港、淀浦河、拦路港－泖港－斜塘等	断面位置	CAD 文件	大断面布置、堤线等
2		断面数据	Excel 表格	断面编号、垂线号、起点距、河底高程
3	其他河道	断面位置	Excel	断面编号、断面位置、控制长度、测时水位、常水位、最高控制水位
4		断面数据	数据库文件 pde	断面编号、垂线号、起点距、河底高程

浦西区内及边界处的雨量站 92 个，潮（水）位站 49 个。其雨量站分布和潮（水）位站分布分别见图 6–67、图 6–68。

图 6–67 浦西区雨量站分布图

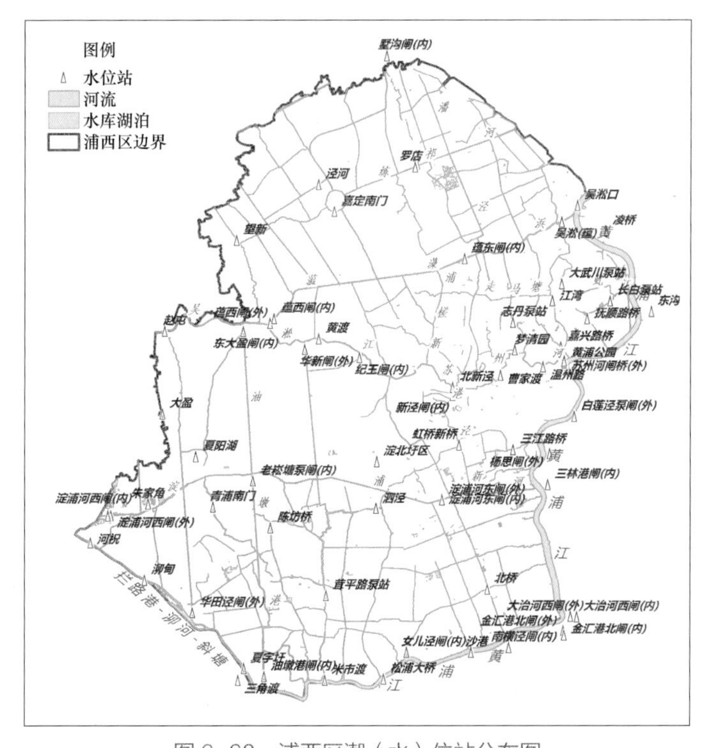

图 6–68 浦西区潮（水）位站分布图

根据浦西区近年发生的较为典型的暴雨洪水，收集了 2005 年“麦莎”台风、2012 年“海葵”台风、2013 年“菲特”台风和 2013 年 9 月 13 日暴雨洪水资料，用于模型参数的率定和验证。

（3）社会经济资料。社会经济资料主要来自于 2013 年、2014 年的统计年鉴，共计收集了编制范围 13 个行政区、49 个乡（镇）、87 个街道的数据。

（4）工程及调度。浦西区防洪工程主要为黄浦江千里江堤、区域除涝工程等。研究范围内千里江堤为黄浦江市区段防汛墙，区域除涝工程指区域内的水闸、内河堤防、排涝泵站等工程。

1）千里江堤。千里江堤主要指黄浦江干流段及其上游支流等堤防，用于防御海潮及上游和本地洪水，在浦西区内主要为黄浦江干流左岸堤防，拦路港左岸堤防，它们组成了浦西区的东部和南部边界，浦西区涉及“千里江堤”分布见图 6–69。

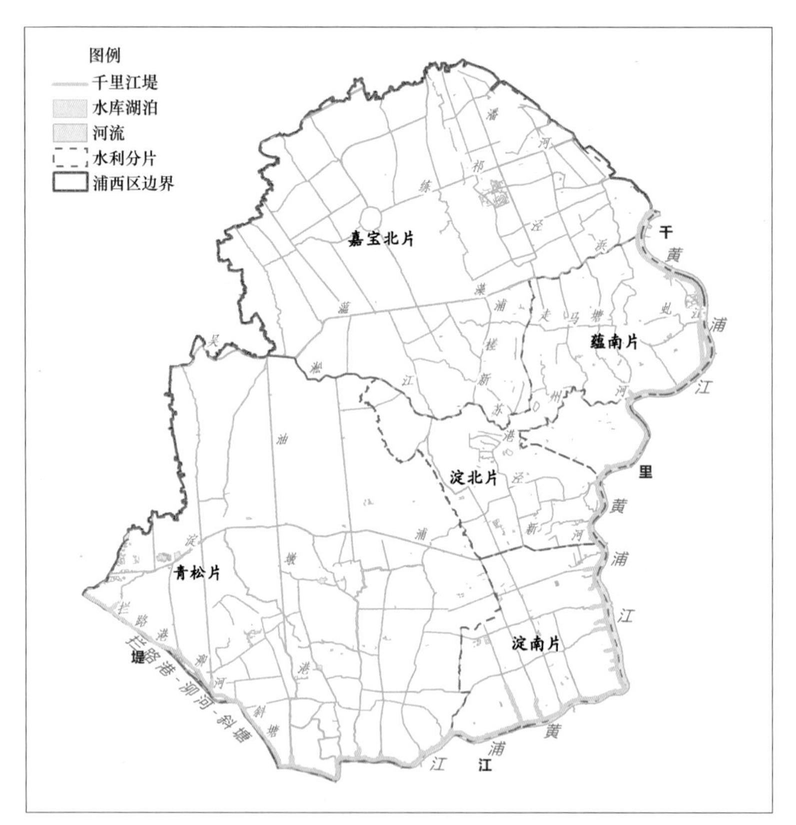

图 6–69　浦西区涉及“千里江堤”分布图

2）区域除涝工程。上海全市按 14 个水利控制片进行排涝综合治理，各水利控制片可由工程对洪水双向控制。各水利控制片内河道水系可形成独立系统，并通过调节水利片内的控制水位，形成控制片内不同的蓄水库容。本次收集了浦西区涉及的嘉宝北片、蕴南片、淀北片、淀南片和青松片 5 个控制片的水系、内河堤防、泵站、水闸和圩区分布分别见图 6–70~ 图 6–74。

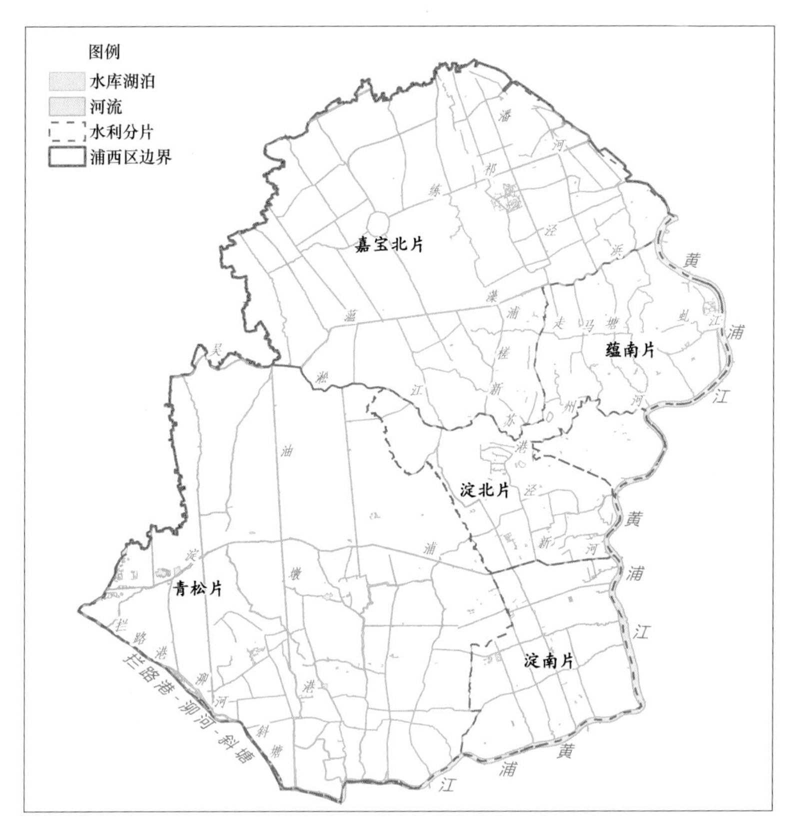

图 6-70　浦西区水利控制片分布图

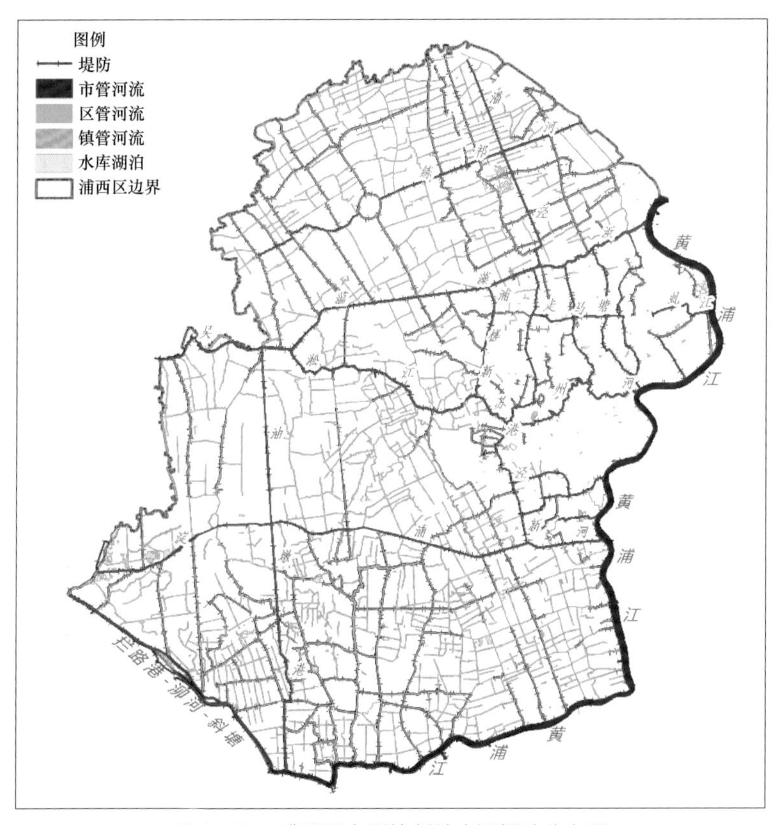

图 6-71　浦西区水利控制片内河堤防分布图

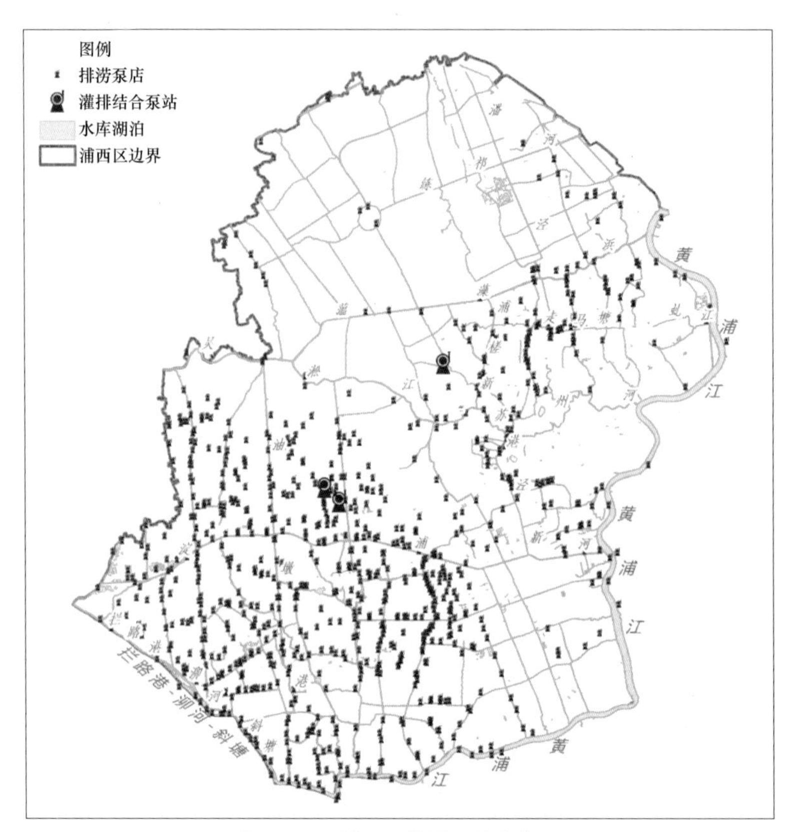

图 6-72　浦西区排涝泵站分布图

图 6-73　浦西区各水利控制片水闸分布图

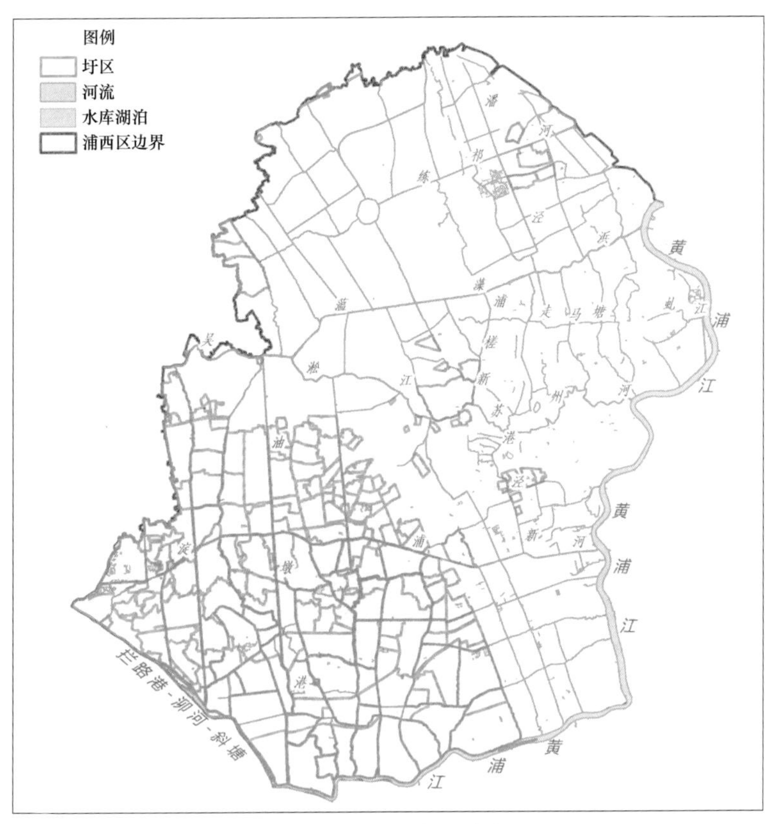

图 6-74 浦西区圩区分布图

3）防洪工程调度。按照《上海市水利控制片水资源调度实施细则》（沪水务〔2012〕627 号）的要求进行调度。

（5）洪涝灾害。收集了上海全市及各区县的灾害总结、灾情统计，以及部分积水道路统计数据等，包括 1905 年以后历次台风影响上海市的情况、典型年梅雨灾害资料和典型年场次暴雨洪水灾害资料。

（6）基础工作底图及加工处理。包括洪水分析软件建模所用的 DEM、道路、堤防、水系等图层，损失评估所用的行政区、居民地和土地利用图层，避险转移所用的安置点、居民地、路线图层，以及风险图绘制所需的基础底图等。

6.3.3 洪水危险性分析

6.3.3.1 模型构建

（1）网格生成。导入基础数据，并以编制区域内市、区（县）管河道，较大型湖泊，堤防（包括防汛墙、内河堤防、海堤和圩堤等），一级、二级、三级等主要道路，高速公路，铁路等为控制内边界（见图 6-75），采用非结构不规则多边形进行网格剖分，在中心城区控制网格平均面积为 0.05 ~ 0.1km^2，中心城区以外部分，网格平均面积可扩大为 0.1km^2，重要地区、地形和平面形态变化较大地区的计算网格适当加密。整个浦西区被划分为 134723 个网格，270780 条通道（见图 6-76）。

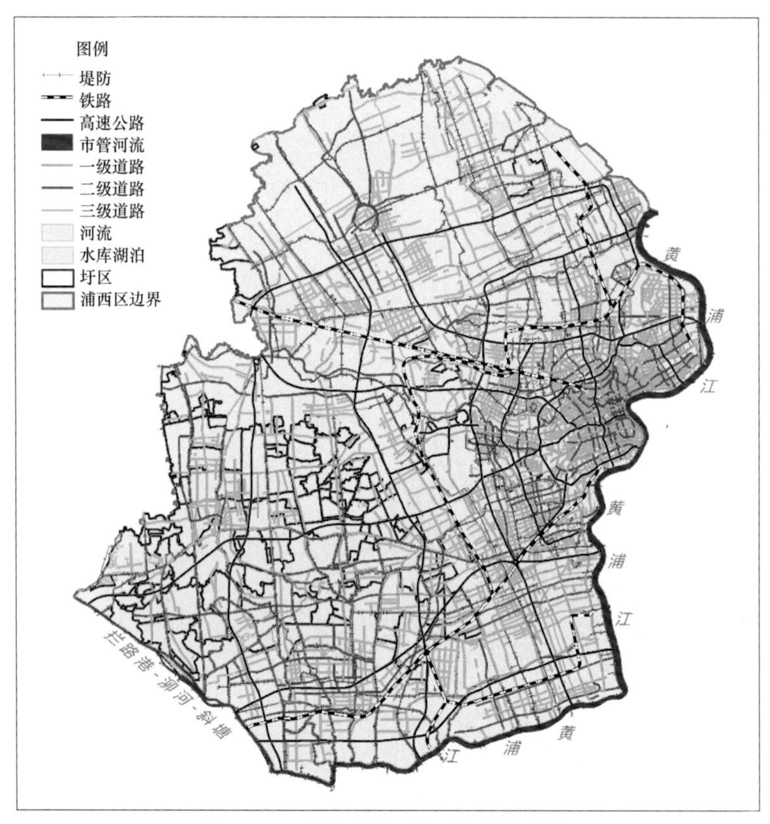

图 6-75　网格剖分时考虑因素分布图

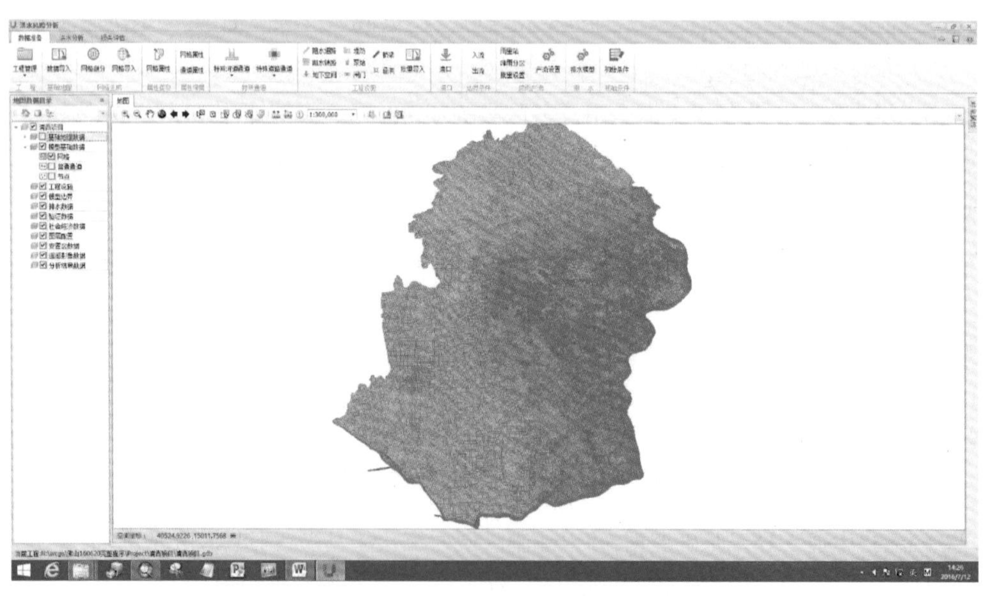

图 6-76　软件剖分完成的网格图

（2）网格和特殊通道属性设置。针对网格的属性赋值和编辑工作内容包括利用河流水系图层提取网格类型，利用土地利用类型图层设置网格糙率，利用居民地图层设置网格面积修正率，利用高程点信息设置网格高程等。网格高程分布见图 6-77。

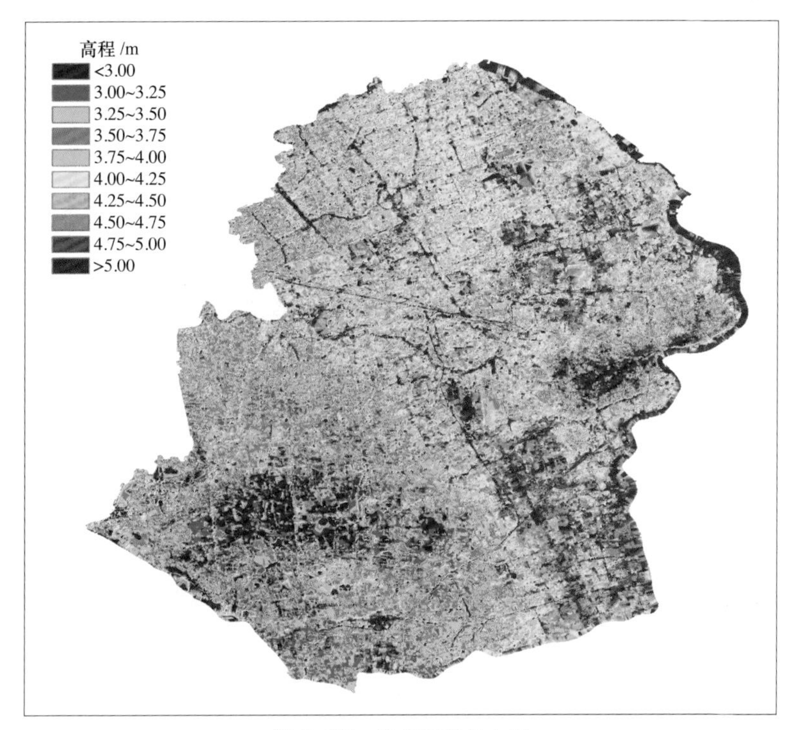

图 6-77　网格高程分布图

为模拟河网水系和道路的行洪作用，需提取特殊河道通道和特殊道路通道。除黄浦江及上游较宽支流剖分为河道型网格外，其他河流由于平均宽度未达到网格平均尺寸，所以提取为特殊河道通道进行模拟，共计为 10053 条（见图 6-78）；针对道路，将一级、二级、三级道路作为特殊道路通道处理，共计为 29687 条（见图 6-79）。

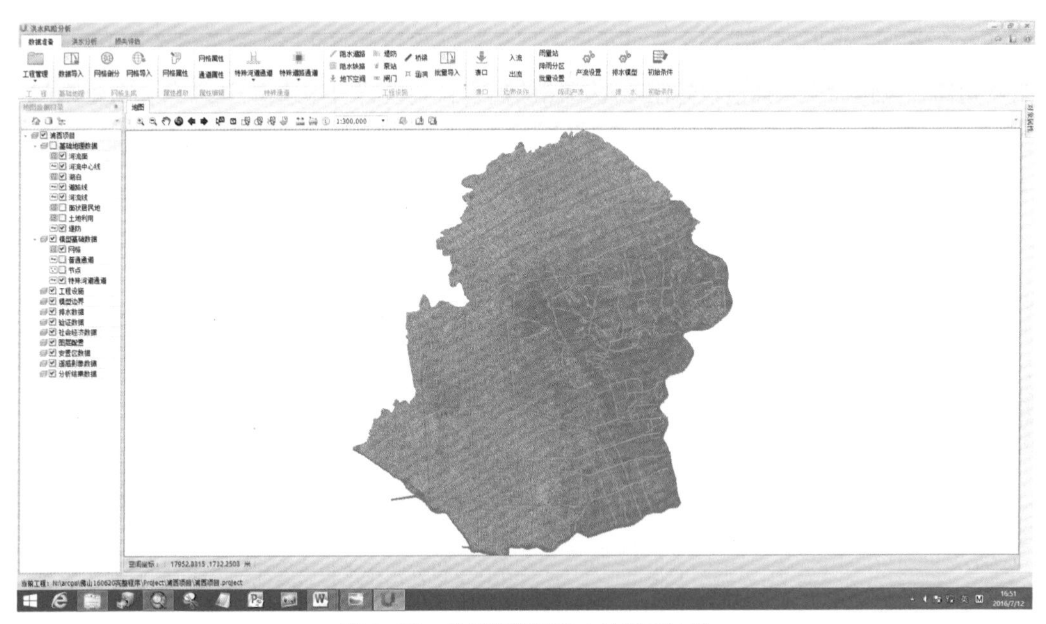

图 6-78　特殊河道通道自动提取结果

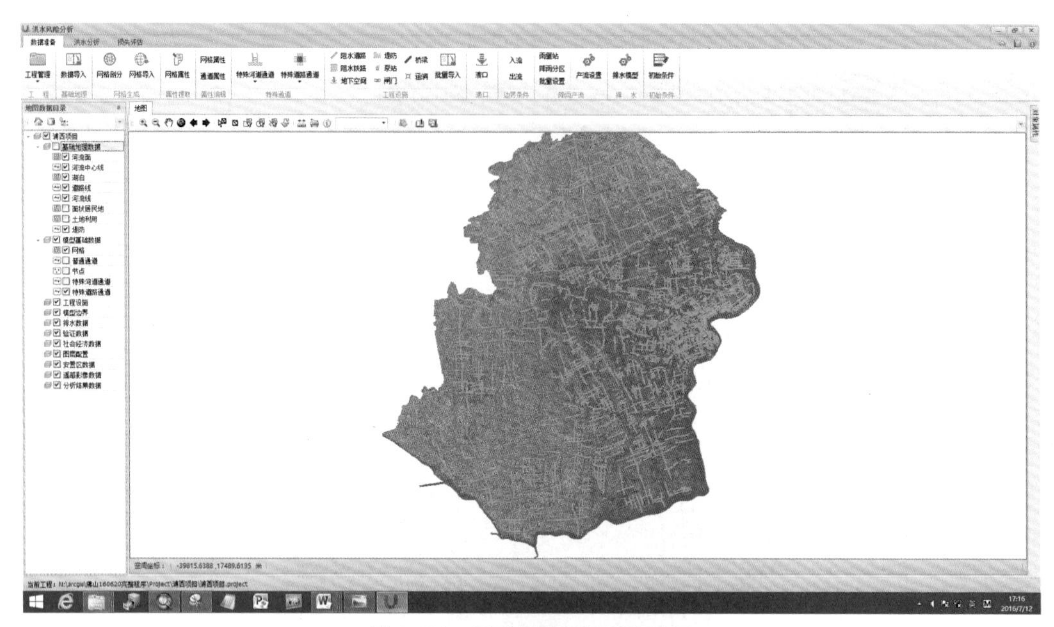

图 6-79　特殊道路通道提取结果

利用收集到的河道断面数据设置特殊河道通道的断面信息，包括河底高程、左堤高程、右堤高程、上宽、下宽等。利用道路高程和等级分别设置特殊道路通道的顶高程、道路宽度和马路牙高度。

（3）工程添加与属性设置。浦西区洪水分析需要考虑的工程设施包括堤防、阻水铁路、阻水道路、水闸和泵站。利用“工程设施”模块中的工具可单个或批量添加相应的设施，并设定各设施对象的参数，包括堤防、阻水铁路、阻水道路、水闸、泵站及排水分区的添加与设置等。

对于堤防，主要考虑市管河流和特殊河流通道堤防，其中针对市管堤防，需设置通道属性为堤防，并利用河流断面插值的方法，设置堤防通道的高程。对于阻水道路，主要考虑铁路，以及未采用高架形式的高速公路等，导入铁路和高速公路图层，设置通道属性为阻水道路，利用高程点插值设置阻水型道路的高程，共设置阻水通道 6124 条。对于闸门，主要考虑各水利控制片的一线控制水闸，以及主要河道上的关键控制水闸，共计 108 座。对于泵站，主要考虑了计算范围内的 740 个排涝泵站。各工程属性设置见表 6-12。

表 6-12　　各工程属性设置表

对象	所需属性
阻水型通道	通道顶高程
特殊河道通道	河底高、左堤高程、右堤高程、上宽、下宽
特殊道路通道	路面高程、路宽、马路牙高度
水闸	水闸类型、开闸时间、开闸水位、关闸水位、开闸限制水位、所在通道号、闸下游节点号、闸孔宽、闸底高、最大排水流量、排入或引水的网格号、参考站节点编号、参考站网格编号、开闸比例
泵站	泵站类型、开泵限制水位、设计起排水位、设计止排水位、设计排水能力、所在节点号、泵站状态、排入网格编号、排入节点编号、所属排水分区编号、所属排涝区编号、参考站节点编号、参考站网格编号、开泵比例

（4）边界条件设定。边界条件设置在吴淞口、吴淞（蕴）、米市渡、河祝、泖甸、夏字圩、练塘、三角渡、泖港、赵屯、蕴西闸（内）、蕴东闸（内）、黄渡、曹家渡、淀西闸（外）、淀东闸（外）、淀东闸（内）等站点，开展黄浦江及内河堤防溃决洪水分析时，各方案的边界条件即采用这些已知水位站的设计水位过程（见图 6–80）。

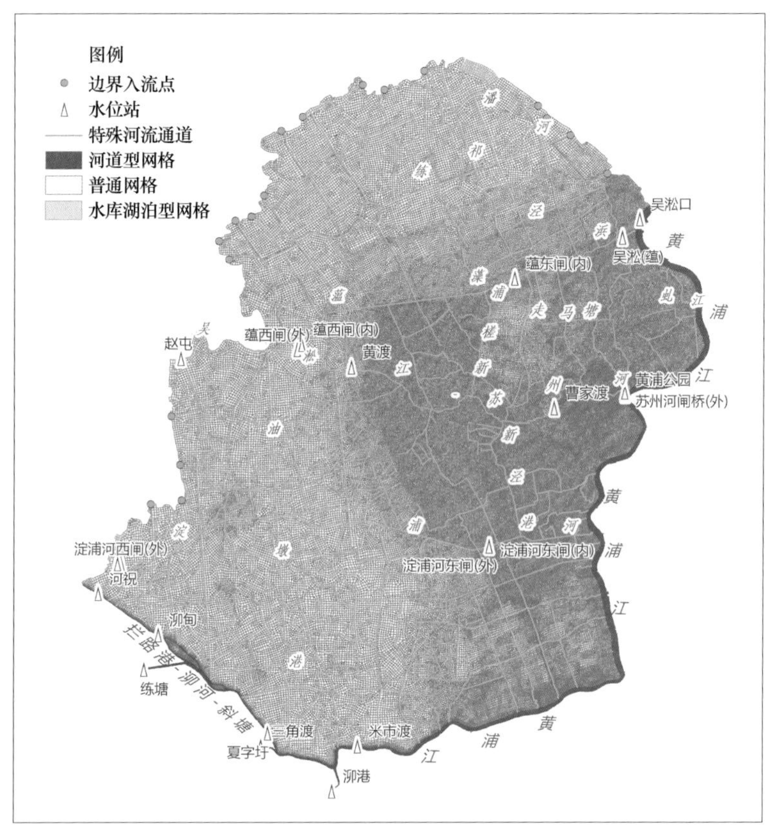

图 6–80　模型边界条件位置图

在计算某一溃口方案时，为增加模拟的精确度，选用与溃口邻近的上下游水位站同频率设计洪水水位过程作为边界条件，其余的河道型网格不参与计算（见图 6–81），以下为具体的边界条件设置。

1）黄浦江：开展 500 年、1000 年一遇洪水溃决分析时，采用米市渡站、吴淞口站水位过程作为上、下游边界条件；50 年、100 年一遇洪水溃决分析时，采用河祝站、练塘站、三角渡站、泖港站、米市渡站水位过程作为上、下游边界条件。

2）拦路港 – 泖河 – 斜塘：采用河祝站、练塘站、三角渡站、泖港站、米市渡站水位过程作为上、下游边界条件。

（5）初始条件设定。模型计算的初始条件包括河道水位、湖泊水位的初始水位，处理方法分别如下。

1）河道水位。黄浦江、拦路港 – 泖河 – 斜塘、太浦河、红旗塘 – 大蒸塘 – 园泄泾、

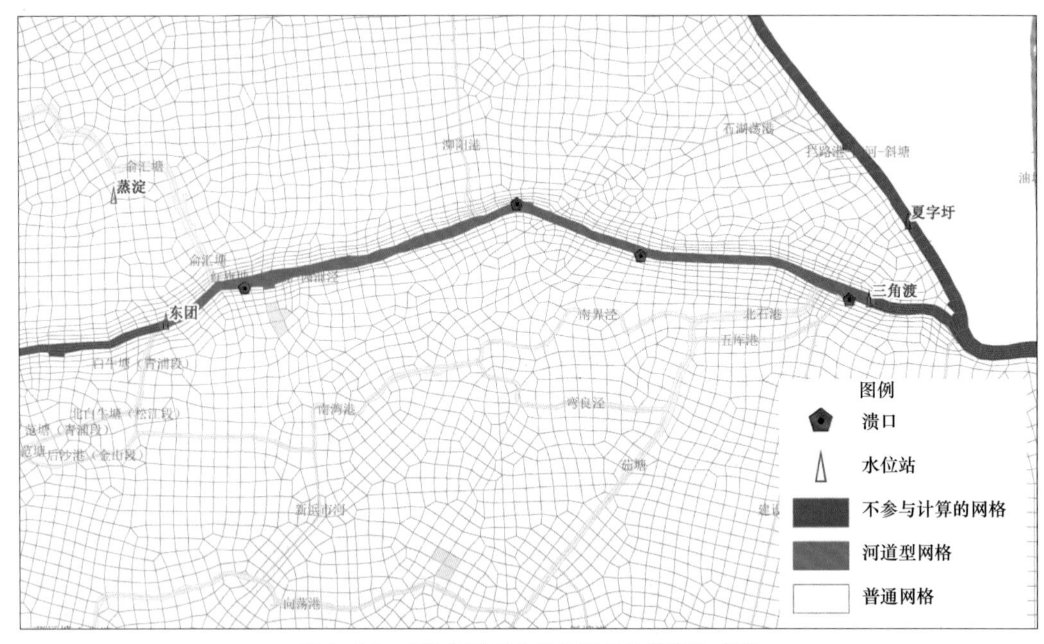

图 6-81　堤防溃决洪水的边界条件设定方式图

胥浦塘－掘石港－大泖港等河道型网格的初始水位按各水位站在计算初始时刻的设计水位线性插值计算，其他概化为特殊河道通道的河流的初始水位取其常水位。河道型网格的初始条件设定见图 6-82，特殊河道的初始条件设定见图 6-83，湖泊型网格的初始条件设定见图 6-84。

2）湖泊水位。湖泊水位对于防汛墙溃决后的洪水风险基本无影响，在计算时设定为 2m。

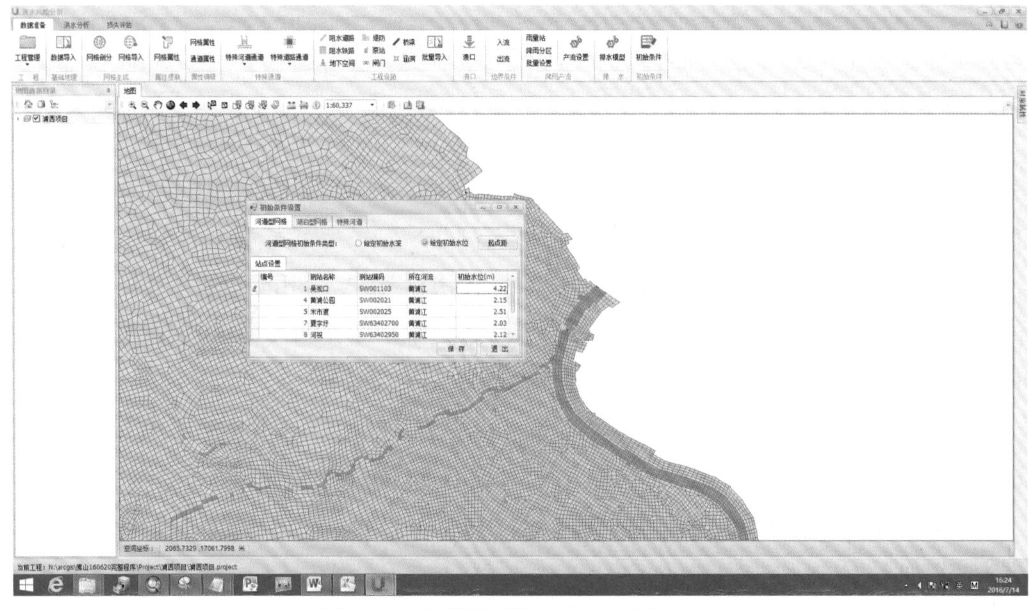

图 6-82　河道型网格的初始条件设定图

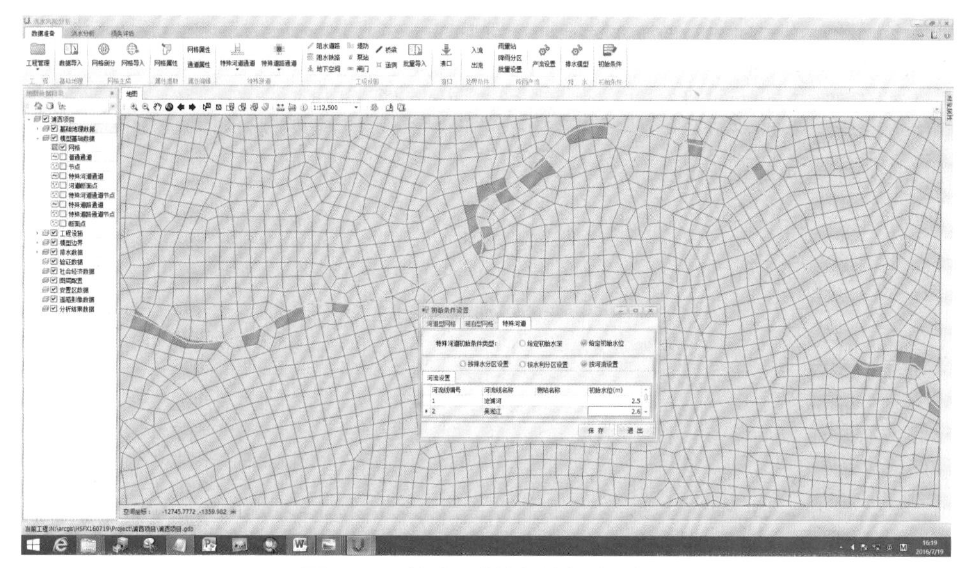

图 6-83　特殊河道的初始条件设定图

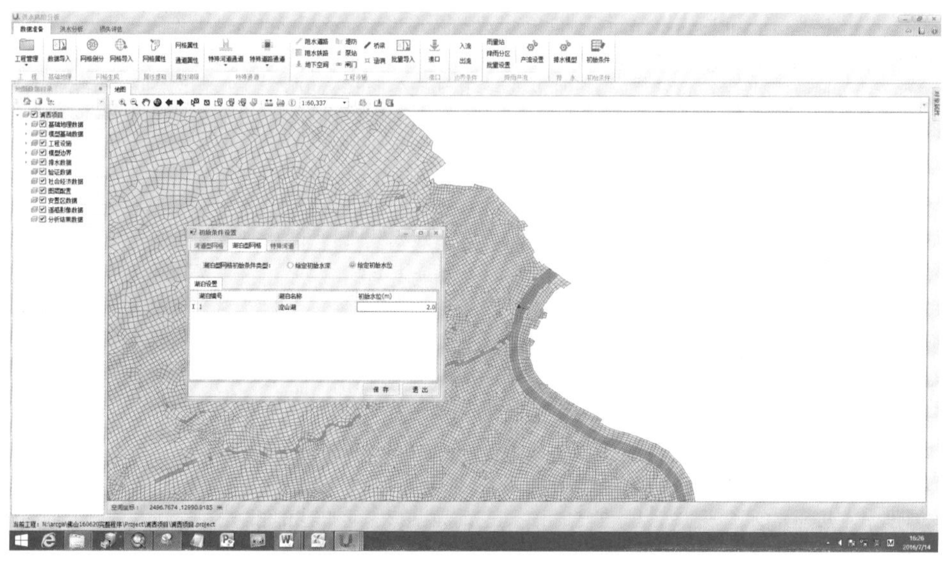

图 6-84　湖泊型网格的初始条件设定图

6.3.3.2　洪水分析

（1）洪水量级。采用 FRAS 分析黄浦江及上游防汛墙的溃决洪水，洪水量级按照黄浦江及上游支流的防洪能力设置。黄浦江北岸元泾以下，南岸千步泾以下为 1000 年一遇（84 标准）的洪水标准，防汛墙溃决洪水分析标准为黄浦江 500 年一遇和 1000 年一遇（最新成果）。黄浦江北岸元泾以上，南岸千步泾以上的防洪标准为防御太湖流域 50 年一遇洪水，黄浦江上游及拦路港－泖河－斜塘防汛墙溃决洪水分析标准为黄浦江、拦路港－泖河－斜塘 50 年和 100 年一遇。

（2）溃口设定。溃口的选择主要考虑河道险工险段、穿堤建筑物、堤防溃决后洪灾损失较大等情况，利用建模软件设置 18 处溃口。溃口位置分别见图 6-85 和表 6-13。上海市防汛墙均按仓构建，每仓的宽度在 10 ~ 15m 之间，历史洪水中，防汛墙基本按仓溃决，近年统计的最大溃口为 90m，本次设置时考虑最危险情况，按防汛墙瞬间全溃的方式，溃口宽度选为 90m。

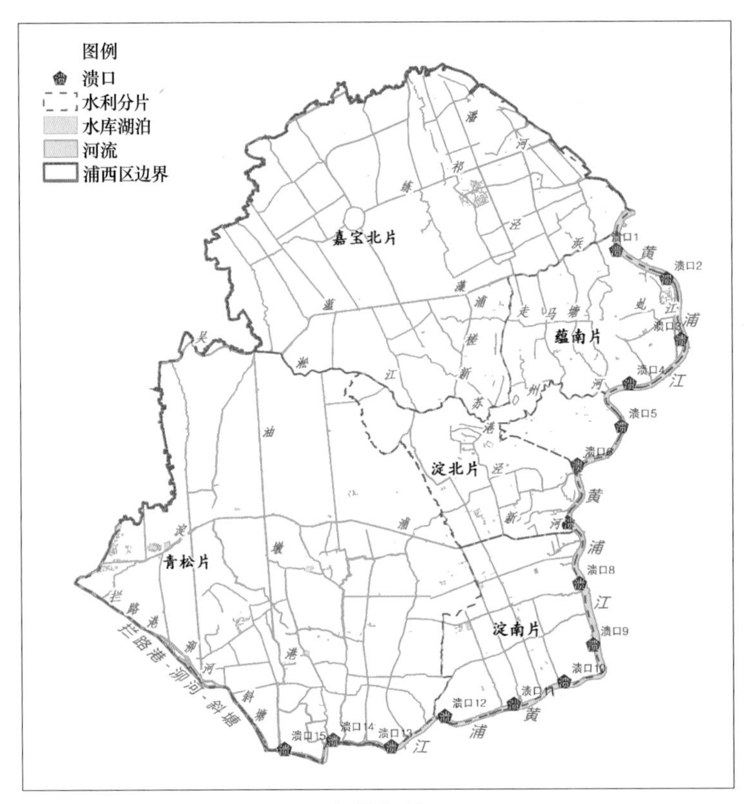

(a) 黄浦江溃口

(b) 拦路港－泖河－斜塘溃口

图 6-85　黄浦江及上游支流溃口位置分布图

表 6-13　　　　　　　　　　　黄浦江溃口设置表

序号	溃口位置	所在区（县）	X坐标	Y坐标	岸别	类型
1	东海船厂	宝山区	3087.03	13697.36	右	隔 6km
2	上海柴油机股份有限公司	杨浦区	7661.78	11135.57	右	墙后地坪防汛通道出现平行及垂直裂缝，有不均匀性沉降
3	上海木材总公司复兴岛仓储部	杨浦区	8959.45	5703.29	右	墙身存在明显的竖向裂缝，裂缝多为背水面与迎水面贯通
4	上海港客运服务总公司	杨浦区	4234.21	1793.53	右	隔 6km
5	董家渡轮渡站	黄浦区	3480.79	–2065.84	右	低于标准差 0.6m
6	上港六区	黄浦区	–577.53	–5496.64	右	隔 6km
7	上海市划船俱乐部	徐汇区	–1477.27	–10631.48	右	防汛墙遭船只撞击，墙体破损倾斜
8	上海港龙吴港务公司	闵行区	–420.55	–16088.39	右	隔 6km
9	上海第七粮食仓库	闵行区	806.99	–21539.68	左	隔 6km
10	开源码头	闵行区	–1860.30	–24838.85	右	隔 6km
11	上海电机厂	闵行区	–6518.31	–26831.55	左	隔 6km
12	陆家宅	闵行区	–12859.57	–27912.05	左	隔 6km
13	杨家角	松江区	–17790.29	–30600.50	左	隔 6km
14	上海林彬实业有限公司	松江区	–23194.89	–30009.70	左	墙身顶下 1.5m 处断裂
15	程祥浜	松江区	–27603.80	–30808.06	右	隔 6km
16	拦路港－泖河－斜塘	松江区	–31732.83	–26768.37	左	结构受损薄弱岸段
17	拦路港－泖河－斜塘	青浦区	–38095.87	–21158.24	左	结构受损薄弱岸段，墙身倾斜
18	拦路港－泖河－斜塘	青浦区	–42450.25	–18664.38	左	地势低洼区域

（3）计算方案。根据洪水量级和溃口的设定情况，考虑工程调度情况，确定洪水分析方案，总计为 36 个，洪水分析方案见表 6–14。本次防汛墙溃决分析时间为 7 天，计算时间步长设置为 3 秒，计算结果输出时间步长为 1 小时。

（4）洪水分析结果。

1）溃口流量与洪水淹没特征值统计。通过模型分析得到的计算结果包括各方案所有网格的洪水最大淹没水深、洪水淹没历时、各网格的淹没水深过程和各通道的流量过程，以及主干道路的最大淹没水深、淹没历时、最大流速等。根据计算结果统计的各方案最大淹没面积、最大淹没水深、平均淹没水深等特征（见表 6–15）。

表 6-14　洪水分析方案表

序号	方案编码	溃口所在河道	岸别	洪水量级	溃口尺寸 /m	方案说明
1	HPJ-500Y-B1	黄浦江	左	500 年一遇	90	浦西区黄浦江发生 500 年一遇洪水（9711 潮型）时，溃口 1 溃决，溃口宽度 90m，溃口底高程为地面高程 4.57m，溃决时水位 6.27m，瞬间全溃，水闸按调度规则，泵站关闭，模拟总时长约 7 天
2	HPJ-500Y-B2	黄浦江	左	500 年一遇	90	浦西区黄浦江发生 500 年一遇洪水（9711 潮型）时，溃口 2 溃决，溃口宽度 90m，溃口底高程为地面高程 5.33m，溃决时水位 6.0m，瞬间全溃，水闸按调度规则，泵站关闭，模拟总时长约 7 天
3	HPJ-500Y-B3	黄浦江	左	500 年一遇	90	浦西区黄浦江发生 500 年一遇洪水（9711 潮型）时，溃口 3 溃决，溃口宽度 90m，溃口底高程为地面高程 4.58m，溃决时水位 6.0m，瞬间全溃，水闸按调度规则，泵站关闭，模拟总时长约 7 天
4	HPJ-500Y-B4	黄浦江	左	500 年一遇	90	浦西区黄浦江发生 500 年一遇洪水（9711 潮型）时，溃口 4 溃决，溃口宽度 90m，溃口底高程为地面高程 5.13m，溃决时水位 6.0m，瞬间全溃，水闸按调度规则，泵站关闭，模拟总时长约 7 天
5	HPJ-500Y-B5	黄浦江	左	500 年一遇	90	浦西区黄浦江发生 500 年一遇洪水（9711 潮型）时，溃口 5 溃决，溃口宽度 90m，溃口底高程为地面高程 4.10m，溃决时水位 5.86m，瞬间全溃，水闸按调度规则，泵站关闭，模拟总时长约 7 天
6	HPJ-500Y-B6	黄浦江	左	500 年一遇	90	浦西区黄浦江发生 500 年一遇洪水（9711 潮型）时，溃口 6 溃决，溃口宽度 90m，溃口底高程为地面高程 5.54m，溃决时水位 5.54m，瞬间全溃，水闸按调度规则，泵站关闭，模拟总时长约 7 天
7	HPJ-500Y-B7	黄浦江	左	500 年一遇	90	浦西区黄浦江发生 500 年一遇洪水（9711 潮型）时，溃口 7 溃决，溃口宽度 90m，溃口底高程为地面高程 4.52m，溃决时水位 5.3m，瞬间全溃，水闸按调度规则，泵站关闭，模拟总时长约 7 天
8	HPJ-500Y-B8	黄浦江	左	500 年一遇	90	浦西区黄浦江发生 500 年一遇洪水（9711 潮型）时，溃口 8 溃决，溃口宽度 90m，溃口底高程为地面高程 4.91m，溃决时水位 5.1m，瞬间全溃，水闸按调度规则，泵站关闭，模拟总时长约 7 天
9	HPJ-500Y-B9	黄浦江	左	500 年一遇	90	浦西区黄浦江发生 500 年一遇洪水（9711 潮型）时，溃口 9 溃决，溃口宽度 90m，溃口底高程为地面高程 4.69m，溃决时水位 4.8m，瞬间全溃，水闸按调度规则，泵站关闭，模拟总时长约 7 天

续表

序号	方案编码	溃口所在河道	岸别	洪水量级	溃口尺寸 /m	方案说明
10	HPJ-500Y-B10	黄浦江	左	500 年一遇	90	浦西区黄浦江发生 500 年一遇洪水（9711 潮型）时，溃口 10 溃决，溃口宽度 90m，溃口底高程为地面高程 4.30m，溃决时水位 4.62m，瞬间全溃，水闸按调度规则，泵站关闭，模拟总时长约 7 天
11	HPJ-500Y-B11	黄浦江	左	500 年一遇	90	浦西区黄浦江发生 500 年一遇洪水（9711 潮型）时，溃口 11 溃决，溃口宽度 90m，溃口底高程为地面高程 4.52m，溃决时水位 4.56m，瞬间全溃，水闸按调度规则，泵站关闭，模拟总时长约 7 天
12	HPJ-500Y-B12	黄浦江	左	500 年一遇	90	浦西区黄浦江发生 500 年一遇洪水（9711 潮型）时，溃口 12 溃决，溃口宽度 90m，溃口底高程为地面高程 4.15m，溃决时水位 4.3m，瞬间全溃，水闸按调度规则，泵站关闭，模拟总时长约 7 天
13	HPJ-500Y-B13	黄浦江	左	500 年一遇	90	浦西区黄浦江发生 500 年一遇洪水（9711 潮型）时，溃口 13 溃决，溃口宽度 90m，溃口底高程为地面高程 4.18m，溃决时水位 4.25m，瞬间全溃，水闸按调度规则，泵站关闭，模拟总时长约 7 天
14	HPJ-50Y-B14	黄浦江	左	50 年一遇	90	浦西区黄浦江发生 50 年一遇洪水（菲特潮型）时，溃口 14 溃决，溃口宽度 90m，溃口底高程为地面高程 3.21m,溃决时水位 4.25m,瞬间全溃,水闸按调度规则,泵站关闭,模拟总时长约 7 天
15	HPJ-50Y-B15	黄浦江	左	50 年一遇	90	浦西区黄浦江发生 50 年一遇洪水（菲特潮型）时，溃口 15 溃决，溃口宽度 90m，溃口底高程为地面高程 3.24m,溃决时水位 4.25m,瞬间全溃,水闸按调度规则,泵站关闭,模拟总时长约 7 天
16	HPJ-1000Y-B1	黄浦江	左	1000 年一遇	90	浦西区黄浦江发生 1000 年一遇洪水（9711 潮型）时，溃口 1 溃决，溃口宽度 90m，溃口底高程为地面高程 4.57m，溃决时水位 6.27m，瞬间全溃，水闸按调度规则，泵站关闭，模拟总时长约 7 天
17	HPJ-1000Y-B2	黄浦江	左	1000 年一遇	90	浦西区黄浦江发生 1000 年一遇洪水（9711 潮型）时，溃口 2 溃决，溃口宽度 90m，溃口底高程为地面高程 5.33m，溃决时水位 6.0m，瞬间全溃，水闸按调度规则，泵站关闭，模拟总时长约 7 天
18	HPJ-1000Y-B3	黄浦江	左	1000 年一遇	90	浦西区黄浦江发生 1000 年一遇洪水（9711 潮型）时，溃口 3 溃决，溃口宽度 90m，溃口底高程为地面高程 4.58m，溃决时水位 6.0m，瞬间全溃，水闸按调度规则，泵站关闭，模拟总时长约 7 天

续表

序号	方案编码	溃口所在河道	岸别	洪水量级	溃口尺寸 /m	方案说明
19	HPJ-1000Y-B4	黄浦江	左	1000 年一遇	90	浦西区黄浦江发生 1000 年一遇洪水（9711 潮型）时，溃口 4 溃决，溃口宽度 90m，溃口底高程为地面高程 5.13m，溃决时水位 6.0m，瞬间全溃，水闸按调度规则，泵站关闭，模拟总时长约 7 天
20	HPJ-1000Y-B5	黄浦江	左	1000 年一遇	90	浦西区黄浦江发生 1000 年一遇洪水（9711 潮型）时，溃口 5 溃决，溃口宽度 90m，溃口底高程为地面高程 4.10m，溃决时水位 5.86m，瞬间全溃，水闸按调度规则，泵站关闭，模拟总时长约 7 天
21	HPJ-1000Y-B6	黄浦江	左	1000 年一遇	90	浦西区黄浦江发生 1000 年一遇洪水（9711 潮型）时，溃口 6 溃决，溃口宽度 90m，溃口底高程为地面高程 5.54m，溃决时水位 5.54m，瞬间全溃，水闸按调度规则，泵站关闭，模拟总时长约 7 天
22	HPJ-1000Y-B7	黄浦江	左	1000 年一遇	90	浦西区黄浦江发生 1000 年一遇洪水（9711 潮型）时，溃口 7 溃决，溃口宽度 90m，溃口底高程为地面高程 4.52m，溃决时水位 5.3m，瞬间全溃，水闸按调度规则，泵站关闭，模拟总时长约 7 天
23	HPJ-1000Y-B8	黄浦江	左	1000 年一遇	90	浦西区黄浦江发生 1000 年一遇洪水（9711 潮型）时，溃口 8 溃决，溃口宽度 90m，溃口底高程为地面高程 4.91m，溃决时水位 5.1m，瞬间全溃，水闸按调度规则，泵站关闭，模拟总时长约 7 天
24	HPJ-1000Y-B9	黄浦江	左	1000 年一遇	90	浦西区黄浦江发生 1000 年一遇洪水（9711 潮型）时，溃口 9 溃决，溃口宽度 90m，溃口底高程为地面高程 4.69m，溃决时水位 4.8m，瞬间全溃，水闸按调度规则，泵站关闭，模拟总时长约 7 天
25	HPJ-1000Y-B10	黄浦江	左	1000 年一遇	90	浦西区黄浦江发生 1000 年一遇洪水（9711 潮型）时，溃口 10 溃决，溃口宽度 90m，溃口底高程为地面高程 4.30m，溃决时水位 4.62m，瞬间全溃，水闸按调度规则，泵站关闭，模拟总时长约 7 天
26	HPJ-1000Y-B11	黄浦江	左	1000 年一遇	90	浦西区黄浦江发生 1000 年一遇洪水（9711 潮型）时，溃口 11 溃决，溃口宽度 90m，溃口底高程为地面高程 4.52m，溃决时水位 4.56m，瞬间全溃，水闸按调度规则，泵站关闭，模拟总时长约 7 天
27	HPJ-1000Y-B12	黄浦江	左	1000 年一遇	90	浦西区黄浦江发生 1000 年一遇洪水（9711 潮型）时，溃口 12 溃决，溃口宽度 90m，溃口底高程为地面高程 4.15m，溃决时水位 4.3m，瞬间全溃，水闸按调度规则，泵站关闭，模拟总时长约 7 天

续表

序号	方案编码	溃口所在河道	岸别	洪水量级	溃口尺寸 /m	方案说明
28	HPJ-1000Y-B13	黄浦江	左	1000 年一遇	90	浦西区黄浦江发生 1000 年一遇洪水（9711 潮型）时，溃口 13 溃决，溃口宽度 90m，溃口底高程为地面高程 4.18m，溃决时水位 4.25m，瞬间全溃，水闸按调度规则，泵站关闭，模拟总时长约 7 天
29	HPJ-100Y-B14	黄浦江	左	100 年一遇	90	浦西区黄浦江发生 100 年一遇洪水（菲特潮型）时，溃口 14 溃决，溃口宽度 90m，溃口底高程为地面高程 3.21m，溃决时水位 4.25m，瞬间全溃，水闸按调度规则，泵站关闭，模拟总时长约 7 天
30	HPJ-100Y-B15	黄浦江	左	100 年一遇	90	浦西区黄浦江发生 100 年一遇洪水（菲特潮型）时，溃口 15 溃决，溃口宽度 90m，溃口底高程为地面高程 3.24m，溃决时水位 4.25m，瞬间全溃，水闸按调度规则，泵站关闭，模拟总时长约 7 天
31	LMX-50Y-B1	拦路港－泖河－斜塘	左	50 年一遇	90	浦西区拦路港－泖河－斜塘发生 50 年一遇洪水（菲特潮型）时，溃口 1 溃决，溃口宽度 90m，溃口底高程为地面高程 3.10m，溃决时水位 3.836m，瞬间全溃，水闸按调度规则，泵站关闭，模拟总时长约 7 天
32	LMX-50Y-B2	拦路港－泖河－斜塘	左	50 年一遇	90	浦西区拦路港－泖河－斜塘发生 50 年一遇洪水（菲特潮型）时，溃口 2 溃决，溃口宽度 90m，溃口底高程为地面高程 3.43m，溃决时水位 3.836m，瞬间全溃，水闸按调度规则，泵站关闭，模拟总时长约 7 天
33	LMX-50Y-B3	拦路港－泖河－斜塘	左	50 年一遇	90	浦西区拦路港－泖河－斜塘发生 50 年一遇洪水（菲特潮型）时，溃口 3 溃决，溃口宽度 90m，溃口底高程为地面高程 3.75m，溃决时水位 3.836m，瞬间全溃，水闸按调度规则，泵站关闭，模拟总时长约 7 天
34	LMX-100Y-B1	拦路港－泖河－斜塘	左	100 年一遇	90	浦西区拦路港－泖河－斜塘发生 100 年一遇洪水（菲特潮型）时，溃口 1 溃决，溃口宽度 90m，溃口底高程为地面高程 3.10m，溃决时水位 3.836m，瞬间全溃，水闸按调度规则，泵站关闭，模拟总时长约 7 天
35	LMX-100Y-B2	拦路港－泖河－斜塘	左	100 年一遇	90	浦西区拦路港－泖河－斜塘发生 100 年一遇洪水（菲特潮型）时，溃口 2 溃决，溃口宽度 90m，溃口底高程为地面高程 3.43m，溃决时水位 3.836m，瞬间全溃，水闸按调度规则，泵站关闭，模拟总时长约 7 天
36	LMX-100Y-B3	拦路港－泖河－斜塘	左	100 年一遇	90	浦西区拦路港－泖河－斜塘发生 100 年一遇洪水（菲特潮型）时，溃口 3 溃决，溃口宽度 90m，溃口底高程为地面高程 3.75m，溃决时水位 3.836m，瞬间全溃，水闸按调度规则，泵站关闭，模拟总时长约 7 天

表 6-15 洪水计算方案分析统计指标表

序号	方案编码	溃口编号	溃口处最大流量 /（m^3/s）	溃决总水量 / 万 m^3	淹没面积[a] /km^2	最大淹没水深 /m	平均水深[b] /m	水深不小于 0.5m 的淹没面积 /km^2	水深不小于 1m 的淹没面积 /km^2
1	HPJ-500Y-B1	1	123.5	148.7	2.68	1.83	0.49	1.12	0.17
2	HPJ-500Y-B2	2	13.2	7.2	0.84	0.93	0.31	0.10	0.00
3	HPJ-500Y-B3	3	80.9	36.5	1.02	1.58	0.53	0.55	0.05
4	HPJ-500Y-B4	4	36.3	23.8	1.16	0.96	0.28	0.14	0.01
5	HPJ-500Y-B5	5	225.7	226.1	6.05	2.68	0.41	1.75	0.35
6	HPJ-500Y-B6	6	2.1	0.8	0.06	0.29	0.16	0	0
7	HPJ-500Y-B7	7	12.4	6.3	0.29	1.14	0.37	0.07	0.02
8	HPJ-500Y-B8	8	39.2	22.9	1.58	0.64	0.27	0.15	0
9	HPJ-500Y-B9	9	10.2	6.4	0.42	0.72	0.25	0.06	0
10	HPJ-500Y-B10	10	52.3	51.1	1.53	1.07	0.31	0.23	0.01
11	HPJ-500Y-B11	11	4.9	5.0	0.55	0.75	0.26	0.04	0
12	HPJ-500Y-B12	12	82.4	127.0	3.62	1.36	0.49	1.34	0.31
13	HPJ-500Y-B13	13	105.3	246.6	7.45	1.45	0.49	2.05	0.12
14	HPJ-50Y-B14	14	160.8	206.0	3.48	1.73	0.59	1.42	0.35
15	HPJ-50Y-B15	15	140.3	147.4	2.03	1.73	0.56	0.92	0.20
16	HPJ-1000Y-B1	1	128.6	198.0	3.07	1.98	0.53	1.49	0.29
17	HPJ-1000Y-B2	2	15.7	10.0	1.08	1.08	0.29	0.16	0.01
18	HPJ-1000Y-B3	3	196.1	54.2	1.21	1.73	0.50	0.76	0.13
19	HPJ-1000Y-B4	4	45.5	37.9	1.65	1.10	0.30	0.28	0.02

续表

序号	方案编码	溃口编号	溃口处最大流量 /（m^3/s）	溃决总水量 / 万 m^3	淹没面积[a] /km^2	最大淹没水深 /m	平均水深[b] /m	水深不小于 0.5m 的淹没面积 /km^2	水深不小于 1m 的淹没面积 /km^2
20	HPJ–1000Y–B5	5	273.4	291.9	7.85	2.77	0.43	2.44	0.62
21	HPJ–1000Y–B6	6	7.1	2.9	0.30	0.55	0.14	0.02	0
22	HPJ–1000Y–B7	7	43.9	9.6	0.43	1.27	0.29	0.08	0.04
23	HPJ–1000Y–B8	8	51.4	34.9	1.67	0.76	0.34	0.25	0
24	HPJ–1000Y–B9	9	14.0	9.9	0.81	0.85	0.21	0.09	0
25	HPJ–1000Y–B10	10	73.9	82.5	1.97	1.18	0.34	0.40	0.03
26	HPJ–1000Y–B11	11	6.3	7.5	0.95	0.88	0.22	0.09	0
27	HPJ–1000Y–B12	12	100.0	186.8	5.22	1.49	0.51	1.79	0.69
28	HPJ–1000Y–B13	13	128.1	370.6	8.94	1.56	0.56	3.88	0.44
29	HPJ–100Y–B14	14	137.5	256.4	3.88	1.82	0.62	2.12	0.54
30	HPJ–100Y–B15	15	58.9	220.4	3.59	1.82	0.49	1.16	0.37
31	LMX–50Y–B1	1	51.9	105.9	4.01	1.73	0.41	0.70	0.14
32	LMX–50Y–B2	2	58.6	201.8	2.01	1.72	0.56	0.89	0.29
33	LMX–50Y–B3	3	3.4	3.5	0.77	1.73	0.51	0.25	0.10
34	LMX–100Y–B1	1	89.6	125.0	4.84	1.81	0.41	0.77	0.15
35	LMX–100Y–B2	2	66.5	341.5	2.72	1.80	0.58	1.13	0.35
36	LMX–100Y–B3	3	4.3	8.9	1.06	1.82	0.48	0.26	0.11

a　淹没面积是指水深不小于 0.05m 的淹没面积；

b　平均水深是指统计的淹没面积内的平均水深。

2）防汛墙溃口流量过程及淹没分析。

A. 防汛墙口流量过程分析。各方案溃口处的流量过程线见图 6–86~ 图 6–97，从图中可以看出，由于黄浦江、拦路港 – 泖河 – 斜塘河道潮（水位）受潮位影响，低、高潮（水）位交替出现，所有溃口流量也呈现一定的涨落和往复流的现象，当溃口所在河道水位回落时，部分溃决水量可以归槽，但归槽流量明显比溃口流出水量小。

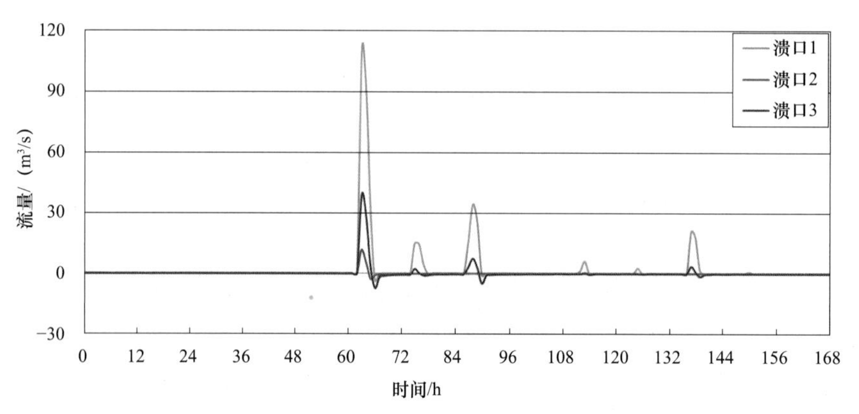

图 6–86　黄浦江 500 年一遇洪水防汛墙溃口 1~3 溃决流量过程线

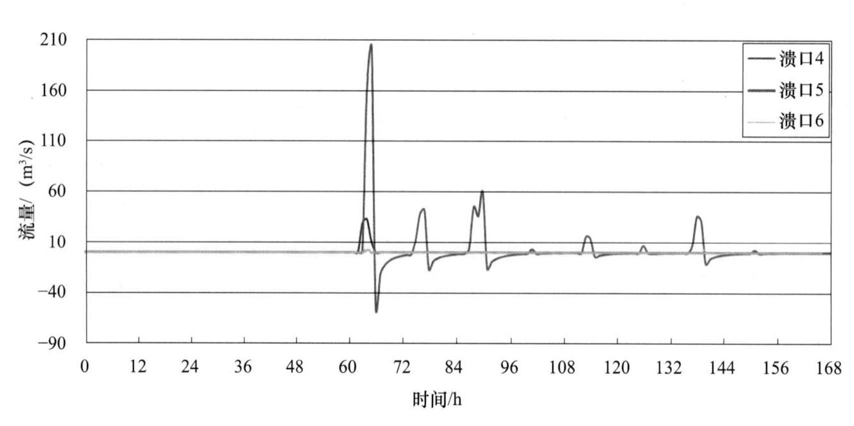

图 6–87　黄浦江 500 年一遇洪水防汛墙溃口 4~6 溃决流量过程线

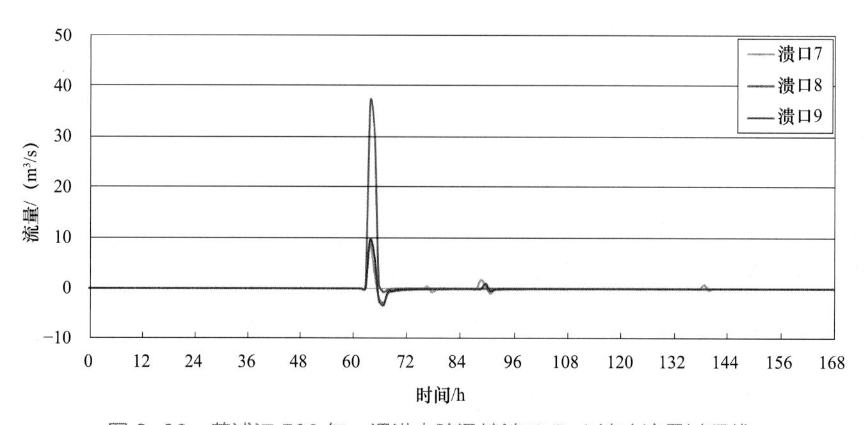

图 6–88　黄浦江 500 年一遇洪水防汛墙溃口 7~9 溃决流量过程线

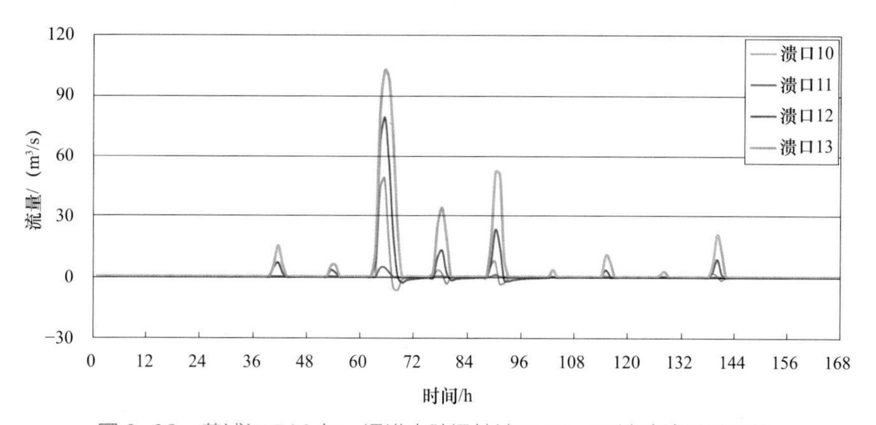

图 6-89　黄浦江 500 年一遇洪水防汛墙溃口 10~13 溃决流量过程线

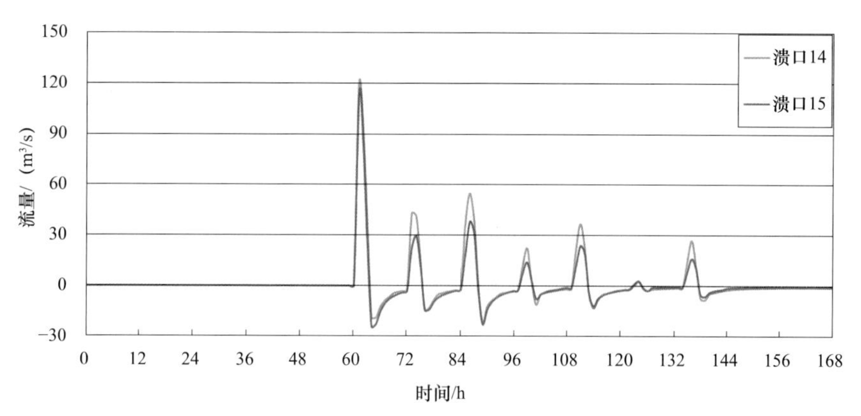

图 6-90　黄浦江 50 年一遇洪水防汛墙溃口 14~15 溃决流量过程线

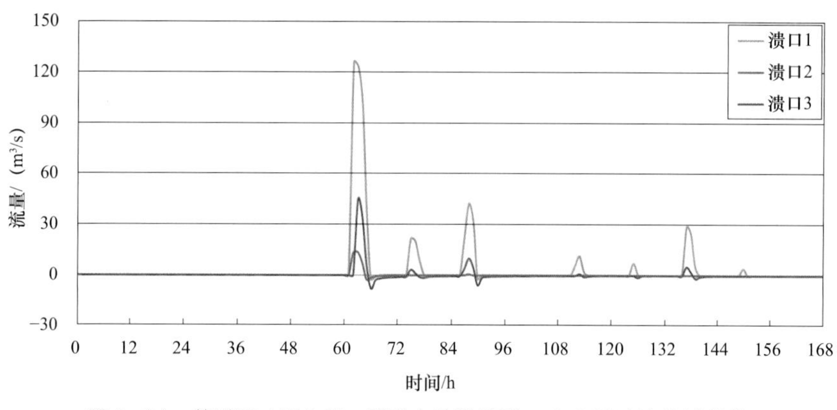

图 6-91　黄浦江 1000 年一遇洪水防汛墙溃口 1~3 溃决流量过程线

结合表 6-15 可以看出，不同溃口处的溃决最大流量差别较大，如黄浦江在溃口 5 处，1000 年一遇洪水时，溃决流量为 273.4m³/s，500 年一遇洪水时，溃决流量为 225.7m³/s，在溃口 11 处，1000 年一遇洪水时，溃决流量为 6.3m³/s，500 年一遇洪水时，溃决流量为 4.9m³/s。拦路港 – 泖河 – 斜塘也存在相同的情况，溃口溃决流量的大小主要与河流两边的地面高程相关，地面高程较高时，溃口溃决时的水位差较小，流量则较小；另外溃口溃决流量的大

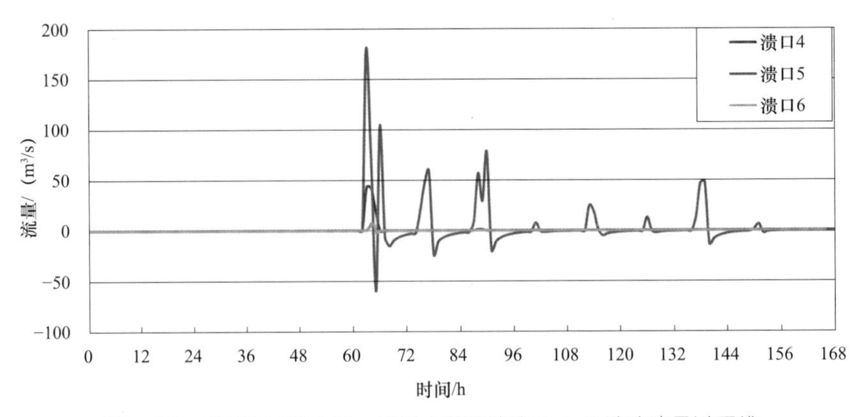

图 6-92　黄浦江 1000 年一遇洪水防汛墙溃口 4~6 溃决流量过程线

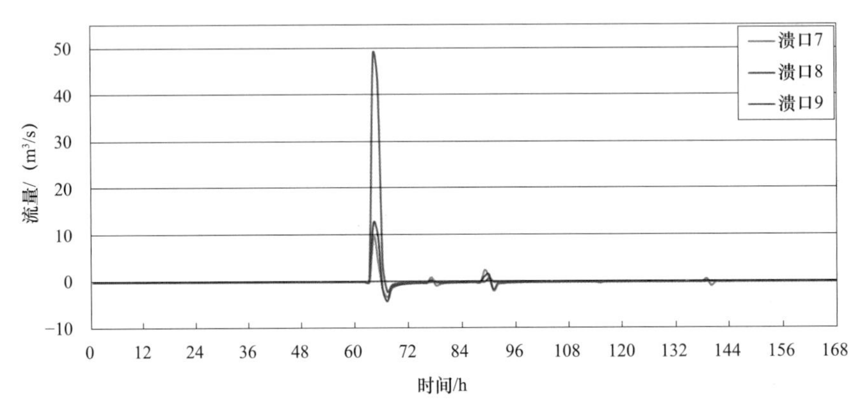

图 6-93　黄浦江 1000 年一遇洪水防汛墙溃口 7~9 溃决流量过程线

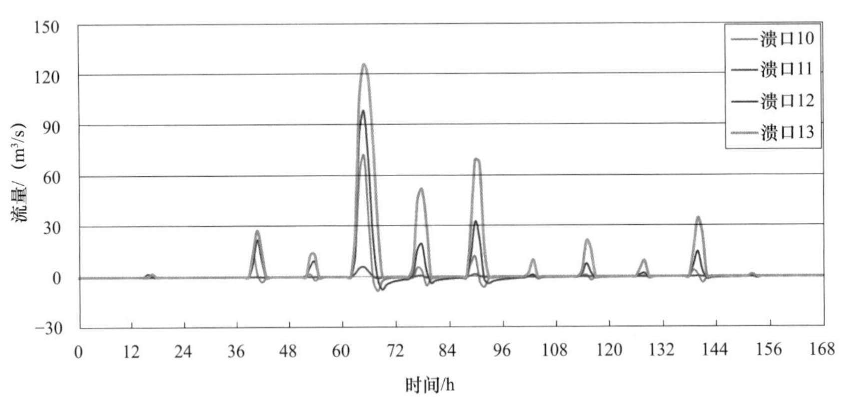

图 6-94　黄浦江 1000 年一遇洪水防汛墙溃口 10~13 溃决流量过程线

小还与洪水量级有关，洪水量级越大，最大溃决流量越大。

从溃决总水量分析，不同溃口溃决总水量不同，如黄浦江的溃口 6，在 500 年一遇洪水和 1000 年一遇洪水时溃决总水量为黄浦江所有溃口中最小，分别为 0.8 万 m^3 和 2.9 万 m^3，与溃口 5 相差较大。另外，同一溃口处，洪水量级越大，溃口处最大流量和溃决总水量越大。

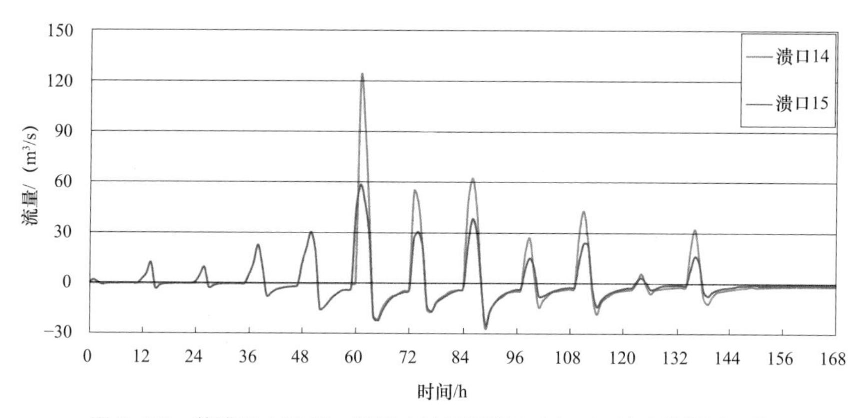

图 6–95　黄浦江 100 年一遇洪水防汛墙溃口 14、15 溃决流量过程线

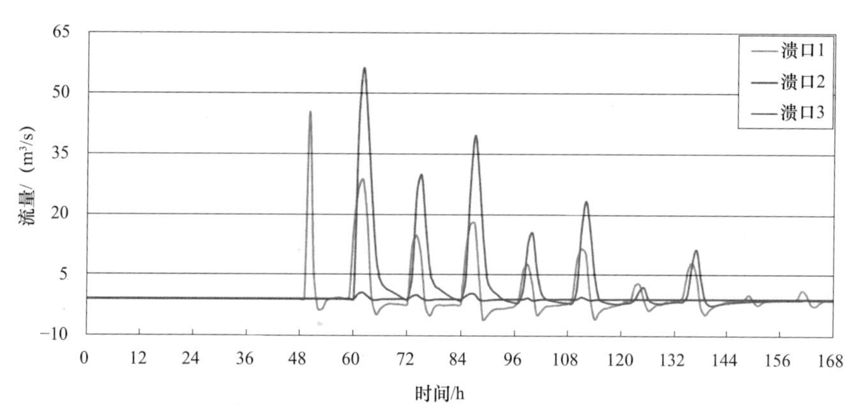

图 6–96　拦路港 – 泖河 – 斜塘 50 年一遇洪水防汛墙溃口 1~3 溃决流量过程线

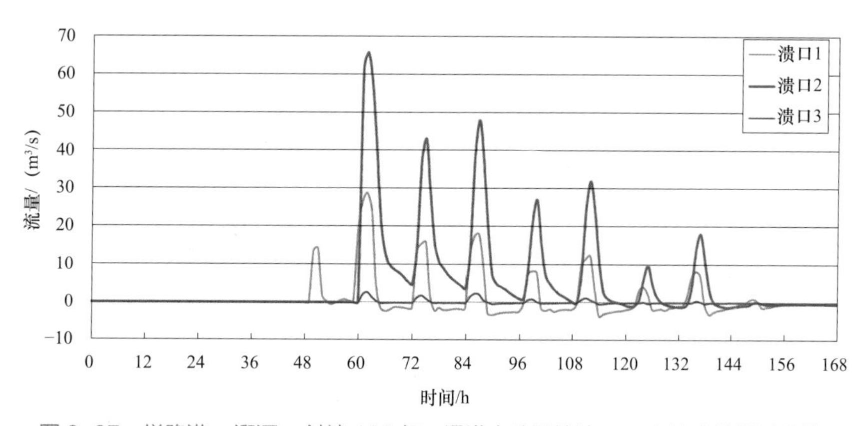

图 6–97　拦路港 – 泖河 – 斜塘 100 年一遇洪水防汛墙溃口 1~3 溃决流量过程线

B. 淹没分析。根据表 6–15 的淹没特征数据，各溃口的淹没面积整体上较小，较大为黄浦江溃口 5、溃口 13，在 1000 年一遇洪水时，分别达到 7.85km² 和 8.94km²。

同一溃口处，洪水量级越大，淹没面积、最大淹没水深和平均水深等淹没特征值越大。如黄浦江溃口 5，在 500 年一遇洪水时，淹没总面积为 6.05km²，1000 年一遇设计洪水条件下，淹没面积增加到 7.85km²。

另外，河道堤防、铁路、高速公路和其他道路等阻水建筑物对溃决洪水具有一定的阻挡作用，影响了洪水扩散的范围。

6.3.4 洪水影响及损失评估

6.3.4.1 洪水影响分析与损失评估方案

（1）影响分析与损失评估方案。洪水影响分析与损失评估的方案与洪水分析的方案保持一致，对每个洪水分析方案都进行影响分析与损失评估。

（2）水深等级的确定。按照《洪水风险图编制细则》对城市洪水风险图水深分级的规定，浦西区的洪水水深等级设为小于 0.3m，0.3 ~ 0.5m，0.5 ~ 1.0m，1.0 ~ 2.0m 和大于 2.0m，共 5 级。

（3）评估单元的确定。依据《洪水风险图编制细则》的规定，洪水影响分析以不同级别的行政区域（市 / 县 / 区、乡镇 / 街道、行政村等）为统计单元进行。考虑收集到的资料情况，浦西区的洪水影响与损失评估以乡（镇、街道）为最小统计单元，涉及上海市 13 个行政区，共计 49 个乡（镇）、87 个街道。

（4）洪水影响分析和损失评估指标。考虑社会经济资料和地图资料的可获取性，以及《洪水风险图编制细则》对分析和评估内容的要求，结合浦西区的社会经济状况，将洪水影响的指标设为：受淹行政区面积、受淹居民地面积受淹农村居民地面积、受淹城镇居民地面积、受淹耕地面积、受淹重点单位数、受淹交通道路长度、受影响人口和 GDP（见表 6–16），主要损失类型包括：家庭财产损失、家庭住房损失、农业损失、工业资产损失、工业产值损失、商业资产损失、商业主营收入损失、公路损失、铁路损失等。

表 6–16　　浦西区洪水影响指标

指标集名称	指标
受淹行政区	受淹行政区面积
受淹居民地	受淹居民地面积、受淹城镇居民地面积、受淹农村居民地面积
受淹农业用地	受淹农业用地面积
受淹公路	受淹公路长度、受淹国道长度、受淹省道长度、受淹县道长度、受淹乡道长度、受淹城市主干道、受淹城市次干道
受淹重点单位	受淹工矿企业个数、受淹商贸服务企业个数、受淹学校个数、受淹医院个数、受淹仓库个数、受淹行政机关个数、受淹化工厂个数
受淹区人口	受影响人口数
受淹区 GDP	受淹区 GDP

6.3.4.2 基本参数的确定

（1）财产价值。在洪涝灾害损失评估中，不仅要估算受灾财产的数量，还要估算财产的价值。对财产价值的计算，通常有以下几种方法：①现行市价法；②收益现值法；③重置成本法；④清算价格法。四种方法中收益现值法适用于能够独立取得收益的财产，清算价格法主要适用于企业停产和破产时的财产价值评估。各类资产的价值主要采用现行市价法，房屋类财产采用重置成本法，即按当地新建房屋的成本价，扣除折旧后计取。居民家庭财产按照所涉及宝山区、嘉定区、杨浦区、闸北区、虹口区、普陀区、青浦区、长宁区、静安区、松江区、黄浦区、徐汇区和闵行区等 13 个区每百户耐用消费品拥有量按照现行市价法进行折算（参见其 2014 年统计年鉴）。其他工商业资产的价值直接摘录自所涉行政区的统计年鉴。交通道路的造价参考了国家有关公路、铁路工程预算定额，按照修复费用考虑。受淹财产价值采用受淹居民地面积占各行政区居民地面积比例的方法估计。主要价值参数取值表 6–17。

表 6–17　主要价值参数取值

指标	单位	价值
居民建筑物成本价	元 /m^2	3000~4000
居民人均家庭财产值	万元 / 人	2~3.75
城市主干道修复费用	万元 /km	400
城市次干道修复费用	万元 /km	200
国道修复费用	万元 /km	800
省道修复费用	万元 /km	500
县道修复费用	万元 /km	200
乡道修复费用	万元 /km	100

（2）洪灾损失率的确定。上海市城市化率高，人口资产类别多样，三产活动复杂，基于上海市洪涝灾害灾情资料，分析建立分类资产的洪灾损失率与淹没水深等淹没特征之间的关系。

我国现行的洪涝灾害资料通常以行政区域来收集汇总。进行洪灾损失率确定时通常需要依场次洪水的淹没情况以及分类资产的损失情况为依据。本次收集到了上海市 2013 年菲特台风暴雨过程分资产类别的洪灾损失情况，菲特台风上海市的主要受灾区域集中在青浦区、金山区和松江区，因此采用了这些区域相关水情和灾情资料进行上海市洪灾损失率的确定和验证。

在参照作者前期研究的上海市洪涝灾害损失率与水深的关系曲线见图 6–98 以及南京湖泊研究所的太湖流域洪涝灾害损失评估损失率关系研究成果（见表 6–18）的基础上，考虑到上海市近年来在建筑物类型、产业发展以及农业种植结构等方面的变化，主要根据 2013 年菲特台风的相关损失统计数据，确定采用的洪灾损失率与淹没水深关系见表 6–19。

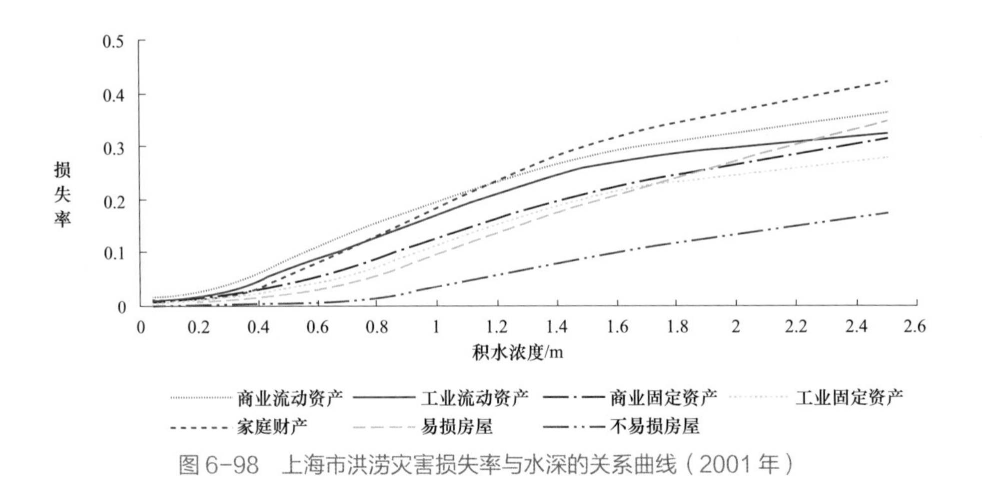

图 6-98　上海市洪涝灾害损失率与水深的关系曲线（2001 年）

表 6-18　　太湖流域洪涝灾害损失率关系表

淹没水深 /m	洪涝灾害损失率 /%							
	农业	工业	第三产业	居民财产	重点仓储	重点厂矿	机场	开发区
小于 0.5	15	1	2	2	15	7	2	2
小于 1	25	3	8	4	20	10	5	4
大于 1	50	6	15	5	30	15	7	6

表 6-19　　上海市浦西区洪灾损失率与淹没水深关系表　　%

水深等级	0.05~0.3m	0.3~0.5m	0.5~1.0m	1.0~2.0m	>2.0 m
家庭财产	0.5	3	10	28	38
家庭住房	0	1	4	17	23
农业损失	20	24	41	59	93
工业资产	0.5	1	7	22	30
商业资产	0.5	2	10	20	29
铁路	0.5	2	5	15	28
省道及以上公路	0.5	1	6	17	32
省道及以下公路	1	2	7	19	34

淹没历时也是洪灾损失评估中需要考虑的淹没特征指标，因此在本次损失评估中以淹没历时作为重要指标，计算工商企业的停工停产引起的产值损失。其具体算法是根据统计资料及计算不同青浦区在单位面积上单位时间内实现的工业产值和商业主营收入，再根据淹没面积和淹没历时推求企业停工停产损失。

利用洪水分析模拟的“菲特实况”台风暴雨淹没模拟结果作为淹没数据进行了损失率验证，社会经济数据源自于 2014 年青浦区、金山区和松江区的统计年鉴（实为 2013 年统计数据），并将其展布在 2012 年 1 ∶ 2000 的土地利用图层信息上，得到 2013 年社会经济数据的空间分布信息，通过淹没范围与社会经济数据分布图层的GIS叠加运算，结合分类财产损失率－水深关系，运用已确定的洪灾损失率关系得到相应的洪灾损失。菲特台风暴雨调查统计洪灾损失推算值见表6–20，菲特台风暴雨洪灾损失评估表6–21所示，尽管在类别上存在差异，从总损失来看，调查统计总损失为13212万元，模型模拟结果为13061.62万元，基本相符。从验证结果来看，已建立的洪水损失率关系能够较为合理地模拟上海市的洪灾损失大小和分布，可以据其开展损失评估。

表6–20　菲特台风暴雨调查统计洪灾损失推算值　单位：万元

水利设施	农林牧渔业	工业交通运输业	其他	合计
2400	6934	2142.8	1735.2	13212

表6–21　菲特台风暴雨洪灾损失评估值　单位：万元

方案名称	居民房屋损失	家庭财产损失	农业损失	工业资产损失	工业产值损失
菲特实况	621.43	1730.88	7126.2	1885.46	997.72
方案名称	商贸业资产损失	商贸业主营收入损失	公路损失	铁路损失	直接经济总损失
菲特实况	145.89	241.79	266.18	46.05	13061.62

6.3.4.3　洪水影响分析与损失评估结果

（1）洪水影响分析结果。运行洪水影响分析统计模块，按水深、按行政区域分别统计在不同方案下研究区域的灾情，各方案洪水影响分析统计汇总结果见表6–22。

表6–22　浦西区洪水影响分析统计结果表

序号	方案编码	受淹面积/km^2	受淹居民地面积/万m^2	受淹农田面积/hm^2	受淹公路长度/km
1	HPJ–500Y–B1	2.69	41.74	0.02	9.04
2	HPJ–500Y–B2	0.84	35.60		
3	HPJ–500Y–B3	1.03	26.07		2.56
4	HPJ–500Y–B4	1.17	38.33		12.22
5	HPJ–500Y–B5	6.03	217.59		71.65
6	HPJ–500Y–B6	0.06	0.01		
7	HPJ–500Y–B7	0.30	7.85		0.46
8	HPJ–500Y–B8	1.59	18.26	0.15	3.54
9	HPJ–500Y–B9	0.42	11.07	4.07	
10	HPJ–500Y–B10	1.54	2.03	29.77	2.74
11	HPJ–500Y–B11	0.54	20.49	0.59	0.05
12	HPJ–500Y–B12	3.64	43.28	82.21	2.42
13	HPJ–500Y–B13	7.46	28.83	204.41	1.46

续表

序号	方案编码	受淹面积 /km²	受淹居民地面积 / 万 m²	受淹农田面积 /hm²	受淹公路长度 /km
14	HPJ-50Y-B14	3.47	10.36	91.80	2.64
15	HPJ-50Y-B15	2.04	12.07	55.57	2.54
16	HPJ-1000Y-B1	3.07	45.39	0.02	10.26
17	HPJ-1000Y-B2	1.08	40.26	0.45	0.27
18	HPJ-1000Y-B3	1.20	28.96	0.45	2.83
19	HPJ-1000Y-B4	1.64	51.94	0.45	15.73
20	HPJ-1000Y-B5	7.82	272.14		91.11
21	HPJ-1000Y-B6	0.30	3.01	0.45	0.26
22	HPJ-1000Y-B7	0.44	9.19	0.45	0.46
23	HPJ-1000Y-B8	1.68	19.23	0.15	3.82
24	HPJ-1000Y-B9	0.79	17.24	11.94	0.19
25	HPJ-1000Y-B10	1.98	2.53	34.81	4.64
26	HPJ-1000Y-B11	0.94	28.54	2.36	0.14
27	HPJ-1000Y-B12	5.18	52.02	156.29	2.90
28	HPJ-1000Y-B13	8.96	34.49	276.99	2.85
29	HPJ-100Y-B14	3.84	12.60	96.58	2.81
30	HPJ-100Y-B15	3.58	28.74	107.55	4.28
31	LMX-50Y-B1	4.01	7.32	223.81	3.58
32	LMX-50Y-B2	1.98	1.85	76.78	0.69
33	LMX-50Y-B3	0.77	1.45	4.44	
34	LMX-100Y-B1	4.84	9.24	256.10	4.80
35	LMX-100Y-B2	2.72	4.78	94.70	1.83
36	LMX-100Y-B3	1.05	1.53	9.76	

序号	方案编码	受淹铁路长度 /km	受影响重点单位数 / 个	受影响人口总数 / 万人	受影响 GDP / 万元
1	HPJ-500Y-B1	0.73	83	1.93	63175.24
2	HPJ-500Y-B2		36	1.25	203300.65
3	HPJ-500Y-B3		57	1.47	169889.61
4	HPJ-500Y-B4		85	2.53	386620.27
5	HPJ-500Y-B5		327	18.53	4348593.30
6	HPJ-500Y-B6			0.12	14746.34
7	HPJ-500Y-B7		3	0.45	55156.26
8	HPJ-500Y-B8		41	0.26	73955.21
9	HPJ-500Y-B9		10	0.06	19402.13
10	HPJ-500Y-B10		10	0.23	71141.11
11	HPJ-500Y-B11		5	0.23	24946.50

续表

序号	方案编码	受淹铁路长度 /km	受影响重点单位数 / 个	受影响人口总数 / 万人	受影响 GDP / 万元
12	HPJ-500Y-B12		40	0.62	168138.59
13	HPJ-500Y-B13		14	0.53	102020.57
14	HPJ-50Y-B14		2	0.50	50237.09
15	HPJ-50Y-B15		12	0.11	18645.68
16	HPJ-1000Y-B1	1.33	86	2.11	72056.36
17	HPJ-1000Y-B2		40	1.43	234960.16
18	HPJ-1000Y-B3		62	1.57	180706.91
19	HPJ-1000Y-B4		100	3.43	509933.24
20	HPJ-1000Y-B5		398	24.62	5656281.46
21	HPJ-1000Y-B6	0.19	8	0.38	46855.55
22	HPJ-1000Y-B7		5	0.49	61449.87
23	HPJ-1000Y-B8		45	0.28	78533.06
24	HPJ-1000Y-B9		17	0.11	33892.73
25	HPJ-1000Y-B10		10	0.29	91141.96
26	HPJ-1000Y-B11		8	0.36	40498.23
27	HPJ-1000Y-B12		50	0.87	239273.60
28	HPJ-1000Y-B13		20	0.63	122859.25
29	HPJ-100Y-B14		3	0.55	55256.33
30	HPJ-100Y-B15		12	0.20	32231.22
31	LMX-50Y-B1	2.33	2	0.20	33394.09
32	LMX-50Y-B2			0.13	21522.50
33	LMX-50Y-B3			0.10	8348.27
34	LMX-100Y-B1	2.78	3	0.25	40489.81
35	LMX-100Y-B2		2	0.17	29566.40
36	LMX-100Y-B3			0.11	11383.26

1）黄浦江溃口。浦西区的各溃口方案的受灾情况见表 6-22，可以看出各方案的淹没面积介于 0.01~9.95km^2 之间。黄浦江上溃口 13，淹没面积最大，遇 1000 年一遇洪水造成 8.96km^2 的淹没，遇 500 年一遇洪水淹没 7.46km^2。溃口 5 遇 1000 年一遇洪水淹没面积 7.82km^2，涉及黄浦区的 8 个街道和静安区的 2 个街道。溃口 6 和溃口 7 等造成的淹没程度较小。黄浦江溃口受影响人口数介于 0.06 万 ~24.62 万人之间，溃口 5 溃决后洪水主要影响的是黄浦区和静安区两个人口密度大的行政区，因此黄浦江发生 500 年一遇和 1000 年一遇洪水溃口 5 方案受影响人口远大于黄浦江上的其他溃口方案（受影响人口不

超过 2 万人)。浦西区黄浦江溃口主要设在建成区，所以淹没农田面积都较小或者没有淹没农田，只有设在上游的溃口才造成农田淹没，例如设在黄浦江上游的溃口 13 遇 1000 年一遇洪水淹没松江区的部分乡镇，淹没 276.99hm^2 的农田，在黄浦江所有溃口方案中淹没农田面积最大。淹没居民地面积在 0.01 万 ~272.14 万 m^2 之间，溃口 5 淹没居民地面积最大。溃口 5 洪水冲淹公路最长，在 1000 年一遇和 500 年一遇两种洪水频率下淹没城市次干道以上道路分别达到 91.11km 和 71.65km。黄浦江左岸基本上是上海市经济最发达的区域，所以尽管各溃口的淹没面积都不大，但淹没区的 GDP 相对于上海其他几个区域都较大，黄浦江溃口淹没区 GDP 介于 1.47 亿 ~565.63 亿元之间。黄浦江上各溃口都计算了 500 年一遇和 1000 年一遇两种方案。对于同一溃口不同频率的方案，频率越小，受淹越为严重。但总体上，1000 年一遇方案较 500 年一遇方案受淹变化不大，各指标的变化幅度大部分都在 40% 以内，只有溃口 6 的变化幅度稍大，1000 年一遇方案各指标比 500 年一遇方案增长了近 1 倍。

2）拦路港 – 泖河 – 斜塘溃口。拦路港 – 泖河 – 斜塘共设 3 个溃口，分别考虑了 50 年一遇和 100 年一遇两种频率的洪水，淹没面积介于 0.77~4.84km^2 之间，溃口 1 的淹没相对较重，溃口 3 的淹没较轻，溃口 2 介于两者之间。拦路港 – 泖河 – 斜塘发生 100 年一遇洪水时淹没面积 4.84km^2，受淹居民地 9.24 万 m^2，受淹农田面积 256.10 万 m^2，受淹公路和铁路长度分别为 4.80km 和 2.78km，2500 人受到洪水影响，淹没区 GDP 为 4.05 亿元。因为拦路港 – 泖河 – 斜塘溃口影响的是松江区和青浦区，相比于黄浦江上淹没面积相近的溃口（影响的是人口和资产密集的区域），其受影响指标都较小。对于同一溃口，遇 100 年一遇洪水的淹没比遇 50 年一遇洪水的淹没严重，但各受影响指标增幅不大。

（2）洪灾损失评估结果。运行洪涝灾害损失评估模型，得出浦西区各计算方案不同资产分类、不同行政区以及不同水深范围的损失，各类资产的洪灾损失（见表 6–23）。由于各溃口位置不同，相应方案淹没的主要土地利用类型也不同，因此在各类资产损失中，没有形成一致的规律。淹没居民地面积较大的区域，家庭财产和住房、工业资产损失较大；淹没历时较长的方案，工商企业停产损失则较大。浦西区主要是居住区和工商业产业区域，耕地较少，所以农业损失相对较小，公路和铁路损失也相对较小。

表 6–23　　浦西区分类资产洪灾损失评估结果表　　单位：万元

序号	方案编码	居民房屋损失	家庭财产损失	农业损失	工业资产损失	工业产值损失
1	HPJ–500Y–B1	3821.56	2102.38		4765.32	2588.04
2	HPJ–500Y–B2	638.82	755.26		255.67	352.34
3	HPJ–500Y–B3	1748.52	1675.72		227.70	188.68
4	HPJ–500Y–B4	836.15	1760.41		462.90	175.74
5	HPJ–500Y–B5	9652.89	17398.97		8224.70	3937.86

续表

序号	方案编码	居民房屋损失	家庭财产损失	农业损失	工业资产损失	工业产值损失
6	HPJ–500Y–B6		0.05		7.05	
7	HPJ–500Y–B7	471.04	385.87		243.33	122.87
8	HPJ–500Y–B8	193.38	243.15	0.02	736.36	850.28
9	HPJ–500Y–B9	178.93	199.87	2.04	244.79	185.71
10	HPJ–500Y–B10	81.76	77.92	18.52	982.46	785.09
11	HPJ–500Y–B11	329.74	368.58		400.56	578.17
12	HPJ–500Y–B12	1894.06	802.36	88.86	1800.04	1675.67
13	HPJ–500Y–B13	725.10	264.07	336.42	2264.48	2655.30
14	HPJ–50Y–B14	460.90	408.73	117.31	828.67	756.53
15	HPJ–50Y–B15	269.35	188.95	89.61	291.31	274.50
16	HPJ–1000Y–B1	5322.21	2784.70		6716.23	3262.33
17	HPJ–1000Y–B2	919.72	1014.58	0.48	366.86	441.97
18	HPJ–1000Y–B3	2676.88	2316.63	0.48	350.41	209.77
19	HPJ–1000Y–B4	1456.03	2838.13	0.48	822.70	332.35
20	HPJ–1000Y–B5	15683.14	26149.97	1.24	12037.03	5279.36
21	HPJ–1000Y–B6	0.26	9.76	0.48	62.85	77.49
22	HPJ–1000Y–B7	784.81	583.25	0.48	345.64	263.32
23	HPJ–1000Y–B8	345.64	377.03	0.02	1030.00	1381.72
24	HPJ–1000Y–B9	275.55	304.41	6.14	378.40	261.25
25	HPJ–1000Y–B10	132.79	121.03	22.87	1587.87	1269.67
26	HPJ–1000Y–B11	560.42	589.52	0.48	733.54	734.47
27	HPJ–1000Y–B12	3241.66	1250.28	156.34	2860.38	2371.29
28	HPJ–1000Y–B13	1326.07	457.33	478.90	4234.85	3653.29
29	HPJ–100Y–B14	643.96	448.91	164.05	462.44	460.18
30	HPJ–100Y–B15	742.32	601.00	138.69	1242.52	854.89
31	LMX–50Y–B1	130.35	76.53	342.64	210.39	356.45
32	LMX–50Y–B2	18.85	5.43	125.53	164.85	128.29
33	LMX–50Y–B3	3.73	1.93	5.20	53.04	42.91
34	LMX–100Y–B1	148.98	92.65	392.28	243.32	448.06
35	LMX–100Y–B2	24.40	8.79	153.57	206.42	161.57
36	LMX–100Y–B3	7.38	2.79	11.39	60.39	51.53

序号	方案编码	商贸业资产损失	商贸业主营收入损失	公路损失	铁路损失	经济总损失
1	HPJ–500Y–B1	90.22	732.24	107.61	7.75	14215.10
2	HPJ–500Y–B2	67.08	854.28			2923.46
3	HPJ–500Y–B3	167.16	1400.80	17.91		5426.51

续表

序号	方案编码	商贸业资产损失	商贸业主营收入损失	公路损失	铁路损失	经济总损失
4	HPJ-500Y-B4	245.34	1988.42	31.00		5499.94
5	HPJ-500Y-B5	2738.17	22535.31	825.37		65313.24
6	HPJ-500Y-B6	5.59				12.69
7	HPJ-500Y-B7	166.67	437.07	1.10		1827.96
8	HPJ-500Y-B8	75.96	513.99	8.33		2621.44
9	HPJ-500Y-B9	25.15	112.18			948.68
10	HPJ-500Y-B10	97.60	474.16	5.98		2523.48
11	HPJ-500Y-B11	1.46	9.98	0.05		1688.53
12	HPJ-500Y-B12	82.55	225.58	29.81		6598.95
13	HPJ-500Y-B13	21.85	274.90	2.10		6544.22
14	HPJ-50Y-B14	27.62	273.76	8.81		2882.29
15	HPJ-50Y-B15	3.77	27.59	12.47		1157.53
16	HPJ-1000Y-B1	121.89	927.44	154.25	23.32	19312.39
17	HPJ-1000Y-B2	92.29	1071.63	0.54		3908.09
18	HPJ-1000Y-B3	232.62	1557.38	27.74		7371.93
19	HPJ-1000Y-B4	421.73	3064.84	59.99		8996.28
20	HPJ-1000Y-B5	3880.47	30284.08	1122.34		94437.65
21	HPJ-1000Y-B6	63.15	368.52	0.52	0.58	583.62
22	HPJ-1000Y-B7	225.71	936.69	1.10		3141.03
23	HPJ-1000Y-B8	111.55	839.21	12.61		4097.77
24	HPJ-1000Y-B9	37.87	157.81	0.37		1421.78
25	HPJ-1000Y-B10	155.23	766.76	15.16		4071.40
26	HPJ-1000Y-B11	2.67	12.67	0.14		2633.93
27	HPJ-1000Y-B12	124.69	332.89	43.67		10381.21
28	HPJ-1000Y-B13	38.29	378.21	8.02		10574.97
29	HPJ-100Y-B14	5.43	44.08	25.12		2254.14
30	HPJ-100Y-B15	40.05	309.41	14.75		3943.61
31	LMX-50Y-B1	4.39	50.59	7.21	12.71	1191.21
32	LMX-50Y-B2	5.20	37.14	4.31		489.58
33	LMX-50Y-B3	1.07	8.02			115.87
34	LMX-100Y-B1	5.05	60.71	7.57	16.00	1414.61
35	LMX-100Y-B2	6.74	48.03	7.17		616.67
36	LMX-100Y-B3	1.28	10.69			145.43

与淹没程度相对应，在所有溃口方案中，黄浦江溃口 5 遇 1000 年一遇洪水溃决后黄浦区 8 个街道和静安区 2 个街道被淹没，造成的损失最大，高达 9.44 亿元。溃口 5 遇 500 年一遇洪水的洪水损失也比较大，达到了 6.53 亿元。溃口 1 在遇 1000 年一遇和 500 年一遇两种频率的洪水时，也分别造成 1.93 亿元和 1.42 亿元的损失，在黄浦江所有溃口中损失仅次于溃口 5。溃口 12 和溃口 13 在遇 1000 年一遇洪水时其损失也超过了 1 亿元。其他溃口损失相对较小，均未达到 1 亿元。

拦路港 – 泖河 – 斜塘 3 个溃口的损失普遍较小，溃口 1 的淹没损失相对较重，遇 100 年一遇洪水仅造成 1414.61 万元的损失，其他两个溃口损失更小，溃口 3 遇 100 年一遇洪水损失仅为 145 万元。

6.3.5 洪水风险图绘制

选用《重点地区洪水风险图编制项目软件名录》中的风险图绘制系统，导入底图数据和洪水风险分析数据，制作浦西区的洪水风险图，包括 18 处溃口 36 个方案的防汛墙溃决的最大淹没水深图、洪水到达时间图、淹没历时图图合计 108 幅，部分方案的洪水风险见图 6–99~ 图 6–101。

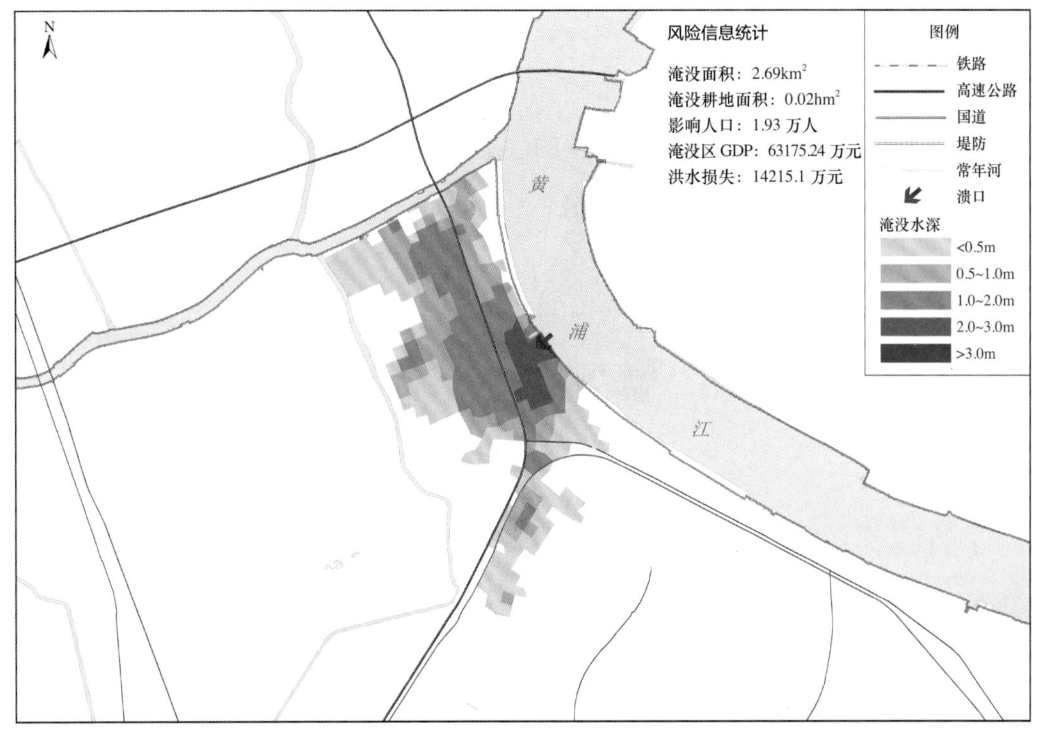

图 6–99　黄浦江 500 年一遇洪水左岸溃口 1 溃决淹没水深图

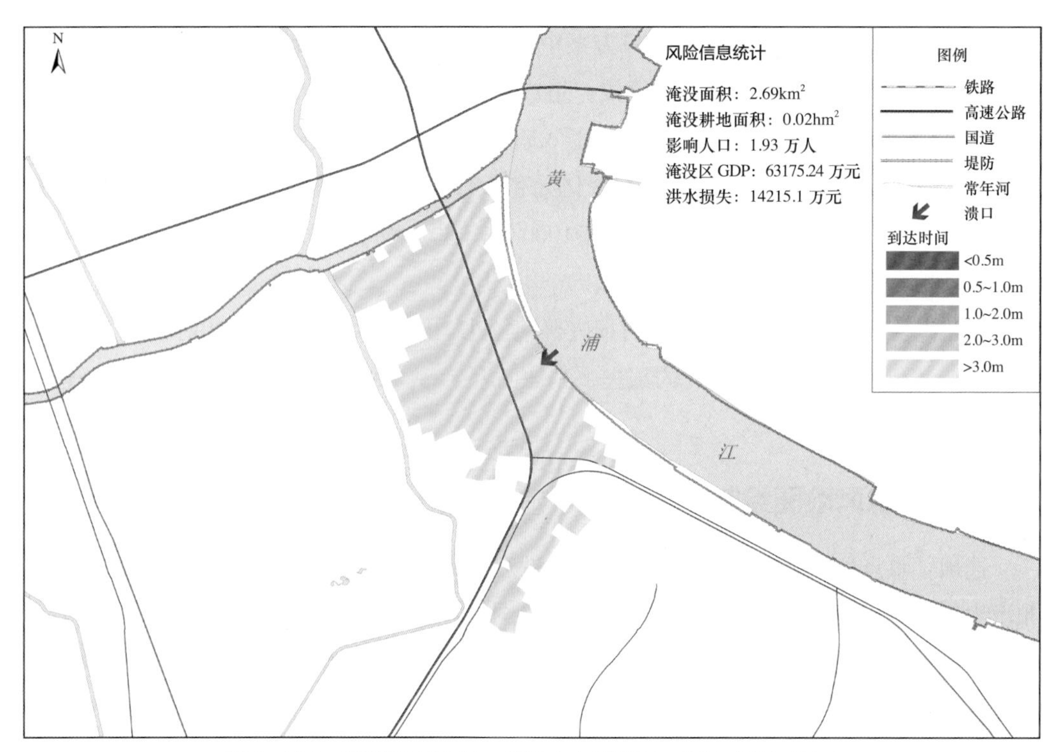

图 6-100　黄浦江 500 年一遇洪水左岸溃口 1 溃决到达时间图

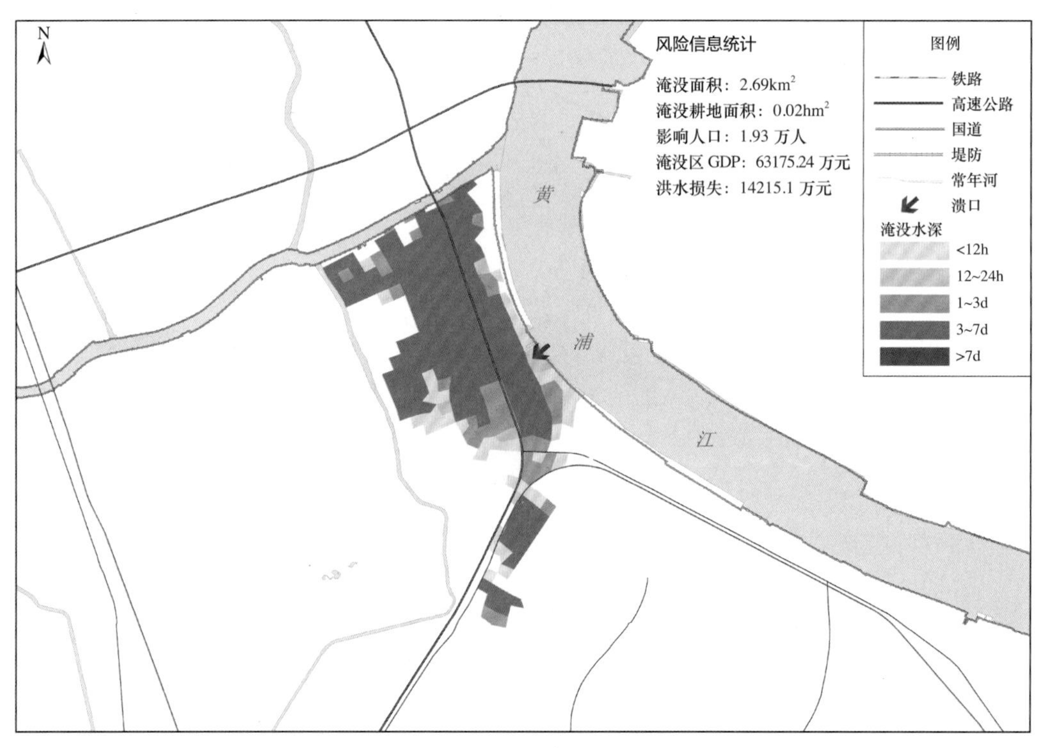

图 6-101　黄浦江 500 年一遇洪水左岸溃口 1 溃决淹没历时图

参考文献

[1] CLARKE L. Mission Improbable：Using Fantasy Documents to Tame Disaster [J]. Political Psychology，2000，105（6）：1812–1814.

[2] PELLING M，MASKREY A，RUIZ P，et al.UNDP Bureau for Crisis Prevention and Recovery：Reducing Disaster Risk：a Challenge for Development. A Global Report [M]. New York：John S. Swift Co.，2004.

[3] CRICHTON D. The Risk Triangle. In：Ingleton J.（ed.）. Natural Disaster Management. London：Tudor Rose，1999. 102–103.

[4] SCHNEIDERBAUER S，EHRLICH D Risk Hazard and People's Vulnerability to Natural Hazards：a Review of Definitions，Concepts and Data [R]. EUR Report21410/EN，Luxembourg：Office for Official Publication of the European Communities.

[5] TAREK RASHED，JOHN WEEKS. Assessing vulnerability to earthquake hazards through spatial multicriteria analysis of urban areas[J]. International Journal of Geographical Information Science，2010，17（6）：547–576.

[6] ADRC. Total Disaster Risk Management：Good Practice 2005 [R]. Kobe，Japan：Asian Disaster Reduction Center，2005.

[7] CRICHTON D 1999. The Risk Triangle，pp. 102–103 in Ingleton，J.（ed.），Natural Disaster Management，Tudor Rose，London.

[8] 澳大利亚 GHD 公司，中国水利水电科学研究院 . 中国洪水管理战略研究 [M]. 郑州：黄河水利出版社，2006.

[9] 蒋卫国，李京，陈云浩，等 . 区域洪水灾害风险评估体系（I）——原理与方法 [J]. 自然灾害学报，2008（6）：53–59.

[10] BURTON I，KATES R W，WHITE G F. The Environment as Hazard[J]. Contemporary Sociology，1979，8（3）.

[11] 史培军 . 再论灾害研究的理论与实践 [J]. 自然灾害学报，1996，11（4）：6–17.

[12] 严立冬 . 生态环境保护与长江流域经济可持续发展 [J]. 中南财经大学学报，1999（1）:9–13.

[13] 王雪妮，周晶 . 一种新的洪水频率分析方法研究 [J]. 水利学报，2016，47（6）：798–808.

[14] 叶守则，詹道江 . 工程水文学 [M]. 北京：中国水利水电出版社，2000：181–200.

[15] 王文圣，丁晶，邓育仁 . 非参数统计方法在水文水资源中的应用与展望 [J]. 水科学进展，1999，10（4）：458–463.

[16] 梁忠民，戴昌君 . 水文频率分析中的多项式正态变换方法研究 [J]. 河海大学学报（自然科学版），2004，32（4）：363–366.

[17] 徐宗学 . 水文模型 [M]. 北京：科学出版社，2009.

[18] 夏军 . 水文非线性系统理论与方法 [M]. 武汉：武汉大学出版社，2002.

[19] 詹道江，叶守泽 . 工程水文学 [M]. 北京：中国水利水电出版社，2000：145-173.

[20] 何长高，董增川，陈卫宾 . 流域水文模型研究综述 [J]. 江西水利科技，2008，34（1）：20-25.

[21] 刘昌明，郑红星，王中根 . 流域水循环分布式模拟 [M]. 郑州：黄河水利出版社，2006.

[22] 贾仰文，王浩，倪广恒，等 . 分布式流域水文模型原理与实践 [M]. 北京：中国水利水电出版社，2005.

[23] 芮晓芳，黄国如 . 分布式水文模型的现状与未来 [J]. 水利水电科技进展，2004，24（2）：55-58.

[24] 刘金星，邵卫云 . 城市区域雨水地面径流模拟方法探讨 [J]. 水利学报，2006，37（2）：184-188.

[25] 陈建峰，王颖，李洋 . HEC-RAS 模型在洪水模拟中的应用 [J]. 东北水利水电，2006，24（268）：12-15.

[26] WHEATER H，BEVEN K，HALL J，et al. Broad Scale Modelling Scoping-Supplementary information for flood modeling and risk science[R/OL]. Defra/Environment Agency Flood and Coastal Erosion Risk Management R&D Programme Project Record FD2118/PR，May 2007. http：//randd.defra.gov.uk/Document.aspx?Document=FD2118_7439_PR.pdf.

[27] HUNTER N M，BATES P D，NEELZ S，et al. Benchmarking 2D hydraulic models for urban flooding[C]. Proceedings of the Institution of Civil Engineers Water Management，2008，161（1）：13-30.

[28] TODA K. Recent urban floods and countermeasures in Japan.[C]. Proceedings of the 2007 joint seminar：Flood Disaster and Countermeasures Against Them，2007：10-19.

[29] TODA K，OYAGI R，INOUE K，et al. On the inundation process in the underground space in urban floodings[J]. Disater Prevation Research Institute Annuals，2004，47（B）：293-302.

[30] InoueK，Kwaike K，Hayashi H.Numericai simulation models on inundaion fiow in urbanarea[J].Journal of Hydroscience andHydraulic Engineering，2000，18（1）：119-126.

[31] 周孝德，陈惠君，沈晋 . 滞洪区二维洪水演进及洪灾风险分析 [J]. 西安理工大学学报，1996，12（3）：244-250.

[32] 王志力，耿艳芬，金生 . 二维洪水演进数值模拟 [J]. 计算力学学报，2007，24（4）：533-538.

[33] 张新华，隆文非，谢和平，等 . 任意多边形网格 2D FVM 模型及其在城市洪水淹没中的应用 [J]. 四川大学学报（工程科学版），2007，39（4）：6-11.

[34] 苏伯尼，黄弘，张楠 . 基于情景模拟的城市内涝动态风险评估方法 [J]. 清华大学学报（自然科学版），2015，55（6）：684-690.

[35] 陈洋波，周浩澜，张会，等 . 东莞市内涝预报模型研究 [J]. 武汉大学学报（工学版），2015，48（5）：608–614.

[36] 刘树坤，于天一 . 再现洪水入侵过程——应用二维不恒定流理论对洪水进行模拟计算 [J]. 中国水利，1987（6）：27–28.

[37] 刘树坤，李小佩，李士功，等 . 小清河分洪区洪水演进的数值模拟 [J]. 水科学进展，1991，2（3）：188–193.

[38] 程晓陶，杨磊，陈喜军 . 分蓄洪区洪水演进数值模型 [J]. 自然灾害学报，1996，5（1）：34–40.

[39] 刘树坤，宋玉山，程晓陶，等 . 黄河滩区及分滞洪区风险分析和减灾对策 [M]. 郑州：黄河水利出版社，1999.

[40] 程晓陶，仇劲卫，陈喜军 . 深圳市洪涝灾害的数值模拟与分析 [J]. 自然灾害学报，1995，4（Suppl.）：202–209.

[41] 仇劲卫 . 城市化对城市洪涝灾害的影响 [D]. 北京：中国水利水电科学研究院，1997.

[42] CHENG X T，QIU J W. Numerical simulation of inundation in ShenZhen City by finite difference model mixed with 1D and 2d unsteady flow[J]. International Journal of Sediment Research，1994，9（3）.

[43] 仇劲卫，李娜，程晓陶，等 . 天津市城市暴雨沥涝仿真模拟系统 [J]. 水利学报，2000，（11）：34–42.

[44] 解以杨，韩素芹，由立宏，等 . 天津市暴雨内涝灾害风险分析 [J]. 气象科学，2004，24（3）：342–349.

[45] 李娜，仇劲卫，程晓陶 . 天津市城区暴雨沥涝仿真模拟系统的研究 [J]. 自然灾害学报，2002，5：112–118.

[46] 陈靖，解以杨，东高红，等 . 雷达雨量计联合估算降雨在城市内涝模型中的应用 [J]. 气象科技，2015，43（5）：866–873.

[47] 王静，李娜，程晓陶 . 城市洪涝仿真模型的改进与应用 [J]. 水利学报，2010，41（12）：1393–1400.

[48] 张念强，李娜，王静，等 . 平原感潮河网区域城市洪涝分析模型研究 [J]. 水利水电技术，2017（5）：23–29.

[49] 张念强，李娜，甘泓，等 . 城市洪涝仿真模型地下排水计算方法的改进 [J]. 水利学报，2017，48（5）：526–534.

[50] 李娜，孟宇庭，王静，等 . 低影响开发措施的内涝削减效果研究——以济南市海绵试点区为例 [J]. 水利学报，2018，49（12）：1489–1502.

[51] 张念强，李娜，韩松，等 . 洪涝仿真模型中河网洪水电计算研究 [J]. 水利水电技术，2019，50（4）：42–49.

[52] 李娜 . 城市洪涝模拟技术在城市洪水管理中的应用 [J]. 中国防汛抗旱，2019，29（2）：5–9.

[53] 刘树坤，富曾慈，周魁一，等 . 全民防洪减灾手册 [M]. 沈阳：辽宁人民出版社，1993.

[54] 程晓陶，仇劲卫，李娜，等 . 城市洪涝仿真模型开发研究总结报告 [R]. 国家自然科学基金重大项目“城市与工程减灾基础研究”502 子题，1997.

[55] 向素玉，陈军 . 基于 GIS 城市洪水淹没模拟分析 [J]. 地球科学，1995，20（5）：575–580.

[56] 杨弋，吴升 . 城市暴雨积水模拟方法分析及研究 [J]. 测绘信息与工程，2009，34（1）：35–37.

[57] 刘仁义，刘南 . 一种基于数字高程模型 DEM 的淹没区灾害评估方法 [J]. 中国图像图形学报，2001，6（2）：118–121.

[58] 赵思健，陈志远，熊利亚 . 利用空间分析建立简化的城市内涝模型 [J]. 自然灾害学报，2004，13（6）：8–14.

[59] 王静，李娜，王杉 . 洪水危险性评价指标与等级划分研究综述 [J]. 中国防汛抗旱，2019，29（12）：21–26

[60] HR WALLINGFORD et al. Flood Risks to People Phase 2，The Flood Risks to People Methodology[R/OL]. Defra/Environment Agency Flood and Coastal Erosion Risk Management R&D Programme Technical report FD2321/TR1，March 2006a. http：//sciencesearch.defra.gov.uk/Document.aspx?Document=FD2321_3436_TRP.pdf.

[61] SCARM. Floodplain Management in Australia：Best Practice Principles and Guidelines[S]. Agriculture and Resource Management Council of Australia and New Zealand，Standing Committee on Agriculture and Resource Management（SCARM）. Report No 73. CSIRO Publishing，2000.

[62] Flood Control Division，River Bureau，Ministry of Land，Infrastructure and Transport（MLIT）. Flood Hazard Mapping Manual in Japan[S]. ICHARM，June 2005.

[63] HR Wallingford et al. Flood Risks to People Phase 2，Guidance Document[R/OL]. Defra/Environment Agency Flood and Coastal Erosion Risk Management R&D Programme Technical report FD2321/TR2，March 2006b. http：//sciencesearch.defra.gov.uk/Document.aspx?Document=FD2321_3437_TRP.pdf.

[64] HR WALLINGFORD et al. Flood Risks to People Phase 2，Project Record[R/OL]. Defra/Environment Agency Flood and Coastal Erosion Risk Management R&D Programme Technical report FD2321/PR，March 2006c. http：//sciencesearch.defra.gov.uk/Document.aspx?Document=FD2321_3438_PR.pdf.

[65] SURESH S，GEOFF G，STEVEN W，et al. Supplementary note on flood hazard ratings and thresholds for development planning and control purpose – clarification of the table 13.1 of FD2320/TR2 and figure 3.2 of FD2321/TR1. 2008.

[66] Townsville City Council. Townsville flood hazard assessment study Phase 3 report，Vulnerability Assessment and Risk Analysis[R/OL]. December 2005. http：//www.townsville.qld.gov.au/council/publications/reportdrawplan/engineerreport/flood/Pages/

townsvilleregional 2005.aspx.

[67] TENNAKOON K B M Parameterisation of 2D hydrodynamic models and flood hazard mapping for Naga city，Philippines[R]. International Institute for Geo-Information Science and Earth Observation（ITC）. February 2004.

[68] http：//www.resdc.cn/data.aspx?DATAID=121

[69] L DOUGLAS JAMES and ROBERT LEE. Ecnomics of Water Resources Planning [M]. McGraw-hill Book Company.1971.

[70] SUJIT DAS，RUSSELL LEE. A Nontraditional Methodology for Flood Stage-damage calculation[M]. Water Resources Bulletin，1988：110-135.

[71] CHARLES SCAWTHORN et al. Hazus MH flood loss estimation methodology-damage and loss assessment[J]. Natrual hazus review，2006（5）：72-81.

[72] E C PENNING ROSWELL. The benefits of flood alleviation-a manual of assessment techniques[M]. Aldershot：Gower Technical Press/Saxon House，1977.

[73] PARKER D，GREEN C H，THOMPSON P M.Urban flood protection benefits：a projectappraisal guide[M]. Aldershot：Gower Technical Press，1987.

[74] N VRISOU VAN ECK，M KOK. Standard method for predicting damage and casualties as a Result of Floods[R].DWW report，2001.

[75] 王艳艳，吴兴征 . 中国与荷兰洪水风险分析方法的比较研究 [J]. 自然灾害学报，2005，14（4）：19-24.

[76] 施国庆 . 洪灾损失率及其确定方法探讨 [J]. 水利经济，1990（2）：37-42.

[77] 陈浩，陆吉康，刘树坤 . 城市洪涝灾害经济损失评估的模式与方法 [C]// 城市与工程减灾基础研究论文集（1996）. 北京：中国科学技术出版社，1997.

[78] 万庆 . 洪水灾害系统分析与评估 [M]. 北京：科学出版社，1999.

[79] 杨秋珍 . 上海暴雨涝害和叶菜损失综合评估模型及其应用 [J]. 自然灾害学报，1997，6（4）：102-111.

[80] 冯民权 . 洪灾损失评估的研究进展 [J]. 西北水资源与水工程，2002，13（1）：32-36.

[81] 王艳艳 . 洪涝灾害损失评估技术的应用 [J]. 灾害学，2002，33（10）：30-33.

[82] 王艳艳 . 洪水管理经济评价研究综述 [J]. 水科学进展，2013，24（4）：598-606.

[83] Office of Science and Technology，Foresight Future Flooding Scientific Summary Volume I：Future risks and their drivers [R]，London，2004.

[84] Jing Wang，Xiaotao Cheng，Na Li. Application of Numerical Model for the Simulation of Flooding in Urban Area on Establishment and Implement of Flood Warning and Emergency Plan[C]. Proceedings of Urban Flood Risk Management：Approaches to enhance resilience of communities International Symposium，2011：189-194.

[85] Storm Water Management Model Reference Manual Volume I-Hydrology（Revised）

[R], National Risk Management Laboratory, Office of Research and Development, U.S. Environmental Protection Agency, 26 Martin Luther King Drive, Cincinati, January 2016.

[86] 张念强，马建明，陆吉康，等 . 基于多类模型耦合的城市洪水风险分析技术研究 [J]. 水利水电技术，2013，44（7）：125.

[87] Horton R E . An Approach Toward a Physical Interpretation of Infiltration–Capacity1[J]. soil sc.soc.am.proc，1941，5（C）.

[88] 李娜，张念强，王静，等 . 面向不同对象的洪水风险分析技术研究与开发总报告 [R]. 水利部公益性行业科研专项经费项目“面向不同对象的洪水风险分析技术研究与研发”，2016 年 12 月 .

[89] 李毅，王全九，邵明安，等 . Green–Ampt 入渗模型及其应用 %Green–Ampt model and its application[J]. 西北农林科技大学学报：自然科学版，2007（02）：233–238.

[90] W. H. Green and G. A. Ampt，“Studies on Soil Physics. Part I. The Flow of Air and Water through Soils，” Journal of Agricultural Research，Vol. 4，No. 1，1911，pp. 1–24.

[91] 王静，郭军，李娜 . 佛山市城区内涝模拟模型研究及应用 [C]. 第十七届海峡两岸水利科技交流研讨会论文集，2013：A165–173.

[92] Cheng Xiaotao. Urban Flood Prediction and its Risk Analysis in the Coastal Area in China[D]. Kyoto：Kyoto University，2002：157–160.

[93] Rossman，L.A. Storm water management model quality assurance report：dynamic wave flow routing. National Risk Management Research Laboratory. United States Environmental Protection Agency，Cincinnati，Ohio，2006.

[94] 王静，张海森 . GIS 技术在水力学模型构建中的应用 [J]. 中国防汛抗旱，2014，24（4），10–13.

[95] 王艳艳，李娜，王杉，等 . 洪灾损失评估系统的研究开发及应用 [J]. 水利学报，2019，50（9）：1103–1110.

[96] 丁志雄，李娜，许小华，等 . 江西抚河 2010 年唱凯堤溃堤洪水模拟反演分析 [J]. 中国水利水电科学研究院学报，2019（4）：285–292.

[97] Mike Flood 1D–2D Modelling User Mannual，Danish Hydraulic institute（DHI）. 2012，9.

[98] MIKEII：A Modeling System for Rivers and Channels Reference Manual. Danish Hydraulic Institute（DHI）. 2005

[99] HEC–RAS river analysis system，Hudraulic reference manual，March 2008，Version 4. 0.

[100] HEC–RAS river analysis system：2D modeling user's manual. BRUNNER G W，CEIWR–HEC. 2016.